Camera Traps in Animal Ecology: Methods and Analyses

カメラトラップによる野生生物調査入門

調査設計と統計解析

Allan F. O'Connell, James D. Nichols and K. Ullas Karanth 著

飯島勇人・中島啓裕・安藤正規訳

東海大学出版部

Camera Traps in Animal Ecology: Methods and Analyses
edited by Allan F. O'Connell, James D. Nichols and K. Ullas Karanth

Copyright©Springer 2011
This Springer imprint is published by Springer Nature
The registered company is Springer Japan KK
All Rights Reserved

日本語版への序文

2005 年の 8 月に札幌において，第 9 回国際哺乳類学会（IMC9：The 9th International Mammalogical Congress）が開催された．この会議の中で，科学や保全を遂行するためのカメラトラップの利用についてのシンポジウムが開かれた．シンポジウムは評判が良く，「*Camera Traps in Animal Ecology*：*Methods and Analyses*」を編纂するきっかけとなった．本書は今日に至るまで多くの読者を獲得しており，頻繁に引用されてもいる．この本は英語で書かれているため，この本を有用だと思うすべての科学者，野生動物管理者がその中身を読むことができるわけではなかった．カメラトラップは日本でも広く利用されている．本訳書は，そうした読者への返答である．

本書が，日本の科学者や野生動物管理者にとって有用なものになることを期待している．さまざまな章を通して貫かれているのは，カメラトラップの科学的な利用は，カメラの設置という単純な作業や撮影された写真の鑑賞にとどまるものではないということである．科学的な利用のためには，科学に対する有用性を決めてしまう次の二つの基礎的な要因に十分な注意を払う必要がある．すなわち，根幹にある問いの性質と，生データをその問いにつながるパラメータの推定値へと変換する統計学的な推論方法である．

科学とは，問うことから始まる営みであり，対象種について集められたデータが，必ずしも，その種に関する問いに答えたり仮説に取り組んだりするのに役立つわけではない．科学に必要なのは，問いに答えたり，より具体的には競合仮説を選別したりするうえでもっとも役立つと考えられる，データに対する慎重な思考である．時には，これらの目的に適したデータを得るために操作実験が行われることもある．しかし，生態学においては，正式な操作実験を行うことは不可能であり，現象の観察に依存せざるをえない．実際，生態学においては，観察研究は例外というよりむしろ通常の姿である．しかし，観察研究に対しても，仮説を検証し，強力な推論を行ううえでもっとも有用なデータを集めることが重視されなければならない．これらに配慮すれば，特定の時間や場所で集められたデータが必然的に必要になるし，この必要性自体が，カメラトラップ調査をデザインするうえで明確な示唆を与えることになる．特定の共変量を収集することが，ある問いに取り組むためには不可欠であるかもしれな

iii

い．

　カメラトラップによる動物の撮影枚数の生データは，多くの科学的な問いにとって十分なものではない．たとえば，動物の個体数を知りたいとしよう．トラのように個体ごとに異なる模様（たとえば，個体固有の縞模様のパターン）のある動物では，カメラによって何頭撮影されたかを知ることができる．しかし，その撮影個体数は，個体数の推定値として適切ではないかもしれない．撮影されたのは調査地域内に棲む全個体の一部にすぎないかもしれず，撮影された個体が全個体数に占める割合も明らかではない．調査を複数回繰り返した場合，「識別された」動物が再捕獲されうる．この再捕獲情報は，調査地全体に棲む動物のうちどの程度の動物が検出されたのか，それゆえ調査地域で実際に生息する動物は何頭いるのかを推定するために必要なデータとなる．個体識別をする必要性，時間反復のある調査を行う必要性，そして，カメラ配置方法の一部は，良い個体数推定値を得るために不可欠なデザインの特徴である．

　科学的な問いと推論方法に関するこの簡潔な議論において重要なのは，カメラトラップの科学的利用は，これら二つの論点に対していかに慎重になれるのかに依存しているということである．科学的な研究は，どんな場合でも，一つかそれ以上の中心的な問いに取り組むことができるように設計するべきである．さらに，その問いに取り組むために使用する可能性が高い推論方法を実際利用できるように設計するべきである．本書の各章では，こうした基礎的な科学的要求を重点的に扱っており，動物の行動，個体数，種の空間占有，種数についての推論を引き出すのに必要なカメラトラップのデザインと解析方法について述べられている．我々は，本書で重点的に扱った内容が，日本の科学者と野生動物管理者にとって有用な手引きとなることを望んでいる．

Allan O'Connell
Jim Nichols
Ullas Karanth

まえがき

この本は，野生動物を検出するために用いられる「カメラトラップ」として知られている機器について取り扱っている．2005 年 8 月に日本の札幌で開催された第 9 回国際哺乳類学会（IMC9：The 9th International Mammalogical Congress）において，この本に関するインスピレーションが得られた．この大会において，野外調査におけるサンプリング技術としてのカメラトラップの使用は，これを一つの分野として独立したシンポジウムを開催する程に十分一般的なものとなった．札幌で供されたカメラトラップに関する 10 のプレゼンテーションは，野生動物相の多様性に関するもの，コウモリから大型肉食動物までの行動圏などに焦点をあてており，さまざまな国や生息地で実施された調査研究の成果であった．対象動物の個体数推定に関する分析アプローチは幾分限られてはいたが，(1) カメラトラップを使用したサンプリング手法，(2) 写真として得られる証拠から妥当な推論を導くために最適な分析手法，に焦点を当てたこの本の執筆に関する興味の口火を切った．

この 20 年のうちに，動物個体群のサンプリングにおけるさまざまな非侵襲的手法の使用が著しく増えてきた．技術的な進歩によって，調査者は物理的な捕獲や動物のハンドリングをすることなく動物個体群に対するサンプリングやモニタリングを行うことができるようになり，またこの機器がさまざまな環境条件下で運用しうることを確信するようになった．アニマルウェルフェアに対する配慮，時間や労力の削減，データ取得に係るコスト，効率化に対する基本的な動機づけといった要因は，私たちの非侵襲的なサンプリング手法に関する興味を増大させた．非侵襲的なサンプリング技術は，密度が低く捕獲や検出の困難な，人目につきにくい動物によく適する．ほぼ間違いなく，Long et al. (2008) のレビューで論じられている非侵襲的サンプリング技術のうちもっとも一般的なものは，カメラトラップを用いた遠隔撮影（Kays and Slauson 2008）である．手短に言うと，カメラトラップとは，動物が存在するときに写真を撮影するべくカメラを起動させるトリガーまたはセンサーをもつシステムあるいは機器のことである．結果として得られる事象の映像は，その後，科学的な情報の一つとして扱われ，その事象の永続的な記録を生成する．カメラトラップは比較的扱いやすく，またカメラトラップの人気の大部分は，人が手動

v

で機器を操作する必要なく（時々の機器チェックおよび画像やフィルムの取り出しを除く），遠隔地で動物をサンプリングすることができる能力に由来している．カメラトラップの購入コストは，技術革新と増え続ける生産者によってどんどん手ごろになってきている．

　カメラトラップデータを用いたトラの個体数および生息密度の推定について論じた Karanth（Karanth 1995；Karanth and Nichols 1998）による画期的な論文の発表から既に 10 年以上が経過した．これらの仕事に続き，Karanth et al.（2004）は，カメラトラップの科学的ツールとしての潜在用途を探求し，推論の枠組みにおいて，希少で観察しづらい動物をなぜサンプリングするのか，何をサンプリングすべきか，どのようにサンプリングすべきか，などの問題に取り組んだ．のちに Karanth et al.（2006）は，カメラトラップデータを用いて長期間にわたるトラの個体群動態の変化を評価する方法を示した．ビッグフット（Arment 2005）のような未確認生物の調査情報が掲載されるような雑誌において，希少で特定の難しい動物の調査方法を取りまとめた Thompson（2004）で紹介された数々の論文のうち Karanth et al.（2004）が好評を博しているのを確認したとき，私たちはこの技術が幅広い人の支持を受けていることを知り，大いに励まされた．

　ここ数年でカメラトラップの科学的な使用が激増してきており，私たちは現時点で科学的な情報（すなわち，映像）の分析や強力な推論を実行するのに適用可能な推定技術等に焦点を当てた，カメラトラップ調査のさまざまな側面の詳細を包括的に概観すべき時期がきていると確信した．カメラトラップの使用が広がっているのに対して，データ分析に最適な多くの技術や統計推論は，多くの調査者にとっては依然として暗号のようなもののままである．推論へのアプローチの根底にある概念が適切に提示されていないか，文献全体に散在していることがあまりにも多い．本書では，推論方法そのものの基礎となる概念的枠組みと，これらの方法が科学と野生生物管理のより大きな試みに貢献する方法を提供する．

　ちょうど印刷に向けた作業を進めているとき［訳注：この原著は 2010 年 9 月に出版された］，アルゼンチンのメンドーサで開催された最新［訳注：2009 年 8 月］の第 10 回国際哺乳類学会（IMC10：The 10th International Mammalogical Congress）では動物生態学におけるカメラトラップの使用に関する別のシンポジウムが開催され，それはあたかも私たちが通りすぎた後のバックミ

ラーに映った景色のようだった．この本の出版に貢献した著者の多くがこのシンポジウムに参加し，現代のカメラトラップ技術が理に叶った推定技術と結びついたときに何が可能となるかについての徹底的なレビューを提供した．そういうわけで，研究を設計しデータを解釈するための堅固な基礎として，また将来の理論的および経験的な発展のための柔軟な跳躍の場として，この書籍が役立つことを私たちは希望している．

引用文献

Arment, C. 2005. Sampling rare or elusive species: concepts, designs, and techniques for estimating population parameters.（Book review）North American Biofortean Review 7: 3-4

Karanth, K. U. 1995. Estimating tiger *Panthera tigris* populations from camera trap data using capture-recapture models. Biological Conservation 71:333-338

Karanth, K. U. and J. D. Nichols. 1998. Estimation of tiger densities in India using photographic captures and recaptures. Ecology 79:2852-2862

Karanth, K. U., J. D. Nichols, and N. S. Kumar. 2004. Photographic sampling of elusive mammals in tropical forests. Pages 229-247 *in* W. L. Thompson, editor. Sampling rare or elusive species. Island Press, Washington, DC

Karanth, K. U., J. D. Nichols, N. S. Kumar, and J. E. Hines. 2006. Assessing tiger population dynamics using photographic capture recapture sampling. Ecology 87:2925-2937

Kays, R. W. and K. M. Slauson. 2008. Remote cameras. Pages 110-140 in R. A. Long, P. MacKay, W. J. Zielinski, and J. C. Ray, editors. Noninvasive survey methods for carnivores. Island Press, Washington, DC

Long, R. A., P. MacKay, W. J. Zielinski, and J. Ray, editors. 2008. Noninvasive survey methods for carnivores. Island Press, Washington, DC

Thompson, W. L. 2004. Sampling rare or elusive species:concepts, designs, and techniques for estimating population parameters. Island Press, Washington, DC

訳者まえがき

　本書は 2011 年に出版された『Camera Traps in Animal Ecology』の邦訳である．本書にあるように，カメラを用いた野生動物の調査は古くから行われてきたが，カメラトラップの価格が低下し，インターネット経由で容易に購入できるようになったことから，日本でも近年急速に利用者が増加している．しかし，カメラトラップからえられるデータの解析方法について解説した和文の書籍は，訳者らが把握しているかぎりこれまで存在しなかった．カメラトラップがこれだけ手軽に入手可能となった現在であるからこそ，そのデータの適切な解析方法を解説した書籍が必要であると考えた．

　カメラトラップデータは，現在でも撮影枚数や雌雄比，出没時間帯など，画像そのものの情報しか扱われないことが多い．本書によって，カメラトラップデータの性質をより理解し，より多くの情報を引き出す研究者が増加することを願っている．それによって，本書が日本の哺乳類学の発展に幾らかでも貢献できれば，訳者らとしては望外の喜びである．

　とは言うものの，本書の内容のうちデータ解析に関する内容の一部は，すでに過去のものとなりつつある．カメラトラップの普及と並行して，統計解析の環境もまた近年急速に変化している．とくに，計算機速度の向上と関連ソフトウェアの普及によって，ベイズ主義に基づくより柔軟なモデリングが可能となりつつある．そのような状況では，データ解析は対象生物の動態とデータを取得する過程を明示したモデル（階層モデル）によって行われるべきであるが，本書で示されている解析の多くはそのような形となっていない．その点で，訳者らはカメラトラップデータの解析方法を知りたい場合は，まず 10 章を読むことを勧めたい．10 章は階層モデルを段階を追って解説し，実際のカメラトラップデータにどのように適用すべきかを丁寧に説明している．10 章を読むことで，カメラトラップデータがもつ性質と解析の枠組みのあり方を理解でき，さらにはカメラトラップを用いて調査をする際の実験設計のあり方（ロバストデザイン）も理解できるだろう．そのうえでその他の章を読むことで，階層モデルの強力さとこれまでの解析手法や実験設計の問題点が理解しやすくなるだろう．ただし，この章の正確な理解には，一般化線形モデル（GLM）や階層モデルを記述する BUGS 言語についての多少の知識を要する．今後カメラトラップデータの適切な解析をめざす場合，これらの知識は必要不可欠と考

えられるため，これらの周辺知識についてもぜひ習得をめざしていただきたい．Kéry and Schaub（2016）はその参考となるだろう．

　また，本書で扱う内容の多くは，撮影画像から個体が識別できる種を対象としている．しかし，個体が識別できない種のデータを得ることはけっして少なくない．撮影画像から個体が識別できない場合の解析の研究は近年盛んであるが，そのような内容は本書では扱われていない．Rowcliffe et al.（2008）が提案した Random Encounter Model（REM）は個体識別できない種の個体数推定手法の代表的なものである．また，訳者の一人である中島が『Journal of Applied Ecology』に発表した，カメラトラップの動画で得られる情報のみから個体数を推定する手法（Nakashima et al. 2018）は REM の適用条件の一つである対象種の移動速度のデータを必要としないことから，今後普及が予想される．個体識別できない種を対象に研究を行う者は，これらの文献を参照されたい．

　さらに近年では，コンピュータによる画像認識・識別の技術が急速に発展してきており，とくに最近では深層学習（Deep Learning）による画像解析技術が盛んに研究されている．深層学習は，2012 年に ImageNet の画像識別コンテスト(ILSVRC-2012)においてこのアルゴリズムを用いたモデルが高い成績をおさめて（Krizhevsky et al. 2012）以降，今では画像識別技術の主流となっている．現在カメラトラップの高機能化によって，カメラトラップ 1 台から得られる画像の枚数は数万枚に達することもあり，設置台数次第では判別する人間側のかけられる労力を軽く超える量の画像を得ることができてしまう状況であるが，近い将来，コンピュータによる動物の種判別が実現化されれば，これまで想像もしなかった量のデータが処理できるようになるだろう．すでにこの分野の研究も始まっている（Villa et al. 2017；安藤ら　未発表）．これらの内容も本書には含まれていないが，実用化は時間の問題であり，今後の研究の進展が待たれる．

　翻訳は飯島が企画し，カメラトラップを用いた研究を行っている中島と安藤が飯島の呼びかけに応じて翻訳が開始された．この 3 名で原著の章ごとに分担して翻訳し，その後全員が全章の訳を確認した．そのため，訳の正確性については，3 名に等しく責任がある．訳語については訳者間で可能なかぎり統一するようにしたが，若干の揺らぎはご容赦いただきたい．訳の過程で原著に間違いが発見あるいは疑問点が生じた場合は，原著の編集者に問い合わせて修正を

行った．また，哺乳類の和名については国立科学博物館の川田伸一郎博士から
提供を受けた標準和名リストと今泉（1988）に，鳥類の和名については山階
（1986）および石井（2010）に，植物の和名については米倉・梶田（2003-）に
従い，これらの文献に記載されていない種およびその他の種についてはスペル
アウトした．国名はカタカナ表記，都市名，地名，機関名は日本でよく知られ
ている都市名，地名，機関名のみカタカナ表記とし，その他はスペルアウトし
た．索引については，原著の索引は誤りが多かったため日本語版独自の内容と
した．

　最後になるが，邦訳を快諾して下さった原著の編集者である Allan F.
O'Connell 博士，James D. Nichols 博士，K. Ullas Karanth 博士，原著の出版社
である Springer 社とのやりとりや，本書の編集および修正に多大なる労力を
割いて下さった東海大学出版部の田志口氏に感謝したい．

2018 年 5 月 7 日

飯島勇人

中島啓裕

安藤正規

引用文献

今泉吉典．1988．世界哺乳類和名辞典．平凡社．

石井直樹．2010．世界鳥類 和名・英名・学名 対照辞典．櫂歌書房．

Kéry, M. and M. Schaub. 2016. BUGS で学ぶ階層モデリング入門―個体群のベイズ解析―．
　（飯島勇人，伊東宏樹，深谷肇一，正木隆 訳）．共立出版．

Krizhevsky, A., I. Sutskever, and G. E. Hinton. 2012. Imagenet classification with deep
　convolutional neural networks. In Advances in neural information processing systems 25:
　1097-1105

Nakashima, Y., K. Fukasawa, and H. Samejima. 2018. Estimating animal density without
　individual recognition using information derivable exclusively from camera traps. Journal
　of Applied Ecology 55:735-744

Rowcliffe, J. M., J. Field, S. T. Turvey, and C. Carbone. 2008. Estimating animal density using
　camera traps without the need for individual recognition. Journal of Applied Ecology 45:
　1228-1236

Villa, A. G., A. Salazar, and F. Vargas. 2017. Towards automatic wild animal monitoring:
　Identification of animal species in camera-trap images using very deep convolutional
　neural networks. Ecological Informatics 41:24-32

山階芳麿．1986．世界鳥類和名辞典．大学書林

米倉浩司，梶田 忠．2003-．BG Plants 和名―学名インデックス YList, http://ylist.info
　（2018/3/29 確認）

目　　次

日本語版への序文……………………………………………………………… iii

まえがき……………………………………………………………………… v

訳者まえがき………………………………………………………………… ix

第1章　はじめに………………………………………………中島啓裕　1
1.1　カメラトラップ調査の進化 …………………………………………… 1
1.2　本の構造と各章の要約 ………………………………………………… 3
引用文献………………………………………………………………………… 10

第2章　カメラトラップの歴史………………………………安藤正規　13
2.1　はじめに ………………………………………………………………… 13
2.2　初期の発展 ……………………………………………………………… 14
2.3　近代 ……………………………………………………………………… 17
2.4　森林性の肉食動物 ……………………………………………………… 22
2.5　利用方法の拡張 ………………………………………………………… 23
引用文献………………………………………………………………………… 32

第3章　生態学研究におけるカメラトラップのタイプと特徴の評価
　　　　―調査者向けの手引き― …………………………安藤正規　39
3.1　はじめに ………………………………………………………………… 39
3.2　野外におけるカメラトラップの長所と問題：レビュー ……………… 40
3.3　カメラトラップのタイプ ……………………………………………… 42
　3.3.1　非トリガー式カメラトラップ　44
　3.3.2　トリガー式カメラトラップ　45
3.4　カメラトラップの機能とトレードオフ ……………………………… 46
　3.4.1　システム構成要素　47
　3.4.2　ハウジング　48
　3.4.3　ソフトウェアとプログラミング　49
　3.4.4　電源　51
　3.4.5　カメラのタイプ　52
　3.4.6　カメラと光源のオプション　53
3.5　考察 ……………………………………………………………………… 55
　3.5.1　野外でのカメラトラップを用いた調査　55
　3.5.2　新しい技術　55
引用文献………………………………………………………………………… 57

xiii

第4章　科学，保全，そしてカメラトラップ……………………安藤正規　61
4.1　はじめに ………………………………………………………………… 61
4.2　科学 …………………………………………………………………………… 62
　4.2.1　科学へのアプローチ　62
　4.2.2　科学とカメラトラップ　64
4.3　管理/保全 ……………………………………………………………………… 66
　4.3.1　構造的意思決定：はじめに　66
　4.3.2　構造的意思決定：構成要素　67
　4.3.3　不確実性の原因　69
　4.3.4　順応的資源管理　70
　4.3.5　野生動物管理，保全，そしてカメラトラップ調査　71
4.4　考察 …………………………………………………………………………… 72
引用文献 ……………………………………………………………………………… 73

第5章　行動と活動パターン ………………………………………中島啓裕　77
5.1　はじめに ………………………………………………………………………… 77
5.2　動物の行動および活動を研究するための伝統的な手法 ………………… 77
5.3　カメラトラップを使う利点と可能性 ……………………………………… 78
5.4　事例研究 ………………………………………………………………………… 79
　5.4.1　概日リズム　80
　5.4.2　巣における捕食　82
　5.4.3　採食　82
　5.4.4　ニッチ分割と社会システム　85
　5.4.5　生息地とコリドー利用　85
　5.4.6　隠れ家と繁殖　86
　5.4.7　統計解析　87
5.5　行動研究におけるカメラトラップの将来の応用 ………………………… 87
引用文献 ……………………………………………………………………………… 88

第6章　個体数，密度，相対個体数 —概念的な枠組み— ………飯島勇人　93
6.1　はじめに ………………………………………………………………………… 93
6.2　個体数の推定 …………………………………………………………………… 94
　6.2.1　閉鎖個体群における捕獲再捕獲モデル　100
　6.2.2　開放個体群における捕獲再捕獲モデル　103
　6.2.3　混合時間スケールモデル　106
6.3　密度の推定 …………………………………………………………………… 108
6.4　相対個体数指数 ……………………………………………………………… 114
引用文献 …………………………………………………………………………… 121

第7章　カメラトラップデータによるトラの個体数の推定
　　　　—野外調査と解析に関する事項— ………………… 飯島勇人　127
7.1　はじめに …………………………………………………………… 127
　7.1.1　トラのカメラトラップ研究：自然誌と科学　127
　7.1.2　個体数推定事項に関連したトラの生態　128
7.2　装備と野外調査 …………………………………………………… 129
　7.2.1　カメラトラップと関連した装備　129
　7.2.2　トラップサイトの選択　131
　7.2.3　正確な記録のデータ　133
7.3　調査設計上で考慮すべきこと …………………………………… 135
　7.3.1　シーズン，調査期間，個体群の閉鎖性　135
　7.3.2　トラップの間隔と設置　136
　7.3.3　サンプル地域を十分に覆う　138
7.4　データ解析：問題と例 …………………………………………… 141
　7.4.1　トラの写真撮影データの解析の入口　141
　7.4.2　個体群閉鎖の検証　141
　7.4.3　モデル選択とトラ個体数の推定　142
　7.4.4　サンプリング面積とトラ密度の推定　145
7.5　カメラトラップによるトラの調査：いくつかの一般的な注釈 ………… 147
引用文献 ………………………………………………………………… 148

第8章　個体数/密度の事例研究 —アメリカ大陸のジャガー—
　　　　………………………………………………… 飯島勇人　153
8.1　導入 ………………………………………………………………… 153
8.2　調査地 ……………………………………………………………… 153
8.3　調査設計とデータ解析 …………………………………………… 155
8.4　結果 ………………………………………………………………… 162
8.5　考察 ………………………………………………………………… 170
引用文献 ………………………………………………………………… 174

第9章　長期カメラトラップデータに基づいたトラ個体群の個体群動態
　　　　パラメータの推定 …………………………………… 安藤正規　181
9.1　はじめに …………………………………………………………… 181
9.2　モニタリング上の問題に関連するトラの行動および個体群動態 ……… 182
　9.2.1　サンプリングの検討　182
　9.2.2　野外調査の問題　184
9.3　トラの個体群識別と齢—性別クラスの割り当て ………………… 185
9.4　データ分析の問題 ………………………………………………… 186
　9.4.1　モデルの枠組み　186
　9.4.2　モデル選択　189

9.4.3　ソフトウェアのオプション　191

9.5　インド Nagarahole のトラの個体群動態 ……………………………… 191

9.6　個体群動態の推定におけるカメラトラップデータの利用 …………… 197

引用文献 …………………………………………………………………………… 199

第10章　トラップ群から密度を推定するための階層空間捕獲再捕獲モデル

　…………………………………………………………………… 飯島勇人　203

10.1　はじめに ……………………………………………………………………… 203

10.2　背景 …………………………………………………………………………… 206

10.3　モデルの定式化 ……………………………………………………………… 209

　10.3.1　観測モデル　211

　　10.3.1.1　Model1：ポアソンモデル　212

　　10.3.1.2　Model2：二項遭遇モデル　213

　　10.3.1.3　Model3：多項観測モデル　214

10.4　モデルの解析 ………………………………………………………………… 215

　10.4.1　ポアソン検出回数　216

　　10.4.1.1　モデルの拡張と適切な縮小　216

　10.4.2　Model2：二項遭遇過程　217

　10.4.3　シミュレーションの解析　218

10.5　モデルの拡張：N が既知で S が未知の場合 …………………………… 219

10.6　N が未知の場合：データ拡大 …………………………………………… 222

　10.6.1　実装　224

10.7　Nagarahole のトラのデータへの適用 …………………………………… 225

10.8　開放系における個体群動態 ………………………………………………… 228

10.9　要約および考察 ……………………………………………………………… 231

引用文献 …………………………………………………………………………… 234

第11章　占有と占有動態に関する推論 ……………………………… 中島啓裕　237

11.1　はじめに ……………………………………………………………………… 237

11.2　動物生態学における占有 …………………………………………………… 238

11.3　モデルの枠組み，仮定，そして解析オプション ………………………… 240

　11.3.1　占有推定のための標準モデルと占有動態モデリング　240

　11.3.2　個体数の違いがもたらす検出の不均質性　242

11.4　占有モデルのための研究デザイン ………………………………………… 243

11.5　占有解析の結果の提示に関する提案 ……………………………………… 245

11.6　カメラトラップを用いた占有推定：モデルの拡張 ……………………… 246

　11.6.1　複数の調査手法と複数のスケール　247

　11.6.2　種の同時出現および資源分割　249

11.7　最近の進展 …………………………………………………………………… 250

　11.7.1　多状態占有モデル　250

11.7.2　空間的に固まったサブユニットでの占有モデル　250
11.8　結び……………………………………………………………… 251
引用文献…………………………………………………………………… 252

第12章　種数と群集動態：概念的な枠組み …………………… 中島啓裕　257
12.1　はじめに…………………………………………………………… 257
12.2　単一サイトに対する推論………………………………………… 264
　12.2.1　単一サイト静的群集　264
　12.2.2　単一動的群集　270
12.3　複数サイトについての推論……………………………………… 272
　12.3.1　静的メタ群集　272
　12.3.2　動的メタ群集　280
12.4　デザインの検討…………………………………………………… 282
引用文献…………………………………………………………………… 285

第13章　カメラトラップを用いた大型脊椎動物の種数の推定
　　　　　─インドネシアの熱帯雨林の事例─ ………………… 中島啓裕　291
13.1　はじめに…………………………………………………………… 291
13.2　カメラトラップと種リスト……………………………………… 296
13.3　種数の推定とモニタリング：インドネシアの事例…………… 299
　13.3.1　種数の観測地と推定値　301
　13.3.2　相対種数　306
引用文献…………………………………………………………………… 313

第14章　動物生態学と保全におけるカメラトラップ ─今後の動向─
　　　　　……………………………………………………… 安藤正規　317
14.1　はじめに…………………………………………………………… 317
14.2　カメラトラップデータの使用…………………………………… 317
14.3　カメラトラップ機器と写真データ……………………………… 320
14.4　統計的推論手法…………………………………………………… 321
　14.4.1　個体数と密度　322
　14.4.2　占有　325
　14.4.3　種数　326
14.5　まとめ……………………………………………………………… 327
引用文献…………………………………………………………………… 328

謝辞………………………………………………………………………… 331
索引………………………………………………………………………… 333
編者紹介…………………………………………………………………… 336
訳者紹介…………………………………………………………………… 337

Cappter1 Introduction

Allan F. O'Connell, James D, Nichols and K. Ullas Karanth

第1章

はじめに

1.1 カメラトラップ調査の進化

カメラ（と，より広義には写真撮影）は，現代社会には欠かせない要素である．開発された当初から現代にかけて，カメラを使えば生のあらゆる側面を記録することができるということが共通認識になってきた．カメラの利用は天文学や医学などの分野で長い歴史がある．写真撮影をどう捉えるかは時代や文化によってさまざまであったが，徐々に神秘を紐解く力が備わっていると考えられるようになってきた（Marien 2002）．写真撮影の技術およびカメラ機器の進歩とともに，保全分野でもこれらの活用法が見いだされ，動物個体群を調査するのに適したツールとなりつつあることも驚くべきことではないだろう．実際，近年，野生動物を対象にカメラトラップを使用することで，野生動物の生態学的な関係性や，より最近では個体群動態についての理解が間違いなく深まってきている．現在では，都市公園から遠く離れたジャングルに至るまで，文字どおり何百ものカメラトラップを用いた研究・調査が行われている．文献データベース *Web of Science* で「カメラトラップ（camera traps）」と検索すれば，過去5年間で180件［訳注：原著が出版された2011年当時］もの文献がヒットする．さらに，生物多様性を記載することへの世界的な関心を考えれば，このトピックに関する灰色文献（grey literature）まで含めると，おそらく数百を超える文献があるだろう．カメラトラップはさまざまな対象種の調査に用いられており，普通種（たとえば，オジロジカ *Odocoileus virginianus* やアライグマ *Procyon lotor*）から，希少で目立ちにくく，しばしばほとんど情報がない種（たとえば，ユキヒョウ *Uncia unciu*）までもが対象にされている．

カメラトラップの科学ツールとしての進化は，ほぼ20世紀全体に跨って起

1

こったが（2章参照），技術革新のスピードは，社会的な関心，文化的な傾向および長く保持されてきた伝統による好みによってさまざまであった．たとえば，アニマル・ウェルフェアへの関心の高まりは，非侵襲的なサンプリング手法への関心を高めている（Long et al. 2008）．電子工学などの分野における技術進歩は，システム構成要素の自動化，小型化，システムのネットワーク化，現代のカメラトラップシステムのあらゆる性能の向上に大きく貢献してきた．これらの技術的進展によって，より効率的にカメラトラップを利用することが可能になり，さまざまな環境下でさまざまな種を調査対象にすることができるようになった．そして，カメラトラップの調査がより効率的で信頼できるものになるにつれて，購入，操作，メンテナンスに要するコストは著しく低下してきており，そのことがこの手法への関心をさらに刺激することになっている．

　機器の技術的進展と同様，非常に強力な解析技術も開発・利用されており，カメラトラップのデータから適切な推論をすることが可能になっている．しかし，これらの推定手法や確率論的なサンプリング方法が多くの利点をもつにもかかわらず，こうしたアプローチが第一の選択肢になるのには時間がかかっている．カメラトラップを用いた研究プログラムの多くでは，有意抽出法と恣意的抽出法が現在でも用いられており，これらの結果を密度や個体数の指数として用いてしまっている．こうしたやり方は確かに比較的安価で容易に実行可能なものであるが，パラメータの推定にバイアスをもたらすことが多い．個体群について妥当な推論をするためには，誤差を大きくする二つの重要な要因を考慮する必要がある．検出率と空間変動性である（Lancia et al. 1994；Anderson 2001；Pollock et al. 2002）．空間変動性を考慮するためには，サンプリングを確率論的に行う必要があり，調査サイトのデータからより広い地域（すなわち，調査地域）に対する推論が出来るようにデザインする必要がある．サンプリングデザインは，たとえば個体数の変化率のようなパラメータの推定を行ううえでも（精度の点で）優れたものでなければならない．指数の利用は，検出率，すなわちカウント数と推定対象のパラメータ（たとえば，個体数や密度）の関係に強い仮定を置いている．しかし，これらの仮定が妥当であることが確かでないかぎり，密度あるいは個体数の指数は，個体群についての推論をするうえではほとんど価値がないものになる（Thompson et al. 1998, 6章）．経済性やカメラ管理上の手間のような要素がしばしば検出率と空間変動性を考慮しないことの理由に使われる．確かに，これらの要素が，ほとんどの科学的挑戦

の範囲を制限してしまうことは事実である．しかし，科学的な知見をえる場合であれ，野生生物管理のための情報を集める場合であれ，研究目標を最初に十分に検討することは，対象個体群に対する推論を行ううえで極めて重要であり，調査の試み全体に対して有用である（Yoccoz et al. 2001；Nichols and Williams 2006）．ジャガー（*Panthera onca*）やトラ（*Panthera tigris*）のような種の場合，生息密度が低く，その行動パターンは伝統的な手法では調査が困難なので，調査エリア内をどのようにサンプリングするのが適切なのかを最初に十分考える必要がある．動物個体群の調査やモニタリングでは，野外調査を始める前に十分な時間と努力量を割くことよって，関連するパラメータをもっともらしく推定できる可能性を高めることができるのだ．

　本書全体を通して，扱われる技術の基礎となる概念的な枠組みを示すように著者らに依頼した．サンプリングデザイン，プログラムの目標，そして予想される結果について十分考えることなしにカメラトラップの設置に走ってしまうと，そうした機会が失われてしまうだろう．私たちは，カメラトラップ利用者がデータ解析する際には，推定手法の「ツールボックス」を探るようになってほしい．本書の内容がすべての人々にその可能性をもたらしてくれることを願っている．

1.2　本の構成と各章の要約

　カメラトラップ調査には，これまで述べてきた解析アプローチ以上のものが関わっている．カメラトラップを用いた野外研究や調査を成功させるためにはさまざまなことを考慮する必要がある．たとえば，研究対象種についての生物学的な知識は不可欠である．同様に，調査地の環境条件や社会状況，資源の利用可能性についての理解も重要である．

　本書は，野生動物を撮影するためのカメラトラップの一般的な利用法について広く説明するものではない．そうではなく，科学的な知見をえたり，野生生物管理を遂行したりするためのカメラトラップ利用について詳しく扱うものである．このため本書では，特定の数値，情報，関連する方法論あるいは解析上のアプローチについて扱うことになる．私たちの目的は次の三つである．第一にカメラトラップの発展史，すなわち開発の初期段階ではカメラトラップはどのようなもので，それがどのように変化し，そして今後どのようになっていくかを説明することである．第二に，動物個体群をサンプリングするうえでカメ

ラトラップをどのように使うのが最適なのかについての情報を提供することである．そして，第三に，カメラトラップデータから信頼できる推論を行うのにもっとも適した解析技術の概念および技術的側面についての情報を提供することである．これらの目的を達成するために，カメラトラップ調査が近年どのように進化してきたかについて歴史的側面からのレビューを行った．装置を設置しシステムを稼働状態に保つという基礎から始めたい．

　20世紀の初めにおいては，装置を維持することは，対象種を記載することとほとんど同じであった．本書では1章を割いて，さまざまなタイプの装置について説明した．カメラトラップが科学研究のツールとしてますます広く利用されるにつれて，スポーツハンティングをする人々の間でも広く利用されるようになった．この結果，さまざまなシステムやメーカーのものが利用可能になっている．本章では，どのシステムが自分の利用に最適なのかを躊躇なく決められるように試みた．これらの章に続いて，本書の残りでは，カメラトラップ研究が科学や野生生物管理に貢献するためにどのように使われうるかについてまとめることにした．どんな知識を得ようとしているのかという点で研究目標がはっきりしていなくてはならない（Romesburg 1981）．そうでなければカメラトラップを用いた調査も，他のほとんどの動物調査プログラムと同様，いつまで経っても完結しない研究に陥りがちであり，野生生物管理者にとって有用な情報をほとんどもたらさないものになりかねない．科学や野生生物管理の大型プログラムの構成要素である「目的の明確な」モニタリングを行うことが，カメラトラップ研究を成功させるための最良の手段である（Nichols and Williams 2006）．本書では，密度や個体数といった重要な個体群パラメータを推定するための新旧さまざまな解析技術をいかに利用・適用するかについて詳細に述べることにする．ある章では，技術の基礎にある概念的な枠組みの説明から入り，その適用例として実際の研究を紹介する．カメラトラップはさまざまな目的で利用されているので，この機器を用いて行われた特定のトピック（たとえば，行動）についての研究例をレビューする章もある．こうすることで，広範でかつ十分に深いレビューになるようにした．

　野生生物の生態学におけるカメラトラップの利用には，種の出現の記載を目標とした基礎的なインベントリーから（たとえばGilbert et al. 2008），写真情報を利用して個体群のステータス（Karanth and Nichols 1998）や個体群動態（Karanth et al. 2006）を推定するための統計モデルの構築に至るまで，さまざ

まなレベルのものがある．個体の識別が不可能な場合にも，識別可能な場合と同様，検出率の問題を十分に考慮したうえで，個体群のステータスや変化についての推論を行うことができるようになっている（Zielinski et al. 1997；O'Connell et al. 2006）．本書は，科学と野生生物管理に貢献する技術的なトピックにも焦点を当てる．これらの技法の現状について述べるだけでなく未来を見据えた議論をしたい．以降の頁において，何が扱われるのかを事前に示すために，ここでそれぞれの章を短く要約しておく．もし読者が特定のトピックや技術にだけ関心があるのであれば，この要約によって，どの章を選んで読めばよいかがわかるだろう．もし本書を科学もしくは野生生物管理のためにカメラトラップを用いるうえでの入門書として捉えるならば，以下の要約は全体像をとらえるうえで有用だろう．

　第 2 章では，Kucera と Barrett が，動物の写真が単純に「野生生物の撮影」と呼ばれていた 100 年以上前まで遡って，カメラトラップの歴史についてレビューしている．20 世紀初期（あるいはそれ以前）には，カメラやフラッシュは大きくかさ張るものだったが，1900 年代初期には単純な遠隔トリガーシステムが開発され，やがて 1900 年代中盤には，カメラやバッテリー，その他の構成機器が小型化されてきた．この章では，これらの変化を先導した重要人物について議論される．また，これらのシステムが実際に使われてきた研究例（たとえば，巣における捕食）や，これまでに研究対象にされた動物群，カメラが用いられたユニークな場所についても紹介されている．カメラトラップ調査は，イギリスの Zoological Photographic Club で用いられるような芸術写真の撮影を目的としたものから最先端の科学へと移行し，今や未来の科学技術になろうとしている．著者らは，こうしたカメラトラップの発展のさまざまな段階を紹介している．

　第 3 章では，Swann，Kawanishi および Palmer が，今日のカメラトラップ調査に利用されている装置についてレビューしている．この技術は広く用いられているので，さまざまなメーカーが商品を出しており装置の選択肢に不足はない．野外調査に非常に豊富な経験をもつ者にとっても，購入可能なカメラトラップはあまりに多く，センサーやトリガー，画像タイプ，そして電源などの事実上あらゆるシステム構成要素に無数の選択肢があるという状態になっている．加えて，著者らは，それぞれのシステムの状態，研究のタイプや対象種に関する手引きを提供している．この章は，現代生態学における遠隔撮影技術の

利用の根底にある技術と原理の入門章というべき性格を帯びている.

　第 4 章では，Nichols，Karanth および O'Connell が，科学や野生生物管理に関する情報をえるためのカメラトラップ調査に絞って議論している．カメラトラップ調査からえられた情報は，科学や野生生物管理の基礎となる知識量を増やすことを目的とした場合にもっとも有用になる．野生生物管理者は，この知識を用いることで，自らが管理している資源について詳細な情報を得たうえで判断することができる．本章は，仮説の構築と明確化，データ取得，関連する予測の演繹，そして研究対象に対して強力な推論を行うための推定方法の利用などの点において批判的な思考を行うことを推奨している．議論は，公式な意思決定プロセス（構造的意思決定）の有用性に向かい，こうしたプロセスの四つの要素，目標，管理行動，モデル，モニタリングについて扱われる．構造的意思決定アプローチは，野生生物管理者がさまざまなタイプの不確実性に直面する場合，詳細な情報を得たうえでの意思決定を行うのに役立つ．モニタリングプログラムは，構造的意思決定において非常に重要な役割を果たす．それらの役割をしっかりと認識しておくことは，カメラトラップによるプログラムを含めて，関連するサンプリングプログラムを計画するうえでも非常に有用である．目的が科学であれ野生生物管理であれ，これ以降の章の多くで扱われる推定方法を利用するにあたっての準備をしてくれる．

　第 5 章では，Bridges および Noss が，動物の行動研究やエソロジーにおいて，カメラトラップがどのように用いられてきたかについてレビューしている．著者らは，カメラトラップを用いて研究されてきた動物の行動に関するさまざまなトピック，たとえば，巣における捕食，採食，概日リズム，社会性やニッチ分割，繁殖，生息地利用などについてレビューしている．この章では，これらのトピックそれぞれを概観したうえで，どういった研究例があるかが要約され，行動研究において，カメラトラップデータがどのように分析されたのかについて述べられている．著者はまた，伝統的なアプローチ（たとえばラジオテレメトリー）ではえられなかった行動に関する知見をえるうえでの遠隔調査システムを利用する利点についても議論している．読者はこの章を読むことで，カメラトラップを用いてどのような行動生態学の研究がなされてきたのかがよく理解できる．また，将来何が可能であるのかについて大まかに理解することもできる．

　第 6 章では，O'Brien が，カメラトラップ利用の背後にある概念，とくに動

物個体群の個体数，密度，あるいは相対個体数の推定を行う際の概念について
レビューしている．この章で詳しく扱われているのは，ある単一種の個体群の
個体数を推定するための手法である捕獲―再捕獲（capture-recapture：以降
CRと略）法の利用についてである．この章では，CR法による推定の根底に
ある概念について議論されており，カメラトラップの配置（空間変動性）と研
究デザインの違いの重要性について強調されている．研究デザインによって，
閉鎖系，開放系，あるいは混合時間スケールモデルのどれを用いるべきかが変
わってくる．この章では，カメラトラップを利用したさまざまな密度推定ある
いは相対個体数推定のアプローチが，どのように進化してきたのかが紹介され
る．密度と相対個体数の推定手法の発展は長く異なる歴史を持っている．ここ
では，写真情報から密度を決めるためのいくつかの方法，定式的でないアプ
ローチ（たとえば，平均最大移動距離法（MMDM），入れ子型グリッド分析）
から，より定式的な（そしてより最近の）最尤推定もしくはベイズ推定に基づ
く空間明示型CRモデルにいたるまでの方法がレビューされる．相対的あるい
は間接的な個体数指数を開発するために盛んにカメラトラップのデータが用い
られているという現状を考えれば，章末の簡潔な議論も，多くの読者にとって
関心のあるトピックであろう．要約すると，この章は，方法の単純な便覧以上
のものであり，さまざまなアプローチの相対的な有用性についての著者の見解
が詳しく述べられている．

　第7章では，Karanth，NicholsおよびKumarが，トラ個体群の個体数を推
定するうえでの閉鎖CRモデルの利用について議論している．閉鎖モデルの利
用は，比較的短い調査期間で行われるもので，調査期間内では対象個体群に変
化（たとえば，誕生，死亡，移入，移出など）がないことを前提としている．
著者らは，カメラトラップを用いたトラ研究のあらゆる側面について詳細に述
べており，大型で希少で，かつ行動圏が広い種を調査する場合に直面するさま
ざまな問題について議論している．お勧めの装置や野外での実践方法，トラッ
プサイトの選択，調査デザインやトラップの設置，そしてデータの解析につい
て，徹底したレビューがなされている．

　第8章では，Maffei，Noss，SilverおよびKellyが，ジャガーの個体数や密
度の推定を目的としたカメラトラップ研究についてまとめている．ジャガーは
アメリカ最大のネコ科であり，おそらく世界でもっとも徹底した研究が行われ
ている種である．生息地の喪失や断片化，密猟などによる圧力が高まりつつあ

ることもあり，現在進行中のものや計画中のものも含めて 80 以上の研究の対象となっている．著者は，これらの研究間での方法論の違いにまとめたうえで，空間変動性を適切に扱うサンプリングデザインを開発することの困難について述べている．目立ちにくいこの種に対してこれまで多大な関心が払われてきたにもかかわらず，著者らは，これまでの研究を予備的なものとみなすべきであるとしている．というのも，空間変動性を適切に考慮した密度推定手法は，最近になってようやく発展してきたからである（10 章参照）．

第 9 章では，Karanth, Nichols, Kumar および Jathanna が，トラの個体群動態を推定するために「開放系の」CR モデルを用いている．これらのモデルのもとでは，調査対象の個体群における時間あるいは空間的な変化（たとえば，誕生，死亡，移出，移入）をうまく扱え，個体群動態パラメータを推定することが可能である．捕獲確率に加えて，開放個体群を対象にしたモデリングでは，生存確率についてのパラメータも必要である．著者らは，Pollock（1982）のロバストデザインと Cormack-Jolly-Seber（Leberton et al. 1992）による開放個体群用のアプローチを適用するためには，どのような解析上の条件を満たす必要があるのかについて議論している．これらのアプローチは，開放系と閉鎖系の個体群モデリングを結びつけるものである．モデル選択に関するさまざまな話題についても扱われている．最後に，インドの Nagarahole 公園で行われたトラを対象とした 9 年間にも及ぶカメラトラップ調査の結果を用い，ロバストデザインを用いたアプローチの有用性を実際に示している．

第 10 章では，Royle および Gardner が，カメラトラップを用いて個体群密度を推定するための空間明示型 CR モデルの利用を提示している．彼らは，古典的な閉鎖系の CR モデルを拡張し，観察プロセス（すなわちカメラと動物の遭遇）をカメラの設置点と動物の空間分布の両方の関数としてモデリングしている．このアプローチで重要なのは，データ拡大を用いたベイズ推定の利用である．この技術はもともと閉鎖系の CR モデルにおいて個々の共変量を扱うために進歩してきたものである（Royle et al. 2009）．これによって，カメラトラップによって収集された撮影情報と，行動圏や縄張りの概念を定式的な形で結びつけられるだろう．空間明示型の CR モデルは重要な新しい方法論的進展であり，このアプローチは今後急速に発展していくことが予想される．

第 11 章では，O'Connell および Bailey が，占有推定の基礎について扱っている（12 章も参照）．占有推定とは，ある種に対する出現確率と検出確率を同

時に推定する手法のことである．基礎的なアプローチについて短くレビューされており，単一シーズンと複数シーズンデータ，単一種と複数種モデル，複数手法の利用，種間相互作用の推定が扱われている．占有と個体数や密度との関係についても短く議論されている．また広域スケールでのモニタリングプログラムにおけるカメラトラップ調査の役割についても扱われている．カメラトラップによるサンプリングが有効な生息地占有動態，多状態多スケールといった比較的新しいモデルについてもレビューされている．研究デザインの検討や利用可能なソフト（たとえば，Bailey et al. 2007 による GENPRES）のオプションについても扱われている．

　第 12 章では，Kéry が，群集全体のサイズ，構成，動態を推定するという困難な問題に取り組んでいる．この章は，種数を推定するために利用できるさまざまな方法をレビューすることから始めており，群集を対象にした場合の CR 法と占有モデルの基本的な枠組みを重点的に扱っている．Kéry は，個体群の個体数を推定するための閉鎖 CR モデルは，種数の推定に対しても用いることができる点に注目している．この章の文脈では，個体は種に置き換えられる．CR モデルの有効性は，種のカウント結果を生み出す観察プロセスの一部として不完全検出を扱っている点にある．単一もしくは複数サイトにおける閉鎖系あるいは開放系システムでの占有推定のアプローチ（11 章）について述べられる．モデルの構築とそれに付随する項目（たとえば，ロバストデザイン，階層枠組み），同定可能性，モデルの仮定に反する具体的な例が，細心の注意を払って提示されている．サンプリングデザインの検討についてもレビューされ（すなわち空間変動性），さまざまなソフトウェアの選択肢［たとえば COMDYN（Hines et al. 1999）］についても述べられている．

　第 13 章は，O'Brien，Kinnaird および Wibisono が，第 12 章で提示された種数と関連パラメータの推定アプローチを実際に利用している．彼らは，先に述べた CR モデルと最尤法を，インドネシアの Bukit Barisan Selatan 国立公園におけるカメラトラップ調査に適用した．目標は，中大型の地上性もしくは半地上性の哺乳類および 4 種の地上性大型鳥類の種数の推定を行うためである．本章では，推定値の精度にまれな種がもたらす影響や群集レベルでの推論を行う際に直面する問題についても議論されている．カメラトラップ調査は，種数をうまく推定することができる手法であると考えられるが，結局のところ十分な調査努力と調査範囲が必要であることに変わりはない．

第14章では，Nichols，O'Connell および Karanth が，カメラトラップ研究が将来どう発展していくのかについて予見している．カメラトラップデータを共有するためのウェブサイトとデータベースの開発とともに，カメラ機器とその技術的な進展についての最新情報と今後の見込みがレビューされている．また，本書で議論された個体群パラメータをより良く推定するためには，どのようにカメラトラップを用いたらよいかについても述べられている．また，DNA 分析やラジオテレメトリーなどの他の技術によってカメラデータを補うことの潜在的な可能性についても書かれている．さらに，複数種の占有モデリングや群集動態についてのさらなる推論の可能性について議論されている．

　生物種数のカウント法の発展には豊かな歴史があり，野外調査とデータ解析にはこれまでにも重要な進展が何度もあった（Elphick 2008）．カメラトラップの出現は，最終的には，動物の種数を推定し個体群と群集に対する推論を行うための手法として，重要な進展であったと見なされるようになるだろう．将来，本書がカメラトラップ法と解析オプションの進化に何らかの形で貢献することを願っている．

引用文献

Anderson, D. R. 2001. The need to get the basics right in wildlife field studies. Wildlife Society Bulletin 29:1294-1297

Bailey, L. L., J. E. Hines, J. D. Nichols, and D. I. MacKenzie. 2007. Sampling design trade-offs in occupancy studies with imperfect detection: examples and software. Ecological Applications 17:281-290

Elphick, C. S. 2008. How you count counts: the importance of research methods in applied ecology. Journal of Applied Ecology 145:1313-1320

Gilbert, A. T., A. F. O'Connell, Jr., E. M. Annand, N. W. Talancy, J. R. Sauer, and J. D. Nichols. 2008. An inventory of terrestrial mammals at National Parks in the Northeast Temperate Network and Sagamore Hill National Historic Site. U.S. Geological Survey, Reston, Virginia. Scientific Investigations Report 2007-5245. 158 pp

Hines, J. E., T. Boulinier, J. D. Nichols, J. R. Sauer, and K. H. Pollock. 1999. COMDYN: software to study the dynamics of animal communities using a capture-recapture approach. Bird Study 46 (suppl.): S209-217

Karanth, K. U. and J. D. Nichols. 1998. Estimation of tiger densities in India using photographic captures and recaptures. Ecology 79:2852-2862

Karanth, K. U., J. D. Nichols, N. S. Kumar, and J. E. Hines. 2006. Assessing tiger population dynamics using photographic capture recapture sampling. Ecology 87:2925-2937

Lancia, R. A., J. D. Nichols, and K. H. Pollock. 1994. Estimating the number of animals in wildlife populations. Pages 215-253 *in* T. Bookhout, editor. Research and management techniques for wildlife and habitats. The Wildlife Society, Bethesda, MD

Lebreton, J. D., K. P. Burnham, J. Clobert, and D. R. Anderson. 1992. Modeling survival and testing biological hypotheses using marked animals: a unified approach with case studies.

Ecological Monographs 62:1-118

Long, R. A., P. MacKay, W. J. Zielinski, and J. C. Ray, editors. 2008. Noninvasive survey methods for carnivores. Island Press, Washington, DC

Marien, M. W. 2002. Photography: a cultural perspective. Harry N. Abrams, Inc., New York, NY

Nichols, J. D. and B. K. Williams. 2006. Monitoring for conservation. Trends in Ecology and Evolution 21:668-673

O'Connell, A. F. Jr., N. W. Talancy, L. L. Bailey, J. R. Sauer, R. Cook, and A. T. Gilbert. 2006. Estimating site occupancy and detection probability parameters for mammals in a coastal ecosystem. Journal of Wildlife Management 70:1625-1633

Pollock, K. H. 1982. A capture-recapture design robust to unequal probability of capture. Journal of Wildlife Management 46:757-760

Pollock, K. H., J. D. Nichols, T. R. Simon, G. L. Farnsworth, L. L. Bailey, and J. R. Sauer. 2002. Large scale wildlife monitoring studies: statistical methods for design and analysis. Envirometrics 13:105-119

Romesburg, H. C. 1981. Wildlife science: gaining reliable knowledge. Journal of Wildlife Management 45:293-313

Royle, J. A., J. D. Nichols, K. U. Karanth, and A. Gopalaswamy. 2009. A hierarchical model for estimating density in camera-trap studies. Journal of Applied Ecology 46:118-127

Thompson, W. L., G. C. White, and C. Gowan. 1998. Monitoring vertebrate populations. Academic, San Diego, CA

Yoccoz, N. G., J. D. Nichols, and T. Boulinier. 2001. Monitoring of biological diversity in space and time. Trends in Ecology and Evolution 16:446-453

Zielinski, W. J., R. L. Truex, C. V. Ogan, and K. Busse. 1997. Detection surveys for fishers and American martens in California, 1989-1994: summary and interpretations. Pages 372-392 *in* G. Proulx, H. N. Bryant, and P. M. Woodard, editors. Martes: taxonomy, ecology, techniques, and management. Provincial Museum of Alberta, Edmonton, AB, Canada

Cappter2　A History of Camera Trapping

Thomas E. Kucera and Reginald H. Barrett

第2章

カメラトラップの歴史

2.1　はじめに

　野生動物を攪乱することなく彼らを観察したいという人間の望みは，少なくとも，ブラインド［訳注：狩猟のために身を隠す場所］を作った狩猟採集者たちまで遡る．この目的を果たすための私たちの能力は，写真撮影その他の発展，さらに近年では，小型の携帯用電池，電灯，デジタル機器などの革新的な技術進歩によって大きく向上した．これらの技術によって，広汎な種類の野生生物を，広く多様な生息地において，24時間連続で，あらゆる困難な条件のもとでも，対象動物を攪乱することなく観察を行うことができる．私たちの祖先は，動物から得られるさまざまな物を手に入れることが望みだった．今日，野生生物を攪乱せずに観察したいという望みは，レクリエーションや自然の美しさの鑑賞から，動物個体群とその環境との関係に対する科学的理解を高めることにまで及ぶ．

　最新の写真撮影機器，カメラトリガー装置，そしてコンパクトな電源は，自動化されたカメラトラップを構成し，野生生物の生息地へ，かつてないほどめだたないアクセスを可能にする．今や科学的な訓練を受けていない人でさえ，「夜間に私の裏庭にはどんな動物がいるのか？」いう単純な疑問に対処することができる．野生生物の科学者たちは「特定の地域にはどのような動物が生息しているのか？」，「彼らは何をしているのか？」，そして「そこには何頭生息しているのか？」などのより洗練された質問に答えるために，最新の遠隔カメラ装置を使っている．遠隔撮影を使用する科学者が現在取り扱っているトピックは，見つけにくいかあるいは希少な種の検出，ある種の分布域の検出，捕食行動の記録，動物の行動のモニタリング，そして生息個体数や個体群動態パラ

13

メータの推定等である．これらの写真は，単に言葉で説明される以上の価値がある．このレビューでは，遠隔カメラ機器の開発と使用について，野生生物の個体群動態を定量的に評価する技術の改良までを簡単に説明する．この最後のトピックは，本書のさまざまな章で扱われている．

2.2　初期の発展

写真は 19 世紀に発明され，改良されてきた（Newhall 1982）．重いかさ張った装置，感度の悪いフィルムやレンズであったにもかかわらず，この新しい技術はすぐに自然を撮影することに適用された．Guggisberg（1977）は，1863 年に南アフリカに渡ったドイツ人探検家 G. Fritsch 教授が野生動物を撮影した最初の成功例について記している．また別の例では，初期の「絶滅危惧種」に関する写真として，クアッガ（*Equus quagga*）が 1870 年代初期のロンドン動物園で撮影されている．なお，1870 年の時点ですでにこの動物は野生絶滅してしまっていた．1870 年，ボストンの Charles A. Hewins は，ストラスブールにて巣の上に立つシュバシコウ（*Ciconia ciconia*）の写真を発表した．科学研究を目的とした野生生物の写真におけるもっとも初期の使用例は，1872〜1876 年に実施されたイギリスの船舶である HMS チャレンジャー号による海洋航行であった．この探検では，イギリス陸軍工兵隊の伍長であった C. Newbold が，イワトビペンギン（*Eudyptes chrysocome*）の繁殖地とアホウドリの仲間（*Diomedia* spp）の繁殖を撮影した．

野生生物の撮影は 19 世紀後半に人気を博した．Guggisberg（1977）によると，1900 年までには 400 万人のカメラ所有者がイギリスにいた．1899 年には Zoological Photographic Club が設立された．また，技術的な進歩によって，より小型でポータブルなカメラが生み出された．「Bird-land Camera」は，1900 年代初めにイギリスの鳥類カメラマンである Oliver Pike によって開発されたレフレックスカメラの一種で，「自然史写真のために特別に設計されたもの」として市販されていた．米国の G. Wallihan（1906）は，ロッキー山脈で撮影されたアカシカ（*Cervus elaphus*）［訳注：かつて北米でアカシカに分類されていた種は，現在の分類では *Cervus canadensis* とされている］，ミュールジカ（*Odocoileus hemionus*），プロングホーン（*Antilocapra americana*），ピューマ（*Felis concolor*）［訳注：*Puma concolori* のシノニム］，ボブキャット（*Lynx rufus*），その他の野生生物の写真集である「Camera shots at Big

14

Game」を出版した．なおこの本の序文はセオドア・ルーズベルトが記している．

　これらの初期の野生生物の写真は，写真家が手動でシャッターを切って撮影されたものであった．技術開発によってこれよりはるかに速いシャッタースピードが実用化され，1878 年に Eadweard James Muybridge は十数個のカメラを並べ，ギャロップで駆け抜ける馬が糸を切るのをトリガーとした撮影を行った．これは，馬の 4 本の足すべてがギャロップの特定のタイミングで地面から離れていることを証明しただけでなく，動物の運動の厳密な理解の始まりであり，最終的には動画の発展につながった（Guggisberg 1977；Newhall 1982）．またこれは，自分の写真を撮った動物の最初の例でもあった．

　1890 年代には George Shiras がトリップワイヤー［訳注：シャッター等に繋がる仕掛け糸］とフラッシュ機構を用い，動物が自身を撮影するという手法を最初に開発した．彼の写真「flashlight」は 1900 年のパリ万博で金賞を獲得し，この写真はナショナルジオグラフィック誌に掲載された（Guggisberg 1977；Shiras 1906, 1908, 1913）．Shiras はトリップワイヤーを用いて数多くの野生生物（ミンク（*Mustela vison*）［訳注：*Neovison vison* のシノニム］，アライグマ（*Procyon lotor*），オジロジカ（*O. virginianus*），カナダヤマアラシ（*Erethizon dorsatum*），マスクラット（*Ondatra zibethicus*），カンジキウサギ（*Lepus americanus*），シマスカンク（*Mephitis mephitis*），アメリカビーバー（*Castor canadensis*），クロコンドル（*Coragyps atratus*）およびヒメコンドル（*Cathartes aura*），コリンウズラ（*Colinus virginianus*），ショウジョウコウカンチョウ（*Cardinalis cardinalis*），トウブハイイロリス（*Sciurus carolinensis*），キタオポッサム（*Didelphis virginiana*），gopher tortoise（*Gopherus polyphemus*），トナカイ（*Rangifer tarandus*），ヘラジカ（*Alces alces*），ヒグマ（*Ursus arctos*），アカシカ［訳注：おそらく *Cervus canadensis* を指す］）を記録した．Shiras は，トリップワイヤーを引っ張るように動物を誘導するために開発したさまざまな方法によって，非常に多くの野生動物の撮影に成功した．たとえば，彼はアライグマを撮るときにはチーズ，コンドルを撮るときには腐肉といった具合に，動物にとって魅力的なエサをトリップワイヤーに縛りつけ，動物たちがそれを引っ張るよう誘導した．また彼はアカシカ［訳注：おそらく *Cervus canadensis* を指す］を撮る際，移動の際に通りそうな場所にトリップワイヤーを仕掛けた．Shiras はビーバーを撮影するのにとくに秀逸な方法を用いた．彼はビーバーのダム中の緩んだ棒にトリップワイヤーを結んだ．夜，

ビーバーがダムを修理した時，ビーバーは自身の写真を撮ることになった．

20世紀初めの数十年間に，動物が自らの写真を撮ることに成功したいくつかの他の事例が世界中であった．1903年と1904年にドイツのスポーツマン兼写真家であった Carl Georg Schillings は，Shiras の方法を東アフリカの野生生物に適応した．Schillings（1905, 1907a, b）は，生きているロバなどのエサを使用したり，水場で撮影することによって，ライオン（*Panthera leo*），ヒョウ（*P. pardus*），ブチハイエナ（*Crocuta crocuta*），ジャッカルの仲間（*Canis* sp.）といった種を含む多くの野生生物の壮観な写真を世に送り出した．これらのすべては被写体となった動物自身が撮影したものである．William Nesbit（1926）は野外撮影の最初の詳細な手引きを発表し，野生動物がワイヤーを引っ張って自身の写真を撮る「フラッシュライト・トラップ撮影」は，「もっとも魅力的なスポーツであり，当然，ますます人気が高まっている」と述べている（Nesbit 1926：62）．彼は手引きの中で，Frank Chapman, William T. Hornaday, George Shiras からの援助と写真の提供に謝辞を送っており，最後には「動物写真の父」（Nesbit 1926：303）として簡潔な経歴と「自然写真家名士録」の引用が添えられている．この本は，カメラ機器，さまざまな動物を誘致するためのエサ，高速フラッシュ装置，およびシャッターを切るためのトリップワイヤーに関する詳細な説明を提供した．また Nesbit は，Indian Forest Service の F. W. Champion による，この装置で撮影された最初の野生のトラ（*P. tigris*）の写真も公開した．その後 Champion（1928, 1933）は，彼の経験や，トラやその他の動物，たとえばヒョウ，ベンガルヤマネコ（*Felis bengalensis*）［訳注：*Prionailurus bengalensis* のシノニム］，ジャングルキャット（*F. chaus*），スナドリネコ（*F. viverrinus*）［訳注：*Prionailurus viverrinus* のシノニム］，シマハイエナ（*H. hyaena*），ナマケグマ（*U. ursinus*），ラーテル（*Mellivora capensis*）などの写真を含むいくつかの本を出版した．ミシガン州では，Harris and DuCharme（1928）がビーバーの作った道を使って移動するビーバーや他の動物を撮影するために，Nesbit の装置や，あるいは彼ら自身で作成した装置を使用した．

純粋科学の分野では，ニューヨーク自然史博物館の鳥類学の学芸員であった Frank M. Chapman は，トリップワイヤーとエサを使って，その頃パナマのバロ・コロラドに設立されたばかりの研究島に出現する種を記録した．Nezbit の装置を使った彼の「census of the living」（Chapman 1927：332）では，熱帯

16

雨林でピューマ，オセロット（*Leopardus pardalis*），クチジロペッカリー（*Tayassu pecari*），ベアードバク（*Tapirus bairdii*），ハナグマ属の仲間（*Nasua* sp.）を首尾よく撮影した．これは，遠隔写真撮影によってその地域に生息する種を記載するという最初の明確な試みであったと考えられる．Chapman は写真の個々の動物を区別することについても言及した．個々の動物の痕跡に基づいて，彼は同じピューマの写真がいくつかあり，そして少なくとももう 1 頭の別個体の写真があると結論づけた．彼はまた，動物の行動についても推論を行った．たとえば，彼は，何頭かのネコ科の動物がトリップワイヤーを認識しており，それを踏み越そうとした一方で，ペッカリーはそのような認識を示さなかった，と指摘した．近年，このように動物を個体毎に認識しその行動を観察するといったテーマが大きく発展した．

　動物がトリガーを引くタイプの遠隔カメラの初期の開発者のもう一人は，シカゴの弁護士である Tappan Gregory である．Gregory（1927）は，フラッシュを放出するためのトリップワイヤーを用いた，ヤマアラシとシロアシマウス（*Peromyscus leucopus*）の遠隔写真撮影について述べた．彼はその後，より洗練された方法を開発し，さまざまな北米の野生生物の写真画像を記録し（Gregory 1930），U. S. Bureau of Biological Survey，Chicago Academy of Sciences，スミソニアン協会，国立動物園で科学的な取り組みに勤しんだ．科学調査遠征では，彼が開発したカメラトラップを使って，1934 年にルイジアナ州でオオカミ（*Canis lupus*），1937 年にメキシコ北部でピューマの写真の撮影に成功した．Gregory（1939）ではカメラトラップ撮影の詳細な設計を発表し，樹木への設置，野外での暗室の設営，フラッシュ用の粉末マグネシウムの使用に関する安全上の問題等，それらの運用行程を詳細に議論した．メキシコへの調査遠征を主導する Bureau of Biological Survey の Stanley P. Young（1946）は，彼の本の中でいくつかのピューマの写真を使用しており，カメラを操作する踏み板に動物を引きつけるためのイヌハッカ油の使用について言及している．

2.3　近代

　20 世紀半ばまでには，撮影機器の小型化と扱いづらく危険な粉末マグネシウムのフラッシュからフラッシュバルブへの転換によって，遠隔での野生生物写真がさらに洗練されていった．野生生物の活動を記録するために，遠隔カメ

ラ向けのいくつかの運用行程が出版された．Gysel and Davis（1956）は動物がひもに取りつけられたエサを引っ張ったときに作動する6Vバッテリー動作の安価な写真ユニットについて説明した．二つのスイッチ，ソレノイド［訳注：筒状のコイルに電流を流すことで磁界を発生させ，中に通した鉄芯を動かす装置］，およびネズミ捕りに手を加えたもので構成された，多少ややこしい一連の動作により，撮影と同期するフラッシュユニットを備えたカメラで1台あたり21枚の写真が撮影された．このシステムは，木箱に収納されるように設計されており，ミシガン州のすべての季節でうまく機能していたと報告されている．Gysel and Davis（1956）は森林樹木の研究において種子を採取するトウブキツネリス（*Sciurus niger*），トラップから死んだウサギを引っ張るシマスカンク，そして巣における捕食の研究においてはナゲキバト（*Zenaida macroura*）の卵を捕食するアメリカアカリス（*Tamiasciurus hudsonicus*）とアオカケス（*Cyanocitta cristata*）を撮影した．巣穴の入り口に交差するようにトリップワイヤーを配置することで，彼らは巣穴を利用してキツネのサイズを特定し，またどの種がどのような異なるタイプの巣穴を使用したかを見極めた．

　Pearson（1959, 1960）は，カリフォルニアにおいて，小さな哺乳類，とくにカリフォルニアハタネズミ（*Microtus californicus*）の巣穴の通路における活動パターンをモニタリングする撮影システムを設計した．彼のシステムは，16 mmの動画カメラを採用し，一度に1コマを操作することで，装置を再設定せずに数百回の露光を行うことができた．Pearson（1959）は，彼の用いたカメラ用の二つのトリガー機構について説明したが，そのどちらもトリップワイヤーを使用していなかった．一つの機構は，巣穴の通路に配置された踏板をネズミが横切ると電気スイッチが閉じられ，写真が撮影される方式だった．もう一つは巣穴の通路を横切る赤外線を使用し，これが遮断されると露光される方式だった．カメラの視野には，時計，定規，温度計，湿度計が含まれていた．耳タグと毛刈りのパターンを使用することで，Pearson（1959）は時間とともに個々のネズミを識別することができた．ほとんどの写真はカリフォルニアハタネズミとセイブカヤマウス（*Reithrodontomys megalotis*）だったが，写真ではその他にも哺乳類，鳥類，トカゲを含む26種類の生き物が見つかった．また一方で，彼は単純な種同定を超えて，2種のネズミに加えてブラシウサギ（*Sylvilagus bachmani*）およびトガリネズミ属の仲間（*Sorex* spp.）の日周および通年の活動パターンを記述し，さらに温度および相対湿度がトガリネ

18

ズミ属の仲間と western fence lizard（*Sceloporus occidentalis*）の活動に及ぼ
す影響を記載した.

　また別の研究者は Pearson（1959）で述べられた仕組みをベースとした装置
を使用した. Osterberg（1962）は巣穴の通路に設置された踏板を用いて，ミ
シガン州で，キタブラリナトガリネズミ（*Blarina brevicauda*）とアメリカハ
タネズミ（*M. pennsylvanicus*）の活動パターンを調べ，これを天気，時刻お
よび季節と関連づけた. Buckner（1964）は巣穴の通路を横切るように設置さ
れた光線を利用してシャッターを切る仕組みを使った. マニトバ州のアメリカ
カラマツ（*Larix laricina*）湿地において，彼は9種の小型哺乳類を撮影し，
カンジキウサギ，キタリス，そしてアメリカヤチネズミ（*Clethrionomys
gapperi*）［訳注：*Myodes gapperi* のシノニム］の日周活動パターンを対比し
た. 彼はこのシステムを6Vの自動車用バッテリーから操作することで携帯
性を高め，"小型哺乳類の季節的な個体数推定値を得る"（Buckner 1964：79）
という目的についてこのシステムを使用できるかもしれないことを示唆した.

　Dodge and Snyder（1960）は，Pearson（1959）が記述したものとは異な
り，110VのAC電源を必要とせず，6Vの自動車用バッテリーを使用し，装
置を再設定することなく何度も露光することができるような，より持ち運びし
やすいシステムの詳細な仕組みを発表した. 彼らのシステムは，光線が動物の
体で遮断されるとカメラのシャッターに接続されたソレノイドが作動するよう
に設計されていた. また，シャッターが作動するたびに動画フィルムが1フ
レームずつ進むようになっており，動物の動作について一連の写真を撮ること
ができた. Abbott and Dodge（1961）は，森林における種子の捕食調査に同
様の装置を使用した. Abbott and Coombs（1964）は，通常だと36枚のとこ
ろ420枚の露光を可能にする大きなフィルムカートリッジを備えた35mmカ
メラを用いて，フィルムを変えることなく長時間野外に放置することができ
る，より持ち運びしやすい装置について述べた. 35mmフィルムは，以前の
仕組みで使用されていた16mm動画カメラよりも大きなネガを生み出した.
コウモリの棲む洞窟周辺の陸生肉食動物の行動について研究するために
Winkler and Adams（1968）が作成した動画カメラシステムは，6Vのバイク
バッテリーを搭載しており，重さは22kgであった. このシステムでは，車両
用バッテリー，100Wの航空機着陸灯4つ，および光電子トリガーを使用し
た. Winkler and Adams（1968）のシステムは，1巻きのフィルムにつき2秒

の動画シーケンスを 31 回撮影することができ，コウモリの棲む洞窟に出入りするアライグマとシマスカンクが確認された．

　この初期の研究の多くは哺乳類に焦点を当てていたが，鳥類の研究を対象とした遠隔カメラシステムも開発された．Cowardin and Ashe（1965）は，72 回の露光が可能な 35 mm のハーフフレームカメラを採用した，水鳥をカウントするシステムについて説明した．これは 15 分ごとに写真を撮るタイマーによって制御されていた．水鳥の生息地利用を推定するため，彼らは異なる湿地において無作為に選択された調査区にカメラを設置した．Temple（1972）は，ハヤブサ（*Falco peregrinus*）の営巣行動を観察するために，タイムラプス撮影システムを開発した．彼は電子タイマーに安価なスーパー 8［訳注：動画フィルムの規格の一つ］動画カメラを取りつけて使用した．スーパー 8 フィルムは 1 ロールあたり 3,600 フレームの容量があり，フィルムを交換せずに数日間そのまま放置することができた．このシステムは夜間には動作させず，よってフラッシュ機能は不要であったため，バッテリー要件は最小限であった．システムの重量は 4 kg だった．Diem et al.（1973）は，ワイオミング州の冬の過酷さに耐えられるスーパー 8 および 35 mm カメラのいずれかを使用するカメラシステムについて説明した．35 mm カメラはスーパー 8 カメラより高価だが，望遠レンズや広角レンズを使用することができた．カメラはインターバルタイマーに接続され，5〜15 分間隔で写真を撮った．それらは，カリフォルニアカモメ（*Larus californicus*）とアメリカシロペリカン（*Pelecanus erythrorhynchos*）の繁殖コロニーに関する研究だけでなく，大型の狩猟対象動物および家畜の採食や高速道路を横断する大型哺乳類の移動に関する研究にも使用された．このシステムは 6 V のバッテリーを搭載していたが，システムの重量は 2.2〜5.8 kg であり，従来の設計よりも大幅に持ち運びやすく，また−35℃という低温でも動作した．Goetz（1981）は，野生のシチメンチョウ（*Meleagris gallopavo*）の巣における捕食の研究のために，自動的にフラッシュ，露出制御，フィルム送りを制御し，フィルムパックに独自の電源を内蔵したポラロイドカメラを用いた遠隔カメラシステムを開発した．彼はカメラを巣の底の直下に設置した小型スイッチで動作するように改造し，すべての光条件下で優れた結果を報告した．このようなシステムの明らかな利点は，露光されたフィルムがすぐに利用可能であるということである．記述によると，このシステムはフラッシュを用いた 10 枚の写真に限定されていた．ポラロイド

フィルムの使用における固有の制限要因は，化学的な現像プロセスを阻害する低温である．凍結温度以下となる冬には役に立たなかっただろう．

　Seydack（1984）は，Chapman（1927）の新熱帯区での研究を真似て，南アフリカの熱帯雨林に生息する哺乳類の調査における 35 mm カメラシステムの運用について説明した．このシステムでは，獣道に置かれた踏板が自動巻カメラとフラッシュに接続され，2 kg 以上の重みで板が踏まれた時に写真が撮られた．カメラは 6 V バッテリーで駆動し，フラッシュは 16 の電球で構成されていた．彼は，100 ヘクタールの調査ブロック内の経路に沿って 6 つのカメラシステムを体系的に展開した．Seydack（1984）はカメラを 1 ヶ月間放置した後，次の調査ブロックに移動した．彼は 3 年間で 6 回この手順を繰り返した．彼はこの方法で 14 種を検出し，またブッシュバック（*Tragelaphus scriptus*）については，毛皮のパターンと，オスについては角の形態から，少なくとも 61 個体を識別し，個体数密度を推定した．またヒョウの体の斑点のパターンやラーテルの体側の白い縞模様の違いからも個体を識別することができた．Seydack（1984）は，検出した種を（1）個体識別可能であり，したがって密度推定値を計算することができるもの，（2）個体識別できないが，タテガミヤマアラシ（*Hystrix cristata*）およびケープジェネット（*Genetta tigrina*）のように比較的豊富であるもの，（3）個体識別できず，希少かあるいは行動特性のために検出が困難であるもの，にグループ分けした．彼は，「定量的研究および一般的な野生生物調査のための多目的ツールとして，写真撮影を用いた調査技術には大きな可能性がある」と結論づけた（Seydack 1984：14）．

　Hiby and Jeffery（1957）および Nicholas et al.（1991）は，ギリシャのケファロニア島の洞窟にある上陸場にて，チチュウカイモンクアザラシ（*Monachus monachus*）の存在を記録する為に遠隔撮影システムを使用した．この希少なアザラシは人間の攪乱にとくに敏感であるため，アザラシの洞窟利用を検出するには遠隔撮影が適切であると考えられた．彼らは上陸場になっていると予想された洞窟の壁に取りつけられた釣り糸製のトリップワイヤーで作動する自動 35 mm カメラを使用した．そしてこの洞窟において 4 個体のチチュウカイモンクアザラシを確認した．

　Carthew and Slater（1991）は，パルス状の赤外線をトリガー装置として使用する自動写真システムについて述べた．光線が動物によって遮断されると，赤外線センサーからの信号が，専用フラッシュ，自動露出制御，および各フ

レームに日付と時刻を記録する装置が取りつけられた自動 35 mm カメラに送信される. 彼らはこのシステムを用いて, 歩道または倒木上を通過する動物を観察し, 日中および夜間にオーストラリアの顕花植物を訪れる花粉媒介者を特定した. Griffiths and Van Schaik (1993a) は, 熱帯雨林の動物の研究におけるリモートカメラの有用性を指摘した. 彼らは, スマトラ島のさまざまな哺乳類について, 変更された活動パターンおよび人間の活動するエリアの忌避を記録するために遠隔撮影を使用した (Griffiths and Van Schaik 1993b).

Mace et al. (1994) は, モンタナ州のグリズリーの体系的調査に使用する遠隔撮影システムを考案した. 彼らはマイクロ波の動きと受動的な赤外線熱センサーによって作動する自動 35 mm カメラを採用した. 血液を誘引物として 817 km^2 以上にわたり体系的に配備された調査ステーションで, 彼らはグリズリーと *U. americana* ［訳注：アメリカグマ (*Ursus americanus*) を指すと思われる］および他の 21 種の野生生物を撮影し, グリズリーの分布を記録し, 最終的には彼らの調査地におけるグリズリーの個体数推定をすることが可能となった.

2.4　森林性の肉食動物

1990 年代初頭, 米国の野生生物管理者の間で, アメリカテン (*Martes americana*), フィッシャー (*M. pennanti*), クズリ, およびオオヤマネコ［訳注：原著では lynx とだけ記載されているが, ここでは北米に生息するカナダオオヤマネコ (*Lynx canadensis*) を指すと思われる］を含む中小型の肉食動物の保全状況が懸念されていた. 連邦および州の機関の生物学者および大学の研究者からなる臨時特別グループが, これらの種に存在する情報を収集し, またそれらの存在を検出するための信頼性が高くかつ非致死的な方法を開発するために, Western Forest Carnivore Committee を結成した. そこですぐさま提示された課題は, 用心深く, また生息密度の低いこれらの種の分布状況を評価することだった. ほとんどの州では数十年にわたりそれらを捕獲することが違法であったため, それらが発見されて以降の長期間にわたって, その出没に関する近々の信頼できる情報はなかった. この時期に, Fowler and Golightly (1993) と Jones and Raphael (1993) は, 森林性肉食動物の野外調査のための安価な 110 サイズ［訳注：フィルムの規格の一つ］のカメラを開発・配備した. Shiras と Champion が 1 世紀前に導入したシステムを思い起こさせるこ

れらのカメラは，動物がカメラのシャッターにひもで取りつけられたエサを引いたときに作動した．カメラを再設定せずに撮影できるのは 1 枚だけで，厳しい天候や雪の状況では使用が制限された．Kucera and Barrett（1993）は，市販の Trailmaster® 遠隔カメラシステムを野生動物の検出に使う方法について述べた．Carthew and Slater（1991）で説明されているのと同様の機能を備えた Trailmaster® は，エサの上または獣道を跨ぐように設定された赤外線が遮断されたときに動作する自動 35 mm カメラを備えていた（Swann らによる 3 章を参照）．Kucera and Barrett（1993）と Kucera（1993）は，これらのシステムを用いて，カリフォルニアの遠隔地における希少で用心深い肉食動物の当時の分布を記録した．これらの遠隔カメラ設置場所からのデータは，足跡プレート［訳注：インクや粘土などによって上を歩いた動物の足跡が記録される調査器具］を用いた調査のデータと組み合わされ，Grinnell et al.（1937）以降カリフォルニアで初めてとなるフィッシャー（Zielinski et al. 1995）およびアメリカテン（Kucera et al. 1995）の当時の分布を記述するための基礎データとなった．

　Western Forest Carnivore Committee の努力によって開発された遠隔写真技術は，さまざまな希少な肉食動物の信頼できる分布データを生成するための非致死的方法を記述するうえで大きな役割を果たした（Zielinski and Kucera 1995）．これらの著者は，比較的小規模あるいは大規模な地域レベルでの希少な肉食動物の調査設計の背後にある戦略について議論し，そのような調査を実施するためのガイドラインおよび機器の使用に関する詳細な指示を提供した．この文書は，北米西部の肉食動物調査を目的とした調査プロトコル設定のための一般的な知見を提供し，野生生物個体群の調査にカメラを使用しようと試みている調査者のための手引きとして役立った．

2.5　利用方法の拡張

　Goetz（1981）以来，何人かの研究者は，鳥の巣における捕食を調査するために遠隔撮影を利用してきた．Laurance and Grant（1994）と Major and Gowing（1994）は，それぞれ特別に作られた設計の異なる遠隔カメラ用いて，オーストラリアにて鳥の巣における捕食者を特定した．Laurance and Grant（1994）は，人工的に地面に設置した巣を訪れた哺乳類，鳥類，爬虫類を含む 9 種を確認し，オオハダカオネズミ（*Uromys caudimaculatus*）がもっとも一

般的な捕食者であると結論づけた．Major and Gowing（1994）は，若干異な
る装置を用いて樹木の樹上に営巣するスズメ目の鳥の巣における捕食を研究
し，もっとも重要な捕食者がクマネズミ（*Rattus rattus*）であることを確認し
た．Leimgruber et al.（1994）は，バージニア州の異なるサイズの森林区画内
に設置した巣箱に赤外線トリガーカメラをとりつけ，巣における捕食について
調査した．彼らは巣で捕食を行う 13 種を発見すると同時に，捕食率は森林区
画のサイズよりも植生構造により関連していることを発見した．彼らはまた，
シマスカンクやアライグマなどいくつかの大きな捕食者を多様な捕食者群集か
ら単に取り除くだけでは，巣における捕食にほとんど影響しないことを示唆し
た．Danielson et al.（1996）は，巣における捕食現象を撮影するための遠隔カ
メラに関する異なる設計について論じた．彼らは，卵が動いたときに写真が撮
られるよう，卵が小型スイッチの上に置かれたシステムを構築した．

　1990 年代を通して，遠隔撮影はますます多様な研究に使用されていった．
Sadighi et al.（1995）は，Trailmaster®のシステムを使用して，マサチュー
セッツ州の timber rattlesnake（*Crotalus horridus*）のモニタリングを行った．
このヘビは頭の傷跡を通して個体識別をすることができ，また年齢の指標であ
る尾の発音器官の節数を数えることができた．彼らは白黒フィルムを使用した
が，カラーフィルムを使用すればより多くの個体が独特な色合いとパターンに
よって識別できる可能性があることを指摘した．彼らはまた，一頭のヘビの存
在について，カメラを利用することにより，人間が積極的に探索するよりもは
るかに少ない労力でこれを確認できたことを指摘した．Browder et al.（1995）
は，自動 35 mm カメラのデザインを発表し，また彼らは回遊魚の死体を食べ
る屍肉食者の調査にそれを使用し，哺乳類，鳥類，および爬虫類の屍肉食者が
確認された．Pei（1995）は，台湾のタイワントゲネズミ（*Niviventer coxingi*）
［訳注：*Niviventer coninga* のシノニム］の活動パターンを研究するために遠隔
撮影を使用した．Foster and Humphrey（1995）は，フロリダ州南部の高速道
路のアンダーパスの野生生物による使用を記録するために自動カメラユニット
を使用した．彼らは，アンダーパスを利用しているピューマ，ボブキャット，
オジロジカ，アライグマ，alligator（*Alligator mississipiensis*），およびアメリ
カグマを記録し，そのデータに基づいて動物の移動を許容しつつ車両との衝突
を減らせるような構造の計画と設計についての示唆を述べた．Jacobson et al.
（1997）は給餌場にて赤外線トリガー式遠隔カメラを用いたオジロジカの調査

を行った．彼らは，オスジカの各個体を枝角やその他の形態的特徴で識別し，複数年にわたって個体数を推定した．

Karanth（1995）は自動カメラトラップを使用してインドの Nagarahole のトラを個体識別し，撮影画像を用いた捕獲—再捕獲（CR）モデルを用いてその頭数を推定した．その後彼の研究は，トラの密度を推定するためにインド国内のいくつかの調査サイトへ拡張された（Karanth and Nichols 1998；Karanth et al. 2004）．トラ（O'Brien et al. 2003；Kawanishi and Sunquist 2004），ジャガー（*P. onca*）（Silver et al. 2004；Silver 2004；Soisalo and Cavalcanti 2006），ヒョウ（Henschel and Ray 2003）およびオセロット（Trolle and Kéry 2005）の密度は，同様の方法で他の研究者たちにより推定されてきた．最近では，カメラトラップデータへの CR モデルの適用は，Nagarahole のトラの個体群における生存，新規加入，一時的な移出入，および個体数変化率を推定してきた 9 年間の研究によってさらに拡張されている（Karanth et al. 2006）．

Cutler and Swan（1999）はおもな文献をレビューし，遠隔撮影を用いた野生生物の生態学研究のうち出版されたもののトピックは，巣における捕食，採食生態学，営巣行動，そして写真機器の評価に関するものが多いと報告した．活動パターン，個体群パラメータ，および種の検出はあまり一般的なテーマではなかった．しかしながら研究者は遠隔撮影でこれらのトピックを調査し続けており，前述した傾向は変化しているかもしれない．より最近の文献は，実に印象的なさまざまな生息地と場所でカメラトラップを使ってより幅広いトピックを明らかにしている．Fedriani et al.（2000）は，南カリフォルニアのコヨーテ（*C. latrans*），ハイイロギツネ（*Urocyon cinereoargenteus*），およびボブキャットの生息地の関係および相対個体数を評価するために，カメラトラップおよびトラバサミを用いた．やや類似する例として，Jacamo et al.（2004）は，ブラジル中部のタテガミオオカミ（*Chrysocyon brachyurus*），カニクイイヌ（*Dusicyon thous*）［訳注：*Cerdocyon thous* のシノニム］，およびスジオイヌ（*D. vetulus*）［訳注：*Lycalopex vetulus* のシノニム］について生息地および活動パターンの調査にカメラトラップを使用し，種間のニッチ関係について研究した．McCullough et al.（2000）は，カメラトラップをラジオテレメトリーと一緒に使用し，台湾において小型で森林性のキョン（*Muntiacus reevesi*）の生態を調査した．彼らはまた，CR モデルに基づいて個体数を推定した．

2 章　カメラトラップの歴史　　*25*

Otani（2001）は，イチジクの木に遠隔カメラを配置することによって，ヤクザル（*Macaca fuscata*）によるイチジクの採食頻度を定量化し，森林における種子散布の可能性について議論した．Beck and Terborg（2002）は，ペルー東部の孤立林下と密な森林下にあるヤシの仲間（*Astrocaryum murumuru* var. *macrocalyx*）の種子捕食について調査し，予想外の何種かの捕食者を写真によって同定した．Kitamura et al.（2004）は，タイの森林における種子散布と種子捕食を調査するために遠隔撮影を利用した．

DeVault and Rhodes（2002）と DeVault et al.（2004）は，アメリカ東部にて小型哺乳類の死体を採食する哺乳類，鳥類および爬虫類を含む 17 種の脊椎動物を同定し，屍肉食はいくつかの種において，採食物の構成要素としてこれまでに考えられていたより大きな割合を占めることを示唆した．Main and Richardson（2002）は，野焼き前後に森林に設置したカメラトラップを用いて，フロリダ南西部の森林の定期的な野焼きに対する野生生物の反応を評価した．Sequin et al.（2003）は，社会的および縄張りでの地位がコヨーテの遠隔カメラへの映りやすさに大きく影響することを発見した．有力な縄張り保有個体は非常に用心深く，ほとんど撮影されなかった．地位の低い個体および放浪個体はより頻繁に撮影された．Bridges et al.（2004）はアメリカグマの巣穴での行動を観察するために遠隔カメラを使用した．このようなカメラによって，動物への攪乱を最小限に抑え，冬眠穴からの目覚め，巣穴周りでの行動，および出現した幼獣の年齢などが明らかにされた（Bridges and Noss による 5 章を参照）．

遠隔写真の最近の使用例の中でもとくに印象的で重要なものは，希少動物または絶滅したとみられる動物の存在を記録することであった．たとえば，Surridge et al.（1999）は，絶滅の危機に瀕したスマトラ島に生息するスマトラウサギ（*Nesolagus netscheri*）の生息地から約 1,500 km 北の東南アジア本土において，これまでに記載されていない近縁種のアンナンシマウサギ（*N. timminsi*）を記録した．Jeganathan et al.（2002）は，カメラトラップと足跡調査の両方を使用して，インドの鬱蒼としたジャングルに生息し，絶滅の危機に瀕しており，ほとんど知られていない，夜行性で走行性の鳥類であるクビワスナバシリ（*Rhinoptilus bitorquatus*）の存在を明らかにした．彼らは，この鳥の調査において比較的安価かつ短時間で実施可能な足跡調査を実施し，疑わしい足跡について確認するためにカメラトラップを使用することを推奨してい

る．Holden et al.（2003）は，スマトラ島の国立公園内の，彼らも公園のレンジャーもこの動物を見たことのないエリアにおいて，絶滅のおそれのあるマレーバク（*T. indicus*）の存在および分布を記録した．調査者らはカメラトラップを使用することで，公園内のバクの驚くほど広い分布を記録しただけでなく，バクは頻繁につがいで現れ，また原生林に加えてさまざまな生息環境でも確認されることを発見した．Lee et al.（2003）は，カメラトラップを使用して，ほとんど知られていないジャコウネコ科の固有種であるセレベスパームシベット（*Macrogalidia musschenbroekii*）の生息範囲の拡大を記録した．Gonzalez-Esteban et al.（2004）は，スペイン北部におけるヨーロッパミンク（*Mustela lutreola*）の分布について遠隔撮影を用いて記録し，費用と労力の面から生体捕獲よりもこの方法を推奨した．ブラジル東部の大西洋岸森林において，Kierulff et al.（2004）は，バナナをエサにしたカメラトラップを使用し，13 の断片化した森林において非常に絶滅の危機に瀕したキムネオマキザル（*Cebus xanthosternos*）の分布を記録した．彼らはまた，4 種の他の霊長類の存在を記録し，存在する最小個体数および幼獣数などのデータも収集した．最近では，カリフォルニア州のシエラネバダの調査地において，時間の経過とともにアメリカテンの分布の変化を評価するためカメラトラップを使用した調査が進められていた中で，Moriarty et al.（2009）は 1922 年にカリフォルニアで初めて記録されて以来初めてのクズリの写真を撮影した．その後の遺伝学的な研究により，この個体はおそらく北部のロッキー山脈からの移動分散してきたオスであることが示された．

　哺乳類は遠隔カメラを用いた検出の唯一の標的ではない．Lok et al.（2005）は，南シナ海の熱帯にある海南島の Bawangling 自然保護区において，鳥類相の記録を目的とした他の調査手法を補完するためにカメラトラップを使用した．フィルムに撮影された鳥の種のうちの何種かは危急種または近危急種に分類されており，このうちの何種かは非常にまれな種であり，また何種かは過去に撮影されたことのない種だった．

　他のいくつかの遠隔カメラ調査の結果は，保全の観点からはあまり芳しいものではなかった．Tilson et al.（2004）は，中国南部の south China tiger（*P. t. amoyensis*）の存在を確認するために，5 つの州の 8 つの保護区からなる中国南部の地域を調査した．彼らはトラの存在を確認できず，また潜在的なエサ動物もほとんど見つけられなかった．写真が確認されなかったことは家畜の捕食

被害の報告が無いことを反映しており，著者らは，この地域にトラが残っていない可能性が高いと結論づけている．Numata et al.（2005）は，マレーシア半島の森林保護区内とこれに隣接する地域にて，カメラトラップを用いて18種の哺乳類を検出したが，アジアゾウ（*Elephas maximus*），トラ，マレーグマ（*Helarctos malayanus*）は含まれておらず，これらの種は地域絶滅したと結論づけた．検出された種の中には，密猟および狩猟に使用されたイヌと家畜のウシが検出された．Numata et al.（2005）は，保護区内の原生林においてマレーバクの存在を確認したが，この種の現在の状況と分布に関する論文情報はほとんどない．マレーシアのボルネオの森林保護区において，Wong et al.（2005）は遠隔撮影を使用して野生動物の健康状態を観察し，電波発信機を取りつけられたマレーグマとヒゲイノシシ（*Sus barbatus*）の飢餓を記録した．これは，周期的な一斉開花の合間で低地熱帯雨林の果実が不足することに起因する飢饉の期間中に発生した．

　Silveira et al.（2003）は，初期コストが比較的高いにもかかわらず，保全を目的とした哺乳類相の迅速な評価を行う際には，足跡調査および直接カウントよりもカメラトラップの使用が好ましいと結論づけた．同様に，Srbek-Araujo and Chiarello（2005）は，カメラトラップは新熱帯雨林の中型および大型哺乳類のインベントリー調査に有効な方法であると結論づけた．Trolle（2003）はブラジルの Rio Japuri 地方の哺乳動物を調査するためにカメラトラップや他の手法を用い，41種類の哺乳動物種のうち13種についてエサを使用したカメラトラップとエサを使用しなかったカメラトラップの両方で検出した．メキシコ北部において，Lorenzana-Pina et al.（2004）は，中型哺乳類および大型哺乳類のインベントリー調査にカメラトラップを使用した．彼らは18種の野生の哺乳類を検出し，これらは調査地に生息する中型および大型の哺乳類の80％であると推定された．Yasuda（2004）は，日本中央部における哺乳類の多様性と豊富さに関するカメラトラップの研究を実施し，いくつかの種を検出するための最小撮影努力のガイドラインを作成した．Hirakawa（2005）は，コウモリを検出するための新しいカメラトラップ技術を開発した．昆虫食性のコウモリが適切な大きさの動きのある物体に引き寄せられることを利用し，カメラに接続されたラインに鉛筆の消しゴムを取りつけた．コウモリが昆虫の獲物と誤認して消しゴムを襲うと，写真が撮影された．遠隔写真撮影がすべての仕事にとって最良のツールではないことを確認した研究もある．

Harrison（2006）は，ボブキャットの調査方法を比較し，探知犬による調査は，遠隔カメラ，ヘアトラップ，または匂いによる誘引を用いた調査よりもより多くボブキャットを検出すること発見した．

　環境保全団体は現在，世界中の生物多様性を記録し保存する努力において，遠隔写真の使用を日常的に取り入れている（Henschel and Ray 2003；Sanderson and Trolle 2005）．Wildlife Conservation Society は，タンザニアで希少なサーバルジェネット（*G. servalina*）を初めて写真に収めることに成功した（Brink et al. 2002；Anonymous 2002）．Conservation International の Sanderson and Trolle（2005）は，以前はその生息域のほとんどで根絶されていたと考えられていた，カンボジアの Siamese crocodile（*Crocndylus siamensis*）の写真を発表した．World Wildlife Fund のスタッフは，最近，絶滅の危機に瀕しているスマトラサイ（*Dicerorhinus sumatrensis*）の最後の亜種の一つであるボルネオ島のサイを記録した（Anonymous 2006）．世界自然保護基金には，世界の遠隔地においてカメラトラップで撮影された写真のオンラインサイト（http://worldwildlife.org/initiative/camera-traps/）がある．

　その他にも遠隔撮影の斬新な使い方が報告され続けている．オーストラリアでは，Glen and Dickman（2003a）が，絶滅の危機に瀕した有袋類の肉食獣であるオオフクロネコ（*Dasyurus maculatus*）を保護するプログラムの一環としてヨーロッパのアカギツネ（*Vulpes vulpes*）と野犬を殺すために設置された毒エサを，在来の非標的種が食べる可能性について，遠隔カメラを使用して評価した．この研究の一環として，Glen and Dickman（2003b）は，エサの近くに残った足跡から動物を同定した結果と，写真によりエサに訪れた動物を同定した結果とを比較し，足跡による識別が不正確であり，とくに気象条件が悪い時には信頼できないということを発見した．これに続いて，Claddge et al.（2004）は，フィルムを処理する必要がなく，現場ですぐに結果を得ることができる遠隔デジタルカメラを使ってオオフクロネコの行動を調べた．Hegglin et al.（2004）はカメラトラップを用いて，スイスのチューリッヒにおいて狂犬病ワクチンが混ぜられたエサのアカギツネによる摂取を記録した．ここで収集したデータを用いて，彼らはワクチン接種効率を促進し，非標的種によるエサの損失を減らすための，給餌場の推奨設計を構築することができた．Mazurek and Zielinski（2004）は，カリフォルニア北西部の自然遺産の森林—ともすれば商業的に伐採されたかもしれなかった redwood（*Sequoia sempervirens*）の森―の野生生物に対する価値を調査した．遠隔カメラを使用して，彼らは他の調査方法では検出されなかった13種を検出した．Rao et al.（2005）はカメラトラップを使用してミャンマーの国立公園の近くにおける野生生物の分布と相対的な豊富さに及ぼす狩猟の影響を記録した．O'Connell et al.（2006）は，カメラトラップを含む一連のサンプリング手法から与えられた検出データから，中型および大型哺乳類の大規模モニタリングプログラムで使用されるサイト占有モデルを開発した．

　野生生物の保全に関する他の重要なトピックにおいても，カメラトラップを用いた研究がなされている．Staller et al.（2005）はコリンウズラの巣における捕食を記録するために遠隔ビデオ撮影を使用した．巣における捕食には予想以上に多くの捕食者種が関わっており，ココノオビアルマジロ（*Dasypus novemcinctus*）とボブキャットが含まれていた．またこの研究は，巣における捕食者の同定において巣の残骸のみを使用することの不正確さを立証した．固定された場所の監視，とくに高速道路と野生動物の研究における遠隔撮影の使用は一般的である．Ng et al.（2004）は，遠隔撮影を使用して南カリフォルニアで野生生物による高速道路の道路下通路の利用を記録した．Goosem（2005）は，オーストラリアのブリスベンで高速道路用に設計された交差構造における野生生物の利用をモニタリングする多面的な計画に，遠隔撮影を取り入れた．

　Muybridge, Shiras, Nesbit, Chapman らによる黎明期の研究にはじまり，野生生物の遠隔撮影は現代的なハイテク分野に発展し，ますます多様な科学的および保全上の事例に活用されている．人間の好奇心と創意工夫を組み合わせることで，これらの遠隔カメラ技術は，以前は想像もつかなかった多くの野生動物種の生活へのアクセスを可能にした．発展は，電子フラッシュ，小型電池，そして最近ではデジタルおよびウェブを基盤とした写真などの技術の進歩によって突き動かされてきた．Yasuda and Kawakami（2002）は，デジタルカメラからサーバを介してコンピュータにビデオ画像をストリーミングする「オンライン」遠隔ビデオシステムについて論じた．これにより，野生動物のリアルタイムモニタリングとコンピュータ上のデジタル画像の自動保存が可能となった．Locke et al.（2005）は遠隔地で使用できるウェブベースのデジタル撮影システムについて記述している．動体および熱のセンサーによるトリガーと，太陽電池パネルによって連続的に充電されるバッテリーによって，このシステムは遠隔地の野生生物を無期限に監視し，人間の訪問もフィルムやバッテ

リーの交換も必要もない，本質的にリアルタイムな写真を撮ることができる．このシステムの写真結果は http://www.video-monitoring.com/wtek/［訳注：2018/5/31 時点でアクセス不能］で見ることができる．

　商業的に製造されたさまざまなモデルが，アウトドア用品や機器を販売する業者およびそれらのインターネット店舗（たとえば，www.cabelas.com）を介して入手できるようになった．たとえば私たちは，10 km^2 の敷地内の野生生物を観察するために，中央カリフォルニアの研究拠点にあるすべての水源でRECONYX^{TM} カメラトラップを使用した．私たちは，western toad（*Bufo boreas*）からガラガラヘビ，ピューマ，カリフォルニアコンドル（*Gymnogyps californianus*）まで，およそ 200 万枚の陸生脊椎動物の写真を取得した．これらのシステムは一度につき 4 ヶ月間野外に放置することができ，その間に動物が撮影範囲に入るたびに野生動物の存在を記録し，2 万枚もの写真が収集される．私たちは密猟者を撮影したこともある．進行中の別のプロジェクトでは，南部シエラネバダの 300 km^2 の地域を対象に，順番に 1 km^2 ごとに同じカメラシステムを配備している．肉食動物を撮影するため調査地点にエサを設置し，毎週チェックしている．結果は，現場でカードリーダを用いてコンパクトフラッシュカードを読み取ることで収集される．これらの技術の進歩により，荒野の野生動物を非常に妥当なコストで観察することができる．

　100 年以上前，先駆的な遠隔カメラマン，Carl Georg Schillings は，野生動物に対する現代世界の影響を認識した．先見の明のある一説として，Schillings は，在来の動物相と植物相の破壊を嘆いており，「文明的な人間は，有害で無価値なものすべてを破壊し，有用で装飾的であると思われる動物や植物だけを保存しようとする」（Schillings 1905：2）と述べている．彼は「老若を問わない楽しみと教育」（Schillings 1905：10）を増進するという明確な文脈をもって，写真と標本の収集を位置づけていた．私たちは，少なくともセキュリティ関連技術からの部分的なスピンオフとして，遠隔撮影の技術的進歩が続くと確信している．野生生物の遠隔撮影の発展が，人間の好奇心を満足させ，刺激し，科学的理解を深め，野生生物とその生息環境の保全を促進し続けることを願っている．

引用文献

Abbott, H. G. and A. W. Coombs. 1964. A photoelectric 35-mm camera device for recording animal behavior. Journal of Mammalogy 45:327-330

Abbott, H. G. and W. E. Dodge. 1961. Photographic observations of white pine seed destruction by birds and mammals. Journal of Forestry 59:292-294

Anonymous. 2002. Shy predator comes out of the shadows. Nature 417:890-891

Anonymous. 2006. Endangered rhino stumbles into the limelight, Nature 441:920

Beck, H. and J. Terborg. 2002. Groves versus isolates: how spatial aggregation of *Astrocaryum murumuru* palms affects seed removal. Journal of Tropical Ecology 18:275-288

Bridges, A. S., J. A. Fox, C. Olfenbuttel, and M. R. Vaughn. 2004. American black bear denning behavior: observations and applications using remote photography. Wildlife Society Bulletin 32:188-193

Brink, H., J. E. Topp-Jorgensen, and A. R. Marshall. 2002. First record in 68 years of Lowe's servaline genet. Oryx 36:323-327

Browder, R. R., R. C. Browder, and G. C. Garman. 1995. An inexpensive and automatic multiple-exposure photographic system. Journal of Field Ornithology 66:137-143

Buckner, C. H. 1964. Preliminary trials of a camera recording device for the study of small mammals. Canadian Field-Naturalist 78:77-79

Carthew, S. M. and E. Slater. 1991. Monitoring animal activity with automated photography. Journal of Wildlife Management 55:689-692

Champion, F. W. 1928. With a camera in tiger-land. Chatto and Windus, London, England

Champion, F. W. 1933. The jungle in sunlight and shadow. Chatto & Windus, London, England

Chapman, F. M. 1927. Who treads our trails? National Geographic Magazine 52:330-345

Claridge, A. W., G. Mifsud, J. Dawson, and M. I. Saxon. 2004. Use of infrared digital cameras to investigate the behavior of cryptic species. Wildlife Research 31:645-650

Cowardin, L. M. and J. E. Ashe. 1965. An automatic camera device for measuring waterfowl use. Journal of Wildlife Management 29:636-640

Cutler, T. C. and D. E. Swan. 1999. Using remote photography in wildlife ecology: a review. Wildlife Society Bulletin 27:571-581

Danielson, W.R., R. M. DeGraaf, and T. K. Fuller. 1996. An inexpensive compact automatic camera system for wildlife research. Journal of Field Ornithology 67:414-421

DeVault, T. L. and O. E. Rhodes, Jr. 2002. Identification of vertebrate scavengers of small mammal carcasses in a forested landscape. Acta Theriologica 47:185-192

DeVault. T. L., I. L. Brisbin, Jr., and O. E. Rhodes, Jr. 2004. Factors influencing the acquisition of rodent carrion by vertebrate scavengers and decomposers. Canadian Journal of Zoology 82: 502-509

Diem, K. L., L. A. Ward, and J. J. Cupal. 1973. Cameras as remote sensors of animal activities. Proceedings of the XIth International Congress of Game Biologists 11:503-509

Dodge, W. E. and D. P. Snyder. 1960. An automatic camera device for recording wildlife activity. Journal of Wildlife Management 24:340-342

Fedriani, J. M., T. K. Fuller, R. M. Savajot, and E. C. York. 2000. Competition and intraguild predation among three sympatric carnivores. Oecologia 125:258-270

Foster, M. L. and S. R. Humphrey. 1995. Use of highway underpasses by Florida panthers and other wildlife. Wildlife Society Bulletin 23:95-100

Fowler, C. H. and R. T. Golightly. 1993. Fisher and marten survey techniques on the Tahoe National Forest. Final Report. Agreement No. PSW-90-0034CA. Arcata, CA: Humboldt State University Foundation and U.S. Department of Agriculture, U.S. Forest Service. 119pp

Glen, A. S. and C. R. Hickman. 2003a. Effects of bait-station design on the uptake of baits by non-target animals during control programs for foxes and wild dogs. Wildlife Research 30: 147-149

Glen, A. S. and C. R. Dickman. 2003b. Monitoring bait removal in vertebrate pest removal: a comparison using track identification and remote photography. Wildlife Research 30:29-33

Goetz, R. G. 1981. A photographic system for multiple automatic exposures under field conditions. Journal of Wildlife Management 45:273-276

Gonzalez-Esteban, J., I. Villate, and I. Irizar. 2004. Assessing camera traps for surveying the European mink, *Mustela lutreola* (Linnaeus, 1761), distribution. European Journal of Wildlife Research 50:33-36

Goosem, M. 2005. Wildlife surveillance assessment Compton Road Upgrade 2005: review of contemporary remote and direct surveillance options for monitoring. Report of the Brisbane City Council. Cooperative Research Centre for Tropical Rainforest Ecology and Management. Rainforest CRC, Cairns. Unpublished report

Gregory, T. 1927. Random flashlights. Journal of Mammalogy 8:45-47

Gregory, T. 1930. Deer at night in the North Woods. Charles C. Thomas Publisher Ltd. Springfield, IL

Gregory, T. 1939. Eyes in the night. Thomas Y. Crowell Co., New York, NY

Grinnell, J., J. S. Dixson, and J. M. Linsdale. 1937. Fur-bearing mammals of California, Vol. 1. University of California Press, Berkeley

Griffiths, M. and C. P. Van Schaik. 1993a. Camera trapping: a new tool for the study of elusive rain forest animals. Tropical Biodiversity 1:131-135

Griffiths, M. and C. P. Van Schaik. 1993b. The impact of human traffic on the abundance and activity periods of Sumatran rain forest mammals. Conservation Biology 7:623-626

Guggisberg, C. A. W. 1977. Early wildlife photographers. Taplinger Publ. Co., New York. NY

Gysel, L. W. and E. M. Davis. 1956. A simple automatic photographic unit for wildlife research. Journal of Wildlife Management 20:451-453

Harris, W. P. and H. DuCharme. 1928. Notes on set camera work with beavers in Northern Michigan. Journal of Mammalogy 9:17-19

Harrison, R. L. 2006. A comparison of survey methods for detecting bobcats. Wildlife Society Bulletin 34:548-552

Hegglin. D., F. Bontadina. S. Gloor, J. Romer, U. Muller, U. Breitenmoser, and P. Deplazes. 2004. Baiting red foxes in an urban area: a camera trap study. Journal of Wildlife Management 68: 1010-1017

Henschel, P. and J. Ray. 2003. Leopards in African rainforests: survey and monitoring techniques. Wildlife Conservation Society. Available at http://www.savingwildplaces.com/swp -researchmethods [訳注：2018/7/23 時点でアクセス不能]

Hiby, A. R. and I. S. Jeffery. 1987. Census techniques for small populations, with special reference to the Mediterranean monk seal. Symposia of the Zoological Society of London 58: 193-210

Hirakawa, H. 2005. Luring bats to the camera – a new technique for bat surveys. Mammal Study 30:69-71

Holden, J., A. Yanuar, and D. J. Maryr. 2003. The Asian tapir in Kerinci Seblat National Park, Sumatra: evidence collected through photo-trapping. Oryx 37:34-40

Jacamo, A. T. A., L. Silveira, and J. A. F. Diniz-Filho. 2004. Niche separation between the maned wolf (*Chrysocyon brachyurus*), the crab-eating fox (*Dusicyon thous*), and the hoary fox (*Dusicyon vetulus*) in central Brazil. Journal of Zoology 262:99-106

Jacobson, H. A., I. C. Kroll, R. W. Browning, B. H. Koerth, and M. H. Conway. 1997. Infra-red triggered cameras for censusing white-tailed deer. Wildlife Society Bulletin 25:547-556

Jeganathan, P., R. E. Green, C. G. R. Bowden, K. Norris, D. Pain, and A. Rahmani. 2002. Use of tracking strips and automatic cameras for detecting critically endangered Jerdon's coursers *Rhinoptilus bitorquatus* in scrub jungle in Andhra Pradesh, India. Oryx 36:182-188

Jones, L. L. C. and M. Raphael. 1993. Inexpensive camera systems for detecting martens, fishers, and other animals: guidelines for use and standardization. Gen. Tech, Rep. PNW-GTR-306. Pacific Northwest Research Station. U. S. Department of Agriculture, U. S. Forest Service, Portland OR. 22pp

Karanth, K.U. 1995. Estimating tiger *Panthera tigris* populations from camera-trap data using capture-recapture models. Biological Conservation 71:333-338

Karanth, K. U. and J. D. Nichols. 1998. Estimation of tiger densities in India using photographic captures and recaptures. Ecology 79:2852-2862

Karanth, K. U., R. C. Chundawat, J. D. Nichols, and N.S. Kumar. 2004. Estimation of tiger densities in the tropical dry forests of Panna, Central India, using photographic capture-recapture sampling. Animal Conservation 7:285-290

Karanth, K. U., J. D. Nichols, N. S. Kumar, and J. E. Hines. 2006. Assessing tiger population dynamics using photographic capture-recapture sampling. Ecology 87:2925-2937

Kawanishi, K. and M. E. Sunquist. 2004. Conservation status of tigers in a primary rainforest of Peninsular Malaysia. Biological Conservation 120:333-348

Kierulff, M. C. M., G. R. dos Santos, G. Canale, C. E. Guidoizzi, and C. Cassano. 2004. The use of camera-traps in a survey of the buff-headed capuchin monkey. Neotropical Primates 12: 56-59

Kitamura, S., S. Suzuki, T. Yumoto. P. Poonswad, P. Chuailua, K. Plongmai, N. Noma, T. Maruhashi, and C. Suckasam. 2004. Dispersal of *Aglaia spectabilis*, a large-seeded tree species in a moist evergreen forest in Thailand. Journal of Tropical Ecology 20:421-427

Kucera. T. E. 1993. Seldom-seen carnivores of the Sierra Nevada. Outdoor California 54:1-3

Kucera, T. E. and R. H. Barrett. 1993. The Trailmaster camera system for detecting wildlife. Wildlife Society Bulletin 21:505-508

Kucera, T. E., W. J. Zielinski, and R. H. Barrett 1995. The current distribution of American martens (*Martes americana*) in California. California Fish and Game 81:96-103

Laurance, W. F. and J. D. Grant. 1994. Photographic identification of ground-nest predators in Australian tropical rainforest. Wildlife Research 21:241-248

Leimgruber, P., W. J. McShea, and J. H. Rappole. 1994. Predation on artificial nests in large forest blocks. Journal of Wildlife Management 58:254-260

Lee, R. J., J. Riley, I. Hunowu, and E. Maneasa. 2003. The Sulawesi palm civet: expanded distribution of a little known endemic viverid. Oryx 37:378-381

Lorenzana-Pina, G. P., R. A. Castillo-Gomez, and C. A. Lopez-Gonzalez. 2004. Distribution, habitat association, and activity patterns of medium and large-sized mammals of Sonora, Mexico. Natural Areas Journal 24:354-357

Locke, S. L., M. D. Cline, D. L. Wetzel, M. T. Pittman, C. E. Brewer, and L. A. Harveson. 2005. From the field: a web-based digital camera for monitoring wildlife. Wildlife Society Bulletin 33:761-765

Lok, C. B. P., L. K. Shing, Z. Jian-Feng, and S. Wen-Ba. 2005. Notable bird records from Bawangling National Nature Reserve, Hainan Island, China. Forktail 21:33-41

Mace, R. D., S. C. Minta, T. Manley, and K. E. Anne. 1994. Estimating grizzly bear population size using camera sightings. Wildlife Society Bulletin 22:74-83

Main, M. and L. Richardson. 2002. Response of wildlife to prescribed fire in southwest Florida pine flatwoods. Wildlife Society Bulletin 30:213-221

Major, R. E. and G. Gowing. 1994. An inexpensive photographic technique for identifying nest predators on active nests of birds. Wildlife Research 21:657-666

Mazurek, M. J. and W. L. Zielinski, 2004. Individual legacy trees influence vertebrate wildlife diversity in commercial forests. Forest Ecology and Management 193:321-334

McCullough, D. R., K. C. J. Pei, and Y. Wang. 2000. Home range, activity patterns, and habitat relations of Reeves' muntjac in Taiwan. Journal of Wildlife Management 64:430-441

Moriarty, K. M., W. L. Zielinski, A. G. Gonzales, T. E. Dawson, K. M. Boatner, C. A. Wilson, F. V. Schlexer, K. L. Pilgrim, J. P. Copeland, and M. K. Schwartx. 2009. Wolverine confirmation in California after nearly a century: native or long-distance migrant? Northwest Science 83: 154-162

Nesbit, W. 1926. How to hunt with the camera. E. P. Dutton & Company. New York, NY

Newhall, B. 1982. The history of photography. The Museum of Modem Art, New York, NY. 320pp

Ng, S. J., J. W. Dole, R. M. Sauvajot, S. P. D. Riley, and T. J. Valone. 2004. Use of highway undercrossings by wildlife in southern California. Biological Conservation 115:499-507

Nicholas, K. S., A. R. Hiby, N. A. Audley, and T. Melton. 1991. The design of camera housings and automatic triggering devices for use with the monk seal register. Pages 59-62 *in* Establishment of a register of monk seal (*Monachus manachus*) within the European community. Institut Royal des Sciences Naturelles de Belgique and the Sea Mammal Research Unit, Cambridge. 29 Rue Vautier B-1040 Brussels, Belgium

Numata, S., T. Okuda, T. Sugimoto, S. Nishimura, K. Yoshida, E. S. Quah, M. Yasuda, K. Muangkhum, and N. S. M. Noor. 2005. Camera trapping: a non-invasive approach as an additional tool in the study of mammals in Pasoh Forest Reserve and adjacent fragmented areas in peninsular Malaysia. Malayan Nature Journal 57:29-45

O'Brien, T. G., M. F. Kinnaird, and H. T. Wibisono. 2003. Crouching tigers, hidden prey: Sumatran tigers and prey populations in a tropical forest landscape. Animal Conservation 6: 131-139

O'Connell, A. F., Jr., N. W. Talancy, L. L. Bailey, J. R. Sauer, R. Cook, and A. T. Gilbert. 2006. Estimadng site occupancy and detection probability parameters for meso- and large mammals in a coastal ecosystem. Journal of Wildlife Management 70:1625-1633

Osterberg, D. M. 1962. Activity of small mammals as recorded by a photographic device. Journal of Mammalogy 43:219-229

Otani, T. 2001. Measuring fig foraging frequency of the Yakushima macaque by using automatic cameras. Ecological Research 16:49-54

Pearson, O. P. 1959. A traffic survey of *Microtus-Reithrodontomys* runways. Journal of Mammalogy 40:169-180

Pearson, O. P. 1960. Habits of *Microtus californicus* revealed by automatic photo records. Ecological Monographs 30:231-249

Pei, K. 1995. Activity rhythm of the spinous country rat (*Niviventer coxingi*) in Taiwan. Zoological Studies 34:55-58

Rao, M., T. Myint, T. Zaw, and S. Hitun. 2005. Hunting patterns in tropical forests adjoining the Hkakaborazi National Park. north Myanmar. Oryx 39:292-300

Sadighi, K., R. M. DeGraaf, and W. R. Danielson. 1995. Experimental use of remotely-triggered cameras to monitor occurrence of timber rattlesnakes (*Crotalus horridus*). Herpetogical Review 26:189-190

Sanderson, J. G. and M. Trolle. 2005. Monitoring elusive mammals. American Scientist 93:148-155

Schillings, C. G. 1905. With flash-light and rifle: a record of hunting adventures and of studies in wild life in equatorial East Africa. Translated by H. Zick. Harper & Brothers Publishers, New York, NY

Schillings, C. G. 1907a. Mit Blitzlicht und Büchse: Neue Beobachtungen und Erlebnisse in der Wildnis inmitten der Tierwelt von Äquatorial-Ostafrika, Third edition. R. Boigtlander,

Berlag in Leipzig

Schillings, C. G. 1907b. In Wildest Africa. Volumes I and II. Translated by Frederic Whyte. Hutchinson & Co., London

Sequin, E., M. M. Jaeger, P. F. Broussard, and R. H. Barrett. 2003. Wariness of coyotes to camera traps relative to social status and territory boundaries. Canadian Journal of Zoology 81:2015-2025

Seydack, A. H. W. 1984. Application of a photo-recording device in the census of larger rain-forest mammals. South African Journal of Wildlife Research 14:10-14

Shiras, G. 1906. Photographing wild game with flashlight and camera. National Geographic Magazine 17:366-423

Shiras, G. 1908. One season's game bag with a camera. National Geographic Magazine 19:387-446

Shiras, G. 1913. Wild animals that took their own pictures by day and by night. National Geographic Magazine 24:763-834

Silveira, L., A. T. A. Jacomo, and J. A. F. Diniz-Filho. 2003. Camera trap, line transect census and track surveys: a comparative evaluation. Biological Conservation 114:351-355

Silver, S. C. 2004. Assessing jaguar abundance using remotely triggered cameras - English. Available at http://www.savingwildplaces.com/swp-researchmethods ［訳注：2018/7/23 時点でアクセス不能］

Silver, S. C., L. E. T. Ostro, L. K. Marsh, L. Maffei, A. J. Noss, M. J. Kelly, R. E. Wallace, H. Gomez, and G. Ayala. 2004. The use of camera traps for estimating jaguar *Panthera onca* abundance and density using capture/recapture analysis. Oryx 38:148-154

Soisalo, M. K. and S. M. C. Cavalcanti. 2006. Estimating the density of a jaguar population in the Brazilian Pantanal using camera-traps and capture-recapture sampling in combination with GPS radiotelemetry. Biological Conservation 129:487-496

Srbek-Araujo, C. and A. G. Chiarello. 2005. Is camera-trapping an efficient method for surveying mammals in Neotropical forests? A case study in south-eastern Brazil. Journal of Tropical Ecology 21:121-125

Staller, E. L., W. E. Palmer, J. P. Carroll, R. P. Thornton, and D. C. Sisson. 2005. Identifying predators at northern bobwhite nests. Journal of Wildlife Management 69:124-132

Surridge, A. K., R. J. Timmins, G. M. Hewitt, and D. J. Bell. 1999. Striped rabbits in Southeast Asia. Nature 400:726

Temple, S. A. 1972. A portable time-lapse camera for recording wildlife activity. Journal of Wildlife Management 36:944-947

Tilson, R., H. Defu, J. Muntifering, and P. J. Nyhus. 2004. Dramatic decline of wild South China tigers *Panthera tigris amoyensis*: field survey of priority tiger reserves. Oryx 38:40-47

Trolle, M. 2003. Mammal survey in the Rio Jauperi region, Rio Negro Basin, the Amazon, Brazil. Mammalia 67:75-83

Trolle, M. and M. Kéry. 2005. Camera-trap study of ocelot and other secretive mammals in the northern Pantanal. Mammalia 69:409-416

Wallihan, A. G. 1906. Camera shots at big game. Doubleday, Page & Co., New York. 77pp+ plates

Winkler, W. G. and D. B. Adams. 1968. An automatic movie camera for wildlife photography. Journal of Wildlife Management 32:949-952

Wong, S. T., C. Servheen, L. Ambu, and A. Norhayati. 2005. Impacts of fruit production on Malayan sun bears and bearded pigs in lowland tropical forest of Sabah, Malaysian Borneo. Journal of Tropical Ecology 21:627-639

Yasuda, M. 2004. Monitoring diversity and abundance of mammals with camera traps: a case study on Mount Tsukuba, central Japan. Mammal Study 29:37-46

Yasuda, M. and K. Kawakami. 2002. New method of monitoring remote wildlife via the Internet. Ecological Research 17:119-124

Young, S. P. 1946. The Puma, mysterious American cat. The American Wildlife Institute, Washington, DC. 358pp

Zielinski, W. J. and T. E. Kucera, editors. 1995. American marten, fisher, lynx, and Wolverine: survey methods for their detection. USDA For. Service General Technical Report PSW-GTR-157. Available at http://www.fs.fed.us/psw/publications/documents/gtr-157/

Zielinski, W. J., T. E. Kucera, and R. H. Barrett. 1995. The current distribution of fishers (*Martes pennanti*) in California. California Fish and Game 81:104-112

Cappter3 Evaluating Types and Features of Camera Traps in Ecological Studies :
A Guide for Researchers

Don E. Swann, Kae Kawanishi and Jonathan Palmer

第 3 章

生態学研究におけるカメラトラップの
タイプと特徴の評価
―調査者向けの手引き―

3.1 はじめに

　調査者がいない間に動物をフィルムに収める方法は，何十年にもわたって生態学的研究に用いられてきたが，カメラトラップ調査とも呼ばれる「遠隔撮影」の使用は，1990 年代初めの商業的な野生生物向けカメラトラップの出現とともに劇的に増加した（Kucera and Barrett 1993）．現在カメラトラップの使用を計画している調査者は，自分のカメラトラップの設計やカスタマイズについての多くの選択肢だけでなく，エキサイティングではあるが困惑するような商品の多さに直面している．

　異なるさまざまなカメラトラップの中からあるモデルを選択するという作業は，それらが多くの異なる用途，多くの野外の条件，および広い対象種に使用するように設計されているという事実によって複雑になる．狩猟や野生生物の観察といった用途に加えて，カメラトラップの研究への適用は，巣における生態学研究，希少種の検出，個体数と種数の推定，人工的に造成された構造における生息地利用や占有に関する調査等を含む（この本のいくつかの章およびCutler and Swann（1999）を参照）．これらの異なる用途は，それぞれ非常に異なる要件をもつだろう．たとえば，遠隔地の希少種を検出するためのカメラトラップは，頑丈で信頼性があり，設置されてから数週間は写真を撮ることができなければならず，一方で巣のヒナの採餌行動を観察するカメラトラップな

39

らば静かで目立たず，かつ大量の画像を連続して撮影することができるもので
なければならない．

　野外の条件や対象種の違いは，カメラトラップの選択にも影響しうる．気象
条件がもっとも重要な例である．熱帯における高湿度は，寒さや雪への対応と
はまったく異なるカメラ機器の技術的課題を要する．人為的な妨害行為が問題
となる都市環境での生態調査は，荒野の環境で必要とされるものとは異なる防
御/迷彩の装備を必要とする．同様に，スズメ等を研究するために用いるカメ
ラトラップは，大きな哺乳類，爬虫類，または他の分類群の研究に使用される
ものとは異なるトリガーシステム，光源および焦点距離を必要とする．

　カメラトラップは，以前はほとんど情報がなかったような分野で大量のデー
タを収集する機会を提供し，また生みだされた写真は野生生物の教育に使用で
きることから，科学的な文献や一般書物の中で広く扱われている．とはいえ，
野外での機器故障の話は，カメラトラップを使用する生態学者の間で数多く聞
かれる．離れた調査地に設置した場合の最悪のシナリオは，研究遂行のために
十分なデータを収集できないことである．これらの問題の多くは，文献レ
ビュー，専門家との協議，練習などの入念な事前計画で緩和することができる
が，研究者がカメラトラップの選択や調査の事前計画などを効率的に進めるの
を助けるような出版物は知られていない．

　この章の目的は，カメラトラップの使用を検討している生態学者に対し，特
定の研究デザイン，野外条件，および対象種に対し，最適なシステムと機能の
タイプを決定するのを助けることである．私たちは新規および開発中の技術を
含むカメラトラップの基本技術の概要を紹介し，商用のカメラトラップで現在
利用可能なさまざまなトリガーの種類，ハウジング，ソフトウェアオプショ
ン，カメラ，および機能の長所と短所をまとめる．さらに，野外でしばしば遭
遇する問題や，これらの問題が対処されたさまざまな方法に関する文献をレ
ビューする．私たちの目標は，特定のブランドを推奨することではなく，研究
者がこの技術をより効率的かつうまく使用するために，ニーズやオプションを
より完全に評価するための枠組みを提供することである．

3.2　野外におけるカメラトラップの長所と問題 ：レビュー

　野生生物を撮影するカメラトラップの主たる生態学的な用途は，巣における

生態学研究（Major and Gowing 1994；Liemgruber et al. 1994；Picman and Schtiml 1994；Savidge and Seibert 1988；Laurence and Grant 1994）および脊椎動物の活動パターンの記録（Carthew and Slater 1991；Griffiths and van Schaik 1993；van Schaik and Griffiths 1996；Bridges et al. 2004b；Jacomo et al. 2004；Rivero et al. 2005；Cutler and Swann 1999 のレビューを参照）に関する研究であった．近年では用途が増えており，希少種（Surridge et al. 1999；Delgado et al. 2004），まれな現象（Hirakawa and Sayama 2005），珍しい，あるいは黒化した動物個体（Martyr 1997；Azlan and Sharma 2002），種数（O'Brien らによる 13 章を参照）等の確認，そして占有度（O'Connell et al. 2006；Nichols et al, 2008），個体数や生息密度（Mace et al. 1994；Karanth and Nichols 1998；O'Brien et al. 2003；Trolle and Kéry 2003；Wallace et al. 2003；Kawanishi and Sunquist 2004；Maffei et al. 2004, 2005；Silver et al. 2004；Jackson et al. 2005；Soisalo and Cavalcanti 2006；Karanth らによる 9 章参照），生存率や新規加入率（Karanth et al. 2006）等の個体群パラメータの推定等が挙げられる．直接観察，捕獲，追跡などの他のサンプリング方法と比較して，野生生物を撮影するカメラトラップの大きな利点は，捕獲された動物や調査者がいなくても非常に正確なデータを記録できることである．生体捕獲や観察によって得られたデータとは異なり，他の調査者が見直すことができるため，これらのデータは調査者自身による観察よりもある意味優れている．

　生態学的研究においてカメラトラップシステムを使用する利点は，科学文献によく示されている．野外で使用する際の問題にはあまり注意が払われていないが，経験豊かな調査者にはよく知られている．問題の中でもっとも重要なものは，機器の故障によるデータの消失である．Rice（1995）は，「Wildlife Society Bulletin」の Trailmaster® システムを賞賛する論文（Kucera and Barrett 1993）を受けて，熱帯の環境で同じシステムを使用している間に経験した慢性的な機械の問題について書いた．それに続く論文は，熱帯（Kawanishi 2002；Henschel and Ray 2003）と非熱帯環境（Khorozyan 2004；Roberts et al. 2006）の両方におけるカメラトラップの設置について，同様の懸念を論じている．具体的な問題には，カメラを起動させるトリガー機構の故障（その結果，動物が訪問したイベントを記録しない），または動物を含まない多くの写真撮影の両方が含まれる．カメラトラップの故障は，その障害が確認されるのに時間がかかるため，遠隔地でカメラトラップを使用している生物

学者にとっては悪夢となる．たとえば，フィルムおよびバッテリーの交換のための カメラトラップサイトへの訪問が毎月行われているとして，現場で現像された写真やデジタル画像を見ることができない場合，トラブルシューティングを始める前に2ヶ月分のデータが失われる可能性がある．

多くの要因がカメラトラップのパフォーマンスに影響する．パフォーマンスの悪さは，天気，ユーザーの使用感，ユーザーの技術，動物の被害など固有の野外条件，不十分な設計の装置等の組み合わせによって発生する．さらに，カメラトラップの種類によって感度，検出範囲および異なる環境条件下での性能に大きな違いがある（Swann et al. 2004）．これらの要因のいくつかは緩和できるかもしれないが，他の要因（たとえば天候など）は研究者が直接制御できる範疇を超えている．したがって，潜在的な機器の問題を知り，場所・用途に適したカメラトラップを選択することが重要である．以下の節では，カメラトラップの基本技術と，現在，生態学的研究で使用されているシステムのさまざまなタイプと機能について説明する．

3.3　カメラトラップのタイプ

カメラトラップはさまざまな方法で分類することができるが，おもな相違点は非トリガー式とトリガー式の違いである（Cutler and Swann 1999）．非トリガー式には，画像を連続的に，または予め定められた時間間隔で記録するようにプログラムされたカメラが含まれる．対照的に，トリガーで動作するカメラトラップは，何らかのイベント（通常は動物の訪問）によってトリガーが反応するまで起動しない．トリガーは，動物が踏み板を踏み込むとカメラが動作するような機械的なものであってもよいが，より典型的には赤外線が用いられる．いくつかの商用のカメラトラップは，非トリガー式のタイムラプス動作と，赤外線トリガーによる動作の両方をプログラムすることができる（表3.1）．

トリガー式カメラトラップと非トリガー式カメラトラップの違いは大きく，どちらかを選択する前に注意深く考えることが重要である．一般的に，非トリガー式カメラトラップは，関心のあるイベント（たとえば採食行動）が頻繁に発生する場合，または連続した記録が必要な場合にもっとも適している．トリガー式カメラトラップは，ある調査地において種や個体の存在を記録することが重要な場合など，関心のあるイベントがまれだったり不連続だったりする場

表3.1 さまざまなタイプのカメラトラップシステムと生態学研究においてもっとも向く/向かない条件

	向く条件	向かない条件
非トリガー式	動物が常在しており，広い場所に出没するか，訪問頻度が高いか，あるいは連続的なデータ取得（不在の確認等）が重要な場合.	希少種，頻度の低い現象の確認（電池消費が大きく，画像の解析に時間がかかる）.
トリガー式全般	野外にカメラを長期間置き去りにしなければならないが，確認したい現象は発生頻度が低い場合.	対象とする現象が頻繁/連続的なものである場合（頻繁に/連続的な現象を記録するうえではトリガー式は非トリガー式よりも複雑で信頼性が低い）.
トリガー式-機械式	調査対象が物理的に特定範囲を踏んだり，エサや興味対象の物を引っ張ることがある場合.	調査対象が物理的なトリガーで記録されそうもない場合.
トリガー式-赤外線-全般	調査対象が物理的に特定範囲を踏んだり物を引っ張ったりしない時．機械式のトリガーを使うには動物が軽すぎたり速すぎたりする場合.	調査対象が物理的な活動を伴う場合（機械式よりも複雑なため，こちらの方が信頼性は低い）.
トリガー式-赤外線-能動式	とくにフィルムや電池が限られているような，対象外の種（一定の体高以下のもの等）に反応させないことが重要な場合．一般的に，調査対象の来る場所は正確に分かっているが，機械式では検知しにくい場合.	植生の成長が早い場所では，メンテナンス作業の間に光線が遮断されてしまう．風，雨，雪が頻繁な環境では，これらや風に吹かれて揺れた植生や前を横切った物体でトリガーが反応してしまう.
トリガー式-赤外線-受動式	対象種の光線の検知範囲が理想的な時．風，雨，雪が頻繁な環境.	対象種の体温の違いを検知しにくいような暑い環境.

合により適切である．また，非トリガー式カメラトラップはより多くの電力を必要とする傾向があり，この点では遠隔地での使用において使いにくい．生物学者の間での文化の違いなのかもしれないが，鳥類研究では非トリガー式のシステムを使用することがよくある一方で，ほとんどの大型哺乳類の研究はトリガー式トラップを使用している.

3.3.1 非トリガー式カメラトラップ

非トリガー式（タイムラプスまたは連続録画）カメラトラップは機材ごとの違いが大きいが，通常はカメラユニット（タイムラプスタイマーつきのスチルカメラまたはデジタルビデオカメラ），電源，およびこれらを繋ぐ有線または無線接続で構成されている．近年の進歩により，この技術は従来の製品よりも大幅に小型化，低価格化され，商用システムは 200 米ドル未満で入手可能となった．しかし，遠隔操作できるカメラ，衛星通信接続，そして連続電力供給用のソーラーパネルを備えたようなハイエンドシステムも使用されており，とくに海鳥，アザラシ，および草原性の大型草食獣のようなひらけた場所で群れで出現する動物をモニタリングするために用いられる．

非トリガー式カメラトラップは，動物行動学や巣における生態学にとても一般的に使用されている（Cutler and Swann 1999）．時にまれな動物が出現することがあってもカメラを動作させることはできないが，ある決められた時間間隔において動物がある場所に存在しないことを知ることが重要である場合，連続的な記録のできる非トリガー式はトリガー式よりも有利である．また，非トリガー式カメラトラップは，トリガー式カメラトラップよりも野外での故障の頻度が低いようである．商用のトリガー式カメラトラップの普及に先立ち，タイムラプスカメラは野生生物の水場のような特定の場所の研究（たとえば，Bleich et al. 1997）で使用された．

非トリガー式カメラトラップの大きな欠点は，それらの多くが連続動作のためにより大きな電力を必要とすることである（しかし，いくつかのタイムラプスシステムはより少ない電力しか必要としない）．これは長いコードを直接電源に接続できる営巣中の鳥の研究では制限上の問題にならないが，太陽光発電を使用しないかぎり遠隔地でこれらのトラップを使用することは難しい．多くの研究においてさらなる欠点と言えるのは，分析において対象動物または現象を見出すための画像の確認に長い時間を要することである．

非トリガー式カメラトラップの使用は，教育用にリアルタイムで動作するウェブカムとして広く普及している．近年では，ヒグマ，コウモリ，そしてメンフクロウといった野生動物を見ることができるインターネットサイト（たとえば http://www.animalcameras.com）が急増してきた．研究の観点において，この技術の幅広い有用性と配布の容易さから，自宅の裏庭で巣箱を撮影す

るためのカメラを操作する市民科学者たちを活用した．巣における生態学の大規模な研究の可能性が生まれた（Proudfoot 1996；Hudson and Bird 2006；Huebner and Hurteau 2007）．

3.3.2　トリガー式カメラトラップ

　機械式カメラトラップは圧力パッド（Griffiths and van Schaik 1993；Mudappa 1998；Fedriani et al. 2000；York et al. 2001；Moruzzi et al. 2002）か，もしくはエサ，デコイ［訳注：囮となる模型］および卵とカメラをつなぐライン（Picman and Schriml 1994；Cresswell et al. 2003；Glen and Dickman 2003；Gonzalez-Esteban et al. 2004）のいずれかを使っている．エサなどが設置位置から動かされた時に電気回路が繋がって小型スイッチが入り，これがカメラを動作させるようにラインを改造した場合は，これは圧力パッドと同じ仕組みとなる（DeVault et al. 2004）．光で動作する技術の改良により，機械式カメラトラップは近年では一般的でなくなったが，動物が狭い範囲を詳細に探しまわったり，対象物を移動させたりする研究には適している．これらはしばしば巣における捕食の調査に用いられる．

　光トリガー式カメラトラップは，光線（通常は赤外線ビーム）をトリガーとして使用しており，「能動式」または「受動式」のいずれかである．能動式カメラトラップは，送信機から受信機へ連続してビームを放射する．このビームは目に見えない糸のようである．ビームが遮断されると，カメラに信号が送信されて画像が記録される．受動式カメラトラップは，能動式カメラトラップよりはるかに一般的であり，並んで配置された画角内の背景温度の特徴を読み取る二つの別々のセンサーで構成されている．動物がセンサーの前を通過すると，二つのセンサーによって検出された動きと，動物の体温に起因する温度変化の両方が，カメラトラップを動作させて画像を記録させる（Swann et al. 2004）．能動式カメラトラップ（Trailmaster® 1500 unit など）は，別体の受信機と送信機，そして受信機と接続（通常は有線）されたカメラで構成されるが，受動式カメラトラップは，通常一つの箱にすべての構成要素が収められている．

　一般に，能動式カメラトラップは，体高によって識別可能な標的動物にもっとも良く動作し，正確に直線的な検出を可能とする．しかし，能動式カメラトラップは，動物でないオブジェクト（風や植生の成長だけでなく，雨や雪も含

む）が赤外線を通過しても動作してしまう（Kawanishi 2002；Henschel and Ray 2003）ため，受動式カメラトラップよりもはるかに高い誤作動率をもつ傾向がある．受動式カメラトラップは，能動式カメラトラップよりも広い“検出範囲”を持ち，より広い動物のサイズ範囲を検出することができる．しかしながら，検出範囲は受動式ユニットによって異なる（Swann et al. 2004）．受動式ユニットは，通常，動物以外のものによって動作する傾向はないが，とくに検出ゾーンが非常に大きい場合は誤作動が発生する．大部分の市販の受動式カメラトラップは，単一のユニットで構成されているため，現場において能動式カメラトラップよりも設置が容易であり，その結果，近年商用の受動式カメラトラップの数が増加している．

　非トリガー式のトラップと比較して，トリガー式カメラトラップの最大の欠点は，誤作動に加え，環境条件あるいは使用者の落ち度によってセンサーが時々機能しなくなる点である．しかし，野生生物の研究，とくに希少動物の研究におけるこれらのトリガー式カメラトラップの大きな利点は，ほとんど電力を消費せず，遠隔地で長期間にわたって容易に利用できることである．

3.4　カメラトラップの機能とトレードオフ

　ほとんどの商用のトリガー式および非トリガー式カメラトラップには，生成される写真画像の数と品質に大きな影響を及ぼす特別な機能がある．すべてのテクノロジーと同様に，利用可能なさまざまな機能の間にトレードオフが存在する．たとえば，カメラトラップには電力が必要であるが，通常野外では電源が得られないため，商用トラップには多くの電池オプションが含まれている．バッテリーは大きかったり小さかったりする．大型バッテリーはより長い期間電力を供給するが，野外での持ち運びにおいてはより重い．充電電池は購入時点ではより高価だが，長期的には資金を節約できる．ただし，充電電池は同じ重量のアルカリ乾電池ほど長くもたない．

　もちろん，もっとも重要なトレードオフの一つは，利用可能な機能の数とそのコストとの間にある．カメラトラップの価格は100ドル未満から数千ドルにまで及ぶため，あらゆるプロジェクト予算で利用可能なものが存在するといえる．以下に，カメラトラップのさまざまな機能とそれらに関連するトレードオフの概要を示す．

3.4.1 システム構成要素

　非トリガー式カメラトラップには，一般に少なくとも二つの構成要素（カメラと電源）が備わっているが，トリガー式トラップには，独立して動作するか，または単一のユニット内にセットになった複数の構成要素が含まれる．ほとんどのトラップでは，これらの構成要素は赤外線センサー，カメラ，および接続コードからなるが，その他の構成要素として補助的な照明や電源が含まれることもある．構成要素を別々にセットアップすることで，写真の品質を向上させるための柔軟性が得られる．たとえば，カメラがセンサーと別体である場合，センサーとの距離を大きくとることができたり，またはセンサーに対して角度をつけることができたりするため，背景照明をより有効に利用することができる．近年増えてきているが，とくに非トリガー式のシステムは，調査者がカメラを傾けたり，動物の被写体にズームまたは広角にしたりすることで，ビデオカメラを遠隔制御できるようにカスタマイズすることができるものもある（たとえば See More Wildlife systems 社：http://www.seemorewildlife.com［訳注：2018/5/31 時点でアクセス不能］の robotic camera system など）．

　複数の部品からなるシステムのおもな欠点は，部品のいずれかが故障した場合，システム全体が動かなくなる可能性があることである．いくつかの研究において，単一ユニットのカメラトラップは複数ユニットからなるシステムよりも野外で故障しにくいと報告されている．動物が噛んだり引っ張ったりすることによるコードの破損はしばしば重大な問題として提示されている（Sequin et al. 2003）が，他の例として，動物による損傷，照準設定のミス，またはセンサーもしくはカメラのバッテリーの故障が挙げられる（Main and Richardson 2002；Bridges et al 2004a）．一般に，すべての構成要素を含む単一のユニットは，輸送，設置，防御が容易であり，遠隔地の野外で複数のカメラユニットを使用した研究によく推奨される（Kawanishi 2002；Henschel and Ray 2003）．しかしながら，複数の構成要素で構成される商用システムは，今日においてはオプションとして無線接続機能をもつものもある（たとえば，http://www.faunatech.com.au で入手可能な Faunatech など［訳注：2018/5/31 時点で該当機器が確認できない］）．

3.4.2　ハウジング

　カメラトラップのハウジングは，色，重量，サイズ，形，耐候性，耐久性によって異なる（表3.2）．野生生物や人間からトラップを見えにくくさせたい場合は，カモフラージュ柄のような配色の選択肢が望ましいかもしれない．もっとも耐久性のあるトラップは丈夫な金属で作られており，より大きく，重いが，ユニットを長距離運搬する必要がある場合は，より小さく，プラスチックなどのより軽い材料で作られたトラップを使用することが望ましい．

　天候の厳しい地域では耐候性のハウジングが不可欠であり，さまざまな野外状況において製造仕様書を慎重に確認することが重要となる．熱帯の野外条件では，熱と湿度の高い時期—これはしばしば毎日生じる—においてもすべてを乾燥した状態に保つことができるような耐水性のユニットが必要となる．ユニット内に設置した新しいシリカゲルのパックによって，ユニットの気密性を判断することができる．色が青からピンクに変わる場合，ユニットの気密が保たれていない．熱帯地域で使うカメラトラップにはゴム製のシーリングが取りつけられていなければならず，センサーやネジなどのあらゆる穴について，水分の浸入を防ぐために密閉する必要がある．水分はコンピュータ部品を損傷さ

表3.2　カメラトラップで使用されているハウジングと外部オプション

特徴	目的
カモフラージュ柄	野生動物や人間からトラップを見えにくくさせる．
防水	雨の多いまたは湿度の高い環境において機材を故障させないために必須．
ケーブルおよび鍵	人為的な破壊や盗難のリスクを減らす．
小型化	より小さなカメラトラップは狭い空間しかない巣箱での使用のためにデザインされている．
静音ハウジング	カメラのシャッター動作などで発生するノイズを軽減し，動物に警戒心を喚起しない．
録音機能	動物の画像とともに音声を記録できる．
ハウジングの防護	動物による破損や人為的な破壊・盗難のリスクを減らす．
接続ケーブルの防護	動物による破損のリスクを減らす．
長い接続ケーブル（非トリガー式システム用）	画像参照，電源供給，あるいは送信に用いる機器とカメラとの100 m以上の接続を可能にする．

せ，センサーの誤動作を引き起こし，金属部品を錆びつかせ，フィルムをカメラ内部に固着させたりする．さらに，アリとシロアリは気密の保たれていないハウジングに営巣する．シロアリは内部の部品を食べてしまうし，アリは作業者に危険を及ぼすことがある．最後に，人がバックパックで運ぶ際，防水されていないカメラトラップ内に人間の汗による湿気が容易に蓄積することもある．極端な湿度は，熱帯環境における電子機器にとっての最大の課題である（Kawanishi 2002）．一部のカメラトラップは，現在これらの条件で動作するように特別に製造されている．

100°F［訳注：おおよそ38℃］まで動作可能と表示されているユニットは，多くの砂漠地帯では不適である．一般に，赤外線センサー固有の性質のため，ほとんどの受動式カメラトラップは極端な熱環境では機能しない（Swann et al. 2004）．

破壊防止仕様のハウジングや鍵は，一部の地域では必要ではないかもしれないが，その他の地域では絶対的に重要である．一方で，カメラのトラップを動物から守るためのハウジングは，大部分の野外状況では非常に重要であるものの，対象とする動物種によってその度合いは大きく異なる．げっ歯類のような小さな動物に齧られるケーブルやカードは，製造時点で補強してもよいし，野外においてアルミ箔等で補強してもよいし，あるいは毒性のある物質で覆ってもよい．クマやゾウなどの大型哺乳類の多くは，カメラに遭遇したときにカメラを破壊することがあり，Camtrakker® (Grassman et al. 2005) やTrailmaster® (Karanth and Nichols 2002) など，幾つかの人気のある商用ユニットでは防護システムが開発されてきた．

3.4.3 ソフトウェアとプログラミング

現在市販されているほとんどのカメラトラップには，システムの動作を支援し機能性を高めるソフトウェアが含まれており，その多くは生態学的研究に非常に役立つ（表3.3）．典型的なソフトウェアの機能には，ユーザーの設定によって追加のデータ（トリガーが動作したイベントの日時など）を記録する，電力やフィルムを節約するため事前に設定した時間（夜間など）のみ画像を記録する，同じ個体に対して複数の画像が記録されないようイベント継続中は動作を中止する，などのオプションが含まれる．後者の二つのオプションは，フィルム使用時にそれを節約して使う必要がある場合に便利だが，デジタルカ

表 3.3 カメラトラップで利用可能なソフトウェアオプション．もっとも重要なソフトウェア機能とのトレードオフの対象は，調査者や野外実務者がそれらを効果的に使用する能力である．

機能	目的
イベントデータの記録	イベントの時刻と日付をダウンロード可能なデータとして記録する．
イベント記録オプション	1 日 24 時間稼働させるか，またはバッテリーとフィルムの消費を減らすために特定の間隔でのみイベントを記録するかを設定できる．
画像記録オプション	フィルムや電源を使い果たすような過剰な画像撮影を防ぐためのカメラの動作遅延設定．
速度オプション	動物の訪問イベントと写真の記録との間の時間を短縮する．
電源オプション	スリープモード：バッテリー使用を減らし，バッテリーの寿命を延ばす．
感度設定	対象種を検出する感度を設定することができる．より敏感な設定にした場合，鳥などのより小さく軽い種を検出できる．
パスワード保護	ソフトウェアでの盗難防止機能，データの盗難防止．
対象種に対するオーディオデバイス	"ホイッスルストップ"などの機能により，より良い写真を撮影するために対象種をカメラの前に留める．
データロガー	カメラの動作中に温度などの環境変数を記録する．

メラではあまり重要ではない．多くの研究において，日時や温度などの追加データを記録することは重要であろう．多くのカメラトラップには，バッテリー消費を減らし，バッテリー寿命を延ばすための電源オプションも備わっている．この機能は遠隔地の野外で不可欠である．ラップトップやパーソナルコンピュータから直接カメラトラップの機能をプログラムすることができるものも増えてきている．

　おそらく，野外での研究プロジェクトを計画している調査者が認識すべきもっとも重要な問題は，野外の生物学者とその技術者は技術力と関心が異なり，またより複雑なカメラトラップはすべてのプロジェクトに適していないということである．システム構成要素の場合と同様に，オプションの多さによって柔軟性がより高まるにつれ，重要な機能が不適切に設定されたり，極端な野外条件下で故障するという可能性も増加する．多くのカメラトラップには，比較的使いやすいデフォルトのソフトウェアオプションが装備されており，使用したいユーザーが利用できる追加の機能も備えている．

3.4.4　電源

カメラトラップ用の電源は，近年までに電力要求量を減少させるための大きな進歩が見られたにもかかわらず，しばしば生態学的研究におけるカメラトラップ使用の制限要因となっている．電源は，標準的な電源コンセントに差し込まれたコードからの交流（AC）またはバッテリーもしくは太陽エネルギーからの直流（DC）（表3.4）によって供給される．ほとんどの商用のトリガー式トラップはバッテリーで作動するが，非トリガー式システムの多くはAC電源で作動する．AC電源の近くで動物を研究することができる場合，この電源には大きな利点があるが，遠隔地での設定では電源コンセントはめったに存在しない．

カメラトラップに使用されるバッテリーは，アルカリ，リチウムイオン，または充電式のいずれの電池でもよく，市販のシステムでは，これらのいずれかを使用するオプションを提供することが多い．アルカリ電池またはリチウム電

表3.4　カメラトラップの電源オプションおよびそれらの利点・欠点

種類	利点・欠点
交流電流（AC）	安価で使いやすいが，遠隔地での野外調査には現実的でない
ソーラー直流電流（DC）	太陽光発電は連続的な電力を提供するため現地への訪問頻度が少なくて済むが，高価なうえに運ぶには重い．一つの場所に長期間設定されたカメラトラップに最適である．
アルカリ電池	非常に信頼性が高く，安定した出力特性を示す．使用期間によっては充電式電池よりも高価となり，また電池寿命はリチウムイオン電池よりも短い．
リチウムイオン電池	非常に信頼性が高く，安定した出力特性を示す．アルカリ電池よりも寿命が長く信頼性も高いが，より高価である．使用期間によっては充電式電池よりも高価となる．
充電式電池	初期費用は高いが長期間使うには経済的である．電池の寿命は新品のアルカリ電池よりも短く，時間が経つにつれて容量が低下する．バッテリー管理に手間がかかる．カメラトラップが防水処理されていない場合，湿気の多い場所で動作しないことがある
燃料電池	容量とパワーサイズの比はリチウムイオン電池に匹敵する．より「環境にやさしい」．技術はいまだ成熟しておらず，市販のカメラトラップではまだ利用できない．

3章　生態学研究におけるカメラトラップのタイプと特徴の評価　*51*

池は，使用後は使い捨てのため，信頼性が高く，均一な電力を供給し，メンテナンスを必要としないので，ほとんどの研究者にとって好ましい．リチウムイオン電池は信頼性が高く，アルカリ電池より長寿命であるが，高価である．

　携帯性と電池寿命が重要な場合，電池の慎重な選択が不可欠である．カメラトラップのメーカーは多くの場合，アルカリ電池で使用した際の性能指標を表示しているが，バッテリーから供給されるワット時［訳注：単位時間あたりの出力の単位］を（インターネット上で）調べることで，もっとも信頼性の高い比較ができる．たとえば，並列に繋いだ三つの D セル［訳注：単一電池］プロバッテリーは，外付けのリチウムバッテリパックとほぼ同じワット時定格である．通常，プロの写真用電池は，最高のワット時定格をもつ．外付けバッテリーパックは，多くの商用カメラトラップのオプションであり，動物や風雨に対して保護されるように組み立てまたは装備することができる．

　初期コストが高いが長期的には経済的な充電電池は，アルカリ電池またはリチウム電池ほど長時間出力を維持できない傾向がある．一旦電源から再充電する必要があり，研究者のメンテナンスがより必要になるため，信頼性が低い傾向がある．太陽光発電と燃料電池との組み合わせは，遠隔システムにとって大きな可能性を有し，いくつかの商業的応用がなされている．しかしこの技術は，ほとんどの生態学的研究で使用するにはいまだ高価すぎる．

3.4.5　カメラのタイプ

　トリガー式，非トリガー式を問わずすべてのカメラトラップは，ひとたびトラップが画像の記録を開始すれば，どのタイプのものであっても便利に利用することができる．さまざまなトラップでは，静止画カメラやビデオカメラ，フィルムカメラやデジタルカメラが使用されており，現在のオプションの範囲は呆れるほど広い．現在，多くの商用ユニットで使用されているフィルムカメラは，シャッタースピードが速く，電源，スピード，画質の間には固有のトレードオフがあるため，デジタルカメラよりも高画質の画像を提供する．しかしながら，デジタル技術は急速に向上しており，デジタルカメラは市販のカメラトラップ市場でフィルムカメラを急速に置き換えている．

　デジタルカメラのフィルムカメラを上回る明らかな利点は，フィルムカメラよりも多くの画像をデジタルで取り込むことができることである．画像を保存し，簡単にダウンロードして，コンピュータ上で閲覧し，選択的に印刷して仕

分けすることができる．ほとんどのデジタルカメラのトラップは現在，三つの
D セル，15 ワット時のバッテリーを使用して，1 日に 20 枚以上の写真を撮影
して 30 日間連続で動作することができる．デジタルカメラのシャッター速度
はますます速くなっている．

　ほとんどの非トリガー式カメラシステムの標準機能であるビデオカメラの使
用は，トリガー式カメラトラップのオプションとしても用意されているが，よ
り大きな電源が必要となる．デジタルの大きな利点は，連続的な映像を撮影で
きることである．これは動物の行動（Bridges and Noss による 5 章を参照）や
まれなイベント，あるいは動物が開放地に出没していて，長期間簡単に観察で
きる場合においてとくに便利である．ビデオの欠点は電力要求がより大きい点
であり，そのためもっとも一般的には AC 電源が近くにあるか太陽光発電が利
用可能な場所で使用される．

3.4.6　カメラと光源のオプション

　ほぼすべての市販のカメラトラップには，自動フォーカス，自動フラッ
シュ，および画像の記録日時のスタンプが標準機能として含まれる（表 3.5）．
フィルムカメラとデジタルカメラの両方で，その機能とコストが異なる．解像
度の高いデジタル写真は高画質だが，画像が大きくなるとディスク容量も大き
くなる．

　夜間や暗い環境では，照明によって写真の品質が大きく変わりうる．従来の
市販のカメラトラップは，赤外線センサーで動作するように改造されたフィル
ムまたはデジタルのカメラ等であり，照度の低い状況では，カメラ内蔵の簡易
フラッシュによって追加の照明が提供される．これはほとんどの野外研究では
十分だが，動物が暗い色でかつ背景が非常に深い場合，またはより明瞭な写真
が必要な場合には不十分となるだろう．補助照明（表 3.5）は，追加の商用オ
プションとして，または調査者が開発することによって，さまざまな方法で追
加することができる．一つの方法は，カメラのフラッシュに即座に応答する
「スレーブ」フラッシュを追加する方法，もう一つはフラッシュ容量を直接増
やす方法である．ストロボフラッシュのような改良されたカメラフラッシュ
も，画質を向上させる．補足照明とストロボフラッシュの両方とも，通常のフ
ラッシュよりも大きな電力を必要とする．ビデオカメラの中には，動物の行動
を邪魔しない，しかしながらより高価な技術であるサーマルイメージを配備す

表 3.5 カメラの機能とカメラトラップにおける光源オプション

機能	利点・欠点
日時の記録	画像記録に直接日時を記録する.
オートフォーカス	カメラからの距離が異なる動物たちに対して自動的にフォーカスする.
高解像度カメラ	より高画質な映像のための高解像度；低解像度の場合は多くの画像を蓄積できる.
カメラ内蔵ディスプレイ	カメラのディスプレイにより現地で画像を確認できる.
小型カメラ	狭い範囲や巣箱などに挿入することができる.
自動フラッシュ	夜間撮影が可能となる（ただし，電源を消費する）.
フラッシュフォーカス	フラッシュ範囲を拡大できる.
赤外線フラッシュ	対象動物にフラッシュを警戒されるリスクを減少させる（ただし，通常のフラッシュよりは画質は低下する）.
補助ライト	通常のフラッシュよりも良い画質の映像を得られる（ただし，電源が消費され，動物の行動を変える可能性がある）.
ストロボフラッシュ	より良い画質（ただし，電源が消費され，動物の行動を変える可能性がある）.
サーマルイメージ	夜間に動物を攪乱することなく，動物の光［赤外線］を得ることができる（ただし，画質は著しく低い）.

るものもある.

　いくつかの研究では，カメラトラップに対する動物の否定的な反応を検討しており，調査者はこれが生態学的研究（Wegge et al. 2004），とくに行動研究の結果にバイアスを与えているかもしれないと長い間懸念してきた（Major 1991；Major and Gowing 1994；Laurence and Grant 1994；Liemgruber et al. 1994；Sequin et al. 2003；Hegglin et al. 2004；Ball et al. 2005）. しかし，巣箱における捕食調査の一つ（Thompson and Burhans 2003）は，カメラの存在が捕食に影響を与えたという証拠はほとんどないと報告している. 嗅覚や聴覚の手がかりの他に，カメラのフラッシュは動物を怖がらせ，動物がカメラトラップを避ける（または破壊する）かもしれない. おもな代替の光源は赤外線であり，通常は哺乳類や鳥類には見えない. 赤外光は，フラッシュの光源として使うことができ（Claridge et al. 2004），または予めプログラムされた動作時間内に連続的に動作させることができる. 連続的な赤外線は，通常，市販の巣箱カ

メラの標準的な機能である．赤外光の欠点として，他の光源のような高品質の画像が得られないことがある．

3.5 考察

3.5.1 野外でのカメラトラップを用いた調査

　野外で研究に用いるカメラトラップの選択は，商用カメラトラップの数が増え，機能が複雑になったため，難しい作業である．この章が，技術的に改良され続けるカメラトラップのさまざまな機能について決定するための枠組みを提供できることを願う．

　過去10年間の野外における市販のカメラトラップの普及により，失敗から多くのことを学んだ専門家が生まれた．Swann et al.（2005）は，特定の市販の赤外線トリガー式のカメラトラップをレビューし，さまざまなトラップの技術的側面に基づき，一般的な野外でのトラブルについて検討している．彼らは，調査者は対象種および対象領域の大きさに基づいてカメラトラップを選択すべきである，と結論づけており，対象からの高さや距離，固定方法，植生の除去，その他の調査者に制御可能な因子といった，カメラトラップの設置に関するさまざまな側面に関連する提案を提供している．野外での多くの問題は調査者の経験不足に関連していることを踏まえ，彼らがもっとも強く推奨しているのは，新しい研究者は新しい機器の説明書をよく読み，野外調査を開始する前に新しい機器を使用してしっかり練習すること，である．あらゆる新しいスキルや技術と同様，研究プロジェクトに着手する前に，経験豊富な実務者に質問をしたり一緒に野外で作業したりすることに代わるものはない．

3.5.2 新しい技術

　単一ユニットの赤外線トラップの開発，鳥類や海生哺乳類のコロニーを観察するため非常に遠く離れた調査地で稼働している非トリガー式のロボットカメラ，機器のチェックまでの間に多くの画像を保存することを可能とするデジタル技術の改良など，近年のカメラトラップ技術は多くの点において改良されてきた．もっとも重要なのは，多くの技術発展と同じく，ほぼすべてのトラップがより小さく安価になってきている点であり，この市場における競争が激化するにつれて，今後利用可能な商用トラップの数は減少していくだろうと予想している．

3章　生態学研究におけるカメラトラップのタイプと特徴の評価　　*55*

近い将来におけるカメラトラップの改善点は，デジタルカメラの画質の向上だろう．近年におけるデジタルカメラの成功の大部分は，CMOS（相補型金属酸化膜半導体）チップの使用にある．CMOS と CCD（撮像素子）の両方のチップが 1960 年代に発明されたが，リソグラフィ技術の向上によって CMOS がデジタルカメラに利用可能な技術となったのは 1990 年代になってからである．CCD と比較して，CMOS チップは消費電力が少なく製造コストが安い．最初の大量生産のマルチメガピクセル CMOS センサーカメラ（Canon$^{©}$ EOS-D30）がリリースされた後，およそ 5 年間で Bushnell$^{®}$ や Cuddeback$^{®}$ のようなカメラトラップへの応用が見られるようになった．カメラトラップに採用されたモジュールが，CMOS 技術を使用する多くの主要なデジタル一眼レフカメラで一般的なシャッターラグ 50 ms 以下という性能を達成するのは，もはや時間の問題である．

　至急ではないが，調査者は電力オプションの改善を期待している．いくら多くの技術がカメラトラップの消費電力を削減しようとも，カメラトラップ設置場所にアクセスしにくいような時，遠隔地で得られる電力を増やすことが常に求められている．燃料電池は，環境に良い点への期待はもちろんのこと，寿命の延長と燃料補給の容易さによって，もっとも有望な解決策を提供する．Canon$^{©}$ による 2005 年の現在のリチウムイオン電池と同じ体積エネルギー密度の燃料電池を搭載したデジタルカメラのリリースは，燃料電池技術がカメラトラップ使用者のコミュニティに広く利益をもたらすことができるようになるにはまだ何年もかかるであろうことを示唆している．

　本書の各章では，いかにしてカメラトラップが生態学者にとって以前は答えにくかった問いに答えることを可能にしているか，について述べられている．この傾向は，カメラトラップの電源とパフォーマンスの問題が解決され，野外での導入がさらに容易になりコストも低くなることで，継続していくだろう．たとえば，一つの調査地に複数のカメラを設置すると，個体を識別する能力が向上し，個体数推定の精度が向上する．他の調査者には，現在，複数のカメラトラップを使用して景観全体を連続的に遠隔モニタリングする計画を策定している者もいる．一つの有望な動向は，赤外線カメラトラップ技術と，カメラ同士の通信や衛星を介してオフィスに居る調査者にデータを返すことができる遠隔カメラトラップの無線ネットワークとを結合させることである（C. Bray, 私信）．現存する多くの生態学研究におけるアプリケーションとしての商用カメ

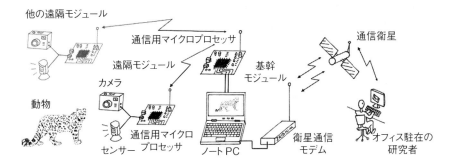

図3.1 衛星通信に接続された無線カメラトラップネットワークのプロトタイプ
（C. Bray 私信；http://scoff.ee.unsw.edu.au/posters/posters2006/Satellite%20Linked,%20Wireless%20Camera%20Trap%20Network.pdf）.

ラトラップが十分に開発されるのに多くの年月が必要だったのと同じように，今の私たちは複雑な生態学的問題に取り組むべく，これらの新技術の潜在的な用途をようやく認識し始めているにすぎない，と述べるのがおそらく正しいのだろう．

引用文献

Azlan, M. J. and D. S. K. Sharma. 2002. First record of melanistic tapirs in Peninsular Malaysia. Journal of Wildlife and Parks 20:123-124

Ball, S. J., D. Ramsey, G. Nugent, B. Warburton, and M. Effort. 2005. A method for estimating wildlife detection probabilities in relation to home-range use: insights from a field study on the common brushtail possum (*Trichosurus vulpecula*). Wildlife Research 32:217-227

Bleich, V. C., R. T. Bowyer, and J. D. Wehausen. 1997. Sexual segregation in mountain sheep: resources or predation? Wildlife Monographs 134:1-50

Bridges, A. S., J. A. Fox, C. Olfenbuttel, M. R. Vaughan, and M. B. Vaughan. 2004a. American black bear denning behavior: observations and applications using remote photography. Wildlife Society Bulletin 32:188-193

Bridges, A. S., M. R. Vaughan, and S. Klenzendorf. 2004b. Seasonal variation in American black bear *Ursus americanus* activity patterns: quantification via remote photography. Wildlife Biology 10:277-284

Carthew, S. M. and E. Slater. 1991. Monitoring animal activity with automated photography. Journal of Wildlife Management 55:689-692

Claridge, A. W., G. Mifsud, J. Dawson, and M. J. Saxon. 2004. Use of infrared digital cameras to investigate the behaviour of cryptic species. Wildlife Research 31:645-650

Cresswell, W., J. Lind, U. Kaby, J. L. Quinn, and S. Jakobsson. 2003. Does an opportunistic predator preferentially attack non-vigilant prey? Animal Behaviour 66:643-648

Cutler, T. L. and D. E. Swann. 1999. Using remote photography in wildlife ecology: a review. Wildlife Society Bulletin 27:571-581

Delgado, E., L. Villalba, J. Sanderson, C. Napolitano, M. Berna, and J. Esquivel. 2004. Capture of an Andean cat in Bolivia. Cat News 40:2

DeVault, T. L., I. L. Brisbin, and O. E. Rhodes, Jr. 2004. Factors influencing the acquisition of rodent carrion by vertebrate scavengers and decomposers. Canadian Joumal of Zoology 82: 502-509

Feddani, J. M., T. K. Fuller, R. Sauvajot, and E. York. 2000. Competition and intraguild predation among three sympatric carnivores. Oecologia 125:258-270

Glen, A. S. and C. R. Dickman. 2003. Monitoring bait removal in vertebrate pest control: a comparison using track identification and remote photography. Wildlife Research 30:29-33

González-Esteban, J., I. Villate, and I. Irizar. 2004. Assessing camera traps for surveying the European mink, *Mustela lutreola* (Linnaeus, 1761), distribution. European Journal of Wildlife Research 50:33-36

Grassman, L. I. Jr., M. E. Tewes, and N. J. Silvy. 2005. From the field: armoring the Camtrakker camera-trap in a tropical Asian forest. Wildlife Society Bulletin 33:349-352

Griffiths, M. G. and C. P. van Schaik. 1993. Camera trapping a new tool for the study of elusive rain forest animals. Tropical Biodiversity 1:131-135

Hegglin, D., F. Bontadina, S. Gloor, J. Romer, U. Müeller, U. Breitenmoser, P. Deplazes, S. Glor, and U. Müller. 2004. Baiting red foxes in an urban area: a camera trap study. Journal of Wildlife Management 68:1010-1017

Henschel, P. and J. Ray. 2003. Leopards in African rainforests: survey and monitoring techniques. Wildlife Conservation Society Global Carnivore Program, Washington, DC

Hirakawa, H. and K. Sayama. 2005. Photographic evidence of predation by martens (*Martes melampus*) on vespine wasp nests. Bulletin of Forestry and Forest Products Research Institute 4:207-210

Hudson, M. A. R. and D. M. Bird. 2006. An affordable computerized camera technique for monitoring bird nests. Wildlife Society Bulletin 34:1455-1457

Huebner, D. P. and S. R. Hurteau. 2007. An economical wireless cavity-nest viewer. Journal of Field Ornithology 78:87-92

Jackson, R. M., J. D. Roe, R. Wangchuk, and D. O. Hunter. 2005. Camera-trapping of snow leopards. Cat News 42:19-21

Jacomo, A. T. D. A., L. Silveira, and J. A. F. Diniz. 2004. Niche separation between the maned wolf (*Chrysocyon brachyurus*), the crab-eadng fox (*Dusicyon thous*) and the hoary fox (*Dusicyon vetulus*) in central Brazil. Journal of Zoology 262:99-106

Karanth, K. U. and J. D. Nichols. 1998. Estimation of tiger densities in India using photographic captures and recaptures. Ecology 79:2852-2862

Karanth, K. U. and J. D. Nichols, editors. 2002. Monitoring tigers and their prey: a manual for researchers, managers and conservationists in tropical Asia. Centre for Wildlife Studies, Bangalore

Karanth, U., J. D. Nichols, N. S. Kumar, and J. E. Hines. 2006. Assessing tiger population dynamics using photographic capture-recapture sampling. Ecology 87:2925-2937

Kawanishi, K. 2002. Population status of tigers (*Panthera tigris*) in a primary rainforest of Peninsular Malaysia. Dissertation, University of Florida, Gainesville, FL

Kawanishi, K. and M. E. Sunquist. 2004. Conservation status of tigers in a primary rainforest of Peninsular Malaysia. Biological Conservation 120:329-344

Khorozyan, I. 2004. Strengthening local capacities for biodiversity conservation in Armenia. Final report submitted to The Whitley Awards, UK

Kucera, T. E. and R. H. Barrett. 1993. The Trailmaster camera system for detecting wildlife. Wildlife Society Bulletin 21:505-508

Laurance, W. F. and J. D. Grant. 1994. Photographic identification of ground-nest predators in Australian tropical rainforest. Wildlife Research 21:241-248

Liemgruber, P., W. J. McShea, and J. H. Rappole. 1994. Predation on artificial nests in large forest blocks. Journal of Wildlife Management 58:254-260

Mace, R. D., S. C. Minta, T. L. Manley, and K. A. Anne. 1994. Estimating grizzly bear population size using camera sightings. Wildlife Society Bulletin 22:74-83

Maffei, L., E. Cuellar, and A. Noss. 2004. One thousand jaguars (*Panthera onca*) in Bolivia's Chaco? Camera trapping in the Kaa-Iya National Park. Journal of Zoology 262:295-304

Maffei, L., A. J. Noss, E. Cuéllar, and D. I. Rumiz. 2005. Ocelot (*Felis pardalis*) population densities, activity, and ranging behaviour in the dry forests of eastern Bolivia: data from camera trapping. Journal of Tropical Ecology 21:349-353

Main, M. B. and L. W. Richardson. 2002. Response of wildlife to prescribed fire in southwest Florida pine flatwoods. Wildlife Society Bulletin 30:213-221

Major, R. E. 1991. Identification of nest predators by photography. dummy eggs and adhesive tape, Auk 108:190-195

Major, R. E. and G. Gowing. 1994. An inexpensive photographic technique for identifying nest predators at active nests of birds. Wildlife Research 21:657-666

Martyr, D. 1997. Impoxtant findings by FFI team in Kerinci Seblat, Sumatra, Indonesia. Oryx 31:80

Moruzzi, T. L., T. K. Fuller, R. M. DeGraaf, R. T. Brooks, and W. Li. 2002. Assessing remotely triggered cameras for surveying carnivore distribution. Wildlife Society Bulletin 30:380-386

Mudappa, D. 1998, Use of camera-traps to survey small carnivores in the tropical rainforest of Kalakad-Mundanthurai Tiger Reserve, India. Small Carnivore Conservation 18:9-11

Nichols, J. D., L. L. Bailey, A. F. O'Connell, Jr., N. W. Talancy, E. H. C. Grant, A. T. Gilbert, E. Annand, T. Husband, and J. Hines. 2008. Occupancy estimation using multiple detection devices. Journal of Applied Ecology 45:1321-1329

O'Brien, T. G., M. F. Kinnaird, and H. T. Wibisono. 2003. Crouching tigers, hidden prey: Sumatran tiger and prey populations in a tropical forest landscape. Animal Conservation 6: 131-139

O'Connell, A. F. Jr., N. Talancy, L. L. Bailey, J. Sauer, R. Cook, and A. T. Gilbert. 2006. Estimating site occupancy and detection probability parameters for mammals in a coastal ecosystem. Journal of Wildlife Management 70:1625-1633

Picman, J. and L. M. Schriml. 1994. A camera study of temporal patterns of nest predation in different habitats. Wilson Bulletin 106:456-465

Proudfoot, G. A. 1996. Miniature video-board camera used to inspect natural and artificial nest cavities. Wildlife Society Bulletin 24:528-530

Rice, C. G. 1995. Trailmaster camera system: the dark side. Wildlife Society Bulletin 23:110-111

Rivero, K., D. I. Rumiz, and A. B. Taber. 2005. Differential habitat use by two sympatric brocket deer species (*Mazama americana and M. gouazaubira*) in a seasonal Chiquitano forest of Bolivia. Mammalia 69:169-183

Roberts, C. W., B. L. Pierce, A. W. Braden, R. R. Lopez, N. J. Silvey, P. A. Frank, and D. Ransom, Jr. 2006. Comparison of camera and road survey estimates for white-tailed deer. Journal of Wildlife Management 70:263-267

Savidge, J. A. and T. F. Seibert. 1988. A camera device for monitoring avian nest predation at artificial nests. Journal Wildlife Management 52:291-294

Sequin, E. S., M. M. Jaeger, P. F. Brussard, and R. H. Barrett. 2003. Wariness of coyotes to camera traps relative to social status and territory boundaries. Canadian Journal Zoology 81:2015-2025

Silver, S. C., L. E. T. Ostro Linde, L. Marsh, L. Maffei, A. J. Noss, M. J. Kelly, R. B. Wallace, H. Gómez, and G. Ayala. 2004. The use of camera traps for estimating jaguar *Panthera onca* abundance and density using capture/recapture analysis. Oryx 38:148-154

Soisalo, K. M. and S. M. C. Cavalcanti. 2006. Estimating the density of a jaguar population in the Brazilian Pantanal using camera-traps and capture-recapture sampling in combination with GPS radio-telemetry. Biological Conservation 129:487-496

Surridge, A. K., R. J. Timmins, G. M. Hewitt, and D. J. Bell. 1999. Striped rabbits in Southeast Asia. Nature 400:726

Swann, D. E., C. C. Hass, D. C. Dalton, and S. A. Wolf. 2004. Infrared-triggered cameras for detecting wildlife: an evaluation and review. Wildlife Society Bulletin 32:357-365

Thompson, F. R. III and D. E. Burhans. 2003. Predation of songbird nests differs by predator and between field and forest habitats. Journal of Wildlife Management 67:408-416

Trolle, M. and M. Kéry. 2003. Estimation of ocelot density in the Pantanal using capture-recapture analysis of camera-trapping data. Journal of Mammalogy 84:607-614

van Schaik, C. P. and M. Griffiths. 1996. Activity periods of Indonesian rain forest mammals. Biotropica 28:105-112

Wallace, R. B., H. Gomez, G. Ayala, and F. Espinoza. 2003. Camera trapping for jaguar (*Panthera onca*) in the Tuichi Valley, Bolivia. Mastozoologia Neotropica 10:133-139

Wegge, P., C. P. Pokheral, and S. R. Jnawali. 2004. Effects of trapping effort and trap shyness on estimates of tiger abundance from camera trap studies. Animal Conservation 7:251-256

York, E. C., T. L. Moruzzi, T. K. Fuller, J. F. Organ, R. M. Sauvajot, and R. M. DeGraaf. 2001. Description and evaluation of a remote camera and triggering system to monitor carnivores. Wildlife Society Bulletin 29:1228-1237

Cappter4　Science, Conservation and Camera Traps
James D. Nichols, K. Ullas Karanth and Allan F. O'Connell

第4章
科学，保全，そしてカメラトラップ

4.1　はじめに

　生物学者たちはカメラトラップを，今まで秘密であった野生動物の世界に立ち入ることを可能にする新しいツールとして認識している．カメラトラップは，動物の生態，行動，保全を扱う幅広い研究で使用されている．本書では，カメラトラップのさまざまな使い方を単に提示するのではなく，科学と野生生物保全の実践における使い方について焦点を当てることを目的としている．この章では，これらの二つの広範囲にわたる試みについて概要を説明し，それらに関してカメラトラップが貢献する可能性の高い方法を述べる．ここでのおもなポイントは，個々の動物の写真も，検出履歴データも，検出履歴から生成されたパラメータ推定値も，科学または野生生物管理のいずれかに対するカメラトラップ研究の究極の目的ではないということである．それよりむしろ，究極の目的として望ましいのは，生態学的システムがどのように機能しているかを理解すること（科学），あるいはシステムをあまり望ましくない状態からより望ましい状態に移行させるような賢明な決定を下すこと（保全や野生生物管理），のいずれかである．したがって，ここでは，科学的あるいは野生生物管理上のプロセスにおける野外データの役割と関連する分析について強調しつつ，科学と野生生物管理に対する基本的なアプローチについて簡単に説明する．私たちは，カメラトラップのデータがいかにして科学および野生生物管理に情報を与えうるか，という例を紹介する．

61

4.2 科学

4.2.1 科学へのアプローチ

　科学の遂行に対するさまざまなアプローチのレビューを試みるのでなく，私たちはそのプロセスの鍵となるステップであると広く見なされるものに焦点を当てる．ほとんどの科学の議論は，あるシステムをどのように研究したかについての仮説，すなわち「もっともらしいストーリー」から始まる．科学は，これらの仮説を選り分け，過去の事象の説明と将来の事象の予測を可能にするという点で，現実的に有望な近似を与える一つまたは二つの仮説を特定しようとするプロセスである，と見なすことができる．科学へのいくつかのアプローチでは，一度につき一つの本命の仮説に焦点を絞って最終的な勝者を導くための一連のペアワイズ比較を行い，一方で他のアプローチでは，複数のもっともらしい仮説について，それらの中で最良の一つまたは二つの仮説に対する裏付けを積み重ねながら，これらを同時に考慮していく（たとえば，Platt 1964；Hilborn and Mangel 1997；Nichols 2001；Burnham and Anderson 2002；Williams et al. 2002；Stephens et al. 2005）．ここでは，異なる仮説に基づいた予測と実際のデータとの対比を含む重要なステップを強調しつつ，これらの二つの科学に対するアプローチを簡単に紹介する．

　科学における単一仮説のアプローチは，通常，関心のある仮説とこれに対立する仮説を一度に一つずつ比較する．多くの場合，対立する仮説は，もっとも関心のある仮説に対して，これに含まれない現象を表すことを意図した総集的な仮説である．たとえば，被食者の密度とトラ（*Panthera tigris*）の個体数との間の正の関係に関する仮説は，単に関係が存在しないとする仮説に対してテストされる．このようなテストは，これらの二つの仮説から出現する異なる予測と，実際のデータとの対比に基づいている．予測は通常，仮説のシンプルな数学的表現，あるいは少なくとも仮説の主要な関係を示すような量的モデルに由来する（Levins 1966；Hilborn and Mangel 1997；Nichols 2001；Williams et al. 2002）．たとえば，トラの個体数と被食者の密度とが（おそらく特定の係数をもつ）正の相関を示すような線形モデルについて，私たちが焦点を当てている仮説とそれ以外の仮説（たとえば係数が 0 かそれ以下）との対比という形で，これを仮説設定するだろう．仮説および特定の予測を行うために用いる関連モデルのいずれも，実際の現象を表現する試みであるとはみなされない．む

しろ，私たちはすべての複雑さを踏まえて現実を把握することができないことを認識しており，仮説とこれに関連するモデルは自然の過程を単純化した近似であるとみなされる．

　私たちは野外にて採集されたデータに対する推定値の比較によって二つの仮説の違いを確認する．仮説検定は，データが他の仮説よりも一つの仮説に対して密接に対応するか否かを評価することを必要とする．いずれの仮説によってもそのデータが生成される可能性が同等であった場合，そのデータは私たちが焦点を当てている仮説をほとんど支持しないと結論づける．この結論によって，私たちは焦点を当てた仮説について再度テストしたり，それを修正したり，新しい仮説を立てたりするだろう．一方で，データが実質的に焦点を当てた仮説と密接に関連する場合，競合する仮説は棄却され，データは焦点をあてた仮説を支持すると結論づける．このような結論は，より多くのテストに耐えるに従ってこの仮説に対する信頼性を積み上げるという考えに基づいて，さらなるテストにつながるかもしれない．

　科学における多重仮説アプローチ（Chamberlin 1897）は，関心のあるシステムに関するありえそうな複数の仮説のセットから始まり，科学的プロセスを用いてそれらを判別し，現実に対する最良の近似を提供する一つ（または二つ）を選択する．単一の仮説によるアプローチにおいては，特定の予測を生成する手段として，各仮説についてモデル（通常は定量的なもの）を構築する．研究システムは操作実験が実施されるか，または単に観察に基づいており，得られたデータは異なる仮説のモデルを基にした予測結果と比較される．信頼性は，予測の良いモデル（予測値と観測値の間の距離が小さい）で増加し，予測の悪いモデルでは低下する（たとえば Hilborn and Mangel 1997；Nichols 2001；Williams et al. 2002）．モデル i が真理（データを生成した真のプロセス）によく近似していることを仮定するとき，時間 t におけるデータを観測する確率として $\Pr(data_t|m_i)$ を定義する．さらに，モデルセット内の他のモデル（検討中の仮説を表現する複数のモデル）と比較して，時間 t におけるモデル i に対する私たちの信頼性を反映する，モデル固有の重み（$p_{i,t}$）を定義する．新しいデータを入手するたびに，さまざまな異なるモデルに対する信頼性を変更する可能性がある．私たちは，ベイズの定理を用いて定式化された学習の結果としての信頼性（すなわち，$p_{i,t}$）の変化を見ることになる（Williams et al. 2002）．

$$p_{i,t+1} = \frac{\Pr(data_t \mid m_i) p_{i,t}}{\sum_i \Pr(data_t \mid m_i) p_{i,t}} \qquad \text{式 (4.1)}$$

式 (4.1) によると，想定された複数の仮説，すなわちモデルのセットに含まれる各モデルに対する相対的な信頼性は，新しい情報（$data_t$）およびその時点までに蓄積された信頼性である $p_{i,t}$ に基づいて，時間とともに更新される．仮説モデルが現実を良く近似するものであった場合，モデルの重みが大きくなり（$p_{i,t}$ が1に近づく），他のモデルの重みが小さくなると予想される．モデルの重みがばらつき，一つまたは二つのモデルに集積されない場合，比べている複数の仮説には現実を近似するものが含まれておらず，新しい仮説を立てることを検討することになる．

科学における単一の仮説と複数仮説の両方のアプローチのもとでは，観察されたデータとモデルに基づく予測との対比が重要なステップである．仮説の判別は，単一仮説アプローチにおいては一対の仮説の比較をおこなうことで達成されるが，多重仮説アプローチにおいてはそうでなく，各比較においてすべての仮説を同時に考慮する．しかしどちらの場合も，データがモデルに基づく予測とどれほど密接に対応しているかについて，比較作業自体が問う形となっている．ここでは，カメラトラップの使用に焦点を当てることを目的として，本書における科学の遂行へのアプローチとして先に挙げた話題の概要を示す．

4.2.2 科学とカメラトラップ

前述のとおり，カメラトラップによる調査から得られるデータおよび推定値のおもな用途は，競合する仮説を判別するために用いられる観測値としてである．たとえば，カメラトラップデータを用いた動物の行動調査は，動物の活動パターン（たとえば，夜間対日中）に関して，先験的な仮説に焦点を当てるだろう．活動中の動物の写真の時間分布（たとえば，Dillon and Kelly 2007）は，活動パターンに関して競合する複数のモデルの予測と比較される．

カメラトラップのデータは，動物個体群の空間的および時間的動態に関する疑問に対処するためにますます用いられている．写真から個体識別可能な動物の個体数および密度を推定（たとえば，Karanth 1995；Karanth and Nichols 1998）するために，捕獲—再捕獲法（CR）（たとえば，Otis et al. 1978；Williams et al. 2002；Amstrup et al. 2005）を用いることができる．Karanth et al.（2004b）は，トラの密度を被食者の密度の関数として予測する単純なモデルを開発するために，トラによく捕食される被食者の個体群の比率と個々のトラの捕食率に関する経験的な情報を用いた．彼らはインド国内の 11 の調査地において，カメラトラップによるトラの密度の推定値と距離標本法による被食者の密度の推定値を得た．これらのデータは，トラと被食者の密度の大きな変動を表し，またプロセスモデルと一致していた（Karanth et al. 2004b）．このマクロ生態学的な調査における野外での努力は相当なものであったが，トラの密度の決定要因に関する重要な仮説の裏付けとなった．時間的な動態に関する疑問には，複数の時点において同じ場所でサンプリングを行うことで対処することができる．たとえば，Karanth et al.（2006）は，Nagarahole 公園のトラについて，カメラトラップを用いて 1991 年から 2000 年まで定期的にサンプリングした．この研究は，個体群の存続可能性および安定性についての推論につながる，1 年あたりの生存率および個体数増加率の推定値をもたらした．

　動物の個体識別ができない場合，カメラトラップデータは相対個体数指標を算出するために用いられる（たとえば，Carbone et al. 2001）．そのような指標を競合する仮説の間で判別することの難しさは，カメラトラップによるカウント数の統計値において観察された変動が動物の個体数/密度によるのか，検出率によるのか，あるいはその両方に起因するのか，について知ることができない点にある（Janelle et al. 2002）．占有モデル（Royle and Nichols 2003）または反復カウント（Royle 2004）に基づく個体数の推定に関する新しいアプローチは，動物の個別識別ができない場合において，個体数に関する有効な推論を可能とする．

　比較的広い地理スケールでのカメラトラップ調査では，個体識別を必要としない占有モデル（Nichols and Karanth 2002；MacKenzie et al. 2006）を使用して，景観内における種の出現を推定することができる．たとえば，MacKenzie et al.（2005）は，占有確率の地域特異的な変動に関する仮説を検証するために，マレーシアのさまざまな調査地におけるガウル（*Bos frontalis*）についての Kawanishi のデータを用いた．O'Connell et al.（2006）は，アメリカマサチューセッツ州のケープコッドにおいて，中型および大型哺乳類のいくつかの種の占有に対する生息地の影響に関するさまざまな仮説から最適なものを選択するために，カメラトラップ（および他の二つのサンプリング方法）と占有モデルを組み合わせて使用した．この研究からの情報は，その

4 章　科学，保全，そしてカメラトラップ　　*65*

後，ニューイングランド全体において，同じ種による二つの異なる地理的スケールでの占有に関する推論を導くために用いられた（Nichols et al. 2008）．実際，占有モデルを使用したカメラトラップ研究の大部分は，空間変動およびそのような変動に関連する生息地の特徴に焦点を当てている．しかし，同じ場所において時間の経過とともに（たとえば，毎年）カメラトラップによる調査を行うことにより，得られたデータを用いて占有動態とこれらの動態を支配する確率パラメータ（局所的な絶滅および定着の可能性）に関する推論を導くことができる．

　カメラトラップを用いた研究は，群集生態学の仮説を検証するためにも使用できる（Tobler et al. 2008；O'Brien らによる 13 章）．種のリストのデータは異なる地点毎に撮影された種について取得することができ，その結果得られたデータは，モデル化するアプローチとして CR（たとえば Burnham and Overton 1979；Nichols and Conroy 1996；Boulinier et al. 1998）もしくは占有度（Royle 2005；MacKenzie et al. 2006；Royle and Dorazio 2008）を用いて，種数に関する推論を導くために用いることができる．どちらのモデリングアプローチも，時間と空間の変動に関する推論を導くアプローチに直接つながる（Nichols et al. 1998a, b；Williams et al. 2002；Dorazio and Royle 2005；Royle and Dorazio 2008）．

4.3　管理/保全

4.3.1　構造的意思決定：はじめに

　野生生物管理と保全は，人間がシステムを望ましい状態に移行させ（あるいは現状を維持し），望ましくない状態から遠ざけようとする意思決定プロセスとみなすことができる．明示された意思決定の時点において管理者はどのアクションを取るかを決定し，その目的は，定められた目標を達成する可能性がもっとも高い行動を選択することである．世界中の教育システムに関する興味深いコメントとして，野生生物管理および保全は意思決定と行動を必然的に伴うプロセスだが，多くの大学では意思決定に関するコースを履修せずとも野生生物の保護管理および保全生物学の分野において学部および大学院の学位を取得することが可能であることに言及しておく．意思決定についての真剣な思索によって，野生生物の管理と保全における有効性は大きく改善される可能性があると私たちは考えている．

66

「構造的意思決定」とは，意思決定をこれに係る各構成要素に分割し，まずはじめに各構成要素に対して個別に焦点を当てるプロセスを示す，一般的な用語である．このような構成要素の分解は，混乱を減らし，考えを巡らすのに有用な明瞭さをもたらす．その後構成要素は完全な意思決定プロセスとして統合され，どのアクションが推奨されるかに関する推論が導かれる．情報に基づく一般的な意思決定，とくに構造的意思決定には，目標，管理のための行動，モデル，モニタリングという四つの基本的な構成要素が必要である（Williams et al. 2002）．

4.3.2　構造的意思決定：構成要素

目標は，管理者がそのシステムにおいて達成したいと望んでいることを単に明確にあらわしたものである．保全上の目標は，絶滅の可能性を最小限にすること，または特定の閾値レベルを超える個体群を維持することに焦点を当てることになるだろう．管理上の問題に複数の目標とそれらに対応するトレードオフが含まれている場合，異なる状態変数（システム状態を特徴づける変数，たとえば個体群サイズ）に対する異なる結果を評価できるような共通の指標を開発することがある．制約をかけることによって複数の目標を扱うことも可能である．たとえば，ある種の個体群サイズが特定のレベルを超えることを期待するという制約のもとで，ある地域での木材収穫を最大化しようとすることもあるだろう．管理上の意思決定において最適化等のツールを使用するには，目標を目的関数と呼ばれる数式に翻訳する必要がある．目標は人間の価値観を反映していることに留意することが重要であり，したがって目標は関係するすべての利害関係者からの意見提供をもって構築されるべきである．このような利害関係者には，必須なわけではないが，科学者および管理者が含まれる．

野生生物管理のためのアクションは意思決定プロセスの構築中に特定される．すなわち野生生物管理のための意思決定においては，各ポイントにおいてそれらのアクションのうちの一つを選択することになる．この手法は学習および最適化のうえで利点となるべく，アクションの選択肢は離散的で（連続変数とは対照的に），比較的少数であることが好ましい．たとえば，北米の水鳥の収穫管理では，非常に制約の強い状態（収穫率が小さくなると予想される）から自由な状態（収穫率が大きい）までの四つの個別の「パッケージ」が考慮されている（Nichols et al. 1995）．アクションが，たとえば木材収穫が許可され

る面積割合などの連続変数を含む場合であっても，実施しうるアクションの内容を小さな設定の集合とするために単純に離散化することは可能である（たとえば，収穫対象の面積割合を 0，0.05，および 0.10 と設定することもできる）．目標と同様に，選択される可能性のある管理アクションは人間の価値が反映されているべきであり，すべての利害関係者の意見を反映して構築されるべきである．たとえば，捕食者のコントロールは選択される可能性のある効果的な管理アクションであるが，管理者は政治的または社会的価値のためにこれを考慮しないかもしれない．

　モデルは，野生生物管理アクションの結果を予測するための基礎を提供するものであり，したがってあらゆる種類の情報に基づいた野生生物管理における必須の構成要素である（Kendall 2001；Nichols 2001；Williams et al. 2002）．そのようなモデルは，経験豊富な野生生物管理者の心の中にだけ存在するかもしれないが，それらをより明示的かつ数学的に表現することには大きな利点がある．これらの利点には，透明性と最適なソリューションを計算する能力が含まれる．意思決定プロセスで使用する数学的モデルを構築するためには，異なる管理措置の実施によって導かれるシステムの状態変数の変化に焦点を当てる必要がある．野生生物管理者の制御下にない変数は，環境変動として暗黙的にモデルに組み込むことも，あるいは重要な影響要素ですぐに測定することができる場合には明示的に組み込むこともできる．多くの場合，アクションがシステムの応答にどのように変換されるかについては，かなりの不確実性がある．このような不確実性は，意思決定プロセスに複数のモデルを含めることで対応できる．科学における多重仮説アプローチで説明したように，複数のモデルの管理には，モデルセット内における異なるモデル間の相対的な信頼性を反映したモデルの重みまたは測定基準が必要である（Williams 1996；Williams et al. 2002）．目標や野生生物管理アクションとは異なり，野生生物管理モデルの構築はおもに科学者や野生生物管理者の仕事である．しかし，異なる利害関係者のグループが野生生物管理アクションに対するシステムの応答について大きく異なるアイデアを持っている場合，この相違は重要である．さまざまな視点が透明性と公正な活動のためにモデルセットに含まれるべきである．

　情報に基づいた意思決定を行うために必要な最終的な構成要素はシステム・モニタリングである．確かに，カメラトラップは，ある野生生物管理プログラムに情報を与えるようにデザインされたモニタリング・プログラムの基礎を形

成するだろう．たとえば，トラを対象とした野生生物管理は，管理上の問題の規模に応じて，異なる時間および場所においてトラの密度または個体数の推定を必要とするだろう．モニタリング・プログラムから得られた状態やその他の変数の推定値は，情報に基づく野生生物管理の三つの主要な目的のために用いられる（Yoccoz et al. 2001；Nichols and Williams 2006）．第一の目的は，状態に基づく野生生物管理上の意思決定である．つまり，特定の意志決定ポイントにおける野生生物管理アクションの選択は，たとえば個体群サイズが私たちの希望よりも大きいか小さいか，あるいは望ましい価値に近いかどうかによる可能性が高い．モニタリングデータの2番目の用途は，管理目標の達成度を評価することである．3番目のモニタリングデータの用途は，私たちのシステムモデルとして記述されているシステム動態についての知見を与えることである．モニタリング・プログラムから得られるデータは，典型的には，モデルに含まれる比率パラメータ（たとえば，生存率，繁殖率，局所パッチにおける絶滅率）を推定するために使用される．加えて，時間を通して繰り返される野生生物管理プロセスにおいて，順応的管理（たとえば，Walters 1986；Williams et al. 2002, 2007）は，野生生物管理アクションに対するシステム応答についての目標と学習を同時に管理する手段として用いることができる．順応的管理の重要なステップ（下記参照）は，モニタリング・プログラムによって認識されるシステム状態と，システムの応答を記述した異なるモデルからの予測との対比である．このステップは多重仮説の科学における説明とまったく同じ方法で，異なるモデルがどのくらいよく予測するのかに関する新しい情報に基づいた学習を可能にし，各モデルの相対的な予測能力を反映してアップデートされた重みを学習していく（式4.1）．

4.3.3　不確実性の原因

　構造的意思決定は，次の四つの構成要素（目標，アクション，モデル，モニタリング）に別々に焦点を当てており，意思決定プロセスの本質について明確な考えを導くことが望まれる．しかし，意思決定者がこれらの構成要素を十分に構築したとしても，依然として意思決定には困難な側面がある．この難しさの主な原因は不確実性によるものである．意思決定者の中には，不確実性に対して硬直し，「より多くの情報」を求める者がいるのに対し，賢明な意思決定者は意志決定プロセスの一環として不確実性にシンプルに対処しようとする

（Walters 1986；Williams et al. 2002, 2007；Nichols and Williams 2006）．私た
ちは，動物個体群および群集の保護管理における四つのカテゴリーの不確実性
を認識している（たとえば，Williams et al. 2002）．第一に，生態学的あるいは
構造的な不確実性は，システムのダイナミックス，とくに野生生物管理アク
ションに対する応答が完全には明らかになっていない一般的な状況に帰結す
る．上記で述べたが，野生生物管理アクションに対するシステムの対応につい
てのさまざまな仮説を組み込んだ複数のモデルを使用すれば，この不確実性に
対処することができる．第二に，環境の変動は，すべての自然システムにおけ
る不確実性の重要な原因である．第三に，野生生物管理者は通常，野生生物管
理アクションが間接的にしか働かないような，すなわち部分的にしか制御でき
ない問題に直面しており，そしてアクションに対する即応的な影響は不確実性
によって特徴づけられてしまう．最後に，限られた観測しかできない状況で
は，野生生物管理者は自然の状態を直接観察することができないことになる．
その代わりとしてシステム状態を推定しなければならないが，その結果，不確
かさを多く含んだ推定がなされる．実際に，カメラトラップデータで使用さ
れ，本書で強調される推定方法は，限られた観測によって付与されるデータの
ばらつきの推定を可能にするものである．

4.3.4　順応的資源管理

　順応的資源管理は，時間の経過とともに定期的に管理における意思決定が行
われる，いわゆる逐次意志決定プロセスに有用な構造的意思決定の一形態であ
る（Walters 1986；Williams et al. 2002, 2007）．たとえば，収穫管理および特
定の種類の生息地改変（たとえば，定期的な火入れ）は，毎年または指定され
た期間に行われた意志決定（たとえば，収穫量や火入れの有無）を伴うような
定期的な意思決定プロセスによってしばしば特徴づけられる．このような意思
決定の各ポイントにおいて，野生生物管理者は目標，選択可能なアクション，
複数のシステム応答モデル（異なるモデルが意思決定に対して相対的に影響を
与える個々の重みをもつ），およびモニタリング・プログラムによって得られ
た現在のシステム状態の推定値に基づいて，どの野生生物管理アクションを採
用するかを決定しなければならない．行動を選択する実際のプロセスは，非公
式であったり，あるいは正式な最適化方法で実施されていたりするだろう
（Williams 1996；Williams et al. 2002）．どちらの場合も，アクションが実行さ

れ，システムは何らかの形で応答する．次いで，モニタリングは新しいシステム状態を判別し，モデルに基づく予測値との比較によって式（4.1）を使用してモデルの重みが更新される．次の意志決定ポイント（たとえば来年）においては，同じ目標，潜在的なアクションのセット，およびモデル群が準備されているが，新しいモデルの重みとシステム状態の推定（値）から，野生生物管理者は次の決定を下し，プロセスは反復的に進行していく．科学における多重仮説アプローチと同様に，学習はモデルの重みづけの更新に反映される．モデルの重みは，野生生物管理アクションに対するシステムの応答をよく予測するモデルでは大きくなり，予測の悪いモデルでは小さくなる．

　順応的管理のこの反復プロセスは無期限に進めることができるが，プロセスの構成要素を再検討する機会もある．たとえば，プロセスが一定期間進行した後，利害関係者は目標や選択可能な野生生物管理アクションの再検討を行うかもしれない．モデル群内のモデルではどれもうまく予測できない場合（この場合，モデルの重みはふらつき，単一のモデルに累積されないだろう），科学者および野生生物管理者はモデル群に手を加える検討をする必要がある．また，モニタリング・プログラムがそれほど有益でない可能性もあり，この場合はモニタリング・プログラムを変更すべきだろう．順応的管理の構成要素に関する定期的な再検討は，ダブルループ学習（Johnson 2006；Williams et al. 2007）と呼ばれている．このようなプロセス構成要素の再考における唯一の制約は，前述の順応的管理プロセスの反復フェーズと比べると，どうしても時間間隔が長くなってしまうという点である．

4.3.5　野生生物管理，保全，そしてカメラトラップ調査

　私たちは，上記で述べたような野生生物管理プログラムが，現在ではカメラトラップ調査を基盤としたモニタリング・プログラムによって成り立っているということをきちんと認識していない．確実に，多くのカメラトラップ研究は，野生生物管理に関連する科学的な仮説について検討してきた．たとえば，捕食者と被食者密度の関係（Karanth et al. 2004b；Kawanishi and Sunquist 2004）は，捕食者個体群の野生生物管理アクションとして法的処置および被食者保護が実施されるかもしれないことと明らかに関連している．法的措置や保護に重きをおいている地域（Karanth et al. 2006）とそうでない地域における個体群動態に関する研究もまた，同じく管理に関連している．同様に，生息地

の共変量の関数としてのモデル占有率（カメラトラップデータから推定される）に関する研究（O'Connell et al. 2006）は，潜在的な生息地管理と関連している．

　私たちは，カメラトラップに基づくモニタリング・プログラムについて，カメラトラップでもっとも簡単にサンプリングされる動物に関する将来の構造的意思決定に非常に有用である可能性が高いと考えている．個体数を考慮して単一個体群を管理する場合，カメラトラップ調査は，少なくとも写真から個体識別できる動物にとってもっとも効率的なモニタリング手段であるだろう．占有率またはパッチの占有割合を第一に考慮して野生生物管理を進める場合，カメラトラップ調査は，多数の未知の中型〜大型の種にとってもっとも効率的なサンプリング手段である（Karanth et al. 2004a）．カメラトラップによって他の手段よりも容易にサンプリングされる動物（たとえば，大型のネコ科動物）には，かなりの保全基金が提供された，いくつかのカリスマ的な種が含まれる．将来このような資金の使用についてより大きな説明責任が生じると予想するのは妥当であり，この予想によって構造的意思決定による管理がさらに行われるようになるだろう．

4.4　考察

　この章では，科学と野生生物管理のプロセスに焦点を当てており，一部の読者にはサンプリングの方法論としてのカメラトラップ調査を扱っているように誤解されているかもしれない．私たちの論理的根拠は，カメラトラップ調査の結果得られるデータやパラメータの推定値それ自体に大きな有用性があるわけではないという信念に基づく．それよりむしろ，そのような結果を与える現象が埋め込まれた大きな科学または野生生物管理上のプロセスを知らしめる程度にのみ価値がある．単独での活動ではなく，より大きなプロセスの一部として推定およびモニタリングを扱うのであれば，サンプリングデザインの側面においてもより大きなプロセスの流れを汲むべきということになる．したがって，普遍的に適用可能なカメラトラップ研究を実行するための総集的な研究設計は存在しない．そのかわり，研究デザインは結果のデータと推定値の扱い方に依存し，うまく適合したものである必要がある．

　この見解は，カメラトラップを用いたサンプリングに関与する研究者によって広く支持されてはいないようだ．非常に多くの場合，カメラのトラップに基

づく密度や個体数，占有率の推定値は，より大きなプロセスを垣間見るのに役
立つ情報としてではなく，それ自体で終わりとみなされているようである．カ
メラトラップ調査に基づく推定は，適切な検査と評価が必要な比較的新しい手
法であるという見方をすれば，ある程度はこの見解を擁護することもできる．
私たちの主張は，推定の基本的なアプローチが暫定的に完成したということで
あり，この本の大部分ではこれらのアプローチについて詳細に記述されてい
る．手法が相対的に成熟した現段階においては，科学者および野生生物管理者
にとって，カメラトラップ調査に対する主な焦点をその方法自体から科学と野
生生物管理を遂行するためのアプリケーションへと変更すべき時がきた．本書
の残りの部分では，推定対象の数値を推定・モニタリングするためにカメラト
ラップ調査で得られたデータを使用する方法が強調されているが，私たちは，
科学や野生生物管理を知らしめることのできるカメラトラップデータを用い
て，なぜ特定の用途に目を向けて推定およびモニタリングをするのか，につい
ての理由をよく考えるよう読者に問いかける．

引用文献

Amstrup, S. C., T. L. McDonald, and B. F. J. Manly. 2005. Handbook of capture-recapture analysis. Princeton University Press, Princeton, NJ

Boulinier, T., J. D. Nichols, J. R. Sauer, J. E. Hines, and K. H. Pollock. 1998. Estimating species richness: the importance of heterogeneity in species detectability. Ecology 79:1018-1028

Bumham, K. P. and D. R. Anderson. 2002. Model selection and multi-model inference: a practical information-theoretic approach. Springer, New York

Bumham, K. P. and W. S. Overton. 1979. Robust estimation of population size when capture probabilities vary among animals. Ecology 60:927-936

Carbone, C., S. Christie, T. Coulson, N. Franklin, J. Ginsberg, M. Griffiths, J. Holden, K. Kawanishi, M. Kinnaird, R. Laidlaw, A. Lynam, D. W. Macdonald, D. Martyr, C. McDougal, L. Nath, T. Obrien, J. Seidensticker, D. Smith, M. Sunquist, R. Tilson, and W. N. W. Shahruddin. 2001. The use of photographic rates to estimate densities of tigers and other cryptic mammals. Animal Conservation 4:75-79

Chamberlin, T. C. 1897. The method of multiple working hypotheses. Journal of Geology 5: 837-848

Dillon, A. and M. J. Kelly. 2007. Ocelot *Leopardis pardalis* in Belize: the impact of trap spacing and distance moved on density estimates. Oryx 41:1-9

Dorazio, R. M. and J. A. Rayle. 2005. Estimating size and composition of biological communities by modeling the occurrence of species. Journal of the American Statistical Association 100: 389-398

Hilborn, R. and M. Mangel. 1997. The ecological detective. Confronting models with data. Princeton University Press, Princeton, NJ

Jenelle, C. S., M. C. Runge, and D. I. MacKenzie. 2002. The use of photographic rates to estimate densities of tigers and other cryptic animals: a comment on misleading conclusions. Animal Conservation 5:119-120

4章　科学，保全，そしてカメラトラップ　*73*

Johnson, F. A. 2006. Adaptive harvest management and double-loop learning. Transactions of the North American Wildlife and Natural Resources Conference 71:197-213

Karanth, K. U. 1995. Estimating tiger *Panthera tigris* populations from camera-trap data using capture-recapture models. Biological Conservation 71:333-338

Karanth, K. U. and J. D. Nichols. 1998. Estimation of tiger densities in India using photographic captures and recaptures. Ecology 79:2852-2862

Karanth, K. U., J. D. Nichols, N. S. Kumar, W. A. Link, and J. E. Hines. 2004a. Tigers and their prey: predicting carnivore densities from prey abundance. Proceedings of the National Academy of Sciences 101:4854-4858

Karanth, K. U., J. D. Nichols, and N. S. Kumar. 2004b Photographic sampling of elusive mammals in tropical forests. Pages 229-247 *in* W. L. Thompson, editor. Sampling rare or elusive populations. Island Press, Washington, DC

Karanth, K. U., J. D. Nichols, N. S. Kumar, and J. E. Hines. 2006. Assessing tiger population dynamics using photographic capture-recapture sampling. Ecology 87:2925-2937

Kawanishi, K. and M. E. Sunquist. 2004. Conservation status of tigers in a primary rainforest of Peninsular Malaysia. Biological Conservation 120:329-344

Kendall, W. L. 2001. Using models to facilitate complex decisions. Pages 147-170 *in* T. M. Shank and A. B. Franklin, editors. Modeling in natural resource management: development. interpretation and application. Island Press, Washington, DC

Levins, R. 1966. The strategy of model building in population biology. American Scientist 54: 421-431

Mackenzie, D. I., J. D. Nichols, N. Sutton, K. Kawanishi, and L. L. Bailey. 2005. Suggestions for dealing with detection probability in population studies of rare species. Ecology 86:1101-1113

Mackenzie, D. I., J. D. Nichols, J. A. Royle, K. H. Pollock, L. A. Bailey, and J. E. Hines. 2006. Occupancy modeling and estimation. Academic, San Diego, CA

Nichols, J. D. 2001. Using models in the conduct of science and management of natural resources. Pages 11-34 *in* T. M. Shenk and A. B. Franklin, editors. Modeling in natural resource management: development, interpretation and application. Island Press, Washington, DC

Nichols, J. D. and M. J. Conroy. 1996. Estimation of species richness. Pages 227-234 *in* D. Wilson et al., editors. Measuring and monitoring biological diversity: standard methods for mammals. Smithsonian Institution Press, Washington, DC

Nichols, J. D. and K. U. Karanth. 2002. Statistical concepts: assessing spatial distributions. Pages 29-38 *in* K. U. Karanth and J. D. Nichols, editors. Monitoring tigers and their prey. A manual for wildlife managers, researchers, and conservationists. Centre for Wildlife Studies, Bangalore

Nichols, J. D. and B. K. Williams. 2006. Monitoring for conservation. Trends in Ecology and Evolution 21:668-673

Nichols. J. D., F. A. Johnson, and B. K. Williams, 1995. Managing North American waterfowl in the face of uncertainty. Annual Review of Ecology and Systematics 26:177-199

Nichols, J. D., T. Boulinier, J. E. Hines, K. H. Pollock, and J. R. Sauer. 1998a. Estimating rates of local extinction, colonization and turnover in animal communities. Ecological Applications 8: 1213-1225

Nichols, J. D., T. Boulinier, J. E. Hines, K. H. Pollock, and J. R. Sauer. 1998b. Inference methods for spatial variation in species richness and community composition when not all species are detected. Conservation Biology 12:1390-1398

Nichols, J. D., L. L. Bailey, A. F. O'Connell, Jr., N. W. Talancy, E. H. C. Grant, A. T. Gilbert, E. Annand, T. Husband, and J. E. Hines. 2008. Occupancy estimation using multiple detection devices. Journal of Applied Ecology 45:1321-1329

O'Connell, A. F., N. W. Talancy, L. L. Bailey, J. R. Sauer, R. Cook, and A. T. Gilbert. 2006. Estimating site occupancy and detection probability parameters for mammals in a coastal ecosystem. Journal of Wildlife Management 70:1625-1633

Otis, D. L., K. P. Bumham, G. C. White, and D. R. Anderson. 1978. Statistical inference from capture data on closed animal populations. Wildlife Monographs 62:1-135

Platt, J. R. 1964. Strong inference. Science 146:347-353

Royle, J. A. 2004. N-mixture models for estimating population size from spatially replicated counts. Biometrics 60:108-115

Royle, J. A. and R. M. Dorazio. 2008. Hierarchical modeling and inference in ecology. Academic, New York

Royle, J. A. and J. D. Nichols. 2003. Estimating abundance from repeated presence absence data or point counts. Ecology 84:777-790

Stephens, P. A., S. W. Buskirk, G. D. Hayward, and C. M. del Rio. 2005. Information theory and hypothesis testing: a call for pluralism. Journal of Applied Ecology 42:4-12

Tobler, M. W., S. E. Carrillo-Percastegui, R. L. Pitman, R. Mares, and G. Powell. 2008. An evaluation of camera-traps for inventorying large and medium-sized terrestrial rainforest mammals. Animal Conservation 11:169-178

Walters, C. J. 1986. Adaptive management of renewable resources. MacMillan, New York

Williams, B. K. 1996. Adaptive optimization and the harvest of biological populations. Mathematical Biosciences 136:1-20

Williams, B. K., J. D. Nichols, and M. J. Conroy. 2002. Analysis and management of animal populations. Academic, San Diego, CA

Williams, B. K., R. C. Szaro, and C. D. Shapiro. 2007. Adaptive management: the US Department of the Interior technical guide. Adaptive Management Working Group, US Department of the Interior, Washington, DC

Yoccoz, N. G., J. D. Nichols, and T. Boulinier. 2001. Monitoring of biological diversity in space and time. Trends in Ecology and Evolution 16:446-453

Cappter5　Behavior and Activity Patterns

Andrew S. Bridges and Andrew J. Noss

第5章

行動と活動パターン

5.1　はじめに

　動物行動の研究は，進化生物学者，保全生物学者，そして野生生物管理者が大きな関心を抱く分野である．動物の活動パターンの研究も，一般的な行動研究の一部を占める．日周活動についての研究で有名な Jürgen Aschoff は，1954 年に，「動物がその体の一部もしくは全体を動かしているとき」その動物は活動中であると定義した．動物の活動パターンは広く研究されているトピックではあるが，野生動物の行動あるいは活動パターンを記録したり定量化したりすることは困難なことであり，この目的を達成するために，さまざまな技術がさまざまな成功度で用いられてきた．遠隔カメラシステム（すなわちカメラトラップ）は，動物の行動パターンと活動パターンの双方を調べる研究者にとって最新のツールである．カメラトラップは万能薬ではないが，研究者の努力を無駄にさせてきた困難の一部を克服してくれる．この章では，動物の行動や活動の研究にカメラトラップを適用した事例をレビューすることにする．

5.2　動物の行動および活動を研究するための　　　伝統的な手法

　研究者が実際に野外に出て研究対象の動物を直接観察するというやり方は，野生動物の行動や活動を評価するための定番の手法である．1960 年代にラジオテレメトリーが導入される前は，直接観察は非常に重要な調査手法であった．このやり方は多くの問題を抱えているにもかかわらず，今日でも依然として広く利用されている．動物の活動の直接観察は長時間にわたって行うことが可能であり，研究者が物理的に動物と同じ場所にいないかぎり記録することが

77

困難な，研究対象の環境刺激に対する反応を評価するために用いられる．しかし，人間の存在は，対象種の自然な行動・活動パターンを変えてしまうかもしれない．直接観察に基づく研究は，必要な調査コストが大きいために限られた標本サイズしか集められないかもしれない．また，少数の個体を長時間観察した場合，個体群全体には該当しない結論に達しかねない．

　電波発信機の装着も活動パターンや行動を調べる研究者にとって価値あるツールであることが確かめられている．テレメトリー法は，彼らの活動パターンや行動についての情報を収集しながら，動物の空間的な移動を追跡することができる．さまざまな場所での三角定位やシグナルの強さの変化は，動物が移動していることを示す指標として用いることができる．電波発信機を装着する際，動物を直接触ることができるので，性や年齢，繁殖ステータスやその他の個体固有のパラメータを取得でき，行動研究の共変量に含めることができる．さらに，直接観察とは違って，テレメトリー法を利用すれば，動物に影響を与えることなく遠隔からデータを取得できる．テレメトリー法は，より多くの個体をモニタリングでき，直接観察を行えない場所や時間でもデータを取得することができる．しかし，ラジオテレメトリーは内在的な限界を抱えており，捕獲や麻酔などによって動物の行動に影響が出たり，シグナルの強さの変動を誤って解釈したり，三角定位の誤差によってデータに誤りが生じたりする可能性がある．それゆえ，直接観察とテレメトリー法は行動研究に重要な役割を果たしているが，潜在的なバイアスを軽減したり，新しい調査手段や知見を可能にしたりすることができるような新たな調査手法が必要である．

5.3　カメラトラップを使う利点と可能性

　遠隔カメラシステムは，行動学者にとってもっとも新しいツールの一つである．カメラは，これまで述べてきたような伝統的な手法の利点の多くを備えているだけでなく，さらに優れた点をもっている．カメラの外装，作動音，場合によってはフラッシュが動物の行動を改変してしまう可能性はあるが，それらによる攪乱は，研究者が現地で直接観察を行う場合に予想されるものより小さいものだろう（Alexy et al. 2003；Bridges et al. 2004a；Griffiths and Van Schaik 1993）．個体群推定用のカメラから集められたデータを使って，対象種の活動パターンを定量化することも可能である（Bridges et al. 2004b；Dillon and Kelly 2006；Maffei et al. 2004）．また，もし非対象種が調査中に撮影され

た場合には，研究者はこれらの種の活動パターンを調べることもできる
（Noss et al. 2003, 2004）．一つの研究デザインを用いて複数種の活動パターン
を同時に研究することができるので，研究者は最近，同所的に生息する種の活
動時間の分割と，それと関連したニッチ重複についての知見をえるようにも
なっている（Fedriani et al. 2000；de Almeida Jacomo et al. 2004；Rivera et al.
2005；Wacher and Attum 2005）．

　場合によっては，動物の出現が予想される場所を事前に特定しておく必要が
ある．そうした場所にカメラを設置することで，動物の特定の行動に絞って観
察することができる．たとえば，鳥の巣のある場所を撮影することで，卵の捕
食者の行動を記録することが可能になるし，動物の死体や結実している木の近
くにカメラをおくことで採食行動を観察することもできる．しかし動物の動き
は，カメラトラップの写真一枚では分からないので，行動についての必要な情
報をもたらさないこともある．特定の場所に動物がいたという事実から，動物
の行動を推測するということがしばしば行われる．たとえば，人工巣で撮影さ
れた動物は，自然巣の潜在的な捕食者であると考えられる．しかし，捕食者が
口に壊れた卵の殻をくわえているところが撮影されないかぎり，巣の状態を事
後的に調べることによってしか本当に捕食があったのかは確認されない
（Hernandez et al. 1997）．生息地利用は，しばしば撮影頻度を比較することに
よってなされるが，本当にその特定の場所を占有していた動物と単純に通過し
た動物を見分けることができない．

　どういった目的に利用されるカメラなのかによって，トリガーが入るメカニ
ズムは変わってくる．多くの研究では，動物が通過したときにシャッターを切
るように熱モーションセンサーが組み込まれたカメラを用いている．中には，
センサーが発している光線を遮った場合にカメラのシャッターが切れる「能動
式システム」を用いているものもある（Swann ら，3 章参照）．巣における捕
食研究では，卵にトリガーシステムを装着して，タカなどによって卵が動かさ
れたり取り除いたりされた場合にのみカメラのトリガーが切れるようにしたシ
ステムが用いられている．また別の研究では，システムを作動させるのに，重
さを感知してシャッターが下りるシステムが利用されている．

5.4　事例研究

　カメラを用いた動物の行動および活動パターンの研究は，大きく次のように

分類することができる．(1) 概日リズム，(2) 巣における捕食，(3) 採食，(4) ニッチ分割と社会システム，(5) 生息地利用，そして (6) 隠れ家と繁殖である．

5.4.1　概日リズム

　カメラトラップは，物理的に捕獲できる一部の個体だけではなく，潜在的には個体群全体を撮影しうるので，現在利用可能な他の方法よりも，より個体群レベルに近い形での推定を可能にする（Bridges et al. 2004b）．バージニアで行われたアメリカグマ（*Ursus americanus*）についての研究では，エサ場における活動パターンを記録し，クマの活動は一般に薄暮性であるが季節的な変化を示すということを見出した（Bridges et al. 2004b）．クマは，秋になると夜間活動することが多かった．これはおそらく狩猟に対する反応であり，クマ追いの猟犬による追跡の結果であると考えられた．Hernandez et al.（2005）は，ミュールジカ（*Odocoileus hemionus*）の活動を調べた．給餌ボックスにカメラシステムを設置することで，このシカは夕方から早朝にかけてもっとも活動することを示した．Hicks et al.（1998）は，北カリフォルニアにおいてシロアシマウス属（*Peromyscus* spp.）の活動パターンを調べた．この結果，調査期間全体をつうじて，カメラトラップの個体検出力にバイアスがないことを見出した．対照的に，シャーマントラップはバイアスのある結果になった．動物が一度捕獲されると，もう別のトラップに捕獲されるということがなくなってしまうので，その個体の捕獲後の活動についての情報をもたらさないためである．マレーシアでは，Azlan and Sharma（2006）が，ネコ科の活動時間帯について調べた．この結果，トラ（*Panthera tigris*），ベンガルヤマネコ（*Prionailurus bengalensis*），ウンピョウ（*Neofelis nebulosa*）は夜行性の傾向が非常に強いのに対し，ヒョウ（*Panthera pardus*）やアジアゴールデンキャット（*Catopuma temminckii*）は夜間の活動度合いが相対的に低いことが分かった．トラは，昼行性および夜行性の獲物との遭遇頻度を最大にするために，日の出直前や日の入り直後にもっとも活発に活動していた（Laidlaw and Noordin 1998）．Di Bitetti et al.（2006）は，アルゼンチンのトレイル上でのネコ科の活動を調べた．オセロット（*Leopardus pardalis*）は，おもに夜行性で，オスとメスの間には顕著な違いがないこと，（新月の頃の）空が暗い時間帯により活発に活動することを示した．同様に，Dillon and Kelly（2006）は，カ

メラトラップを使って，ベリーズのオセロットは両性ともに夜間活動すること
を示した．Foster and Humphrey（1995）は，動物が高速道路のアンダーパス
を利用するタイミングについて調べ，ピューマはもっぱら夜間，アライグマ
（*Procyon lotor*）とボブキャット（*Lynx rufus*）は夕方から明け方にかけて，
オジロジカ（*Odocoileus virginianus*）とシギは明け方にもっとも高い頻度で
撮影されることを明らかにした．Pearson（1959）は，カメラを用いた最初期
の研究において，カリフォルニアハタネズミ（*Microtus californicus*）は昼間
も夜も活動するのに対し，セイブカヤマウス（*Reithrodontomys megalotis*）
は夜間に，ブラシウサギ（*Sylvilagus bachmani*）は早朝にもっとも活動して
おり，トガリネズミの1種（*Sorex ornaturs*）は夜行性で冬により活発に活動
することを明らかにした．

　いくつかの大規模研究では，多くの分類群の活動パターンおよび概日リズム
が同時に推定された．ボリビアの乾燥林では，研究チームはおもにトレイルと
道路にカメラを設置し（塩場や池，川土手にも設置），さまざまな哺乳類の活
動パターンを記録した．たとえば，ジャガー（Maffei et al. 2004），ジャガラン
ディ（*Puma yaguarondi*）（Maffei et al. 2007a），ジョフロワネコ（*Oncifelis
geoffroyi*）（Cuéllar et al. 2006），オセロット（Gómez et al. 2005；Maffei et al.
2005），カニクイアライグマ（*Procyon cancrivorus*）（Arispe et al. 2008；
Gómez et al. 2005），カニクイイヌ（*Cerdocyon thous*），パンパスギツネ
（*Pseudalopex gymnocercus*）（Maffei et al. 2007b），アメリカバク（*Tapirus
terrestris*）（Gómez et al. 2005；Noss et al. 2003；Wallace et al. 2002），オオア
ルマジロ（*Priodontes maximus*）（Noss et al. 2004），マタコミツオビアルマジ
ロ（*Tolypeutes matacus*），マダラアグーチ（*Dasyprocta punctata/variegata*），
パカ（*Cuniculus paca*），ピューマ，ハイイロマザマ（*Mazama gouazoubira*），
アカマザマ（マザマ）（*Mazama americana*），クビワペッカリー（*Pecari
tajacu*），クチジロペッカリー（*Tayassu pecari*），モリウサギ（*Sylvilagus
brasiliensis*）（Gómez et al. 2005；Maffei et al. 2002）などである．van Schaik
and Griffiths（1996）は，インドネシアの熱帯雨林にカメラトラップを獣道や
人のとおり道に仕掛けて，スマトラやジャワに棲む野生生物の活動パターンを
記録し，食肉目13種，偶蹄目9種，その他の哺乳類3種，鳥類2種，爬虫類
3種の結果を報告した．

5.4.2　巣における捕食

カメラトラップを用いた行動研究の中でもっとも多いのは，鳥の巣における捕食に注目したものであり，自然巣での卵やヒナの捕食者（Major and Gowing 1994；Smith 2004）や，人工巣での潜在的な捕食者を明らかにしている（J.W. Cain et al, 2003；Heméndez et al. 1997；Leimgruber et al. 1994；Savidge and Seibert 1988；Sawin et al. 2003；Sieving and Willson 1999；van der Werf 2001）．これらのうちいくつかの研究では，営巣失敗の原因となる捕食者の相対的な重要性についても評価されている（Farnsworth and Simons 2000；Major et al. 1999；Meckstroth and Miles 2005；Picman and Schriml 1994）．

Liebezeit and Luke（2002）は，監視カメラ（ビデオとフィルム）を用いて巣における捕食行動を調べ，タカは卵よりも頻繁にヒナを捕食するのに対し，小型哺乳類によるヒナと卵の捕食は，利用可能性に比例した形になっていることを明らかにした．Buler and Hamilton（2000）は，人工低木巣における捕食は，自然巣における捕食とは完全には同じでないという結論に達し，自然巣を対象にした研究を行う必要性があることを強調した．Laurance and Grant（1995）と Maier and DeGraaf（2000）は，人工巣とカメラトラップを用いて，数多くの種が捕食者となっていること，他にも潜在的な捕食者がいることを確かめた．Cooper and Ginnett（2000）は，人工巣をシカの給仕場所からさまざまな距離で離して置き，それらにおける捕食レベルを比較した．Picman and Schriml（1994）は，哺乳類の捕食者は夜行性であるが，鳥類の捕食者は昼行性であることを示した．鳥類以外による巣における捕食を研究したものの一つに Hunt and Ogden（1991）がある．この研究では，American alligator（*Alligator mississippiensis*）の巣において捕食者と捕食のタイミングを明らかにし，アメリカグマがおもな卵の捕食者であること，アライグマやサワコメネズミ（*Oryzomys palustris*）も卵を持ち去ることを見出した．

5.4.3　採食

採食場所とは，食物や水，もしくは栄養が提供される場所であり，動物の行動や活動パターンについての有益な情報をえることができる場所である．写真は，ある種による訪問のタイミング，滞在時間や頻度を推定したり（Claridge et al. 2004)，グループサイズや社会性を明らかにしたり（Altendorf et al. 2001；Hernández et al. 2005；López González and Lorenzana Piña 2002；Miura et al. 1997；Otani 2001），警戒行動をしているか活発に採食しているかといった行動の記録を可能にしたりする（Altendorf et al. 2001；Hernández et al. 2005；Otani 2001；Page et al. 2001）．

　Perovic（2002）は，生きたブタ（*Sus scrofa*）をベイトとして使い，電気柵がジャガーの行動を改変させ家畜ブタを捕食させないようにできるのかを調べた．花や実，種子をつけている樹木における採食行動について調べた研究もある．Beck and Terborgh（2002）は，ヤシ（*Astrocaryum murumuru*）の種子の持ち去りをペッカリー排除柵の中と外でモニタリングした．もっとも頻繁に訪問したのは，ミドリアクシ（*Myoprocta pratti*）およびギアラトゲネズミ属の仲間（*Proechimys* spp.）であった．同様に，Kitamura et al.（2004）は，林床に落下した果実の消費をカメラトラップで撮影することでマホガニー（*Aglaia spectabilis*）の種子の持ち去りについて調べた．Carthew and Slater（1991）は，開花中の植物でその送粉者を特定・モニタリングするとともに，新しく開発したカメラシステムのさまざまな利用方法を提案した．マレーシアでは，Miura et al.（1997）が，結実木に訪れる哺乳類，鳥類，爬虫類の活動パターンを調べ，それが種によって様々であることを見出した．Mazurek and Zielinski（2004）は，カリフォルニアにおいて，伐採をせずに取っておかれたレッドウッド（*Sequioa sempervirens*）の老齢木がその後の生息地管理においてどの程度重要なのかを評価し，哺乳類がこれらの木をとくに好んで使うことはないということを明らかにした．

　Devault and Rhodes（2002）や Devault et al.（2004）は，高地の松林と低地の広葉樹林において，ネズミの死体を屍肉食する脊椎動物の種と利用タイミングをカメラによって明らかにした．Gonzalez and Pifia（2002）は，ウシ（*Bos taurus*）の死体の傍にカメラをおくことで，ジャガーとヒメコンドル（*Cathartes aura*）の活動パターンを記録した．Pierce et al.（1998）は，カリフォルニアにおいて，ピューマ（*Puma concolor*）が獲物を捕らえた場所にカメラを置き，その採食行動を調べた．ほとんどの採食は日の入り以降に起こり，子持ちのメスは他の繁殖クラスのオスやメスに比べて有意に早い時間帯に採食することを明らかにした．

　Edelman et al.（2005）は，リスの行動および活動パターンを調べた．彼ら

は，アメリカアカリスの1亜種（*Tamiasciurus hudsonicus grahamensis*）が利用中の巣穴と，利用していない巣穴，そしてランダムに選択した場所にエサとカメラトラップを設置し，事前に装着したマークを手掛かりに，アーベルトリス（*Sciurus aberti*）とアカリスのどの個体が来ているかを明らかにした．彼らはまた，他の哺乳類や鳥類の訪問記録を利用することで，巣穴を利用する種数を記録した．Claridge et al.（2004）は，オーストラリアにおいて，オオフクロネコ（*Dasyurus maculatus*）が共同ため糞場に訪問するタイミングを調べ，予想された夜間だけではなく，時間に関係なく訪問していることを明らかにした．

　ブラジルの Pantanal の塩場では，Pfeifer（2006）がカメラトラップを利用し，アグーチ，バク，ペッカリー，マサマジカ，ホウカンチョウ，ハトなどの14分類群による土食いを記載した．Atwood and Weeks Jr.（2003）は，自然の岩塩および市販の鉱塩を設置し，オジロジカのカメラ日当たりの平均訪問回数を比較することで，メスの方がオスよりも高い頻度で訪問していることを示した．Griffiths and van Schaik（1993）は，トレイルとヌタ場および塩場にカメラを設置し，人の交通が動物の行動に影響を与えていること，撹乱に対して種によって異なる反応を示していることを明らかにした．同じ著者ら（van Schaik and Griffiths 1996）は，哺乳類のサイズや採食物によって，行動パターンが夜行性，昼行性，カセメラル（昼間も夜も関係なく動く）のいずれであるかが決まっていることを見出した．Morgart et al.（2005）は，プロングホーン（*Antilocapra americana*）による水の利用頻度とその季節性を調べるために表流水源にカメラトラップを設置した．Cresswell et al.（2003）は，被食者の警戒行動の効果を調べたユニークな研究を行った．この研究では，カメラトラップを用いて，警戒行動している被食者としていない被食者に対するハイタカ（*Accipiter nisus*）の攻撃行動について調べ，攻撃がどの方向から行われるかを風の向きと関係させながら記録した．Weckel et al.（2006）は，ジャガーの空間（トレイルのタイプと，人が作った道からの距離）および時間（活動パターン）利用分布と主要な被食者のそれらを比較し，ジャガーの採食生態について調べた．この結果，ジャガーの被食者利用は個体数と関係しているが，ジャガーの採食戦略は，偶発的な被食者との遭遇に依存しているだけではないことを示唆した．

5.4.4　ニッチ分割と社会システム

カメラトラップを用いた研究の中には，ニッチ分割や重複，同所的に生息する種間の競争についてのモデルを構築するために，動物各種の行動や活動パターンについての情報を集めているものもある．一つの偶蹄目を対象とした研究を除いて，この分野のほとんどの研究は食肉目を対象にしている．Fedriani et al.（2000）は，カリフォルニアにおいて，同所的に生息するハイイロギツネ，コヨーテ，そしてボブキャットの種間競争を調べた．この研究では，匂いステーション［訳注：対象種を誘引するために強い匂いのある物質を設置した場所のこと］に設置したカメラトラップによって定量化した各種の活動時間を一つの変数として用いた．Wacher and Attum（2005）は，カメラトラップを用いてアカギツネ（*Vulpes vulpes*）とオジロスナギツネ（*Vulpes rueppelli*）のニッチ分割を研究し，活動パターンは類似していることを示した．de Almeida Jacomo et al.（2004）は中型のイヌ科に関する研究を行った．彼らは，カメラトラップをトレイル上に設置し，ブラジルのタテガミオオカミ（*Chrysocyon brachyurus*），カニクイイヌとスジオイヌ（*Lycalopex vetulus*）のニッチの重複について調べた．この結果，夜間の採食時間は3種間で類似しているが昼間の採食時間が異なることが分かった．Séquin et al.（2003）は，カメラトラップを用いて，コヨーテ（*Canis latrans*）の社会構造を記載し，優位な α 個体，定住 β 個体，非テリトリーあるいは放浪個体に分けた．カメラトラップの情報を用いれば，1種もしくは複数種の複数個体間の空間・時間分割や回避行動の分析をすることも可能である．たとえば，南米の Chaco および Chiquitano の乾燥林に同所的に生息するジャガーとピューマを対象として，個体間の時間・空間分割の両方をカメラによって調べることで，どのように両種が共存しているのかについて研究が行われた（Noss and Venticinque 2006）．Rivera et al.（2005）は，カメラをトレイルに設置し，同所的に生息するアカマザマとハイイロマザマは，異なる活動時間帯に活動することを明らかにした．

5.4.5　生息地とコリドー利用

カメラトラップは，生息地の占有と利用を推定するためのツールとしても広く用いられている．撮影頻度に基づいて，生息地間で研究種の相対的な個体数を比較することがよく行われる．Augustine（2004）は，インパラ

（*Aepyceras melampus*）の研究を放棄された放牧地と低木林地で行い，24 時間あたりの群れの撮影頻度を用いて，その空間利用の季節性を評価した．この結果，インパラは，アカシアの低木林地よりもより高い頻度で栄養の豊富な旧放牧地を選択していることを明らかにした．Raillard and Svoboda（2000）は，ジャコウウシによる生息地利用を調べ，動物の行動を採食と休憩のどちらかに分けた．

　Hilty and Merenlender（2004）は，コリドー利用に関するユニークな研究を行った．彼らは，森林コアからの距離が近いブドウ園と遠いブドウ園，および川辺林からなるコリドーにおいて動物のモニタリングを行った．在来の捕食性哺乳類はコアに近いブドウ園で活発に活動しているのに対し，非在来の哺乳類は，コアから離れたブドウ園で活動していた．カメラトラップは，しばしば，野生生物が景観間を移動したり高速道路での交通事故死を減少させたりするための排水渠，高架，アンダーパスといった人工物の有効性を評価するために用いられる（Cain et al. 2003；Dodd et all 2004；Ng et al. 2004）．これらの研究の多くは直接観察や足跡調査，ラジオテレメトリーなどの他の検出手法と組み合わせてカメラトラップを用いている（Foster and Humphrey 1995；Mata et all 2005）．

5.4.6　隠れ家と繁殖

　カメラトラップは，活動パターンを記録するために，動物の隠れ家や巣穴の入口あるいは出口に設置されることもある．こうしたシステムによって，これらの場所に入ったり出たりする動物への撹乱を最低限にして活動を記録することができる（Bridges et al. 2004a）．カメラトラップは巣における捕食を記録するだけでなく，その他の繁殖活動についての情報ももたらしてくれる．クマの冬眠穴利用について最初に発表した Bridges et al（2004a）は，バージニアに棲むアメリカクロクマの冬眠穴の外にカメラトラップを設置し，冬眠穴に出入りするクマの活動パターンを定量化した．クマは冬眠中も驚くほど活動しており，最後に出穴するのに先立って，頻繁に冬眠穴を出たり再び入ったりすることを発見した．また，冬眠穴から出る子熊の年齢を計算することにも成功した．Alexy et al,（2003）は，フロリダの gopher tortoise（*Gopherus polyphemus*）の巣穴に能動型のカメラシステムを設置し，カメと片利共生生物の行動と活動を記録した．このカメは，夜間に活動することもあったが強い昼行性を示すこ

とが分かった. Doody and Georges（2000）は，スッポンモドキ（*Carettochelys insculpta*）の研究にカメラトラップを用い，巣籠もりのタイミング，卵が孵化するタイミングを明らかにするとともに，どの巣がどの母親のものかを特定した.

5.4.7 統計解析

行動および活動パターンの結果は，グラフによって示すのがとくに分かりやすい．それゆえ多くの論文が何らかの統計量を示すのではなく，ヒストグラムや活動時間割合などから傾向を読みとるのにとどまっている．こうした情報は，生物学的には十分かもしれないが，定式的な統計的手法を用いることで，よりロバストな推論を行うことができる．古典的な統計手法である分散分析（Augustine 2004；Campbell et al. 2006），χ^2 乗適合度検定（Foresman and Pearson 1999；Griffiths and van Schaik 1993；Liebezeit and Luke 2002；de Almeida Iacomo et al. 2004；Campbell et al. 2006），χ^2 尤度比検定（Rivero et al. 2005），クラスカル・ウォリス検定（Pierce et al. 1998），ピアソンの相関係数（Zegers et al. 2000），F 検定（Zegers et al. 2000），マン・ホイットニーのU 検定（Griffiths and Van Schaik 1993）などが行動や活動の違いを明らかにするために用いられてきた．生息地選択の統計解析手法の発展によって，活動パターンの解析にも新しい可能性が生まれている．これらの手法は，利用可能性に対する実際の利用という形で活動時間帯を解析しようとする場合に頻繁に用いられている．たとえば，Bridges et al.（2004b）は，アメリカグマの活動パターンの分析に組成データ解析（Aebischer et al. 1993）を用いた．Di Bitetti et al.（2006）は，オセロットの概日リズムの分析において角度統計（たとえば Batschelet 1981）を用いた.

5.5 行動研究におけるカメラトラップの将来の応用

カメラトラップは，伝統的な調査技術に比べて，動物の行動を調べるうえで多くの利点を持っている．しかし，行動によっては他の調査技術で調べた方がいいものもある．より完全な解析をするためには複数の調査技術を同時に使う方が好ましいこともあるだろう．フィルムカメラがデジタルカメラに置き換われば，比較的静かに撮影できるので，動物を警戒させたり行動を変えたりする

ことは減るだろう．デジタルカメラは，画像の保存量が大きいので，研究者が
カメラを訪れる頻度が低くなり，調査場所に与える撹乱を抑えることができ
る．さらに，現在の多くのデジタルシステムでは，ビデオを録画することも可
能であり，新しい研究の機会を提供してくれる．ビデオシステムは，これまで
潜入することが出来なかった場所，たとえば巣箱の中やクマの冬眠穴といった
場所にも入っていけるので，行動や活動に関する新しい知見をもたらすだろ
う．CritterCams®のようなカメラを動物個体に装着すれば，未知の行動が明
らかになるだろう（Nichols ら，14 章参照）．技術的な進展が今後も続くこと
で，カメラトラップが，野生生物の行動と活動の研究において，ますます重要
な役割を果たすことはまず間違いないだろう．

引用文献

Aebischer, N. J., P. A. Robertson, and R. E. Kenward. 1993. Compositional analysis of habitat use from animal radiotracking data. Ecology 74:1313-1325

Alexy, K. J., K. J. Brunjes, J. W. Gassett, and K. V. Miller. 2003. Continuous remote monitoring of gopher tortoise burrow use. Wildlife Society Bulletin 31:1240-1243

Altendorf, K. B., J. W. Laundré, C. A. López González, and J. S. Brown. 2001. Assessing effects of predation risk on foraging behavior of mule deer. Journal of Mammalogy 82:430-439

Arispe, R., C. Venegas, and D. Rumiz. 2008. Abundancia y patrones de actividad del mapache (*Procyon cancrivorous*) en un bosque Chiquitano de Bolívia. Mastozoología Neotropical 15: 323-333

Atwood, T. C. and P. H. Weeks, Jr. 2003. Sex-specific patterns of mineral lick preference in white-tailed deer. Northeastern Naturalist. 10:409-414

Augustine, D. J. 2004. Influence of cattle management on habitat selection by impala on central Kenyan rangeland. Journal of Wildlife Management 68:916-923

Azlan, J. M. and D. S. K. Sharma. 2006. The diversity and activity patterns of wild felids in a secondary forest in Peninsular Malaysia. Oryx 40:36-41

Batschelet, E. 1981. *Circular statistics in biology*. Academic Press, New York, NY, USA

Beck, H. and J. Terborgh. 2002. Groves versus isolates: how spatial aggregation of *Astrocaryum murumuru* palms affects seed removal. Journal of Tropical Ecology 18:275-288

Bridges, A. S., J. A. Fox, C. Olfenbuttel, and M. R. Vaughan. 2004a. American black bear denning behavior: observations and applications using remote photography. Wildlife Society Bulletin 32:188-193

Bridges, A. S., M. R. Vaughan, and S. Klenzendorf. 2004b. Seasonal variation in American black bear *Ursus americanus* activity patterns: quantification via remote photography. Wildlife Biology 10:277-284

Buler, J. J. and R. B. Hamilton. 2000. Predation of natural and artificial nests in a southern pine forest. Auk 117:739-747

Cain, A. T., V. R. Tuovila, D. G. Hewitt, and M. E. Tewes. 2003. Effects of a highway and mitigation projects on bobcats in Southern Texas. Biological Conservation 114:189-197

Cain, J. W. III, M. L. Morrison, and H. L. Bombay. 2003. Predator activity and nest success of willow flycatchers and yellow warblers. Journal of Wildlife Management 67:600-610

Campbell, T. A., C. A. Langdon, B. R. Laseter, W. M. Ford, J. W. Edwards, and K. V. Miller.

2006. Movements of female white-tailed deer to bait sites in West Virginia, USA. Wildlife Research 33:1-4

Carthew, S. M. and E. Slater. 1991. Monitoring animal activity with remote photography. Journal of Wildlife Management 55:689-692

Claridge, A. W., G. Mifsud, J. Dawson, and M. J. Saxon. 2004. Use of infrared digital cameras to investigate the behaviour of cryptic species. Wildlife Research 31:645-650

Cooper, S. M. and T. F. Ginnett. 2000. Potential effects of supplemental feeding of deer on nest predation. Wildlife Society Bulletin 28:660-666

Cresswell, W., J. Lind, U. Kaby, J. L. Quinn, and S. Jakobsson. 2002. Does an opportunistic predator preferentially attack nonvigilant prey? Animal Behavior 66:643-648

Cuéllar, E., L. Maffei, R. Arispe, and A. J. Noss. 2006. Geoffroy's cats at the northern limit of their range: activity patterns and density estimates from camera trapping in Bolivian dry forests. Studies on Neotropical Fauna and Environment 41:169-177

de Almeida Jacomo, A. T., L. Silveira, and J. A. F. Diniz-Filho. 2004. Niche separation between the maned wolf (*Chrysocyon brachyurus*), the crab-eating fox (*Dusicyon thous*) and the hoary fox (*Dusicyon vetulus*) in central Brazil. Journal of Zoology 262:99-106

Devault, T. L. and O. E. Rhodes, Jr. 2002. Identification of vertebrate scavengers of small mammal carcasses in a forested landscape. Acta Theriologica 47:185-192

Devault, T. L., I. L. Brisbin, Jr. and O. E. Rhodes, Jr. 2004. Factors influencing the acquisition of rodent carrion by vertebrate scavengers and decomposers. Canadian Journal of Zoology 82: 502-509

Di Bitetti, M. S., A. Paviolo, and C. De Angelo. 2006. Density, habitat use and activity patterns of ocelots (*Leopardus pardalis*) in the Atlantic forest of Misiones, Argentina. Journal of Zoology 270:153-163

Dillon, A. and M. J. Kelly. 2006. Ocelot *Leopardus pardalis* in Belize: the impact of trap spacing and distance moved on density estimates. Oryx 41:469-477

Dodd, C. K., W. J. Barichivich, and L. L. Smith. 2004. Effectiveness of a barrier wall and culverts in reducing wildlife mortality on a heavily traveled highway in Florida. Biological Conservation 118:619-631

Doody, J. S. and A. Georges. 2000. A novel technique for gathering turtle nesting and emergence phenology data. Herpetological Review 31:220-222

Edelman A. J., J. L. Koprowski, and J. R. Edelman. 2005. Kleptoparasitic behavior and species richness at Mt. Graham red squirrel middens. Pages 395-398 in G. J. Gottfried, B. S. Gebow, L. G. Eskew, and C. B. Edminster, editors. Connecting mountain islands and desert seas: biodiversity and management of the Madrean Archipelago II. Proceedings Rocky Mountain Research Station. RMRS-P-36. US Department of Agriculture, Forest Service, Fort Collins, CO

Farnsworth G. L. and T. R. Simons. 2000. Observations of wood thrush nest predators in a large contiguous forest. Wilson Bulletin. 112:82-87

Fedriani, J. M., T. K. Fuller, R. M. Sauvajot, and E. C. York. 2000. Competition and intraguild predation among three sympatric carnivores. Oecologia 125:258-270

Foresman, K. R. and D. E. Pearson. 1999. Activity patterns of American martens, *Martes americana*, snowshoe hares, *Lepus americanus*, and red squirrels, *Tamiasciurus hudsonicus*, in west-central Montana. Canadian Field-Naturalist 113:386-389

Foster, M. L. and S. R. Humphrey. 1995. Use of highway underpasses by Florida panthers and other wildlife. Wildlife Society Bulletin 23:95-100

Gómez, H., R. B. Wallace, G. Ayala, and R. Tejada. 2005. Dry season activity patterns for some Amazonian mammals. Studies of Neotropical Fauna and the Environment 40:91-95

Griffiths, M. and C. P. Van Schaik. 1993. The impact of human traffic on the abundance and activity patterns of Sumatran rain forest wildlife. Conservation Biology 7:623-626

Hernández, F., D. Rollins, and R. Cantu. 1997. Evaluating evidence to identify ground-nest predators in west Texas. Wildlife Society Bulletin 25:826-831

Hernández, L., J. W. Laundré, and M. Gurung. 2005. Use of camera traps to measure predation risk in a puma-mule deer system. Wildlife Society Bulletin 33:353-358

Hicks, N. G., M. A. Menzel, and J. Laerm. 1998. Bias in the determination of temporal activity patterns of syntopic *Peromyscus* in the southern Appalachians. Journal of Mammalogy 79: 1016-1020

Hilty, J. A. and A. M. Merenlender. 2004. Use of riparian corridors and vineyards by mammalian predators in northern California. Conservation Biology 18:126-135

Hunt, R. H. and J. J. Ogden. 1991. Selected aspects of the nesting ecology of American alligators in the Okefenokee Swamp. Journal of Herpetology 25:448-453

Kitamura, S., S. Suzuki, T. Yumoto, P. Poonswad, P. Chuailua, K. Plongmai, N. Noma, T. Maruhashi, and C. Suckasam. 2004. Dispersal of *Aglaia spectabilis*, a large-seeded tree species in a moist evergreen forest in Thailand. Journal of Tropical Ecology 20:421-427

Laidlaw, R. and W. S. W. Noordin. 1998. Activity patterns of the Indochinese tiger (*Panthera tigris corbetti*) and prey species in peninsular Malaysia. Journal of Wildlife and Parks 16:85-96

Laurance, W. F. and J. D. Grant. 1994. Photo identification of ground-nest predators in Australian tropical rainforest. Wildlife Research 21:241-248

Leimgruber, P., W. J. McShea, and J. H. Rappole. 1994. Predation on artificial nests in large forest blocks. Journal of Wildlife Management 58:254-260

Liebezeit, J. R. and G. T. Luke. 2002. Nest predators, nest-site selection, and nesting success of the Dusky Flycatcher in a managed ponderosa pine forest. Condor 104:507-517

López González, C. A. and G. Lorenzana Piña. 2002. Carrion use by jaguars (*Panthera onca*) in Sonora, Mexico. Mammalia 66:603-605

Maffei, L., E. Cuéllar, and A. J. Noss. 2002. Uso de trampas-cámara para la evaluación de mamíferos en el ecotono Chaco-Chiquitanía. Revista Boliviana de Ecología y Conservación Ambiental 11:55-65

Maffei, L., E. Cuéllar, and A. J. Noss. 2004. One thousand jaguars (*Panthera onca*) in Bolivia's Chaco? Camera trapping in the Kaa-Iya National Park. Journal of Zoology, London 262:295-304

Maffei, L., A. J. Noss, E. Cuéllar, and D. Rumiz. 2005. Ocelot (*Felis pardalis*) population densities, activity, and ranging behavior in the dry forests of eastern Bolivia: data from camera trapping. Journal of Tropical Ecology 21:349-353

Maffei, L., A. Noss, and C. Fiorello. 2007. The jaguarundi (*Felis (Herpailurus) yaguaroundi*) in the Kaa-Iya del Gran Chaco National Park, Bolivia. Mastozoología Neotropical 14:263-266

Maffei, L., R. Paredes, A. Segundo, and A. J. Noss. 2007. Home range and activity of two sympatric fox species in the Bolivian dry Chaco. Canid News 10.4 [online] (http://www.canids.org/canidnews/10/Sympatric_foxes_in_Bolivia.pdf)

Maier, T. J. and R. M. DeGraaf. 2000. Predation on Japanese quail vs. house sparrow eggs in artificial nests: small eggs reveal small predators. Condor 102:325-332

Major, R. E. and G. Gowing. 1994. An inexpensive photographic technique for identifying nest predators at active nests of birds. Wildlife Research 21:657-666

Major, R. E., F. J. Christie, G. Gowing, and T. J. Ivison. 1999. Elevated rates of predation on artificial nests in linear strips of habitat. Journal of Field Ornithology 70:351-364

Mata, C., I. Hervás, J. Herranz, F. Suárez, and J. E. Malo. 2005. Complementary use by vertebrates of crossing structures along a fenced Spanish motorway. Biological Conservation 124:397-405

Mazurek, M. J. and W. J. Zielinski. 2004. Individual legacy trees influence vertebrate wildlife diversity in commercial forests. Forest Ecology and Management 193:321-334

Meckstroth, A. M. and K. A. Miles. 2005. Predator removal and nesting waterbird success at San Francisco Bay, California. Waterbirds 28:250-255

Miura, S., M. Yasuda, and L. C. Ratnam. 1997. Who steals the fruits? Monitoring frugivory of mammals in a tropical rain forest. Malayan Nature Journal 50:183-193

Morgart, J. R., J. J. Hervert, P. R. Krausman, J. L. Bright, and R. S. Henry. 2005. Sonoran pronghorn use of anthropogenic and natural water sources. Wildlife Society Bulletin 33:51-60

Ng, S. J., J. W. Dole, R. M. Sauvajot, S. P. D. Riley, and T. J. Valone. 2004. Use of highway undercrossings by wildlife in southern California. Biological Conservation 115:499-507

Noss, A. J. and E. Venticinque. 2006. Jaguares *Panthera onca* y pumas *Puma concolor* simpátricos: patrones de separación temporal y espacial. II Congreso de Mastozoología en Bolivia, La Paz, Bolivia

Noss, A. J., R. L. Cuéllar, J. Barrientos, L. Maffei, E. Cuéllar, R. Arispe, D. Rúmiz, and K. Rivero. 2003. A camera trapping and radio telemetry study of *Tapirus terrestris* in Bolivian dry forests. Tapir Conservation 12:24-32

Noss, A. J., R. Peña, and D. I. Rumiz. 2004. Camera trapping *Priodontes maximus* in the dry forests of Santa Cruz, Bolivia. Endangered Species Update 21:43-52

Otani, T. 2001. Measuring fig foraging frequency of the Yakushima macaque by using automatic cameras. Ecological Research 16:49-54

Page, L. K., R. K. Swihart, and K. R. Kazacos. 2001. Seed preferences and foraging by granivores at raccoon latrines in the transmission dynamics of the raccoon roundworm (*Baylisascaris procyonis*). Canadian Journal of Zoology 79:616-622

Pearson, O. P. 1959. A traffic survey of *Microtus-Rheithrodontomys* runways. Journal of Mammalogy 40:168-180

Perovic, P. G. 2002. Conservación del jaguar en el noroeste de Argentina. Pages 465-475 in R. A. Medellín, C. Equihua, C. L. B. Chetkiewicz, P. G. Crawshaw, Jr., A. Rabinowitz, K. H. Redford, J. G. Robinson, E. W. Sanderson, and A. B. Taber, editors. El jaguar en el nuevo milenio. Fondo de Cultura Económica, UNAM, Wildlife Conservation Society, Mexico

Pfeifer, C. I. 2006. Relações entre barreiros e a fauna de vertebrados no nordeste do Pantanal, Brasil. Master's thesis. Universidade Federal do Rio Grande do Sul, Porto Alegre, Brazil

Picman, J. and L. M. Schriml. 1994. A camera study of temporal patterns of nest predation in different habitats. Wilson Bulletin 106:456-465

Pierce, B. M., V. C. Bleich, C.-L. B. Chetkiewicz, and J. D. Wehausen. 1998. Timing of feeding bouts of mountain lions. Journal of Mammalogy 79:222-226

Raillard, M. and J. Svoboda. 2000. High grazing impact, selectivity, and local density of muskoxen in central Ellesmere Island, Canadian High Arctic. Arctic, Antarctic and Alpine Research 32:278-285

Rivero, K., D. I. Rumiz, and A. B. Taber. 2005. Differential habitat use by two sympatric brocker deer species (*Mazama americana* and *M. gouazoubira*) in a seasonal Chiquitano forest of Bolivia. Mammalia 69:169-183

Savidge, J. A. and T. F. Seibert. 1988. An infrared trigger and camera to identify predators at artificial nests. Journal of Wildlife Management 52:291-294

Sawin, R. S., M. W. Lutman, G. M. Linz, and W. J. Bleier. 2003. Predators on red-winged blackbird nests in eastern North Dakota. Journal of Field Ornithology 74:288-292

Séquin, E. S., M. M. Jaeger, P. F. Brussard, and R. H. Barrett. 2003 Wariness of coyotes to camera traps relative to social status and territory boundaries. Canadian Journal of Zoology 81:2015-2025

Sieving, K. E. and M. F. Willson. 1999. A temporal shift in Steller's jay predation on bird eggs. Canadian Journal of Zoology 77:1829-1834

Smith, M. L. 2004. Edge effects on nest predators in two forested landscapes. Canadian Journal of Zoology 82:1943-1953

Van der Werf, E. A. 2001. Rodent control decreases predation on artificial nests in o'ahu 'elepaio habitat. Journal of Field Ornithology 72:448-457

Van Schaik, C. P. and M. Griffiths. 1996. Activity patterns of Indonesian rain forest mammals. Biotropica 28:105-112

Wacher, T. and O. Attum. 2005. Preliminary investigation into the presence and distribution of small carnivores in the Empty Quarter of Saudi Arabia through the use of a camera trap. Mammalia 69:81-84

Wallace, R., G. Ayala, and H. Gómez. 2002. Lowland tapir activity patterns and capture frequencies in lowland moist tropical forest. Tapir Conservation 11:14

Weckel, M., W. Giuliano, and S. Silver. 2006. Jaguar (*Panthera onca*) feeding ecology: distribution of predator and prey through time and space. Journal of Zoology 270:25-30

Zegers, D. A., S. May, and L. J. Goodrich. 2000. Identification of nest predators at farm/forest edge and forest interior sites. Journal of Field Ornithology 71:207-216

Cappter6 Abundance, Density and Relative Abundance : A Conceptual Framework
Timothy G. O'Brien

第6章

個体数，密度，相対個体数
—概念的な枠組み—

6.1 はじめに

　1990年代初頭に，生物学者たちはカメラトラップによって Nagarahole 国立
公園のトラの個体数を推定するための実験を始め（Karanth et al. 1995），カメ
ラトラップが統計的に適切な方法で野生動物の個体群のサンプリングに使われ
た最初の機会となった．それ以来，カメラトラップは行動学的あるいは生態学
的な研究において，非常に幅広い用途で採用されてきた．カメラトラップ研究
によって，個体を確実には識別できない種の捕獲履歴と同様に，明確な自然の
模様あるいは人工的な標識（たとえば電波発信機やタグ）によって個体が識別
できる個体の種の捕獲履歴が得られる．いずれの場合でも，研究の目的に応じ
てそれぞれの種類のデータが個体群サイズ，種数，場所の占有，あるいは相対
個体数指数を推定するために用いられる．加えて，よく考えられて配置された
カメラトラップ研究は，カメラが設置される場所の共変量に関するデータも含
む．理想的には，共変量は個体数や検出力を含めた他の興味あるパラメータへ
の影響を考慮して選ぶ（White 2005）．生物学者の挑戦は，これらのデータを
可能なかぎり最大限利用し，対象とする野生動物個体群の調査時の状態につい
てバイアスのない推論を行うことである．
　この章では，推定値を比較し，長期間個体群をモニタリングするために，個
体数，密度，相対個体数を推定するためのカメラトラップデータの使用に関連
したいくつかの設計および解析に関する事項について整理する．占有－個体数
モデル，個体数指数，バイアスの原因と同様に，検出確率，開放および閉鎖個

93

体群の個体数，密度の推定に焦点を当てる．ここで扱うほとんどの話題は，たとえば「The Estimation of Animal Abundance and Related Parameters」(Seber 1982)，「Techniques for Wildlife Investigation」(Sklanski and Robson 1992)，「The Analysis and Management of Animal Populations」(Williams et al. 2002)，「Occupancy Estimation and Modeling」(MacKenzie et al. 2006) のような本などで，はるかにより詳細に検討されている．

6.2　個体数の推定

野生動物個体群の個体数の推定は，ほとんどの生態学的研究とモニタリングの中心に位置している．個体群の過程を理解しようとしている生態学者は，個体群を正確に追跡できるモデルを求めている．狩猟対象種かそうでない種かにかかわらず，野生生物管理によって対象種の個体群サイズを維持あるいは増加させたいことがしばしばあるかもしれない．個体群サイズを減少させるための管理は，有害生物の制御あるいは侵入種の管理といったより専門的な分野となる．モニタリングは，管理による介入，あるいは気候変動といった共変量が個体群に与える影響を理解しようとするために行われる．ほとんどの動物を研究する際，完全なカウントあるいは調査を行うことはほぼ不可能である．サンプリングによって通常，個体群の一部分のカウント数か，検出確率を考慮した真の個体数に関連した指数が得られる．カメラトラップ法はとくに，サンプリングを完全に行うには広すぎる地域に分布する動物の研究や，その種が見つけにくく観測することが難しい場合に有効となる．

データからの個体群サイズ［訳注：本書では個体数と同義で用いられているが，原文を尊重して個体群サイズと表記する］の推定は，LaPlace (1786) による個体群解析に適用するための比率推定量の開発，Petersen (1896) による基本部分の定式化，そして Lincoln (1930) による水鳥個体群の推定への適用という長い歴史がある．その後の発達は，検出確率のばらつきの要因と個体群の閉鎖性による制約を緩めることに重きが置かれてきた．閉鎖個体群のモデルは Otis et al. (1978)，Seber (1982)，Williams et al. (2002)，そして Chao and Huggins (2005a, b) によって整理されてきた．

出版されたカメラトラップ研究の多くはある場所における個体数を推定することが目的であり，研究は興味のある全地域の一部の調査に基づき，空間的にも時間的にも閉鎖している系での単一個体群のサイズを推定するために設計さ

れている（Karanth 1995；Karanth and Nichols 2000；Silver et al. 2004）．時間に沿った個体群動態に関する重要なパラメータを推定するためにカメラトラップを用いた研究は，今日に至るまでわずか1つである（Karanth et al. 2006）．推定値がなぜ必要か，あるいは推定値がどのように使われるのかが述べられていないことは少なくない．推定を行う目的，あるいは個体数推定値がなぜ必要なのかを明確にすることは，最初の重要な段階である（Yoccoz et al. 2001；Pollock et al. 2002, Nichols による4章も参照）．

　カメラトラップ研究を行う典型的な目的である広大な調査地域にわたる個体数の推定を行うためには，調査者は個体数の空間的な変異に特別の注意を払う必要がある．広い地域について推論を行おうとするのであれば，興味のある地域全体をサンプリングすることはほぼ不可能であり，調査者は推論を行おうとする地域を代表するようなサンプリング地点の選択に注意を払うべきである．もし調査者が有効サンプリング面積を超えて推論したい（たとえば，サンプリング地域から公園全体へ推論を拡大する）のであれば，層化［訳注：複数の要因が想定される場合に，要因の影響を分離できるように調査区を設定すること］の規則あるいは無作為抽出がサンプリングの位置を決定するのに適用されるべきである（Cochran 1997；Thompson 1992）．しばしば，サンプリング地域はそれらが興味のある広大な地域の典型例である，あるいは到達しやすいという理由で選ばれる．しかし，代表性を主観的に検証することは容易ではなく，到達が容易な地域は到達が容易でない場所の代表的な地域ではない．サンプリング地域を無作為でない方法で選ぶ場合，すべての地域がサンプリングされる機会があるとは限らず，推論はサンプリングされる機会がある部分的な個体群に限定する必要がある．

　ひとたびカメラトラップ研究のためのサンプリング地域が決定されれば，調査者は対象種のサンプリングの問題に直面する．サンプリング地域のすべての動物をカウントできるのであれば，サンプリング地域を調査すればよい．しかし，検出確率はほぼ間違いなく1ではないので，pまたはβで示される検出確率が1未満であるというより一般的な状況を考えなければならない．個体数推定という目的のために，検出確率はサンプリング期間中サンプリング地域に個体が存在しているのであれば個体が検出される（撮影されるあるいは捕獲される）尤度として定義できる．すべての動物がサンプリング中に確実に検出されるわけではなく，個体によって検出確率が異なり，検出は時間や空間でばらつ

6章　個体数，密度，相対個体数　*95*

くかもしれないので，検出は個体数推定における誤差の要因の1つである．ある サンプリング機会における個体を検出する尤度は，サンプリングしたカウント値［訳注：原文では count statistic という単語を用いているが，日本語でstatistic にあたる統計量をそのまま訳すと違和感があるため，本書では単にカウント値とする］を個体数あるいは密度の推定値に変換する手がかりを提供する．そのため，検出確率はあらゆる個体数推定の実施やモニタリングプログラムの重要な構成要素である．

検出確率を推定に含めることで，個体群に関する推定値と個体数指数を区別する．個体数指数は何らかの様式で個体群サイズと相関すると仮定する統計量である．もしその仮定が満たされれば，指数の平均的な変化は個体数の平均的な変化を反映するべきである．個体数指数は真の個体数と単調な関係である必要がある．しかし指数と個体数の間の機能的［訳注：ある関数として表現される］な関係の真の姿は，意味のある推論のために非常に重要である．単調な直線関係（$I=bN$）に基づいた指数は単調な非直線的関係（たとえば $I=e^{bN}$）と同じ挙動を示さないだろう．［訳注：指数と個体数の間の］ある関数として表現される関係性を知らなければ，密度指標が示せることは N の変化の方向である．独立した個体数の推定値による指数の補正は指数の解釈を促進するが，補正は時空間にわたってその関係が満たされているか確認する必要がある．指数を用いるためには非常に強い仮定が必要なので，他に合理的な代替法が利用できないのでなければ避けるべきである．この章の最後で，指数に関する話題に戻る．

カメラトラップを用いた個体数推定のための調査設計において，サンプリング地域におけるカメラトラップの配置は動物個体の検出力，そのため検出確率に影響する．個体数推定のために，カメラは対象種を検出する機会が最大化されるような場所に配置されるべきである．カメラトラップの設置位置の間隔が広すぎれば，カメラによってサンプリングされない対象種のホームレンジが含まれるぐらい広い場所が調査範囲の内部に存在するかもしれない．カメラのサンプリング範囲におけるこれらの空白地帯に生息する動物は，サンプリング地域全体の内部には生息していても検出される機会が本質的にない．カメラの間隔を近づけることは空白を閉鎖しホームレンジ内のカメラ数を増加させることで動物個体の検出確率を増加させる．ホームレンジ内に多くのカメラが設置された個体は少ないカメラが設置された個体よりも検出確率が高く，それによっ

て検出確率の不均質性が生じる．トラップの間隔を狭くすることはしばしばサンプリングできる範囲を減少させサンプリング可能な個体数を減少させる一方，トラップの間隔が広ければ空白が生じるかトラップにさらされる個体数が減少するので，カメラトラップの配置にはトレードオフがある．カメラ設置点の適切な配置と間隔は，対象種の行動様式と生息地利用に依存する．

　ある研究地域において適切な方法で動物のカウント数 C が得られたとすると，C は検出確率によって個体群サイズ N と関連づけられる．C はサンプルが得られるたびにばらつくであろうランダム変数と考えることができる．$E(C)$ は個体群から何度もサンプリングした場合のカウント数の期待値あるいは平均値である．

$$E(C) = Np \ or \ N\beta \qquad (6.1)$$

検出確率 p が何らかの手段で推定できるのであれば，個体数は以下のように推定できる．

$$\hat{N} = \frac{C}{\hat{p}} \qquad (6.2)$$

これは距離標本法と捕獲再捕獲（CR）法の両方で用いる一般的な個体数推定量のもっとも基本となるものであり，正準推定量（Williams et al. 2002）としばしば呼ばれる．この推定量は，各個体が共通の捕獲確率を共有し個体数推定値は各個体のカウントと同様に個体の検出に依存することを強調するために，以下のようにも書ける．

$$\hat{N} = \sum_{i=1}^{C} 1/\hat{p} \qquad (6.3)$$

この式は，式（6.3）における $\hat{p}$ を $\hat{p}_i$ に置き換えることでサンプルにおける C 個体間の検出確率の不均質性を含めるように一般化することができる．

　個体群サイズの分散の推定値は以下のように一般化できる．

$$\mathrm{var}(\hat{N}) \approx \left[\mathrm{var}(C)/E(C)^2 + \mathrm{var}(\hat{p})/\hat{p}^2 \right] \hat{N}^2 \qquad (6.4)$$

調査を完全に行うには広すぎる地域の個体群推定値が必要な場合は，その地域の代表的な部分 α をサンプリングし，全地域の推定値は特定の地域 α をサンプリングする確率を導入する．

$$\hat{N} = C/(\hat{p}\hat{\alpha}) = \sum_{i=1}^{C} 1/(\hat{p}\hat{\alpha}) \qquad (6.5)$$

サンプリング割合は既知であることが多いが，サンプリング割合を推定する一般化した状況のために式 6.5 は書いた．確率 α で潜在的にサンプリング可能な地域の一部を選びその場所をサンプリングする場合，サンプリング割合 α が増加すると空間要素を含むカウント数の分散は減少する．全地域を調査する場合は，この空間要素は含まれない．

Bailey et al. (2004a, b) は，個体群に含まれる個体の一部は調査地域からの一時的な移出，調査時点での巣穴あるいは隠れ家での滞在，カメラの動作不良（または盗難）によってサンプリング範囲に空白が生じることで，一時的にサンプリング不能になることがしばしばあることを指摘している．この場合，$\hat{p}_i = \hat{p}_{ai}\hat{p}_{di}$ となり，$\hat{p}_{ai}$ は i 番目の個体の検出可能性の確率の推定値であり，$\hat{p}_{di}$ は個体が検出可能である場合の検出確率の推定値である．サンプリング期間中に個体群が加入と減少について閉鎖しているという仮定の元では，$\hat{p}_{ai}$ はしばしば 1 に等しいと仮定される．

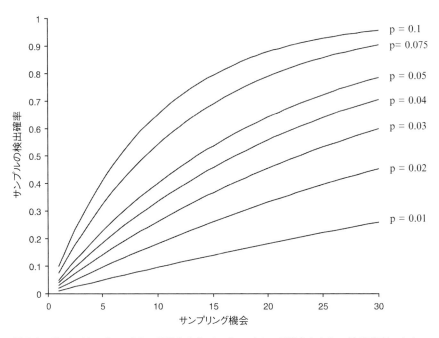

図 6.1　$K=1...30$ のサンプリング機会全体でのサンプリング機会あたりの検出確率 p をもった個体が捕獲される累積確率［訳注：原著は likelihood だが確率の意味だと判断した］．

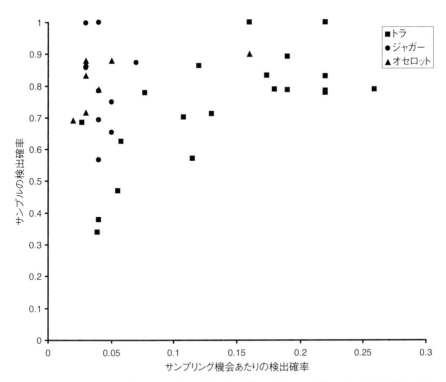

図6.2 サンプリング機会あたりの検出確率と調査期間を通じて最低一度は個体が検出される確率の関係. データは出版済みのトラ, ジャガー (*P. onca*), オセロット (*Leopardus pardalis*) の個体群推定値である. ソフトウェア CAPTURE を用いて計算された検出率の推定値 (p^*) は, カメラトラップ研究は通常検出率が高い結果となることを示している ($n=41$ の推定値として $\bar{p}^*=0.788$, SD$=0.164$).

$\hat{p}_{ai} < 1$ の場合の個体群サイズの推定は, 開放個体群モデルが必要となる典型例である (Williams et al. 2002). 一時的な移出がランダムな過程であれば, 全体の個体群サイズの推定量は偏らない (Kendall 1999). サンプリング機会 j における一時的な移出は, 個体がサンプリング機会 $j-1$ において調査地域にいたかいないかに依存するかもしれない. これはマルコフ移出と呼ばれ, 二つの確率が必要である. γ'_j は $j-1$ の時点でサンプリング地域に不在の個体が j の時点で調査地域に引き続き不在である確率, γ''_j は $j-1$ の時点でサンプリング地域に存在している個体が j の時点で調査地域に不在である確率である. Kendall et al. (1997) は, データが Pollock (1982) のロバストデザインを使って収集された場合にこの二種の移出を推定するためのモデルを示している.

$\bar{p}$ の解釈は，個体が K 回のサンプリング機会において最低一度は捕獲される確率である．$K=2$ の場合，以下のとおりである．

$$\bar{p}=1-(1-p_1)(1-p_2)$$

この確率を 1 から引くことで，いずれのサンプリング機会でも遭遇しない確率となる．$K>2$ の遭遇機会の場合について一般化すると，以下のとおりである．

$$\bar{p}=1-\prod_{i=1}^{K}(1-p_i) \tag{6.6}$$

式 6.6 はサンプリング機会におもに対応した検出確率の一般系である．K が増加すれば，任意の p_i について少なくとも一度は個体が捕獲される確率（$\bar{p}$）は増加する（図 6.1 と 6.2）．このことは，興味のある種はあるサンプリング機会において捕獲される確率が非常に低い（低い p_i）のでとくに重要である．設置したカメラの設置期間を延長して追加の費用をほぼかけずにサンプリング機会を増加させることで $\bar{p}$ の推定値を増加させるかもしれない．最初の捕獲後に検出可能性に関する行動的な変化が生じ（トラップ応答），再捕獲確率が捕獲確率と関連づけられていないのであれば，p と N を推定するためのすべての情報は各サンプリング機会における各個体の最初の検出数に含まれている．

6.2.1 閉鎖個体群における捕獲再捕獲モデル

閉鎖個体群における CR モデルは，移入，移出，誕生，そして死亡を排除できる地理的および時間的に閉鎖した系において，標識したあるいは個体が識別できる個体からなる対象種の個体群サイズを推定するために用いられる．この Lincoln-Petersen 推定量（Petersen 1896；Lincoln 1930）は，サンプリング機会がわずか 2 回（$K=2$）でサンプリング機会の間隔が比較的短い場合を含むこの種の推定量のもっとも単純な場合である．N 個体が含まれる個体群を考えよう．最初の捕獲機会において，n_1 個体が撮影され個体が識別された．次のサンプリング機会で n_2 個体が撮影され個体が識別され，最初のサンプリング機会で捕獲された内の m 個体が含まれていた．最初のサンプリング機会後の個体群における標識された個体の割合は n_1/N である．もし全個体の捕獲確率が等しいのであれば，以下で論じる推定量の仮定は個体群における標識された個体の割合は次のサンプリング機会で標識された個体の割合と等しくなければならない．もしそうであれば，

$$n_1/N = m/n_2$$

これによって Lincoln-Petersen 推定量が導かれる.

$$\tilde{N} = n_1 n_2/m \qquad (6.7)$$

n_1 をカウント数 C と考えれば,カウント数に関連した捕獲確率の推定値は $\hat{p}_1 = m/n_2$ であり,$\tilde{N}$ は式 6.2 の正準推定量を使って導出できる.

サンプリング機会数が $K=2$ を超える場合,時間,捕獲に対する行動応答,個体の不均質性などによる捕獲確率のばらつきをモデル化することが可能である.これらの K サンプルモデルは,Otis et al. (1978) とその他の者によって M_0(捕獲確率 p が一定),M_t(p が時間変動する),M_b(p が最初の捕獲とその後の捕獲の間に変動する),M_h(p が個体変動する)モデルとして記述されている.推定量がロバストで個体毎に異なる捕獲確率をもつことは理にかなっていると思われるので,カメラトラップ研究では M_h がよく使われる.カメラトラップは受動的なデータ収集機器だと考えられるので,捕獲に伴うトラップ応答は生じないと予想される(ただし Wegge et al. 2004 を参照).あらゆる調査において,トラップ応答はモデル化可能であり,個体数の推定に問題はない.

閉鎖個体群モデルの使用には,3つの仮定が満たされる必要がある.

(1) 個体群は出生,死亡,移出,移入という仮定において閉鎖している.個体群閉鎖の解釈は Lincoln-Petersen モデルと K サンプリング閉鎖モデルで若干異なる.サンプリング期間に生じた死亡(d)は把握されており,CR データからこれらの死亡個体は除かれる.そのため $\tilde{N}$ はサンプリング後の個体群サイズの推定値であり,$\tilde{N}+d$ はサンプリング前の個体群に関する推定値である.サンプリング機会の間の消失(移出と死亡)は,それらが標識個体と非標識個体で同じように生じているのであれば許容されるが,$\tilde{N}$ の解釈は最初のサンプリング機会に限定される.サンプリング機会の間に個体群に加入(出生と移入)がある場合,$\tilde{N}$ は2度目のサンプリング機会における個体数の推定値となる.サンプリング機会の間に消失と加入の両方が生じる場合,$\tilde{N}$ は過大に推定されており,開放個体群モデルが代わりに使用されるべきである.一時的な移出や移入がランダムに生じるのであれば,検出確率の推定値は個体がサンプリング期間中に調査地に存在している確率と存在している場合に捕獲される確率を含む(Kendall 1999).この状況では,Lincoln-Petersen の閉鎖個体群サイズ推定値 $\tilde{N}$ と K サンプリングモデルによる推定値は,調査地域を出入りでき

る動物から構成される超個体群を表す．個体群の閉鎖性の仮定の検証は，ソフトウェア CAPTURE（Otis et al. 1978）や MARK（White and Burnham 1999）で実行できる．

(2) 研究期間中，標識の消失は生じない．最初の捕獲機会後に個体の識別性が失われると，それ以降の捕獲機会における検出確率を過小推定することとなる．Seber（1982）は標識の消失［訳注：率］を推定するための 2 標識研究について記述している．これ［訳注：標識の消失］は，個体を識別するために区別可能な標識が用いられる場合はそれほど問題ではないが，写真に対象の動物が撮影されているが個体を識別するための模様が観測できない場合は問題となるかもしれない．もし個体の識別不能が質のよくない写真による（個体を識別する模様の検出ができない）ものであり，かつ質のよくない写真はランダムに生じる（すなわち，ある動物よりも他の動物で生じやすいということはない）のであれば，検出できないことを検出確率に取り入れるだけでよい．撮影データにおいてある個体が他の個体と比べて常にうまく撮影できない場合のみ，検出の不均質性によるバイアスが生じうる．

(3) 検出確率のばらつきの要因は正しく同定されモデルに含まれる．検出におけるばらつきのすべての要因が解析に必ず含まれていることは，もっとも一般的（すなわち，複雑）なモデルを検討する場合に必要なことである．もっとも複雑なモデルはデータによりよく当てはまるが，よりパラメータが少ないモデルと比べて推定値の精度は悪くなるので，モデリングにおけるバイアスと精度にはトレードオフがある．一つの代替案は，CAPTURE（Otis et al. 1978）で適合度検定やモデル選択のための判別分析，MARK（Cooch and White 2006）でモデルを評価するための赤池情報量規準（AIC）を使うことで最節約なモデルを選択することである．他の代替案としては，推定においてモデル平均法を使うことでモデル選択における不確実性を導入することである（Buckland et al. 1997；Stanley and Burnham 1998；Burnham and Anderson 2002）．モデル平均のもとでは，$\hat{N}$ の推定値は複数のモデル推定値の重みつき平均である．重みは，あるモデルが候補となる一連のモデルの中で"最適"なモデルであるとしたときの尤度を表している．

6.2.2 開放個体群における捕獲再捕獲モデル

　個体群が出生，死亡，移出または移入といった動態過程において開放であり個体群が永続的に変化しうる（調査地域を出入りする一時的な移動とは対照的に）場合，経時的な［訳注：個体数の］増加または減少を取り入れるために開放個体群モデルが用いられる．開放モデルは，サンプリングした個体群の全個体で捕獲確率と生存確率が等しいと仮定する単一齢モデルか，生存確率と捕獲確率が齢または齢階級特異的である複数齢モデルである．標識されたネコ科動物のカメラトラップ研究では通常，幼獣は信頼度高くサンプリングされず，他の全個体はすべて成獣であると仮定される．これらの仮定は捕獲確率，生存，加入，そして個体数をパラメータとしてもつ Jolly-Seber モデル（Jolly 1965；Seber 1965）として知られる単一齢モデルの使用を示唆するが，十分なデータが利用可能で個体が齢段階に区分できるのであれば複数齢モデルも利用可能である．Jolly-Seber モデルの亜種には，減少または増加のみを扱う部分的な開放モデル（Darroch 1959），検出および/または生存が時間に対して一定であることを仮定するパラメータ減少モデル（Brownie et al. 1986）が含まれる．加入は導出量（Jolly 1965；Seber 1965），Pradel の時間対称法（Pradel 1996）［訳注：捕獲履歴を，ある時点で捕獲された個体のその後の生存とある時点で再捕獲された個体が最初に捕獲された時点で個体群に加入したという2方向からモデリングする方法］，または調査地に最初と最後のサンプリング機会の間に存在した総個体数である“超個体群”法（Crosbie and Manly 1985；Schwarz and Arnason 1996）によって得られる．

　Jolly-Seber 開放モデルは2種類のパラメータに基づく．p_i はサンプリング機会 i において標識された個体群中の個体が撮影される確率，φ_i はサンプリング機会 i の時点で標識された個体が $i+1$ の時点まで生存し調査地域にとどまっているという永続的な移出を排除した条件での確率である．φ_i は個体が生存する確率を個体が永続的に移出しない確率と組み合わせたものであり，真の生存確率［訳注：原文では rate だが文脈から確率とした］ではない．追加的なパラメータ χ_i は i の時点で個体群にいて生存している個体がそれ以降のあらゆる時点で捕獲あるいは観測されない確率である．χ_i は以下のように計算される．

$$\chi_i = (1-\varphi_i) + \varphi_i(1-p_{i+1})\chi_{i+1} \tag{6.8}$$

K 回の捕獲機会を含む研究において，$\chi_K = 1 - \chi_i$ は i 回の機会後に再捕獲されない個体の運命を記述する．彼らは調査地内で生存することに失敗（死亡または移出）したか調査地内で生存しているが単に再び捕獲されなかった．i 番目の機会に捕獲された標識個体あるいは標識されていない個体のそれぞれが放逐される確率という Jolly-Seber モデルの 2 つの追加的なパラメータは，カメラトラップの"捕獲"は物理的な捕獲や除去の危険性が含まれないのでカメラトラップ研究では 1 と仮定される．Williams（2002）はこのモデルの構造を記述している．

　Jolly-Seber モデルは推定されるべき未知の変数として，各サンプリング機会における個体群サイズ（N_i）とその構成要素（標識個体数 M_i と非標識個体数 U_i），新規加入数（B_i）を考える．各サンプリング機会における個体数推定値は正準推定量（6.2）に対応する．

$$\hat{N}_i = n_i / \hat{p}_i = \hat{M}_i n_i / m_i \qquad (6.9)$$

ここで $\hat{M}_i$ はあるサンプリング機会における個体群中の標識された個体の推定個体数に等しい．$\hat{M}_i$ は $m_i + R_i z_i / r_i$ で推定可能であり，ここで m_i は i 番目のサンプリング機会において捕獲された標識個体数，R_i は i 番目のサンプリング機会において放逐された個体数，r_i はサンプリング機会 i において放逐され後に再捕獲された個体数，z_i は i 番目のサンプリング機会以前に捕獲され i 番目のサンプリング機会では捕獲されず i 番目の後のサンプリング機会で捕獲された個体数である．加入の推定は，時間 $i+1$ における個体群サイズが時間 i から生存した個体と i から $i+1$ の間に個体群に加入した個体数（B_i）を足したものという仮定に基づいている．サンプリング機会 2 から K-2 までの B_i は以下のように推定される．

$$\hat{B}_i = \hat{N}_{i+1} - \hat{\varphi}_i \hat{N}_i \qquad (6.10)$$

Jolly-Seber モデルとその亜種はすべて以下のことを仮定している．

(1) 時間 i における個体群中の全個体はすべて等しい捕獲確率 p_i をもつ
(2) 個体群に存在する全個体は，サンプリング機会 i 後直ちに等しい生存確率 φ_i をサンプリング機会 $i+1$ までもつ
(3) 標識やタグは消失しない
(4) サンプリング期間は一定（もしくは非常に短い）
(5) すべての移出は永続的である
(6) 個体の検出と生存は他個体の運命と独立である

仮定1と2は個体数と生存確率の推定力に影響する．検出確率と生存確率の変異はモデルの根底にある分布の性質に影響し，いくつかの推定値に深刻なバイアスを生じさせうる．異なる個体群動態パラメータを示すと予想されるグループ（たとえば，性）に個体群を分けることは，グループ内の個体で似たようなパラメータをもつような結果を得るための賢い方法である．もし個体共変量が生存確率や捕獲確率に影響すると考えられるのであれば，個体共変量を用いることも可能である．Williams et al.（2002）は層化や多状態モデルを含む，これらの仮定に反している場合のたくさんの代替法を議論している．

仮定4はサンプリング期間中の死亡と移出の起きやすさを0付近で維持するために重要である．実際には，"短い"期間は生存確率を推定する期間と比較して十分に短い期間と解釈される．

仮定5は検出確率の解釈を明確にするために用いられる．捕獲履歴が1001である個体の場合を考えよう．1は検出確率 p_i で捕獲されたことを示し，0はその逆（$1-p_i$）を示す．γ_i を一時的な移出確率としよう．一時的な移出が生じると，1で挟まれた0は2つの説明がありえる．個体が存在して検出されない（$1-p_i$）か個体がその地域を離れた（γ_i）かのどちらかである．この場合，$\hat{p}_i$ の解釈は $(1-\gamma_i)p_i$ と変更になり，個体数推定の結果は調査地域の外に一時的に移出する個体を含む超個体群のサイズを推定する．Kendall et al.（1997）はロバストデザイン法を用いて一時的な移出を考慮するモデルを示している．

仮定6はグループ内で生息している動物の個体数を推定する際に重要となる．グループ内の個体にとって，もしある個体が捕獲されるとグループ内の他個体の捕獲されやすさも増加するのであれば，その意味では生存や検出は相互依存的であるかもしれない．この仮定に反していると，検出や生存パラメータの推定値の分散にバイアスが生じるが，通常は点推定値にバイアスは生じない．

Jolly-Seber モデルは MARK（Cooch and White 2006），POPAN（Schwarz and Arnason 1996）または JOLLY（Pollock et al. 1990）で実装されている．それらは検出や生存に共変量を関連づけることができ（MARK, POPAN），モデル間を比較する適合度検定（Pollock et al. 1985；Burnham et al. 1987）やAIC によるモデル選択（Burnham and Anderson 2002）を用いてモデルを評価することができる．

6.2.3 混合時間スケールモデル

Pollock（1982）のロバストデザインは，閉鎖個体群と開放個体群に関する推定におけるそれぞれの制限を回避しつつそれぞれの強みを組み合わせる．とくに，閉鎖モデルは個体群の変化に関連したパラメータを推定するのに用いることができず，開放モデルは検出確率に不均質性が存在する場合，そして一時的な移出が存在する場合も時々推定値にバイアスが生じる．ロバストデザインの元では（図 6.3），サンプリングは K 回の一次サンプリング期間に分割され，それぞれの一次サンプリング期間において l 回の二次サンプリング期間がある．二次サンプリング期間は比較的短い時間内に生じ，一次サンプリング期間における閉鎖 CR モデルによる個体数推定値を構築するために用いられる．データは一次期間にわたって結合され，もしある個体が l 回の二次捕獲期間中に一度でも観測されれば i 番目の一次捕獲期間で捕獲されたとして記録される．生存は Jolly-Seber モデルで推定され，加入は閉鎖モデルと開放モデルの推定値の両方を用いて推定される．

Pollock（1982）の元々の定式化では，一次期間に付随した二次期間からのデータは他の一次期間からのデータとは独立してモデル化された（事後的方法）．Williams et al.（2002）はこれを，個体数を推定する複数の閉鎖モデルが

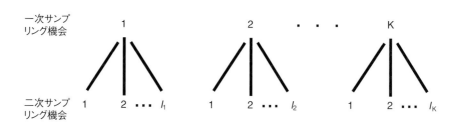

図 6.3 Pollock のロバストデザインの概念図．長期研究は K 回の一次サンプリング期間に分割され，それぞれは l 回の二次サンプリング期間から構成される．一次捕獲期間は生存（φ）と加入（γ）のような個体群動態の過程に関する情報が求められるシーズンまたは年を表す．各一次期間に付随した二次期間は個体数（N），捕獲確率（p），そして再捕獲確率（c）の推定値が得られる閉鎖した捕獲期間である．

単一の解析内での自動化したモデル選択法で選択できる可能性を開くと考えた．そのような違いを予測する事前の理由がない場合，彼らは解析における K 個の個体数推定値のそれぞれを共通で単一の閉鎖個体群モデルで扱うことを勧めている．単一のモデルを用いることで，閉鎖モデルによる推定値と開放モデルによる推定値が組み合わせられ，加入の推定値がよりよいものとなるかもしれない．閉鎖個体群モデルによる推定値に対するモデル選択は一般的なモデルを選択することを助けるかもしれない，なぜならば検出確率に影響する共変量が研究期間中に大きく変化することは起こりそうにないからだ．事前の予測は共通のモデルの選択にも役割を果たすかもしれない．Karanth et al. (2006) は，捕獲確率の不均質性を考慮した場合の推定量のロバストさと，トラの捕獲確率は個体毎に異なるという信念をもっているため，モデル選択において M_0 よりも M_h を好んで用いた．

Kendall et al. (1995) はロバストデザインモデルのための尤度に基づいた枠組みを提供している．その主要な特徴は，一次捕獲期間と二次捕獲期間における検出確率の連結である．これらのモデルは，最尤推定量が存在する捕獲確率の不均質性を考慮しない閉鎖モデルに限定されていた．Pledger (2000) は Norris and Pollock (1996) の仕事を，個体群は共通の捕獲確率を共有する予備群個体から構成されると仮定した有限混合モデルを使って捕獲確率の不均質性をモデル化するように拡張した．この方法によって，［訳注：捕獲確率の］不均質モデルの最尤推定による解を得ることが可能になった．Kendall and Nichols (1995) と Kendall et al. (1997) もまた，一時的な移出が起こる個体群のためのモデルを提供している．

ロバストデザインの根底にある仮定は，閉鎖個体群モデルおよび開放個体群モデルのそれぞれに存在する仮定と同じである．ロバストデザインに関する初期の研究では，二次サンプリング期間の間個体群は閉鎖している（一時的な移出は導入されているが），すなわちタグの消失が起こらず，二次サンプリング期間中捕獲確率は一定であり，一次サンプリング期間の間の生存は全個体で等しく，個体の運命は独立であることが必要だった．ロバストデザインモデルは現在では，二次サンプリング期間のデータについても開放モデルの使用が可能である（たとえば，Schwarz and Stobo 1997）．

6.3 密度の推定

カメラトラップに基づいて個体数推定値が与えられた元で，サンプリング面積 A を決定する方法をもっているのであれば密度の推定は比較的容易である．N と A の推定値が与えられた元で，密度 (D) とその分散は以下のようである．

$$\hat{D} = \hat{N}/\hat{A} \tag{6.11}$$

$$\mathrm{var}(\hat{D}) \approx \hat{D}^2[\mathrm{var}(\hat{A})/\hat{A}^2 + \mathrm{var}(\hat{N})/\hat{N}^2] \tag{6.12}$$

A の推定がもっとも重要であり，$\hat{A}$ の分散は面積がどのように計算されたかによってブートストラップ法（Efron and Tibshirani 1986）またはデルタ法（Seber 1982）によって推定できる．

もっとも単純には，A はもっとも外側のカメラトラップの位置を繋ぐことで定義される凹型の多角形で記述される（A_{tp}；Mohr 1947）．これは，動物が仕切られた地域の外に移動しないか外側から内側に移動しないことを仮定する．研究が小さな島あるいは調査地に動物の移動を制限する物理的な障壁が建てられている場所で行われていないかぎり，この仮定は真実ではないと思われる．しばしば，個体数推定の値に含まれうる個体が生息しているカメラトラップ設置位置の境界を超えた地域を反映させるため，幅 W をもった境界領域 (A_w) が多角形 A_{tp} で定義される面積に加えられる（Otis et al. 1978）．有効サンプリング面積としても知られるそのサンプリング面積は，$A(W) = A_{tp} + A_w$ である．そのバッファの幅 (W) の計算は密度推定に非常に重要で，W を推定する合意された方法が存在しないため問題である．この問題の解決法はすべて事後的で，トラップ格子に基づいて個体数やホームレンジを推定しようとした初期の試みに戻る（Hayne 1949 を参照）．Dice（1938）は小型哺乳類の研究でこの問題に初めて着目し，平均のホームレンジの直径の半分を使うことを推奨した．他の解決法には，トラップ間の距離（Blair 1940；Burt 1943），トラップ間の平均移動距離，トラップ間の最大移動距離（Holdenried 1940；Hayne 1949），入れ子状のトラップ格子（Otis et al. 1978），そして検証用のライン調査（Smith et al. 1971）が含まれる．

Otis et al.（1978）は個体数推定においてトラップ群の外に活動中心がある個体の貢献を推定するために，入れ子状のトラップ格子解析を推奨した．もっとも単純な状況として，カメラの四隅が X km×X km，あるいは $X^2 \, km^2$ で定義されるカメラトラップ群を考える．有効面積は以下のように定義される．

$$A(W) = X^2 + 4XW + \pi W^2 \tag{6.13}$$

$4X$ は単に格子の周囲長であることに注意されたい．密度を推定するために推定値 $\hat{N}$ と固定された X を用い，W は未知である．もし元々の格子とその格子の内側に設置されたカメラトラップからなる格子という異なるサイズの2つの格子を用いるのであれば，W は推定可能であり，それに続いて $\hat{D}$ も推定可能となる．Otis et al.（1978）は，入れ子状の格子法は必要となるデータ量が多いことを警告している．彼らは最低でも9×9のカメラトラップ格子を推奨しているが，多くのカメラトラップ研究はそれ以下のカメラしか設置していない．代替案として彼らは，カメラトラップの間隔を狭くするか，捕獲確率を上昇させるためにカメラトラップの数を増やすことを推奨している．この方法を実験的に評価したところ（Parmenter et al. 2003），サンプルサイズが小さいと成績が悪かった．典型的なカメラトラップ研究では80地点以下のカメラトラップ群であるので，この方法が適用できる状況は制限されることが示唆された．

Wilson and Anderson（1985）はカメラトラップ群のサンプリング面積を補正する問題に対して，捕獲された地点間の最大距離の平均の半分を用いる方法を検討した．この方法は "平均最大移動距離" もしくは MMDM（Mean maximum distance moved）として知られている．MMDM の半分という選択は恣意的だが，Dice（1938）による推奨に従っている．ここで私は，Parmenter et al.（2003）が推奨した実際あるいは全 MMDM と区別するために，Wilson and Anderson の 1/2MMDM について言及する（図6.4）．

d_i を研究期間で最低でも2回捕獲された個体数 m の i 番目の個体の最大移動距離としよう．すると，

$$\bar{d} = \left(\sum_{i=1}^{m} d_i\right)/m, \text{ and } \hat{W} = \bar{d}/2 \tag{6.14}$$

であり，

$$\mathrm{var}\,(\bar{d}) = \sum_{i=1}^{m}(d_i - \bar{d}^2)/(m(m-1)), \text{ and } \mathrm{var}(\hat{W}) = \mathrm{var}\,(\bar{d})/4 \tag{6.15}$$

である．$\mathrm{Var}(A(\hat{W}))$ はデルタ法を使って計算され，$\mathrm{var}(\hat{D})$ は式6.12のとおりである．この方法は，1/2MMDM は研究対象の動物の平均的なホームレンジと等しいあるいは大きいので W 内に生息する動物のホームレンジの中心はサンプリング面積に含まれるだろう，という仮定が根底にある．

Wilson and Anderson（1985）のモデルによる実験は 1/2MMDM をよく支

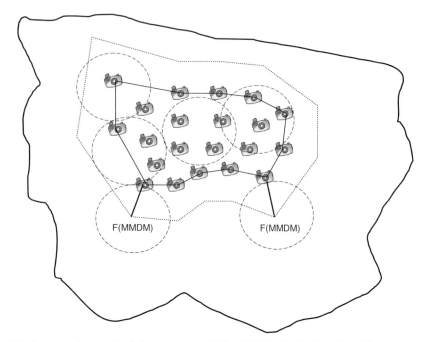

図 6.4 カメラトラップと有効サンプリング面積の概念図．凹型の多角形の面積 A_{tp} はカメラトラップ設置点をつないだものと定義される．円形のホームレンジは，二度以上捕獲された個体についてカメラトラップ間の個体の最大移動距離の平均値にある関数 $F(F=1/2,\ 1)$ を適用して表現される半径に基づいて計算されている．F(MMDM)は，ホームレンジの中心がカメラトラップ設置点の凹型の多角形の外にあるが緩衝帯はサンプリングした個体群内にあるという仮定のもとでその凹型の多角形の周辺に緩衝帯として加えられた面積 A_w を決定する幅 W を定義する．有効サンプリング面積はそのため $A(W)=A_{tp}+A_w$ と定義される．

持した．相対的なバイアスの割合は低密度で十分に低く，高密度でもなお適正であった．Wilson and Anderson は，1/2MMDM 法は MMDM の信頼できる値を推定するために十分な数の再捕獲が必要であると警鐘を鳴らしている．Parmenter et al.（2003）は，制御実験において CR モデルと共に異なる W の推定法を用いた密度推定値や蜘蛛の巣状に配置したカメラトラップから得られたデータから DISTANCE で距離標本法による推定値を比較し，1/2MMDM は常に真の密度を過大推定することを示した．

Parmenter et al.（2003）はカメラトラップ群から得られたデータを CAPTURE で，蜘蛛の巣状に配置したカメラトラップから得られたデータを DISTANCE で解析し，げっ歯類で数多くの密度推定法を検証した．彼らは，

110

MMDM そのものである $\bar{W}=\bar{d}$ が，検討したサンプリング面積計算方法の中でもっとも正確な格子に基づいた密度推定値を与えることを発見した．また，MMDM そのものを用いた密度推定量は低密度時には過少推定で高密度時には過大推定となるが，そのバイアスは累積的な捕獲確率が増加すれば減少することを発見した．カメラトラップ研究のための 1 つの勇気づけられる結果は，低密度の個体群で MMDM が大きい値というカメラトラップの研究対象種の多くで典型的な状況において，もっとも正確な推定値が得られたことである．

どの MMDM を選ぶかは，どの半径または直径がホームレンジ内の移動に関する良い推定値を提供するかに依存する．いずれの MMDM を用いるにしても，行動パタン，行動に社会的な相互作用が与える影響，ホームレンジのサイズや形，カメラトラップ格子とホームレンジの重なり具合，カメラトラップの間隔に起因する "見かけ上の" 移動距離の上限に関する制約についてさらなる検討を要する (Parmenter et al. 2003)．

行動様式に影響する要因は研究や種によって異なり，これがサンプリング面積を推定するための "最善な" 方法の一般化を妨げている．多くの混乱させる要因は注意深い設計によって制御できる（すなわち，ある齢段階に解析を制限する，分散が少ないと予想されるシーズンに調査を計画する）．しかし，いずれの MMDM 法を用いるにしても最大の制約は，カメラトラップ研究は比較的カメラトラップ間の移動距離についてあまりデータが得られないことであろう．カメラトラップ間の距離を用いる場合，MMDM は再捕獲数が増加すると通常増加する (Stickel 1954)．サンプルサイズが小さいとカメラトラップ間の移動距離についてあまりデータが得られず，移動距離を過少推定し，平均的に MMDM そのもの，1/2MMDM，カメラトラップ格子の "真" の $A(W)$ を過少推定する傾向にある．たとえば，スマトラトラの研究において，O'Brien et al. (2003) は再捕獲が 4 回しか得られず，MMDM はトラとしては非現実的に小さい値だったので，$A(W)$ はカメラトラップ間の最大距離に基づいて推定した．出版されているカメラトラップによる個体数研究のほとんどは 10 回以上の捕獲機会があるが，ほとんどの研究は最大距離について 30 以下の推定値しか得ていない．Jett and Nichols (1987) は最大移動距離は再捕獲数とともに増加する傾向があることを認めたうえで，動物の最大移動距離を決めるためには長期間観測を続ける方法を提案している．$\bar{d}_i$ を正確に i 回捕獲された個体の MMDM とし，d^* を無限回個体が移動した際の予想される MMDM としよう．

これらの関係は以下のとおりである.

$$E(\overline{d}_i)=[1-e^{-(i-1)b}]d^*$$ (6.16)

ここで b は非線形最小二乗法で解が求まるかもしれないモデルのパラメータ
で，d^* は MMDM の推定値として用いられる．この方法は十分な数の再捕獲
が必要であることをもう一度述べておく．Williams et al.（2002）は MMDM
法を用いる場合，あるいは平均よりも予想される最大の個体の移動距離（d^*）
を用いる場合は，最低でも 10 回の捕獲機会を設定することを推奨している.

　理想的には，W を推定するもっとも良い方法は捕獲期間中に収集された実
際の行動様式に関する情報を用いることである．Karanth（1995）は密度を推
定するために，ホームレンジに関するラジオテレメトリーによる情報とカメラ
トラップによる個体数推定値を初めて組み合わせた．彼は有効サンプリング面
積として，カメラトラップで検出されたメスのトラ 5 個体の互いに重複しない
ホームレンジを用いた．1/2MMDM に基づいてのちにこの研究のサンプリン
グ面積を推定した結果，ホームレンジの推定値の 55% 程度の大きさしかな
かった．Soisalo and Cavalcanti（2006）は有効サンプリング面積と密度推定値
を得るさまざまな方法を比較するため，ジャガーを対象としたカメラトラップ
研究にラジオテレメトリーを組み合わせた．彼らは 1/2MMDM，MMDM，テ
レメトリーの移動データから計算された MMDM，平均のホームレンジサイズ
の半径を計算し，カメラトラップによる 1/2MMDM に基づいた W の推定値
は，テレメトリーに基づいたホームレンジの半径よりもはるかに小さいことを
発見した．その結果として，カメラトラップの 1/2MMDM に基づいた密度推
定値はテレメトリーに基づいた値よりもはるかに高かった（図 6.5）．MMDM
に基づいた密度推定値は，テレメトリーに基づいた推定値と類似していたが若
干小さかった．興味深いことに，調査した 2 年とも MMDM はテレメトリー
に基づいた MMDM よりも大きかった．おそらくこれは，テレメトリーの装
着個体数が少ない（$n=6$．MMDM 推定値は 25 と 31 個体のデータに基づく）
ことによるだろう．しかし，南アフリカにおける既知のヒョウ個体群に関する
最近の研究では，カメラトラップによる有効サンプリング面積の推定に
1/2MMDM を使用することを支持している（Balme et al. 2009）．これらの矛
盾する結果は，サンプリング面積を決定しなければならない場合に密度推定の
問題を強調する結果となっている.

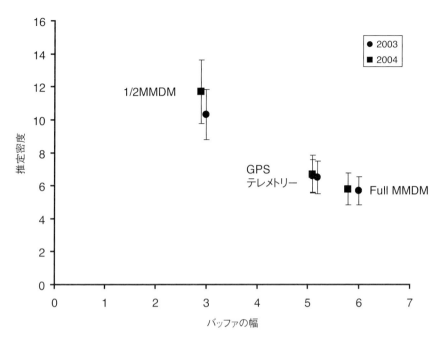

図 6.5 カメラトラップデータに基づいた 1/2MMDM，MMDM，GPS テレメトリーデータを用いた Soisalo and Cavalcanti（2006）におけるジャガー密度の推定値．テレメトリーの推定値は首輪を付けられた個体の実際の MMDM 推定値およびホームレンジの半径に基づいた推定値が含まれる．1/2MMDM に基づいた推定値はテレメトリーや MMDM に基づいた推定値よりも有意に大きい．

エッジ効果とカメラトラップデータからの事後的な W の推定の問題点を認識し，Efford（2004）は CR データから個体密度と個体の検出確率に関する 2 つのパラメータを同時かつ直接的に推定するため，モンテカルロシミュレーションと逆予測法（Pledger and Efford 1998）を組み合わせた方法を提案した．この方法は，サイズが等しく密度 D でポアソン分布に従う中心をもつという定常的なホームレンジを仮定している．各個体がそのホームレンジの中心から距離 r に存在するカメラトラップで検出される確率は，2 パラメータの空間検出関数 $g(r)$ で記述され，$g(r)$ は通常 $r=0$ の時に g_0 とホームレンジサイズの尺度を測る σ という 2 パラメータをもつ半正規分布である．D，g_0，そして σ は検出過程を定義する．モンテカルロシミュレーションはパラメータを CR 研究から計算される統計量（$\hat{N}$，$\hat{p}$，$\overline{d}$）に当てはめるために用いられる．これらの野外のデータからパラメータ（D，g_0，σ）の値を予測するために反転

した回帰モデルが用いられる．閉鎖個体群という通常の仮定に加え，ソフトウェア DENSITY に基づいた推定では，個体は定常的なホームレンジを占有し，捕獲は再捕獲確率に影響しないことを仮定する．この方法は個体数推定量の選択（捕獲された個体数 M_{t+1} を含む；Efford et al. 2004, 2005），カメラトラップの配置や数の選択にロバストで，仮定が満たされればバイアスがない推定を行う．相対的な精度は $0.5\,\mathrm{ha}^{-1}$ から $5.0\,\mathrm{ha}^{-1}$ の間では密度に依存する（Efford 2004）が，高密度ではわずかにばらつくのみである．相対的な精度は再捕獲数にも依存していた（Efford et al. 2004）．ソフトウェア DENSITY（Efford et al. 2004）はこの方法を実装している．

DENSITY を用いた密度推定は鳥類（Efford et al. 2004）やフクロギツネ（*Trichosurus vulpecula*）（Efford et al. 2005）で試され，個体群推定値と比較してバイアスがなく正確な推定を行ったので良い成績を示した．クマネズミ（*Rattus rattus*）で DENSITY による密度推定を試した（Wilson et al. 2007）ところ，推定値は好ましいモデルに基づく望まれる値よりも精度が低かったが，これは推定法そのものの問題というよりはサンプリング設計による問題であった．Borchers and Efford（2008）は尤度に基づいたモデルの当てはめとモデル選択を開発し，Royle et al.（2009）はその方法をベイズ主義の枠組みに拡張した．

6.4 相対個体数指数

おそらく，野生生物の研究者の間でもっとも意見が対立する事項の一つは，個体群のモニタリングとして個体数指数をあてにし，空間や時間にまたがる比較を行ってよいかということである（Nichols and Pollock 1983；Conroy 1996；Gibbs 2000；Anderson 2001, 2003；McKelvey an Pearson 2001；Pollock et al. 2002；Engeman 2003；Conn et al. 2004）．指数は，直前の動物の個体数の指標として考えられる．個体数指数は適切な個体数推定研究か検出確率の推定を含む研究が行えない場合に限って用いられるべきである．この事項は，カメラトラップ調査で対象となることが多い生態が不明な種や希少種（Carbone et al. 2001, 2002；Jennelle et al. 2002）ではとくに切実である．個体群サイズと直接的に比例してばらつくと予想される個体のあらゆるカウント値あるいは痕跡が指数となりうる（Caughly 1977）．指数は通常（1）対象種を捕獲あるいは観察することが難しい，（2）検出確率を決定できる調査を実施することが論理的に難しいあるいは費用がかかりすぎる，（3）指数調査が以前から

行われている場合に実施される．指数調査は正式な個体数推定のための調査よりも容易で安価だが，CR に基づいた調査，あるいは検出確率を考慮するライントランセクトや他のサンプリング法と比べて弱い推論しかできない．指数は個体数と比例するという（しばしば検証されない）仮定に基づいているので，指数の使用は推論の強さ，個体数を推定するための他の方法の実行可能性，そして費用とのトレードオフを慎重に検討したうえで用いるべきである．カメラトラップデータに基づいた指数には，個体識別できる個体の写真のカウント値（C または M_{t+1}），捕獲効率指数（CPUE 指数），100 カメラナイトあたりの撮影枚数やこれに類似する表現が含まれる．

指数を用いる根源的な問題は，カウント値は $p<1$ の場合に個体群サイズの過少推定値であり，p が比較しようとする個体群でおそらく均一ではないことである．ここでは β で表す検出確率が 2 つの調査機会で一定であるとすると，$\beta_1=\beta_2=\beta$ である．個体数に関するカウント値 C_1 と C_2 は，カウントに関連したありえるバイアスに関わらず個体数の動態を反映しているべきであり，バイアスは一定で無視できるので，カウント値の変化は個体群サイズの変化を反映しているとみなすことができる．C_2-C_1 の推定値は，$\beta_1=\beta_2=\beta$ の場合以下のようである．

$$\mathrm{E}(C_2-C_1)=N_2\beta_2-N_1\beta_1=(N_2-N_1)\beta \qquad (6.17)$$

カウント値の変化は個体群の変化を反映しており，検出が完全でないことによるバイアスは個体群サイズの動態の解釈に影響しない（Williams et al. 2002）．$\beta_1\neq\beta_2$ の場合，カウント値の変化は個体群の変化または検出の変化に由来し，検出に関する追加的な情報がなければ過程に何が生じているのかを知ることは不可能である．一般的に指数の使用は，重点が個体数の変化よりも相対個体数に置かれており，相対個体数と個体数間の関係に関する仮定が当てはまっている場合にかぎり正当化される．

より一般的な相対個体数指数は，個体数に比例するものとして時間 1 と 2 の間における相対個体数の変化を扱う（Skalski and Robson 1992；Willams et al. 2002）．Williams et al.（2002）によれば，$T=C_2/C_1$ とすると，

$$\mathrm{E}(T)=\mathrm{E}(C_2/C_1)\approx\mathrm{E}(C_2)/\mathrm{E}(C_1)$$

C_1 と C_2 は N_1 と N_2 と β_1 と β_2 を通して関連しているので，E(T) は以下のように表現できる．

$$\mathrm{E}(T)\approx\beta_2 N_2/\beta_1 N_1 \qquad (6.18)$$

$\beta_1=\beta_2=\beta$ の場合，C_2/C_1 は N_2/N_1 の不偏推定量である．さらに，サンプリング機会間で β が一定であれば，個体数推定値にはサンプリング誤差に加えて β を推定する不確実性が加わるので，カウント値の比率よりも個体数推定値の比率の方がサンプリング誤差が小さい．Skalski and Robson（1992, 64 頁）は個体が識別できる条件での調査で検出確率一定の試験を行っている．MacKenzie and Kendall（2002）は同じ問題に，同等性検定やモデル平均法で検討を行なっている．検出確率が類似していることを検証するためには，推定と検出確率に関する推論をするためのデータを収集する必要があることに注意する必要がある．

比例的でない指数を用いるためには，推論を行いたい期間の指数と個体数の機能的な関係の提示，関係の補正，その関係の精度の検証が必要である．基本的な仮定は，指数を I で示すと，指数に基づいた推論は N の変化と関連していることを保証するために，N と I は単調関係，すなわち，$\mathrm{E}(I)=\beta_0+\beta_1 N$ となっていることである．通常，β_0 は 0 と仮定され，関係はよく知られている $\mathrm{E}(I)=\beta N$ となる．ほとんどの生態学者は，指数と N の正の関係が生息地や時間にわたって維持されているとも仮定している．これはしばしば検証されておらず不正確な仮定である（Conroy 1996；Link and Sauer 1998；Gibbs 2000）．指数が N の変化に敏感でなければ，指数は N の下限値を示すかもしれない．正の直線関係があるという点では，指数は負の切片，$\beta_0<0$ を持ち，$N^*>0$ としたときに x 軸を（N^*, 0）の位置で横切る．この関係は，希少種の調査ではとくに一般的である．似たように，指数は N が大きい場合に個体群サイズの変化に鈍感かもしれない．漸近曲線は指数と N の関係が N が増加すると［訳注：傾きが］0 に近くなるので，［訳注：N が大きい場合に個体群サイズの変化に指数の変化が鈍感となることは］必ず生じる．N の値が大きくなると基本的に一定になる指数は個体数が低いあるいは中程度の水準であればそれでもなお有用かもしれないが，N が小さいときに鈍感である指数は用途がなさそうである．指数と個体数の関係の傾きが緩やかであれば，N が大きく変化しても指数は少ししか変化せず，サンプリング誤差に隠されてしまうので，その指数はよい［訳注：個体数の］予測量とならないだろう．最後に，もし検出が場所［訳注：原著では habitat だが読みやすさを優先した］や時間でばらつくのであれば，指数のある値は場所や時間 i に依存して複数の個体群サイズ N_i を示すかもしれない．

カメラトラップ調査では，少なくともある調査サイトにおける個体群の経時変化を追う指数について，［訳注：データの取得方法を］標準化したほうがよい．適切なサンプリング設計とカメラトラップの配置は，p に影響する広域での場所の効果を減少させ，サンプリングによって調査の目的が達成できることを保証する．個体の検出は自動化されているので，観測誤差は個体の実際の観測よりはカメラの設置位置によるばらつきに限定される．通常，カメラトラップ研究における標準化には，標準単位の努力量として，通常同じ季節で 100 日にすることが含まれる．Skalski and Robson（1992）は指数を用いた個体群に関する推論を行うためには，p のばらつきを最小化するように実験設計を標準化する必要があると論じている．しかし，標準化したとしても，カメラトラップの指数を場所あるいは地域にまたがって比較することが認められるとは思われない．

　検出確率が制御不能な要因によってばらついていると思われる場合，p のばらつきの要因に関連した共変量を用いることは助けとなるかもしれない．しかし，共変量の選択は重要である．検出確率と個体数の両方に影響する共変量は，その共変量が N と p に与える影響を区別できないので，指数の共変量として用いることができない．場所の種類は，p と N の両方に影響するであろう共変量の例である．雨や温度のような環境の変異は p に影響するが N には影響しないだろう．通常，共変量の分析は，共変量の p への影響が疑わしいということに起因する指数のばらつきに対処するために用いられる．残念ながら，検出に影響するであろう多くの要因を予測し制御することは不可能に近い．モデル化していないばらつきによる p のばらつきの残差は指数の値にばらつきを加え，その誤差は小さく重要ではなく比較の次元（すなわち，場所と時間）に関係していないという検証できない仮定によって，サンプリング誤差に移されるだけである．

　指数は，独立に得られた個体数推定値あるいは補足的な調査による補正によって検証されるべきである．二重サンプリング設計は指数の補正を助けるだろう．O'Brien et al.（2003）は，100 カメラナイトあたりの撮影事象数とライントランセクトおよび CR 法による推定値との関係を検証し，多くの種で十分に強い関係があった（$r^2 = 0.79$）ことを示した．チーター（*Acinonyx jubatus venaticus*）に捕食される 3 種の有蹄類のライントランセクトと点カウントによる推定値を被食者の個体数の写真による指数を補正するのに用いた解析は，

6 章　個体数，密度，相対個体数　*117*

類似した結果を得た（T. O'Brien, 未発表データ）. しかし, Williams et al. (2002) が指摘しているように, ほとんどの指数は補正または検証されていない. 他のサイトあるいは他の種で補正された指数を借用し同じ関係が存在すると仮定することは補正あるいは検証として信頼できる方法ではなく, 推奨されない. 局所的な条件が p や N に影響し, p と N に与える影響が解消されないかぎりサイト A で示された関係はサイト B では信頼できない, あるいは無意味なものとなる.

　あるサイトにおける時間的な傾向を解析する際, 相対個体数指数の使用はより容易に正当化されるかもしれない. Gibbs (2000) は, E (p) は一定なので p について共通の分布を仮定するが, 傾向の解析は指数データの傾向［訳注：原著は signal だが読みやすさを優先した］により集中しており, データに誤差はあるが傾向ははっきりしていることを指摘した. 基本的に, 種の検出確率に関するばらつきは, 異なる調査地域間よりもある調査地域における時間的な変化の方が小さいと思われる. Karanth and Nichols (2002) は, 時間的な傾向を検出するための相対個体数の使用は空間にまたがる変化を推測するために指数を使用するよりも "より安全" であることに同意している. 上で示したように (Skalski and Robson 1992), 個体数の比率の変化 N_2/N_1 は $\beta_2 = \beta_1$ であれば C_2/C_1 で近似できるかもしれない. $\beta_2 \neq \beta_1$ であれば, カウント値の比率における不確実性は β_i 間の違いが最小化できる程度までしか最小化できない. しかし, 人間に関連した共変量は時間にわたる p の変化をもたらす可能性があり, それは指数を用いて時間による傾向を検出するための推論上の問題となるかもしれない. 個体群の変化をモニターするための個体数指数の使用に関する多くの研究が, p に関するばらつきによる影響を最小化し, カウント値の欠点を明らかにするために行われてきた (Link and Sauer 1997, 1998, 2002). 個体数指数に関連した推論は弱いので, あらゆる指数の使用は用いた指数と個体群サイズとの関係性, そしてその方法の限界に関する考察を伴うべきである.

　近年, 二項混合モデルがカウント値から個体数と検出確率を推定するために提案された (Dodd and Dorazio 2004；Royle 2004；Kéry 2005). これらのモデルは検出確率を推定するために個体の識別を必要としないので, 個体を識別する特徴がない種がカメラトラップに撮影された際に有用である可能性がある. 必要となる主要な条件は, カウント調査が個体群が閉鎖している期間に複数の場所で反復されることである. カメラトラップ調査を多数の非常に小さく空間

的に離れたサンプリング単位が配備されているサンプリング方法とみなすのなら，あるカメラにおける撮影枚数は d 日にわたって反復した局所的な個体数の点カウント調査と扱えるかもしれない．各カメラトラップ設置点における個体群サイズは小さくしばしば 0 だろう．あるカメラトラップにおける 1 日に観測される値もまた少なく（1 または 2 個体），多くの 0 を含むだろう．異なるカメラトラップサイトにおける個体数は空間的に異なり（N_i），サイト i における繰り返し調査によって得られるカウント値はパラメータ N_i（局所的な個体数）と p_i（検出確率）をもつ二項乱数として扱われるだろう．これらの状況で得られる N_i の推定値はよくないかもしれないが，カメラトラップサイト全体あるいは平均の点個体数 $\hat{N}$ はよいだろう（Royle and Nichols 2003）．平均点個体数は時空間に渡る変化を追跡するための検出確率を考慮した個体数推定値として使える．相対個体数の節にこの方法を加えたのは，平均点個体数は N とともに変化すると予想されるからである．平均点個体数の比率 $\hat{N_2}/\hat{N_1}$ の変化は N の時空間に渡る変化の不偏推定量となる．

　この方法を実装する 1 つの障害は，あるサンプリングサイトあるいは複数のサンプリングサイトで同じ個体が二重にカウントされる可能性があることだ．同じ種の連続した写真や一度のサンプリング機会におけるある種の複数の写真の注意深い精査によって，たとえ個体が日間で確実に識別できなくても，通常は個体間の違いを見分けることができ，二重カウントの可能性を減少させることができる．この方法は単独あるいは小さいグループで生息している種に適用する場合にもっともよく機能するだろう．カメラトラップが 1 テリトリーあたり約 1 つの間隔で設置されている場合は，縄張り性の種についても適切である．たとえば，インドネシアの 5 反復のカメラトラップ調査において（T. O'Brien，未発表データ），24 時間のサンプリングにおいてもっともよく観察された 4 種は，日個体あたりわずか 1 回撮影されたのみであった（サンプルの 58〜89％）．ホエジカ（*Muntiacus muntjac*）については，［訳注：撮影個体数が］0 でないサンプルの 89％は 1 個体撮影であった．セイラン（*Argusianus argus*）については，サンプルの 80.4％が 1 個体で，2 個体以上撮影されていたサンプルの 2/3 は 1 枚の写真に 2〜3 個体が写っていた．個体を連続的な写真から識別することがしばしば困難な群れで生活するイノシシ（*Sus scrofa*）やミナミブタオザル（*Macaca nemestrina*）でさえ，それぞれ 68％と 58％のサンプルが 1 サンプルあたり 1 個体と分類された．

6 章　個体数，密度，相対個体数　*119*

Williams et al.（2002）や Pollock et al.（2002），その他の研究者は，個体数指数はモデルの仮定を満たすことが非常に難しくそれらの仮定の検証が不可能であることから，個体群をモニターするのに指数を用いることを快く思っていない．Link and Sauer（1998）は指数の使用を擁護しているが，指数に依存したあらゆる解析は，カウント値が個体群サイズのよい代替値となっているとは限らないことを認識すべきであるという警鐘を鳴らしている．カメラトラップ研究で得られる画像やデータの大部分は，確実に個体を識別することが難しい種であり，革新的な解析技術と解釈が必要である．指数の使用に関する関心は本格的だが，個体が識別できないことに関連した問題の解決は，カメラトラップ研究における主要な探求事項である．もし保全や生態学においてカメラトラップを用いた研究が個体を識別できる種についての個体数推定に関する特殊事例を越えようとするのであれば，個体数指数の信頼度の向上法やカウント値の使用法の拡張法を発見することは必要である．

　カメラトラップを用いた個体数と密度に関する適切に設計された研究は調査者にカメラ管理上の手間に関する負担を強いるが，その見返りに希少種や絶滅危惧種の個体群に関する重要な知見を得ることができる（たとえば，Karanth et al. 2004, 2006）．可能であれば，カメラトラップを用いた CR 研究は開放モデルによる個体群動態パラメータの推定を利用するために時間にわたって繰り返されるべきである．個体が識別できない種については，検出確率を推定するためのデータを得るために，個体群の一部を捕獲して標識し，標識されていない個体のカウントと並行してカメラトラップでそれらの標識個体を再確認することが有用である．点個体数推定量の使用は，小グループで生息する種と同様に縄張りをもつ種あるいは単独行動する種について利用可能性がある．

　最後に，密度の不偏推定量を開発することは，個体数推定においてカメラトラップを用いる調査者が直面するもっとも重要な事項だろう．密度推定値は，時空間にわたる個体数を比較することを可能にする．CR 法に基づいた個体数推定は，検出に関する空間と非空間的な要素によるばらつきとカメラトラップ配置の設定によって複雑となっている（Efford et al. 2004）．調査面積と結びつけられていない個体数推定値は，カウント値に基づいた指数として解釈することが難しいだろう（Anderson 2003）．最良の密度推定の事例に関する合意がないことと個体数解析の結果の誤った解釈の可能性は，研究者が個体数や密度推定値の比較を報告する際に注意深く行わなければならないことを示唆してい

120

る．Efford（2004）の方法は密度推定に関する問題について有望な答えを提示しているが，個体群における放浪個体の効果，ホームレンジサイズの不均質性，最低限必要なデータ量，開放個体群モデルへの拡張については依然として研究する必要がある．個体数や密度推定に関する進展は，研究やモニタリングへの応用面で新しい問いや機会を生み出すことは明らかである．

謝辞

私は多くの有用なコメントをして本原稿の内容と構造を大きく改善してくれた K. U. Karanth，M. F. Kinnaird，J. D. Nichols，A. E. O'Connell にお礼を言いたい．The Wildlife Conservation Society と J. Ginsberg，E. McBean，A. Rabinowitz，J. Robinson による，本原稿を準備している間のサポートと，さらに重要なこととして保全生物学におけるカメラトラップ法の適用を拡張するためのサポートと努力にも感謝したい．

引用文献

Anderson, D. R. 2001. The need to get the basics right in wildlife field studies. Wildlife Society Bulletin 29:1294-1297

Anderson, D. R. 2003. Response to Engeman; index values rarely constitute reliable information. Wildlife Society Bulletin 31:288-291

Bailey, L. L., T. R. Simons, and K. H. Pollock. 2004a. Estimating detection probability parameters for plethodon salamanders using the robust capture-recapture design. Journal of Wildlife Management 68:1-13

Bailey, L. L., T. R. Simons, and K. H. Pollock. 2004b. Spatial and temporal variation in detection probability of Plethodon salamanders using the robust capture-recapture design. Journal of Wildlife Management 68:14-24

Balme, G. A., L. T. B. Hunter, and R. Slowtow. 2009. Evaluating methods for counting cryptic carnivores. Journal of Wildlife Management 73:433-441

Blair, W. F. 1940. Home ranges and populations of the meadow vole in southern Michigan. Journal of Wildlife Management 4:149-161

Borchers, D. L. and M. G. Efford. 2008. Spatially explicit maximum likelihood methods for capture-recapture studies. Biometrics 64:377-385

Brownie, C., J. R. Hines, and J. D. Nichols. 1986. Constant-parameter capture-recapture models. Biometrics 42:561-574

Buckland, S. T., K. P. Burnham, and N. H. Augustin. 1997. Model selection: an integral part of inference. Biometrics 53:603-618

Burnham, K. P. and D. R. Anderson. 2002. Model selection and multimodel inference: a practical information-theoretic approach, Second edition. Springer, New York

Burnham, K. P., D. R. Anderson, G. C. White, C. Brownie, and K. H. Pollock. 1987. Design and analysis methods for fish survival experiments based on release-recapture. American Fishery Society Monograph 5:1-437

Burt, W. H. 1943. Territoriality and home range concepts as applied to mammals. Journal of Mammalogy 24:346-352

Carbone, C., S. Christie, K. Conforti, T. Coulson, N. Franklin, J. R. Ginsberg, M. Griffiths, J. Holden, K. Kawanishi, M. Kinnaird, R. Laidlaw, A. Lynam, D. W. MacDonald, D. Martyr, C. McDougal, L. Nath, T. O'Brien, J. Seidensticker, D. Smith, M. Sunquist, R. Tilson, and W. N.

Wan Shahruddin. 2001. The use of photographic rates to estimate densities of tigers and other cryptic mammals. Animal Conservation 4:75–79

Carbone, C., S. Christie, K. Conforti, T. Coulson, N. Franklin, J. R. Ginsberg, M. Griffiths, J. Holden, K. Kawanishi, M. Kinnaird, R. Laidlaw, A. Lynam, D. W. MacDonald, D. Martyr, C. McDougal, L. Nath, T. O'Brien, J. Seidensticker, D. Smith, M. Sunquist, R. Tilson, and W. N. Wan Shahruddin. 2002. The use of photographic rates to estimate densities of cryptic mammals: response to Jennelle et al. Animal Conservation 5:121–123

Caughley, G. 1977. Analysis of vertebrate populations. Wiley, New York

Chao, A. and R. M. Huggins. 2005a. Classical closed-populations capture–recapture models. Pages 22–35 *in* S. C. Amstrup, T. L. McDonald, and B. F. J. Manly, editors. Handbook of capture–recapture analysis. Princeton University Press, Princeton, NJ

Chao, A. and R. M. Huggins. 2005b. Modern closed-populations capture–recapture models. Pages 58–87 *in* S. C. Amstrup, T. L. McDonald, and B. F. J. Manly, editors. Handbook of capture–recapture analysis. Princeton University Press, Princeton, NJ

Cochran, W. G. 1997. Sampling techniques. Wiley, New York

Conn, P. B., L. L. Bailey, and J. R. Sauer. 2004. Indexes as surrogates to abundance for low-abundance species. Pages 59–74 *in* W. L. Thompson, editor. Sampling rare or elusive species. Island Press, Washington, DC

Conroy, M. J. 1996. Abundance indices. Pages 179–192 *in* D. E. Wilson, F. R. Cole, J. D. Nichols, R. Rudran, and M. S. Foster, editors. Measuring and monitoring biological diversity: standard methods for mammals. Smithsonian Institution Press, Washington, DC

Cooch, E. and G. White, editors. 2006. Program MARK: a gentle introduction. Fifth edition. Cornell University Press, Ithaca, NY, http://www.phidot.org/software/mark/docs/book/

Crosbie, S. F. and B. F. J. Manly. 1985. Parsimonious modeling of capture–mark–recapture studies. Biometrics 41:385–398

Darroch, J. N. 1959. The multiple-recapture census: II. Estimation when there is no immigration or death. Biometrika 46 : 343–359

Dice, L. R. 1938. Some census methods for mammals. Journal of Wildlife Management 2 : 119–130

Dodd, K. C. and R. M. Dorazio. 2004. Using counts to simultaneously estimate abundance and detection probabilities in a salamander community. Herpetologica 60 : 468–478

Efford, M. 2004. Density estimation in live-trapping studies. Oikos 106 : 598–610

Efford, M. G., D. K. Dawson, and C. S. Robbins. 2004. DENSITY: software for analyzing capture-recapture data from passive detector arrays. Animal Biodiversity and Conservation 27:217–228

Efford, M. G., B. Warburton, M. C. Coleman, and R. J. Barker. 2005. A field test of two methods for density estimation. Wildlife Society Bulletin 33:731–738

Efron, B. and R. Tibshirani. 1986. Bootstrap methods for standard errors, confidence intervals, and other measures of statistical accuracy. Statistical Science 1:54–77

Engeman, R. M. 2003. More on the need to the basics right: population indices. Wildlife Society Bulletin 31:286–287

Gibbs, J. P. 2000. Monitoring populations. Pages 213–247 *in* L. Boitani and T. Fuller, editors. Research techniques in animal ecology: controversies and consequences. Columbia University Press, New York

Hayne, D. W. 1949. Calculations of home range size. Journal of Mammalogy 30:1–18

Holdenried, R. 1940. A population study of the long-eared chipmunk (*Eutamias quadrimaculatus*) in the central Sierra Nevada. Journal of Mammalogy 21:405–411

Jennelle, C. S., M. C. Runge, and D. I. Mackenzie. 2002. The use of photographic rates to estimate densities of tigers and other cryptic mammals: a comment on misleading conclusions. Animal Conservation 5:119-120

Jett, D. and J. D. Nichols. 1987. A field comparison of nested grid and trapping web density estimators. Journal of Mammalogy 68:888-892

Jolly, G. M. 1965. Explicit estimates from capture-recapture data with both death and immigration - stochastic model. Biometrika 52:225-247

Karanth, K. U. 1995. Estimating tiger *Panthera tigris* populations from camera trap data using capture-recapture models. Biological Conservation 71:333-338

Karanth, K. U. and J. D. Nichols. 2000. Ecological status and conservation of tigers in India. Final technical report to the Division of International Conservation, US Fish and Wildlife Service and Wildlife Conservation Society, Washington, DC

Karanth, K. U. and J. D. Nichols, editors. 2002. Monitoring tigers and their prey:a manual for researchers, managers, and conservationists in tropical Asia. Centre for Wildlife Studies, Bangalore, India, 193 pp

Karanth, K. U., J. D. Nichols, N. S. Kumar, W. A. Link, and J. E. Hines. 2004. Tigers and their prey: predicting carnivore densities from prey abundance. Proceedings National Academy of Sciences USA 101:4854-4858

Karanth, K. U., J. D. Nichols, N. S. Kumar, and J. E. Hines. 2006. Assessing tiger population dynamics using photographic capture-recapture sampling. Ecology 87:2925-2937

Kendall, W. L. 1999. Robustness of closed capture-recapture methods to violations of the closure assumption. Ecology 80:2517-2525

Kendall, W. L. and J. D. Nichols. 1995. On the use of secondary capture-recapture samples to estimate temporary emigration and breeding proportions. Journal of Applied Statistics 22: 751-762

Kendall, W. L., K. H. Pollock, and C. Brownie. 1995. A likelihood-based approach to capture-recapture estimation of demographic parameters under the robust design. Biometrics 51: 293-308

Kendall, W. L., J. D. Nichols, and J. E. Hines. 1997. Estimating temporary emigration using capture-recapture data with Pollock's robust design. Ecology 78:563-578

Kéry, M., J. A. Royle, and H. Schmid. 2005. Modeling avian abundance from replicated counts using binomial mixture models. Ecological Applications 15:1450-1461

LaPlace, M. 1786. Sur les naissances, les marriages et les mortes. Histoire de l'Acad ´ emie Royale des Sciences, Ann ´ ee 1783:693-702

Lincoln, F. C. 1930. Calculating waterfowl abundance on the basis of banding returns. U.S. Dept. Agric. Circ. No. 118:1-4

Link, W. A. and J. R. Sauer. 1997. Estimation of population trajectories from count data. Biometrics 53:63-72

Link, W. A. and J. R. Sauer. 1998. Estimation of population change from count data: application to the North American Breeding Bird Survey. Ecological Applications 8:258-268

Link, W. A. and J. R. Sauer. 2002. A hierarchical analysis of population change with application to Cerulean warblers. Ecology 83:2832-2840

MacKenzie, D. I. and W. L. Kendall. 2002. How should detection probability be incorporated into estimates of relative abundance? Ecology 83:2387-2393

MacKenzie, D. I., J. D. Nichols, J. A. Royle, K. H. Pollock, L. L. Bailey, and J. E. Hines. 2006. Occupancy estimation and modeling: inferring patterns and dynamics of species occurrence. Academic, New York

McKelvey, K. S. and D. E. Pearson. 2001. Population estimation with sparse data: the role of estimators versus indices revisited. Canadian Journal of Zoology 79:1754-1765

Mohr, C. O. 1947. Table of equivalent populations of North American small mammals. American Midland Naturalist 37:223-249

Nichols, J. D. and K. H. Pollock. 1983. Estimation methodology in contemporary small mammal capture-recapture studies. Journal of Mammalogy 4:253-264

Norris, J. L. and K. H. Pollock, 1996. Nonparametric MLE under two closed-capture models with heterogeneity. Biometrics 59:639-649

O'Brien, T. G., M. F. Kinnaird, and H. T. Wibisono. 2003. Crouching tigers, hidden prey: Sumatran tiger and prey populations in a tropical forest landscape. Animal Conservation 6: 131-139

Otis, D. L., K. P Burnham, G. C.White, and D. R. Anderson. 1978. Statistical inference from capture data on closed animal populations. Wildlife Monographs 62:1-135

Parmenter, R. R., T. L. Yates, D. R. Anderson, K. P. Burnham, J. L. Dunnum, A. B. Franklin, M. T. Friggins, B. C. Lubow, M. Miller, G. S. Olson, C. A. Parmenter, J. Pollard, E. Rexstad, T. M. Shenk, T. R. Stanley, and G. C. White. 2003. Small-mammal density estimation: a field comparison of grid-based vs. web-based density estimators. Ecological Monographs 73: 1-26

Petersen, C. G. J. 1896. The yearly immigration of young plaice into the Limfjord from the German Sea. Danish Biological Station Report 6:1-48

Pledger, S. 2000. Unified maximum likelihood estimates for closed capture-recapture populations using mixtures. Biometrics 56:434-442

Pledger, S. and M. Efford. 1998. Correction of bias due to heterogeneous capture probability in capture-recapture studies of open populations. Biometrics 54:888-898

Pollock, K. H. 1982. A capture-recapture design robust to unequality of capture. Journal of Wildlife Management 46:757-760

Pollock, K. H., J. E. Hines, and J. D. Nichols. 1985. Goodness-of-fit tests for open capture-recapture models. Biometrics 41:399-410

Pollock, K. H., J. D. Nichols, C. Brownie, and J. E. Hines. 1990. Statistical inference for capture-recapture experiments. Wildlife Monograph 107:1-97

Pollock, K. H., J. D. Nichols, T. R. Simons, G. L. Farnsworth, L. L. Bailey, and J. R. Sauer. 2002. Large scale wildlife monitoring studies: statistical methods for design and analysis. Environmetrics 13:105-119

Pradel, R. 1996. Utilization of capture-mark-recapture for the study of recruitment and population growth rate. Biometrics 52:703-709

Royle, J. A. 2004. N-mixture models for estimating population size from spatially replicated counts. Biometrics 60:108-115

Royle, J. A. and J. D. Nichols, 2003. Estimating abundance from repeated presence absence data or point counts. Ecology 84:777-790

Royle J. A., J. D. Nichols, K. U. Karanth, and A. M. Gopalaswamy. 2009. A hierarchical model for estimating densities in camera-trap studies. Journal of Applied Ecology 46:118-127

Schwarz, C. J. and A. N. Arnason. 1996. A general methodology for the analysis of capture-recapture experiments in open populations. Biometrics 52:860-873

Schwarz, C. J. and W. T. Stobo. 1997. Estimating temporary migration using the robust design. Biometrics 53:178-194

Seber, G. A. F. 1965. A note on the multiple-recapture census. Biometrika 52:249-259

Seber, G. A. F. 1982. The estimation of animal abundance and related parameters. Second edition. Macmillan, New York

Silver, S. C., L. E. T. Ostro, L. K. Marsh, L. Maffei, A. J. Noss, M. J. Kelly, R. B. Wallace, H. Gómez, and G. Ayala. 2004. The use of camera traps for estimating jaguar *Panthera onca*abundance and density using capture/recapture analysis. Oryx 38:148-154

Skalski, J. R. and D. S. Robson. 1992. Techniques for wildlife investigations. Academic, San Diego

Smith, M. H., R. Blessing, J. G. Chelton, J. B. Gentry, F. B. Golley, and J. T. McGinnis. 1971. Determining density for small mammal populations using a grid and assessment lines. Acta Theriologica 16:105-125

Soisalo, M. K. and S. M. C. Cavalcanti. 2006. Estimating the density of a jaguar population in the Brazilian Pantanal using camera-traps and capture-recapture sampling in combination with GPS radio-telemetry. Biological Conservation 129:487-496

Stanley, T. R. and K. P. Burnham. 1998. Information-theoretic model selection and model averaging for closed-population capture-recapture studies. Biometrical Journal 40:475-494

Stickel, L. F. 1954. A comparison of certain methods of measuring ranges of small mammals. Journal of Mammalogy 35:1-15

Thompson, S. K. 1992. Sampling. Wiley, New York

Wegge, P., C. P. Pokheral, and S. R. Jnawali. 2004. Effects of trapping effort and trap shyness on estimates of tiger abundance from camera trap studies. Animal Conservation 7:251-256

White, G. C. 2005. Correcting wildlife counts using detection probabilities. Wildlife Research 32:211-216

White, G. C. and K. P. Burnham. 1999. Program MARK: survival rate estimation from both live and dead encounters. Bird Study 46 (suppl.): S120-S139

Williams, B. K., J. D. Nichols, and M. J. Conroy. 2002. Analysis and management of animal populations. Academic, San Diego

Wilson, K. R. and D. R. Anderson. 1985. Evaluation of two density estimators of small mammal population size. Journal of Mammalogy 66:13-21

Wilson, D. J., M. G. Efford, S. J. Brown, J. F. Williamson, and G. J. McElrea. 2007. Estimating density of ship rats in New Zealand forests by capture-mark-recapture trapping. New Zealand Journal of Ecology 31:47-59

Yoccoz, N. G., J. D. Nichols, and T. Boulinier. 2001. Monitoring of biological diversity in space and time. Trends in Ecology and Evolution 16:446-453

Cappter7　Estimating Tiger Abundance from Camera Trap Data:
Field Surveys and Analytical Issues
K. Ullas Karanth, James D. Nichols and N. Samba Kumar

第7章

カメラトラップデータによる
トラの個体数の推定
―野外調査と解析に関する事項―

7.1　はじめに

7.1.1　トラのカメラトラップ研究：自然誌と科学

　純粋な撮影という目的のために，トラ（*Panthera tigris*）の自動撮影はインドのイギリス人 Forester の Fred Champion（1927，1933）によって，20世紀初頭にインドで始められた．しかし，トラ個体を識別し彼らの社会と捕食行動を研究するために初めてカメラトラップを用いたのは，ネパールの McDougal（1977）であった．彼は圧力パッドによって動作する一眼レフカメラを用いた．これらの試みは少数の高額で面倒なカメラトラップを含んでおり，正式な意味でのトラ個体群の「サンプリング」をめざした物ではなかった．

　Karanth（1995）は，個体群のサンプリング道具として初めてカメラトラップを採用した．トラの写真から捕獲［訳注：本書ではカメラによる撮影を含む］履歴を生成し，それらは捕獲再捕獲（CR）の枠組みで閉鎖個体群のためのモデルによって個体群サイズ（個体数）を推定するのに用いられた（Otis et al. 1978；White et al. 1982）．この事後的な解析は，データを CR 枠組みに部分的に結びつけたが，トラップの間隔，個体群の閉鎖，モデル選択，密度推定に関連した重要な事項を同定することにつながった．これらの事項は，Karanth and Nichols（1998）によるその後の改善において目が向けられ，技術的な手引書において詳しく述べられた（Karanth and Nichols 2002）．その後，カメラ

127

トラップを用いた多くの研究が，Karanth-Nichols の方法（Karanth et al. 2004a, b, 2006；Kawanishi and Sunquist 2004；Simcharoen et al. 2007）もしくはその亜種（O'Brien et al. 2003；Wegge et al. 2004；Johnson et al. 2006）を用いてトラの個体数を推定しようと試みてきた．この章の材料は，Karanth and Nichols（1998, 2002）によって提唱された方法に基づくだろう．この方法はよくできており，現時点で存在しているソフトウェアによって実装できる．しかし，空間明示 CR モデルによる密度推定の新しい方法（Efford 2004；Borchers and Efford 2008；Royle and Young 2008；Royle et al. 2009a, b）には大きな将来性があり，多くの状況において選択肢となるかもしれないことに私たちは気がついている．

　全体として，これらの研究はカメラトラップを用いてこの絶滅危険性が高い大型のネコ科動物の個体群をモニタリングする可能性に着目している．しかし，トラの個体数と密度の信頼できる推定値を得るためには，カメラトラップ研究はこの個体数が少なく見つけにくい動物の生態から示される複数の難しい挑戦を乗り越えなければならない．この章では，必要な装備と資源，野外調査の手順と解析の方法を含む事項を網羅し，それらをトラの調査の例から説明する．また，トラのカメラトラップ研究を厳密に行う際によく生じる問題を評価することにも挑戦する．ここでは，動物の個体数推定の根底にある一般的な概念（Seber 1982；Thompson et al. 1998；Williams et al. 2002）は説明しない．私たちは読者に，閉鎖個体群の CR サンプリングに関する文献（Otis et al. 1978；White et al. 1982；Chao and Huggins 2005a, b）を参照するよう勧める．Thompson（2004）は珍しいまたは見つけにくい動物個体群のサンプリングにおける統計的な事項のよいレビューを提供している．この文献の中で，この仕事［訳注：珍しいまたは見つけにくい動物個体群のサンプリング］へのカメラトラップの適用は Karanth et al.（2004c）によって網羅されている．

7.1.2　個体数推定事項に関連したトラの生態

　歴史的にアジアにおけるトラの生息域は正確には 93% も縮小したにもかかわらず，このネコ科動物はいまだに 1100 万 km^2 という広大な面積に広く，まだらに分布している（Sanderson et al. 2006）．しかし，トラは 100 km^2 あたり 1〜20 頭という，同じ面積で 100〜10000 頭という密度の大型有蹄類と比較すると比較的低密度で生息している．さらに，トラは人前に姿を見せず，夜行性

の動物であり，効率的に人間との遭遇を避けるため特別に鋭い感覚をもっている．トラは一晩で長距離（5〜25 km）を移動できるが，一度に3〜10日間捕獲個体の死体の周辺に滞在する（Sunquist 1981；Smith 1993；Karanth and Sunquist 2000）．トラの各個体のホームレンジはサイズが大きく変異し（15〜1500 km^2），それは局所的な生態や個体の社会的地位による．トラは単独行動の動物だが，母と子は18〜24ヶ月，繁殖のためのつがいは3〜7日間ともに行動する．

これらの生態的な要因のため，トラ個体群サイズは距離標本法（Buckland et al. 2001）のような視覚的に検知し数えることに基づく方法で推定することができない．個体数を推定するために正確に個体群をサンプリングすることは，トラの行動研究で有用な個体を捕獲しラジオテレメトリーで追跡する方法を含む侵襲的な技術（Sunquist 1981；Smith 1993）では難しい．

トラの生態に起因するこれらの問題のため，非侵襲的な"カメラトラップ"はトラの個体数を評価するための魅力的な代替法として現れた．この文脈で，トラが"自然に標識されている"という事実は，CR法を用いて個体数を推定することに興味がある調査者にとって大きな利点を与えている（Nichols 1992）．その上，理論的な発達，解析的な正確さ，経験的な検証，ソフトの発達は他に並ぶ物がない（Williaums et al. 2002；Amstrup et al. 2005）．さらに，事前に調査計画を慎重に立てることを除いて，他の特別な方法と比べたときに正確な画像によるCRサンプリングには追加費用や困難が実質的に存在しない（Karanth and Nicholas 2002）．しかし私たちは，他のカウント法を実行不能とするトラの生態によって示された困難さ（Karanth et al. 2003）は，画像によるCR調査においても問題となることを強調する．そのため，これらの問題を視野に入れて調査計画を立てることは，カメラトラップ調査を成功させるための重要な鍵となる．

7.2 装備と野外調査

7.2.1 カメラトラップと関連した装備

カメラトラップは現在非常に多くの会社で生産され，自宅でも組み立てることができる．しかし，トラの調査で要求される規格でカメラトラップを開発し保守するのは難しいので，信頼できない手製の装備を用いないように強く助言する．商業的に利用可能なさまざまな種類のカメラトラップの中で（Swann ら

による 3 章を参照），ある一つを選ぶことはさまざまな要因に支配されている．

　後に見るように，信頼できる個体数推定のための十分な捕獲データを生成するために，数十あるいは数百ものカメラトラップの用意が必要となる．さらに，すべてのトラの両側を撮影できるように，すべてのトラップに二つのカメラをつけることを勧める（Karanth et al. 2002）．個体数推定は片側撮影でも可能だが，これによって生じる個体の識別に関連した不確実性は，少ないサンプル数と同時に生じることで非常に不正確な推定値を得ることにつながる．

　通常のトラの調査はわずか数千ドルといった規模の予算であるため，調査者は飾りのついた高価な一つのカメラよりも複数の安いカメラを選択しなければならない．これは，以下の追加的な要因を考慮する以前の制約である．

　能動的な赤外線カメラトラップ部品（Swann ら，3 章）は撮影間の再起時間が短い（〜5 秒）ため，母と分散前のその子どもや兄弟，あるいは繁殖つがいが含まれていた場合に二番目あるいは三番目のトラすらも撮影することが可能となる．能動赤外線部品は設置に時間がかかるが，トラを捕らえ枠内に入れることを明らかに容易にし，より容易な個体の識別を促進する．極端に寒い気象条件あるいはトラの体と周囲環境の気温の差が小さい場合，能動赤外線部品は受動赤外線部品よりもより信頼できる動作を行う．

　しかし，湿ったあるいは雨の気象条件では受動的な赤外線部品はより信頼できる動作を行い，これは熱帯地域でトラを調査するときに大きな利点となる．受動赤外線部品は対象としていない物体に対してより作動させられにくい．さらに，受動赤外線部品は能動赤外線部品よりもかなり安い傾向にあり，これはもう一つの大きな利点である．いくつかの能動赤外線部品は一つ以上のカメラを起動させることができるが，能動赤外線部品に対する受動赤外線部品の全体的な費用の安さの利点は依然として大きい．

　カメラトラップは時々，厳しい気象あるいはゾウ，まれにクマやトラなどの動物によって損傷を受けるが，それらよりも頻繁に，トラップは人間によって盗まれたり破壊されたりする．頑丈な保護部品（Karanth and Nichols 2002 の 184〜186 頁で紹介したような）の設置は一つの選択肢である．しかし，ゾウや強い意志をもった盗人を阻むような強い保護部品は重く，扱いが面倒な傾向にある．別の選択肢は，カメラトラップを隠すまたは覆うことだが，それによってフラッシュ撮影は時々困難になる．トラの捕獲確率を上げるようなトラップサイトを注意深く選び（写真 7.1），金属の保護部品は盗難あるいは動

写真 7.1 インドの Nagarahole においてトラが頻繁に移動する移動路にカメラトラップを設置する研究者たち．

物による損傷を軽減できる．

しかし，現在商業的に利用できるカメラのほとんどは，正しい空間的な規模のトラの個体群をサンプルするのに必要な十分な数を配備するには性能が不十分であるか高価すぎるというのが私たちの大まかな見解である．Wildlife Conservation Society と Panthera Foundation が支援しているプロジェクト Tiger Forever は現在，携帯電話プラットフォームで動く，大型哺乳類調査のためのまったく新しいカメラトラップを開発している（Ed Yarmchuk and Alan Rabinowitz, Panthera Foundation，私信）．

7.2.2 トラップサイトの選択

トラはもっともよい生息地であっても比較的低密度なので，カメラトラップで彼らと遭遇する確率は非常に低い．そのため，調査設計のもっとも重要な目標は，サンプルの検出確率"p"あたりで撮影されるトラの確率を最大化することである（Otis et al. 1978；Williams et al. 2002；Nichols and Karanth 2002）．二番目に重要な調査設計の目標は，調査地域の異なる個体にとって似たような捕獲確率を与え，捕獲確率において個体間の変異を最小化することで

ある．捕獲確率の増加はサンプルする個体群のより多くの個体をとらえ，過去に捕獲されたトラの再捕獲確率を上昇させる．そのため，カメラトラップはトラがもっともよく訪れそうな獣道や踏み跡に設置されなければならない．ネズミの捕獲で一般的な格子状配置やトラップサイトのランダム選択（Rowcliffe et al. 2008 を参照）のようにトラップを系統的に配置しようとすることは，最良のトラップサイトの選択から離れているだろう．実際にそのようなをすると，トラの捕獲確率は劇的に減少する．しかし，もし調査の目的がトラの捕獲確率の最大化だけでないのであれば，トラップサイトの選択について別の方法が正当化されるかもしれない（Kéry による 12 章および O'Brien らによる 13 章を参照）．1 歳未満のトラの子どもは通常トラップシャイ［訳注：トラップで捕獲・捕捉された経験が負の動機づけとして学習され，動物個体がトラップを避けるようになること］で非常に捕獲確率が低く，カメラを用いた CR 解析によって個体数を推定することはほぼ不可能となることに注意しなければならない．たとえば，インドの Nagarahole で 366 個体のトラが撮影された 10 年のデータ（Karanth et al. 2006）から，1 歳未満の子どもはわずか 2 枚撮影されたのみであった．

　一般的に，トラはよく利用する移動路に沿って移動し（Smith et al. 1989），これは，踏み跡，臭い，糞などのトラの兆候に基づいて経験を積んだ追跡者によって同定できる．追加的なカメラトラップの設置場所はこのような道，とくに捕食される有蹄類種の道が複数集まっている所で発見される．私たちはトラの調査において誘引餌または囮を用いたことはないが，これらは大型のネコ科動物の研究において撮影される確率を上昇させる可能性があるので，このような状況では用いられるべきである．

　調査地域は，地元の知識，地図や調査道具を最大限活用し，事前に徹底的に下見されるべきである．この下見によって，後に使うであろうカメラトラップサイト数の約 2 倍を選定する（次の節で説明するように）という具体的な目標をもつべきである．これらの過剰なトラップサイトは，捕獲効率の低下やトラップ間隔を妥協せずに最終的な調査設計においてトラップの位置を最適に決定するうえでの柔軟性を与える．調査者はそのような下見調査のために地元のナチュラリストの援助を求めるべきである．結局，"トラップにおけるトラの捕獲を最大化する"という目標は，局所的なトラの生活史という点でしばしばもっとも知識をもつ違法な狩猟者が追求している物と同一である．

7.2.3 正確な記録のデータ

用いるカメラトラップの装備の種類によらず、カメラに固有の問題、フィルム、撮影部品、電源、配線などに関する不良診断は可能なかぎり頻繁に行われなければならない。調査の行程が許すなら、1日1回が望ましい。私たちは費

写真 7.2 縞模様および性別や大まかな齢段階といった追加的な情報に基づいて確実に識別されたトラ個体で脇腹が写っているカメラトラップの写真。上段の写真はNHT-115と一意に識別されたトラの成獣を示し、下段の写真はオスのトラNHT-004を示し、両方とも1995年1月にインドのNagaraholeの同じトラップサイトで連続した夜に撮影された（写真の著作権：Ullas Karanth, Wildlife Conservation Society）.

用対効果とデータの統一性を保証するための不良診断の記録を維持するために，明確なチェックリストとデータの入力様式を開発することを勧める．写真に捉えられたそれぞれのトラについて，個体数推定のため，トラップサイトの位置（移動距離，緩衝域を計算し，空間明示モデリングに用いるため），日付，そしてもし可能なら正確なサンプリング時点に割り当てるための捕獲時の時間といった補助データが必要である．そのため，事前に設計したデータ様式をもつことが効率的である（Karanth and Nichols 2002，183頁）．それぞれのフィルム容器をカメラに載せる前に消えない固有の番号をふる重要性は，いくら強調してもしすぎることはない．同様に，それぞれの写真の場所と日付は正確に記録されなければならない．もしこれらの詳細を記録する際に間違いが紛れ込んでしまった場合は，生成される捕獲履歴と同様にその後の解析は欠陥があるだろう．

　トラは脇腹，四肢，顔，そしてしっぽの縞模様に基づいて，よく撮れた写真から確実に個体を識別することが難しくない動物である（写真7.2）．質が劣る写真は信頼できない個体の識別をもたらし，それらはCR解析には効率的に用いることができない．長期研究では，年とともに捕獲される個体の数は増加し，新しく捕獲された個体はすべてのそれ以前に捕獲された個体と比較しなければならない．Hiby et al.（2009）によって開発されたトラの個体識別のために専門的に設計された自動で模様の照合を行うフリーウェア（ExtractCompare v 1.8, http://www.conservationresearch.co.uk/tigers/tigers1.htm）は現在，トラの写真のデータベースからもっともよく一致したトラを，素早く順位を付けて短い一覧とする手助けをしてくれる．この自動化された過程によって調査者は最終的な視覚による（個体の）識別に集中することができ，それによって劇的に労力が軽減される．

　写真によって捕獲されたデータの解析には，個々のトラの"x行列"形式（表7.1）による"捕獲履歴"が必要である．捕獲履歴は，それぞれのサンプリング時点での各捕獲と非捕獲を示す1と0の単純な文字列である（O'Brienによる6章を参照）．たとえば，捕獲履歴01001はその動物が5回の調査機会において2回目と5回目のみに捕獲されたことを示す．そのような履歴は，動物の両脇腹の縞模様から個体を識別するために注意深く写真を比較した後に作られる．トラの1対の両脇腹の写真（同時に得られた）が左と右の特性を"つなげ"，個体を恒久的に識別するために必要である．そのため，動物はどちら

表7.1 中央インドの Panna トラ保護区において 2002 年 2〜4 月の間の 15 回のサンプリング機会で撮影されたトラ個体の捕獲履歴

個体識別番号	1	2	3	4	5	6	7	8	9	10	11	12	13	14	15
PAT-101	0	0	0	0	1	0	0	0	0	0	0	0	0	0	0
PAT-102	0	0	1	1	1	0	0	0	0	0	0	0	0	0	0
PAT-103	0	0	0	0	0	1	0	0	0	0	0	0	0	0	0
PAT-104	0	1	0	0	0	0	0	0	0	0	0	0	0	0	0
PAT-105	0	0	0	1	0	0	0	0	0	0	0	1	1	0	1
PAT-106	0	0	0	0	0	0	1	0	0	0	0	0	0	0	0
PAT-107	0	0	0	0	0	0	0	0	0	0	0	0	0	1	0
PAT-108	1	0	0	0	0	0	0	0	0	0	0	0	0	0	0
PAT-109	0	1	0	1	0	0	0	0	0	0	0	0	0	0	0
PAT-110	0	0	0	0	0	0	0	0	0	1	0	0	0	0	0
PAT-111	0	0	0	0	0	0	0	0	0	0	0	0	1	0	0

か片方の脇腹の写真からでも識別できる．しかし，これは実際にはすべてのカメラトラップが二つのカメラをもつべきであることを意味している．この投資を避けるすべはない．

7.3 調査設計上で考慮すべきこと

7.3.1 シーズン，調査期間，個体群の閉鎖性

調査期間は，調査対象地域全体にカメラが二度またはそれ以上行き渡るのに要した全体の日数（サンプリング期間）である．閉鎖個体群を仮定する個体数推定（Otis et al. 1978；White et al. 1982；Williams et al. 2002）においては，CR 調査のような複数サンプリングを行う調査の期間は対象動物の個体群が出生，死亡，移出，移入の結果としての入れ替わりに関連して可能なかぎり “短く” すべきであるということになる．トラ個体群は死亡率や加入率が高く，個体の入れ替わりが速い（Karanth et al. 2006）が，30〜60 日という期間にわたって（個体群の）閉鎖を仮定することは正当化できるかもしれない．しかし，より短い期間が常に推奨される！カメラを数ヶ月設置し続ければ閉鎖性の仮定がおそらく満たされておらず，人口学的な開放個体群に特化した異なる種類の解析が必要になるだろう（Pollock et al. 1990；Kendall et al. 1995；Karanth et al. 2006；Karanth らによる 9 章；O'Brien による 6 章を参照）．

調査時期の選択は，カメラトラップを効果的に動作させるのに必要な気象条件，調査者の調査地域全体への到達しやすさ，調査を促進あるいは妨害する人

間活動の発生，トラの捕獲確率を最大化するようにカメラを配置できる可能性，調査に行ける人や必要な許認可や装備等の管理的な要因など，さまざまな要因によって支配される．

7.3.2 トラップの間隔と設置

閉鎖個体群を対象とする CR 解析は，"ボールと壺"概念モデルに基づいている（White et al. 1982, 4 頁）．それらの根底にある主要な統計的仮定は，少数のトラからなるサンプルはすべてのトラからなるある単一の個体群から繰り返し得られたものである，ということである．そのため，それぞれのトラは写真で撮影される"何かしらの"確率をもっていなければならない（実際の調査では必ずしもすべての動物が捕獲されるわけではないが）．言い換えれば，サンプリングする全体の領域はカメラトラップで覆われているべきであり，あるトラが調査期間全体でカメラトラップに遭遇する可能性がない状態ですごすような巨大な"穴"を残すべきではない（図 7.1）．

二つのトラップの最大間隔は"穴"を避ける必要があり，トラの予想される最小のホームレンジサイズに応じてすべてのトラ個体が潜在的にトラップに晒されることを保証する必要がある．通常，繁殖中のメスのトラの縄張りが最小のホームレンジサイズである（Sunquist 1981；Smith 1993）．これらのメスの（ホーム）レンジのサイズはおもに被食者の数によって $10\,km^2$ から $500\,km^2$ で変動するだろう．それに応じて，トラップの最大間隔はその生息地に特異的なメスの予想（ホーム）レンジサイズによって $2\,km$ から $10\,km$ にすることができる．もう一つの経験則は，もちろんより多くのトラップは少ないトラップよりもよいが，メスのホームレンジあたり最低二つのトラップを設置することである．この最小則を適用するのにメスの（ホーム）レンジサイズを用いることで，分散後の子どもやオス成獣，彼らのホームレンジはメスの 3 倍から 10 倍（Smith 1993），のような他の社会地位のトラについて，彼らのレンジに合理的な数のトラップを設置することを自動的に保証する．

調査者はトラップの間隔についてジレンマに直面する．トラップ数が決められた元で，トラップ密度を増加させる（トラップをより密に設置する）ことで，トラップに晒されるトラの CR 率は上昇し，それによって捕獲確率が上昇する．一方，トラップ密度を減少させる（トラップをより離して設置する）ことで潜在的により多くの動物をサンプルでき，それによって多くのトラ個体

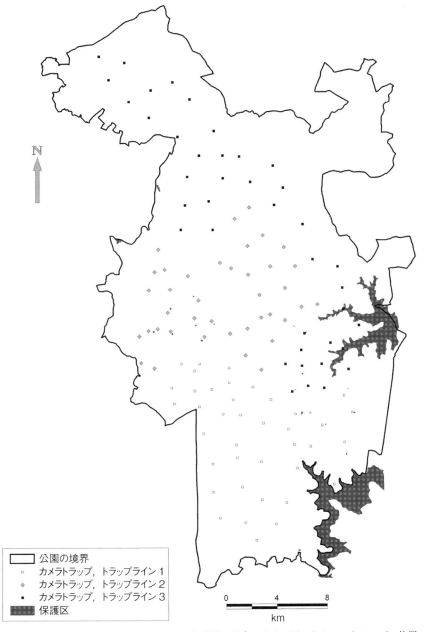

図 7.1 インドの Nagarahole におけるトラ個体群の調査のために用いたカメラトラップの位置

表 7.2 インドの Nagarahole で 2004 年に収集した一連のデータから得られたトラップ間隔，捕獲確率 (p)，捕獲されたトラの数 (M_{t+1})，推定された個体群サイズの関係．カメラトラップ数：40；サンプリング機会：10；モデル：M_h．トラップサイトからの捕獲は，異なるトラップ間隔をもった調査デザインを作成するため逐次除かれた

トラップ間隔（km）	カメラトラップ群の面積（km²）	機会あたりの推定された捕獲確率 p	捕獲されたトラの数 M_{t+1}	推定された個体群サイズ N
～1.5	98.7	0.0840	16	25
～2.5	249.6	0.0383	16	47
～3.5	373.3	0.0255	23	94

(M_{t+1}) を捕獲し，この点でのサンプルサイズを増加させる（Otis et al. 1978；White et al. 1982）．表 7.2 はトラップの間隔，捕獲確率 (p)，捕獲されるトラの数 (M_{t+1})，インドの Nagarahole で得られた一揃いのデータから推定された個体数の関係を示している．

　トラ密度はおもに被食者の密度に依存する（Karanth et al. 2004a）．表 7.3 で，インドの 11 箇所での推定被食者密度およびトラ密度の予測値と推定値を示している．サンプルする地域のトラの潜在的な個体数は，トラ 1 個体あたり被食者はおおよそ 500 個体存在するため，被食者密度データから予測可能である．

　調査地域のトラの行動やホームレンジ利用について事前のデータがない場合，私たちの経験に基づいた推奨は，サンプル地域に"穴"がないことを保証するため最低 10～30 個体のトラを潜在的にトラップに晒すことである．そのため，より多くのトラップが使えるのであれば，トラップ密度は捕獲確率を向上させるために増加させることができる．

7.3.3　サンプル地域を十分に覆う

　調査シーズン，期間，トラップ間隔，トラップ設置箇所数，そして地理的に覆う地域を決定した後に，利用可能なカメラトラップ数と設置の制約に基づいて二段階目の決定をしなければならない．

　説明のために，トラップ設置 100 箇所を連続した 30 日でサンプルしなければならないとする．もし調査者が動作する 100 個のトラップとすべての 100 個のトラップを同時に動作させるに十分な設置能力を有していれば，最大で 30 日のサンプリング期間（"サンプル"または"サンプリング機会"とも呼ばれる）をトラの"捕獲履歴"を構築することに利用できるだろう．

　結果として，閉鎖個体群の CR 解析は最小で 2 日，最大で 30 日のサンプリ

ング期間がある．最初の場合では，二つの 15 日の期間（1～15 日目および16～30 日目）が二つのサンプルとして扱われ，一方，二番目の場合では各日のすべての捕獲が一つのサンプルとして扱われる（全体で 30 サンプル）．十分な数のトラを捕獲できていれば，一般的にはサンプリング期間の数が多いほどより複雑なモデルをデータに当てはめる能力が高まる．一方，サンプリング期間の決定は捕獲がないサンプリング期間を多く作らないようにするべきである．なぜならこれは推定ソフトウェアで数値的な問題を生じさせ，捕獲確率のモデリングをより困難にするだけだからである．そのため，上記の場合では，（1 サンプル期間として）3 日を 10 サンプルまたは 5 日を 6 サンプルの捕獲履歴を構築することが望ましいかもしれない．

　一般に，調査者は決定したすべての場所を同時に覆うほど十分なカメラトラップをもっていないだろう．そのような場合，トラップの位置は輸送に便利な"区画"あるいは"トラップライン"によって空間的に分離し（図 7.1 を参照），その後サンプリングされる．さらなるカメラ管理上の手間としては，カメラトラップは容易には動かせず，毎日設置できないことである．上記の場合，カメラトラップを 25 個しかもっていなければ，100 個の設置場所は 4 つのトラップラインに分割される．それぞれのラインのカメラは 7 日間連続で設置され，次の場所に移動され，調査は 28 日で完了する．この方法によって，4 つのトラップラインの選択した一つにおける，初日からの撮影されたトラが含まれる 7 日のサンプリング期間からなる捕獲履歴の行列が得られる（Nichols and Karanth 2002 の 134 頁の design 4）．たとえば，それぞれのラインの初日の捕獲はサンプリング期間 1 を作るのに結合され，それぞれのラインの 2 日目はサンプリング期間 2 を作るのに結合される，といった具合である．

　重要な点は，個体群のそれぞれのトラ個体が各調査期間中トラップにある確率で晒されることを保証するために，それぞれのサンプリング期間におけるトラの捕獲データが調査地域全体から得られるべきであるということである．もしトラップラインとカメラトラップの移動を含むうえで記述した方法が調査期間中採用されるのであれば，捕獲確率に時間（サンプリング機会）の影響を導入した個体数推定モデルは解析に通常用いるべきではない．しかし，短い調査期間では，トラにとって捕獲確率への時間に関連した影響は重要ではないかもしれない．この文脈において，最近 Royle et al.（2009a, b）によって開発された空間明示 CR モデルはこの方法でサンプリング期間を構造化する必要がな

く，あらゆるサンプリング期間において潜在的な“穴”が存在しても効率的に扱うことができる．

カメラトラップが展開される地域全体は，通常ある種の不規則な多角形の形状を含んでいる（図7.1）．実際には，この“トラップを設置する多角形”の形は，たとえば局所的なトラの分布と潜在的な密度，トラップの展開に影響する地理的および輸送の要因，法的な許可，トラップの盗難あるいは破壊から守る必要性といった社会的な要因など種々の影響を受ける．サンプリング面積の計算はこの章の後半で網羅するが，以下の点はトラップの場所を選ぶ際に考慮すべきである．

トラップする地域が完全な円に近いほど，解析的な観点からは好ましい．面積に対する周縁部率が高い形（“ドーナツ”，細い縞，放射投影のような）は可能なら避けるべきである．さらに，サンプリング地域のトラの生息地がトラの非生息地と接するような“急激な端”をもつ場合，トラップをまさにその境界に設置する代わりに，トラップを端の内側に設置することで，トラが出現せずカメラを（撮影から）解放する地域を含むことを避けることができる．

トラは，被食者，水，日陰，あるいは他のトラとの社会的な接点を探しながら道に沿って移動することでトラップに晒されるため，交差点からなる規則的な格子にカメラを設置した場合に最適にサンプリングされるであろう“無作為な過程”によって移動する道を選択したりはしない．そのため，トラップの設置目安としてある種の事前に設計した“格子”を用いることでカメラトラップの潜在的な場所選択に間接的に制約を加えることは，ほぼ確実に捕獲確率を低下させるだろう．トラを撮影するためのトラップの最適な位置は，調査者側が自ら課したような制約によっては選ばれないだろう．そのため，調査者はカメラトラップを設置する基礎として格子状の配置や無作為に選択したGPSの座標を使うことを避けるべきである．系統的あるいは無作為なトラップの位置を用いる主要な理由は，サンプリング地域においてすべての動物に類似した捕獲確率を与えることである．しかし，もし動物の行動がすべての利用可能な地域の一部に制限（すなわち，踏み跡や道に沿って移動）されていれば，この一部にトラップ（の配置）を制限することで（捕獲確率をトラップ間で等しい物にする）目的を達成できる．過去の調査者によって，この種が見つけにくいことが生態的および理論的に示されているので，トラップの位置を“無作為”とすることは無駄なことである．

140

7.4 データ解析：問題と例

7.4.1 トラの写真撮影データの解析の入口

動物の個体群動態を研究するのに"標識された動物"を用いることは解析上大きな利点である（Nichols 1992；Williams et al. 2002）ので，トラの生態学者は個体数に関する推論をするのに単純な捕獲確率に基づいた方法（たとえばCarbon et al. 2001）を使うことでこれらの利点を忘れるべきではないというのが私たちの考えである．短い期間の調査からトラの個体数を推定するために，連続的に開発され評価され洗練されてきた妥当な閉鎖 CR モデルの使用を推奨する（詳細は，Otis et al. 1978；Williams et al. 2002；Chao and Huggins 2005a, b；Royle et al. 2009a, b による総説を参照）．

信頼できる年老いた軍馬のような CAPTURE（White et al. 1982；Rexstad and Burnham 1991）や，より新しく多目的に利用できる MARK（White and Burnham 1999）といった関連ソフトウェアが，インターネットで無料で利用できる（https://www.mbr-pwrc.usgs.gov/software/capture.html；http://www.phidot.org/software/mark/）．これらの現代的な方法を用いるトラの生物学者は，有用な事項の一覧の提供者（http://www.phidot.org/forum/index.php）や詳細なマニュアル（Karanth and Nichols 2002）にも助けられる．

上記のソフトウェアによるトラの撮影データからの個体数や密度の解析は，以下の手順を含む．
(1) 観察されたトラの撮影頻度を用いたトラ個体群が閉鎖している仮定の検証，(2) 判別関数によるモデル選択統計量と相対的な当てはまり，そして種々のもっともらしいモデルのパラメータ数の比較によって観察されたトラの捕獲履歴をもっとも再現しそうな CR モデルの選択，(3) 手元にあるデータにもっとも適したモデルによるサンプリング期間あたりの捕獲確率（p）とトラの個体数（N）の推定，(4) カメラトラップによる有効サンプリング面積の推定と個体数推定値に基づいたトラ個体群密度の計算．

7.4.2 個体群閉鎖の検証

捕獲履歴データはまず，"短い"調査の間個体群が閉鎖している仮定が正当化されるか確認するための検証を行う．CAPTURE では，個体群が閉鎖している（かつ捕獲確率が不均一である）帰無仮説を，二度またはそれ以上捕獲さ

れた全個体についての最初の捕獲と最後の捕獲の間の観察された時間に基づいた方法を使って統計的に検定する（Otis et al. 1978；Williams et al. 2002）．この検定は捕獲確率の時間に関連した変動（たとえば，研究の開始時点あるいは終了時に確率が低い），捕獲に対する行動的応答，一時的な移出に敏感である．MARK（White and Burnham 1999）は完全な（個体群の）閉鎖（そして時間特異的な捕獲確率の変動）という帰無仮説を，死亡や更新が伴う完全な開放個体群という対立仮説（Stanley and Burnham 1999a）に対して検定するのに用いることができる．この検定は，捕獲確率の行動的応答や個体間の不均一性に幾分敏感だが，経時的な変動には敏感でない．もし閉鎖性の仮定が棄却できなければ，解析を続けることができる．しかし，もしトラ個体群が開放的であることが明らかになれば，調査者は Jolly-Seber モデル（Jolly 1965；Seber 1965）やこのモデルのより最近のパラメータ化（Pradel 1996；Schwarz and Arnason 1996）のような適切な開放［訳注：個体群のための］モデルによる解析（Pollock et al. 1990；Williams et al. 2002；Karanth らによる 9 章）を適用しなければならない．しかし，閉鎖（個体群のための）モデルは短期間の調査からの個体数推定には一般により有用である．

7.4.3　モデル選択とトラ個体数の推定

　解析の次の段階で，観察された捕獲履歴を生成した過程を近似するためのもっともらしい CR モデルを比較する必要がある．CAPTURE では，これらの比較は一連のモデルの適合度検定を用いて行われ，結果として得られる統計量は生成したデータを用いて作られる判別関数に基づいた全体の値を計算するのに用いられる（Otis et al. 1978；White et al. 1982）．MARK では，赤池情報量規準（AIC；Burnham and Anderson 2002）のような尤度に基づいたモデル選択基準がモデルの比較に用いられているかもしれない．異なる閉鎖（個体群のための）CR モデルは，カメラトラップに対するトラの行動的応答（たとえば，トラップの忌避），時間特異的変動（たとえば，週による天気の違い），トラ個体間での不均一性（たとえば，個体の縄張りの状態やトラップへの到達しやすさのような要因によって引き起こされる）のような潜在的に捕獲確率を変動させる要因が捕獲確率に与える潜在的な影響を考慮する．捕獲確率にこれらの要因が組み合わさった効果を組み込む，より複雑なモデルも利用可能である．

　一般に，以下のモデル（Otis et al. 1978；White et al. 1982；Williams et al.

2002；Chao and Huggins 2005a, b）がトラの捕獲データの解析では考えられる.

M_0—捕獲確率はすべてのトラで同一で行動的応答, 時間, あるいは個体の不均一性に影響されない.

M_h—捕獲確率はトラ個体間で異なるが, トラップへの反応や時間に影響されない.

M_b—捕獲確率はトラップへの行動的応答により, 以前捕獲されたトラとそうでないトラで異なるが, 個体の不均一性や時間に影響されない.

M_t—捕獲確率はすべてのトラ個体で等しいが, 時間依存的要因によってサンプリング期間で変動する.

モデル選択の過程では, 個体の不均一性, トラップへの反応, 時間のさまざまな組み合わせの効果を組み込んだ M_{bh}, M_{th}, M_{tb}, そして M_{tbh} のようなより複雑なモデルも考慮する.

　一般に, トラは縄張りをもつ動物で各個体の行動範囲におけるトラップの数はおそらく異なるので, 個体の不均一性のみを組み込んだモデル（M_h）またはトラップへの反応を組み合わせたモデル（M_{bh}）がトラの捕獲データの解析には適切である. 短い調査期間では, 時間（サンプリング期間）は捕獲確率に影響しないだろう. M_h や M_{bh} モデルに基づいて捕獲確率と個体数を推定するために, いくつもの特別な推定量が CAPTURE や MARK に実装されてきた. これらは複数の著者によって詳細に再吟味されている（Otis et al. 1978；Williams et al. 2002；Chao and Huggins 2005a, b）. Wegge et al.（2004）によって指摘されているようにトラはトラップを避けるようになる場合があるが, この問題は十分な捕獲データが利用可能であれば行動応答モデル（たとえば, M_{bh} モデル）によって効果的に取り扱えることに注意されたい.

　適切なモデルについて不確実性が大きい場合は, モデルを平均した推定値（たとえば, Buckland et al. 1997；Stanley and Burnham 1998, 1999b）を計算することが有用かもしれない. とくに, AIC（Burnham and Anderson 2002）または計算される他のあらゆる他のモデル選択統計量（Stanley and Burnham 1998, 1999b）による重みを用いて平均を重み付けした個体数推定値が計算される. この重み付けした個体数推定値の分散は, モデルそのものによる個体数推定値の条件付き分散と, 重み付き平均を用いたモデル固有の個体数推定値の平方偏差（Buckland et al. 1997；Stanley and Burnham 1998, 1999b）という二つの要素をもつ. 後者の分散要素はモデルの不確実性を反映している. モデル

表 7.3 インドの 11 サイトにおける被食者密度，予想されたトラ密度，カメラトラップ努力量，撮影されたトラの数，推定されたトラ個体数，推定された捕獲確率，推定されたサンプリング面積，推定されたトラ密度と標準誤差．推定されたトラ密度（Karanth et al. 2004a に基づく）

場所	被食者密度 (/km²)	予想されたトラ密度 (/100km²)	カメラトラップ努力量 (トラップ設置日数)	捕獲されたトラの数 (M_{t+1})	サンプルあたりの捕獲確率 p	推定個体数 N(SE[N])	推定されたサンプリング面積 A(w) (km²)	推定された密度 D(SE[D]) (/100km²)
Melghat	5.3	1.04	896	15	0.058	24(6.09)	360	6.67(1.85)
Tadoba	13.1	2.61	706	10	0.174	12(1.97)	367	3.27(0.59)
Pench–MR	16.2	3.24	715	14	0.108	20(4.41)	274	7.29(2.54)
Bhadra	168	3.36	587	7	0.220	9(1.93)	263	3.42(0.84)
Panna	30.9	6.18	914	11	0.039	29(9.65)	418	6.94(3.23)
Bandipur	35.2	7.04	946	16	0.055	34(9.90)	284	11.97(3.71)
Nagarahole	56.1	11.22	938	25	0.120	29(3.77)	243	11.92(1.71)
Kanha	57.3	11.46	803	26	0.180	33(4.69)	282	11.70(1.93)
Kaziranga	58.1	11.62	544	22	0.190	28(4.51)	167	16.76(2.96)
Ranthambore	60.6	12.12	840	16	0.115	28(7.29)	244	11.46(4.20)
Pench–MP	63.8	12.76	788	5	0.220	6(1.41)	122	4.94(1.37)

平均は Stanley and Burnham（1998, 1999b）によるシミュレーション研究における閉鎖個体群の CR モデルではよく動作していることが発見された.

CAPTURE あるいは MARK を用いた解析からはサンプリング機会毎の捕獲確率 p と個体群サイズ N の推定値が得られる. 表 7.3 はインドの 11 の保護区におけるカメラトラップ研究から得られたトラの個体数推定値を示している（Karanth et al. 2004a）.

7.4.4　サンプリング面積とトラ密度の推定

個体数推定値はある決められた場所におけるトラ個体群の年変動を追跡するのに有用だが, トラ密度の推定値（通常 100 km^2 あたりのトラの数で表される）は異なる場所や異なる種類の生息地, 広域で空間的な比較を可能にする. しかし, トラ密度を得るためには, カメラトラップ調査でサンプリングされた面積を推定しなければならない. 私たちの考えでは, この問題は大型のネコ科動物の CR データの解析と十分には結びつけられていない. 実際には, 地理的な閉鎖は大型のネコ科動物以外でも問題となり, 一般に CR 推定で問題の原因となりえる（たとえば White et al. 1982）.

カメラトラップによって実際にサンプリングされた面積を推定するために, Nicholas and Karanth（2002）は元々 Dice（1938）によって提案された技術の改善を提案し, Wilson and Anderson（1985）によるシミュレーション研究においてよく動作したことを発見した. この方法は平均的なホームレンジの直径の推定値としてトラ個体ごとの捕獲地点間の最大距離の平均値（MMDM, Mean maximum distance moved）を用い, サンプリング面積を推定するためのカメラトラップ最外郭から形成された多角形の周辺に, このホームレンジの直径の半分の幅のバッファを付与する（Karanth and Nichols 1998；Karanth et al. 2004b で説明されている）. 野外研究における Wilson and Anderson（1985）の方法を適用して生成されたトラ密度の推定値は, 被食者の数から予想される密度と比較した時に非常に合理的であるように思われる（表 7.3）.

Nichols and Karanth（2002）は, トラップ設置場所の形がおおまかに円であることを仮定した（Karanth and Nichols 1998）バッファ距離の分散による推定値を用いるデルタ近似法（たとえば Seber 1982）の代わりに, よりよい推定を得るかもしれない実際のカメラトラップの面積を用いた GIS によるブートストラップシミュレーションを提案した. しかし, この改善は野外の研

究で試されたことがない。

Soisalo and Cavalcanti（2006）はブラジルで電波発信機を装着したジャガーを研究し，Wilson and Anderson（1985）の方法はジャガーのホームレンジの直径を過小推定しており，そのため密度を過剰推定する可能性があることを示唆した。この研究では，トラップの設置場所による完全な MMDM の使用が（この距離の半分よりも）トラップによるホームレンジ直径のよりよい近似であった。この結果の一般性を判断することは不可能である。トラではしばしばそうであるように MMDM が少ない再捕獲データに基づいているのであれば（これは），距離を長くすれば再捕獲されるトラの数が増加するという事実を考慮して推定する方法を実装することが賢明かもしれない。たとえば，Jett and Nichols（1987）は捕獲数の増加関数として MMDM を指数モデルでモデル化することを提案し，一度，二度といった回数再捕獲された動物についてMMDM のデータからモデルのパラメータを推定した。この方法は，すべての動物が何度も再捕獲されていれば生じると予想される MMDM を漸近的に推定することを可能にする。

私たちは，ラジオテレメトリーデータを密度推定の解析に取り入れる考えを好んでいる（たとえば Nichols and Karanth 2002）。残念ながら，ほとんどの場合，トラのラジオテレメトリーデータ（とくにカメラに捕獲された個体と同じ群れ）は利用できない。さらに，もしラジオテレメトリーデータが，トラがカメラに捕獲された場所で本当に利用可能であるなら，密度推定の過程で用いる方法は注意深くあるべきであると考える。たとえば，Powell et al.（2000）は密度推定に注目せず，テレメトリーデータと CR のデータから一時的な移出を調査するための同時尤度を開発した。超個体群の概念に基づいた類似した方法（Kendall et al. 1997）は，カメラトラップとテレメトリーデータを組み合わせるために発展しうるだろう。Royle et al.（2009a, b）の新しい空間 CR 法の下では，テレメトリーデータは個体のホームレンジの中心とあるトラップとの距離に関連した空間に関するパラメータを推定するために用いることができる。ラジオテレメトリーとカメラトラップの両方を用いた研究がより一般的になれば，これらのデータを組み合わせる最良の方法を調査するというとても興味深い研究ができるだろうと思う。

7.5 カメラトラップによるトラの調査
：いくつかの一般的な注釈

　調査者が直面するさまざまな制約を見ていくと，"どのくらい多くのカメラをトラの調査に用いるべきなのか？"という一般的な質問に対する回答の複雑さが見てとれる．短い回答は"できるだけたくさん"である．しかし，トラをカメラトラップ法で調査しようとする者のほとんどが設置するカメラは少なすぎであり，データから明らかにできることについてあまりにも多くのことを予想しているがその状態からはほど遠い．残念ながら，トラの捕獲履歴が半ダース以下のデータに閉鎖モデルを適用して得られるトラの個体数推定値は，あまり信頼できるものではないかもしれない．予備調査は少ない数のカメラで始めざるを得ないかもしれないが，信頼できる個体数推定値を得るために最終的には，十分な数のカメラトラップが必要であることは疑いようもない．これは単に，調査する動物の個体数が少なく，対象とする空間は広く，調査期間が短いというトラを研究する調査者が扱わざるを得ない事項によるものである．

　上記の問題にも関わらず，カメラトラップを使った調査者は，彼らの少ない捕獲データセットを単純にさらに小さなサンプルに分割することで，CR 法に関連した重要な問いに答えようとすることがある．CR 法に関連した多くの統計学やモデリングの基礎に関する事項は，適切な解析的な研究（たとえばSeber and Whale 1970；Carothers 1973；Williams et al. 2002 の 293～295 頁）あるいはシミュレーション研究（Otis et al. 1978；Menkens and Anderson 1988；Lee and Chao 1994；Rosenberg et al. 1995)，あるいは個体数が既知である特殊な状況の野外研究（たとえば Greenwood et al 1985；Manning et al. 1995）でも指摘されている．これらの研究のいくつかは，トラを研究する調査者が時折見落とす傾向にある統計的な専門雑誌（たとえば「*Biometrics*」）に出版されている．

　CAPTURE や MARK のような柔軟なソフトウェアが簡単に手に入ることは（調査者の）助けとなってきたが，一方でこれらのプログラムの結果は時折，調査者によって注意深く研究され，理解され，報告されていない．トラの個体数推定値の信頼性と価値を理解しようとする読者のために，閉鎖性の検定結果，モデル選択過程，モデル比較の結果，より信頼できるモデルの関連パラメータの推定値といった解析の構成要素は明確に報告されるべきである．

時折, トラを研究する調査者は CR 解析によって得られた個体数と密度推定値の分散が大きいことに落胆するようである. そのような結果に対して, 彼らは通常の推定の手順を諦めるか, 手順を正当化できない方法で改変する. CR法による推定値の分散が大きいのは, 撮影されたトラの数の少なさと努力量の少なさの結果である. 推定値の分散が大きいことは, 捕獲確率といった関連パラメータを存在しないものとして単に無視する代わりに明示的にモデル化しようと試みる科学的な哲学によっても部分的に生じる. "経験と勘による"方法は調査者がトラの生態の複雑なモデリングをすることを回避する道を与えるかもしれないが, 調査あるいは保全の資金の少なくない投資を必要とする研究から得られるべき信頼できる推定値は生まないだろう. 広大な空間 (Karanth et al. 2004a) と長期間 (Karanth et al. 2006) を対象に行われたトラの研究では, トラの個体数推定値に関するこれらの不確実性は, 写真撮影されたデータの質と量の増加, およびそれらのデータを標識された動物の研究の分野で一般的に利用可能な洗練されたモデリングと推定方法と全面的に組み合わせることで, もっとも上手に対処できている.

　トラのカメラトラップ研究は, よく発達した統計的な方法を採用し, 調査者がこれらの方法を用いるうえでの仮定を野外研究で満たす努力をすることで, 科学としても保全としてもより有用になるだろう. トラの個体群動態に関するデータの深刻な不足と管理および保全努力に対するトラの個体群の反応に関する既存の多くの問いがある状況で, カメラトラップを用いる調査には大きな可能性があると思う. カメラトラップによるトラの調査を行うには多大な努力と資源が必要なので, これからの研究は保全の必要性を訴えるか科学的な疑問に答えるかのどちらかに集中することを勧める (Nichols らによる 4 章の推奨を参照). 科学または保全のより大きな計画に推定とモニタリングを統合することは, このように推定に高額な努力が必要な状況ではとくに重要である.

引用文献

Amstrup, S. C., T. L. McDonald, and B. F. J. Manly. 2005. Handbook of capture-recapture analysis. Princeton University Press, Princeton, NJ

Borchers, D. L. and M. G. Efford. 2008. Spatially explicit maximum likelihood methods for capture-recapture studies. Biometrics 64:377-385

Buckland, S. T., K. P. Burnham, and N. H. Augustin. 1997. Model selection: an integral part of inference. Biometrics 53:603-618

Buckland, S. T., D. R. Anderson, K. P. Burnham, J. L. Laake, D. L. Borchers, and L. Thomas.

東海大学出版部
出版案内
2018.No.1

『日本産クモ類生態図鑑』より

東海大学出版部

〒259-1292 神奈川県平塚市北金目4-1-1
Tel.0463-58-7811　Fax.0463-58-7833
http://www.press.tokai.ac.jp/
ウェブサイトでは、刊行書籍の内容紹介や目次をご覧いただけます。

20世紀を知る

広瀬一郎 著

A5判・並製本・180頁　定価(本体2400円+税)　ISBN978-4-486-02137-7　2017.3

われわれの生きる21世紀においてすでに「歴史」になりつつある20世紀の歴史を「知識」としてではなく「教養」として学び、20世紀に由来する今世紀の問題点とその解決方法を模索する。

オデュッセウスの記憶
古代ギリシアの境界をめぐる物語

フランソワ・アルトーグ 著／葛西康徳・松本英実 訳

四六判・上製本・450頁　定価(本体4800円+税)　ISBN978-4-486-01950-3　2017.3

ギリシャ神話の英雄と称されるオデュッセウス。「体験者」である彼を旅の案内人とし、その案内に従い古代ギリシャの人類学的歴史および長期の文化史を探求する。そしてその旅を通してギリシャのアイデンティティの輪郭を記す。

風狂のうたびと

村瀬 智 著

A5判・上製本・210頁　定価(本体2800円+税)　ISBN978-4-486-02122-3　2017.3

本書はバウルとよばれる宗教的芸能集団の文化人類学的研究成果である。第1部ではバウルへのインタビューによるライフヒストリーを収録。第2部では民族誌的記述と分析からカースト制度の表裏の関係にある世捨ての制度を考察する。

琉球列島の蚊の自然史

宮城一郎・當間孝子 著

B5判・上製本・244頁　定価(本体4800円+税)　ISBN978-4-486-02129-2　2017.3

本書では、長年にわたる琉球列島の蚊相の研究から得られた知識やノウハウを始め、蚊が伝播するフィラリア症、マラリア、デング熱、日本脳炎など医動物学分野の情報と最新知見を解説する。

沖縄の河川と湿地の底生動物

鳥居高明・谷田一三・山室真澄　著
A5変判・並製本・116頁　定価(本体2800円＋税)　ISBN978-4-486-02156-8　2017.9

琉球列島は、本州とはかなり違った河川や池沼の水生昆虫が棲んでいます。本書では琉球列島の主に河川や湿地に棲むベントス（底生生物）を取り上げます。琉球列島に生息する特徴的なグループの代表を収録しています。

サステイニング・ライフ
人類の健康はいかに生物多様性に頼っているか

エリック・チヴィアン／アーロン・バーンスタイン　編著　小野展嗣・武藤文人　監訳
B5判・並製本・510頁　定価(本体5600円＋税)　ISBN978-4-486-01898-8　2017.10

「生物多様性の維持がいかに人類の健康で文化的な生活のために必要か」をテーマに、生物多様性の喪失が人間の健康に与える潜在的脅威の全てを考察した初めての本。人間の豊かな生活が原因で起こる危険について警告している。

リヒャルト・ワーグナーの妻
コジマの日記 3

三光長治・池上純一・池上弘子　訳
A5判・上製本・688頁　定価(本体6800円＋税)　ISBN978-4-486-02123-0　2017.10

1869年からワーグナーが死を迎えた1883年までコジマがつけていた詳細な記録は、ワーグナーの創作面、日常生活における最もしっかりした資料である。
3巻には1871年11月から1873年4月までを収める。

処世の別解
比較を拒み「自己新」を目指せ

吉田　武　著
B6判・並製本・176頁　定価(本体1300円＋税)　ISBN978-4-486-02163-6　2017.10

世に溢れる「前向きな言葉」の洪水に閉口している人に向け、「辞める」ことから逆算する「人生の別解」によって「最悪の選択」は避けられると力強く説く。長く科学教育に携わってきた著者独特の切口が冴える「脱力の勧め」。

宇宙建築 I
宇宙観光、木星の月

十亀昭人 編著

B5判・並製本・80頁　定価(本体2000円+税)　ISBN978-4-486-02164-3　2017.11

宇宙建築賞とは、宇宙飛行士の山崎直子氏、小惑星探査機はやぶさリーダー川口淳一郎教授などの協力のもと毎年行われているコンペティションである。その入選作品を掲載するとともに宇宙建築に関わる研究者等の対談も収録する。

哲学する道徳

小笠原喜康・朝倉　徹　編著

B6判・並製本・218頁　定価(本体2500円+税)　ISBN978-4-486-02143-8　2017.11

大学教員が実際に中学校で授業を行い、考え続ける道徳の授業作りに挑む！　探求的な学びを導くためのステップを具体的に提示し、私たちの生命観や倫理観を問い直す授業の今後のありようを考える。

女神フライアが愛した国
偉大な小国デンマークが示す未来

佐野利男 著

A5変判・並製本・194頁　定価(本体2800円+税)　ISBN978-4-486-02162-9　2017.11

決して大きいとはいえない国土であるにもかかわらず、数ある大国にも負けない政治、福祉、教育などを実現しているデンマークから、われわれが学ぶべき点を紹介・解説する。

動く地球の測りかた
宇宙測地技術が明らかにした動的地球像

河野宣之・日置幸介 著

A5変判・並製本・136頁　定価(本体1800円+税)　ISBN978-4-486-02128-5　2017.12

地球表面の動きを統一的に説明するプレートテクトニクスとはどのような考え方か、そしてそれを初めて実際に測った宇宙技術はどのようなものか、宇宙測地技術の開発と国際実験はどのようにして発見があったのかを紹介する。

2001. Introduction to distance sampling. Oxford University Press, Oxford

Burnham, K. P. and D. R. Anderson. 2002. Model selection and multi-model inference: a practical information-theoretic approach. Springer, New York

Carbone, C., S. Christie, T. Coulson, N. Franklin, J. Ginsberg, M. Griffiths, J. Holden, K. Kawanishi, M. Kinnaird, R. Laidlaw, A. Lynam, D. W. Macdonald, D. Martyr, C. McDougal, L. Nath, T. Obrien, J. Seidensticker, D. Smith, M. Sunquist, R. Tilson, and W. N. W. Shahruddin. 2001. The use of photographic rates to estimate densities of tigers and other cryptic mammals. Animal Conservation 4:75-79

Carothers, A. D. 1973. The effects of unequal catchability on Jolly-Seber estimates. Biometrics 29:79-100

Champion, F. W. 1927. With a camera in tiger-land. Chatto & Windus, London

Champion, F. W. 1933. The jungle in sunlight and shadow. Chatto & Windus, London

Chao, A. and R. M. Huggins. 2005a. Classical closed population models. Pages 22-36 in S. Amstrup, T. McDonald, and B. Manly, editors. The handbook of capture-recapture analysis. Princeton University Press, Princeton, NJ

Chao, A. and R. M. Huggins. 2005b. Modern closed population models. Pages 58-86 in S. Amstrup, T. McDonald, and B. Manly, editors. The handbook of capture-recapture analysis. Princeton University Press, Princeton, NJ

Dice, L. R. 1938. Some census methods for mammals. Journal of Wildlife Management 2:119-130

Efford, M. 2004. Density estimation in live-trapping studies. Oikos 106:598-610

Greenwood, R. J., A. B. Sargeant, and D. H. Johnson. 1985. Evaluation of mark-recapture for estimating striped skunk abundance. Journal of Wildlife Management 49:332-340

Hiby, L., P. Lovell, N. Patil, N. S. Kumar, A. M. Gopalaswamy, and K. U. Karanth. 2009. A tiger cannot change its stripes: using a three dimensional model to match images of living tigers and tiger skins. Biology Letters 5:383-386

Jett, D. A. and J. D. Nichols. 1987. A field comparison of nested grid and trapping web density estimators. Journal of Mammalogy 68:888-892

Johnson, A., C. Vonkhameng, M. Hedemark, and T. Saithgodham. 2006. Effect of human-carnivore conflict on tiger (*Panthera tigris*) and prey populations in Lao PDR. Animal Conservation 9:421-430

Jolly, G. M. 1965. Explicit estimates from capture-recapture data with both death and immigration-stochastic model. Biometrika 52:225-247

Karanth, K. U. 1995. Estimating tiger Panthera tigris populations from camera-trap data using capture-recapture models. Biological Conservation 71:333-338

Karanth, K. U. and J. D. Nichols. 1998. Estimation of tiger densities in India using photographic captures and recaptures. Ecology 79:2852-2862

Karanth, K. U. and J. D. Nichols, editors. 2002. Monitoring tigers and their prey: a manual for researchers, managers and conservationists in tropical Asia. Centre for Wildlife Studies, Bangalore, India

Karanth, K. U. and M. E. Sunquist. 2000. Behavioral correlates of predation by tiger, leopard and dhole in Nagarahole, India. Journal of Zoology 250:255-265

Karanth, K. U., N. S. Kumar, and J. D. Nichols. 2002. Field surveys: estimating absolute densities of tigers using capture-recapture sampling. Pages 139-152 in K. U. Karanth and J. D. Nichols, editors. Monitoring tigers and their prey: a manual for researchers, managers and conservationists in tropical Asia. Centre for Wildlife Studies, Bangalore, India

Karanth, K. U., J. D. Nichols, J. Seidensticker, E. Dinerstein, J. L. D. Smith, C. McDougal, A. J. T. Johnsingh, R. S. Chundawat, and V. Thapar. 2003. Science deficiency in conservation practice: the monitoring of tiger populations in India. Animal Conservation 6:141-146

Karanth, K. U., J. D. Nichols, N. S. Kumar, W. A. Link, and J. E. Hines. 2004a. Tigers and their prey: predicting carnivore densities from prey abundance. Proceedings of the National Academy of Sciences USA 101:4854-4858

Karanth, K. U., R. S. Chundawat, J. D. Nichols, and N. S. Kumar. 2004b. Estimation of tiger densities in the tropical dry forests of Panna, Central India, using photographic capture-recapture sampling. Animal Conservation 7:285-290

Karanth, K. U., J. D. Nichols, and N. S. Kumar. 2004c. Photographic sampling of elusive mammals in tropical forests. Pages 229-247 *in* W. L. Thompson, editor. Sampling rare or elusive species: concepts, designs and techniques for estimating population parameters. Island Press, Washington, DC

Karanth, K. U., J. D. Nichols, N. S. Kumar, and J. E. Hines. 2006. Assessing tiger population dynamics using photographic capture-recapture sampling. Ecology 87:2925-2937

Kawanishi, K. and M. E. Sunquist. 2004. Conservation status of tigers in a primary rainforest of Peninsular Malaysia. Biological Conservation 120:329-344

Kendall, W. L., K. H. Pollock, and C. Brownie. 1995. A likelihood-based approach to capture-recapture estimation of demographic parameters under the robust design. Biometrics 51: 293-308

Kendall, W. L., J. D. Nichols, and J. E. Hines. 1997. Estimating temporary emigration and breeding proportions using capture-recapture data with Pollock's robust design. Ecology 78:563-578

Lee, S. M. and A. Chao. 1994. Estimating population size via sample coverage for closed capture-recapture models. Biometrics 50:88-97

Manning, T., W. D. Edge, and J. O. Wolff. 1995. Evaluating population-size estimators: an empirical approach. Journal of Mammalogy 76:1149-1158

McDougal, C. 1977. The face of the tiger. Rivington, London

Menkens, G. E., Jr., and S. H. Anderson. 1988. Estimation of small-mammal population size. Ecology 69:1952-1959

Nichols, J. D. 1992. Capture-recapture models: using marked animals to study population dynamics. BioScience 42:94-102

Nichols, J. D. and K. U. Karanth. 2002. Statistical concepts: estimating absolute densities of tigers using capture-recapture sampling. Pages 121-138 *in* K. U. Karanth and J. D. Nichols, editors. Monitoring tigers and their prey: a manual for researchers, managers and conservationists in tropical Asia. Centre for Wildlife Studies, Bangalore, India

O'Brien, T. G., M. F. Kinnaird, and H. T. Wibisono. 2003. Crouching tigers, hidden prey: Sumatran tiger and prey populations in a tropical forest landscape. Animal Conservation 6: 131-139

Otis, D. L., K. P. Burnham, G. C. White, and D. R. Anderson. 1978. Statistical inference from capture data on closed animal populations. Wildlife Monographs 62:1-135

Pollock, K. H., J. D. Nichols, C. Brownie, and J. E. Hines. 1990. Statistical inference for capture-recapture experiments. Wildlife Monographs 107:1-97

Powell, L. A., M. J. Conroy, J. E. Hines, J. D. Nichols, and D. G. Krementz. 2000. Simultaneous use of mark-recapture and radiotelemetry to estimate survival, movement, and capture rates. Journal of Wildlife Management 64:302-313

Pradel, R. 1996. Utilization of capture-mark-recapture for the study of recruitment and population growth rate. Biometrics 52:703-709

Rexstad, E. and K. P. Burnham. 1991. Users' guide for interactive program CAPTURE. Abundance estimation of closed animal populations. Colorado State University, Fort Collins, CO

Rosenberg, D. K., W. S. Overton, and R. G. Anthony. 1995. Estimation of animal abundance when capture probabilities are low and heterogeneous. Journal of Wildlife Management 59:

252-261

Rowcliffe, J. M., J. Field, S. T. Turvey, and C. Carbone. 2008. Estimating animal density using camera traps without the need for individual recognition. Journal of Applied Ecology 45: 1228-1236

Royle, J. A. and K. V. Young. 2008. A hierarchical model for spatial capture-recapture data. Ecology 80:2281-2289

Royle, J. A., J. D. Nichols, K. U. Karanth, and A. M. Gopalaswamy. 2009a. Hierarchical models and inference for spatial capture-recapture data: estimating tiger density from camera trap arrays. Journal of Applied Ecology 46:118-127

Royle, J. A., K. U. Karanth, A. M. Gopalaswamy, and N. S. Kumar. 2009b. Bayesian inference in camera-trapping studies for a class of capture-recapture models. Ecology 90:3233-3244

Sanderson, E., J. Forrest, C. Loucks, J. Ginsberg, E. Dinerstein, J. Seidensticker, P. Leimgruber, M. Songer, A. Heydlauff, T. O'Brien, G. Bryja, S. Klenzendorf, and E. Wikramanayake. 2006. Setting priorities for the conservation and recovery of wild tigers: 2005-2015. The technical assessment. WCS, WWF, Smithsonian, and NFWF-STF, New York, Washington, DC

Schwarz, C. J. and A. N. Arnason. 1996. A general methodology for the analysis of capture-recapture experiments in open populations. Biometrics 52:860-873

Seber, G. A. F. 1965. A note on the multiple-recapture census. Biometrika 52:249-259

Seber, G. A. F. 1982. The estimation of animal abundance and related parameters. MacMillan, NewYork

Seber, G. A. F. and J. F. Whale. 1970. The removal method for two and three samples. Biometrics 26:393-400

Simcharoen, S., A. Pattanavibool, K. U. Karanth, J. D. Nichols, and N. S. Kumar. 2007. How many tigers Panthera tigris are there in Huai Kha Khaeng wildlife sanctuary, Thailand? An estimate using photographic capture-recapture sampling. Oryx 41:447-453

Smith J. L. D. 1993. The role of dispersal in structuring the Chitwan tiger population. Behavior 124:165-195

Smith J. L. D., C. McDougal, and D. Miquelle. 1989. Scent marking in free ranging tigers, *Panthera tigris*. Animal Behavior 37:1-10

Soisalo, M. K. and S. M. C. Cavalcanti. 2006. Estimating the density of a jaguar population in the Brazilian Pantanal using camera-traps and capture-recapture sampling in combination with GPS radio-telemetry. Biological Conservation 129:487-496

Stanley, T. R. and K. P Burnham. 1998. Information-theoretic model selection and model-averaging for closed-population capture-recapture studies. Biometrical Journal 40:475-494

Stanley, T. R. and K. P Burnham. 1999a. A closure test for time-specific capture-recapture data. Environmental and Ecological Statistics 6:197-209

Stanley, T. R. and K. P Burnham. 1999b. Estimator selection for closed-population capture-recapture. Journal of Agricultural, Biological, and Environmental Statistics 3:131-150

Sunquist M. E. 1981. Social organization of tigers (*Panthera tigris*) in Royal Chitwan National Park, Nepal. Smithsonian Contributions to Zoology 336:1-98

Thompson, W. L., editor. 2004. Sampling rare or elusive species: concepts, designs and techniques for estimating population parameters. Island Press, Washington, DC

Thompson, W. L., G. C. White, and C. Gowan. 1998. Monitoring vertebrate populations. Academic, New York

Wegge, P., C. Pokheral, and S. R. Jnawali. 2004. Effects of trapping effort and trap shyness on estimates of tiger abundance from camera trap studies. Animal Conservation 7:251-256

White, G. C. and K. P. Burnham. 1999. Program MARK: survival rate estimation from both live and dead encounters. Bird Study 46:120-139

White, G. C., D. R. Anderson, K. P. Burnham, and D. L. Otis. 1982. Capture-recapture and removal methods for sampling closed populations. Los Alamos National Laboratory Publication LA-8787-NERP. Los Alamos, NM

Williams, B. K., J. D. Nichols, and M. J. Conroy. 2002. Analysis and management of animal populations. Academic, San Diego, CA

Wilson, K. R. and D. R. Anderson. 1985. Evaluation of two density estimators of small mammal population size. Journal of Mammalogy 66:13-21

Cappter8　Abundance/Density Case Study : Jaguars in the Americas
Leonardo Maffei, Andrew J. Noss, Scott C. Silver and Marcella J. Kelly

第8章

個体数/密度の事例研究
—アメリカ大陸のジャガー—

8.1　導入

　カメラトラップはインドのトラ（*Panthera tigris*）の密度推定に初めて用いられて以来（Karanth 1995；この本の Karanth らによる章も参照），この方法はヒョウ（*Panthera pardus*）（Henschel and Ray 2003；Karanth らによる本書の内容；Kostyria et al. 2003），ユキヒョウ（*Panthera uncial*）（Jackson et al. 2006），ピューマ（*Puma concolor*）（Kelly et al. 2008），オセロット（*Leopardus pardalis*）（Di Bitetti et al. 2006, 2008；Dillon and Kelly 2007, 2008；Maffei et al. 2005；Trolle and Kéry 2003, 2005），そしてジョフロワネコ（*Oncifelis geoffroyi*）（Cuéllar et al. 2006；Pereira et al. 2006）などさまざまな種の研究で広く用いられてきた．しかし，ジャガー（*Panthera onca*）は，この種の新熱帯での生息域全体にわたって個体数や密度をカメラトラップで推定することについて，おそらくもっとも注目を集めてきた（Cullen et al. 2005；Kelly 2003；Maffei et al. 2004b；Miller and Miller 2005；Silver et al. 2004；Soisalo and Cavalcanti 2006）．今日に至るまで，少なくとも 83 の異なるカメラトラップ研究が，北はアリゾナ南部から南はアルゼンチン北部までジャガーの調査のために実施されてきた．この章では，調査設計と方法の情報の要約，結果，データの加工と解析といったこの方法の詳細，そして将来の研究でよりロバストな推定をするためにどう改良すべきかについて論ずる．

8.2　調査地

研究は 14 の国と熱帯雨林や熱帯季節林から草原までを含む 12 の主要な生息

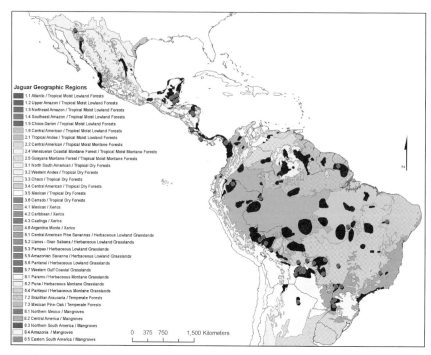

図8.1 ジャガー保護区とカメラトラップ調査地点（地図は Zeller 2007 から取得）．この縮尺ではすべての地点が表示されているわけではない－アルゼンチン，ベリーズ，ボリビア，コロンビア，コスタリカ，ペルーのいくつかの一つの点は一つ以上の調査地を示す．

地で実施されてきた（図8.1と表8.1）．それらのほとんどは，ジャガー専用の保護区内で実施された（Sanderson et al. 2002；Zeller 2007）．調査は少なくとも19の国立公園かその他の保護地域，一つのユネスコエコパーク，3つの州立公園，6つの私的な保護区，3つの野生動物保護区あるいは管理地域，4つの生息地，15の牧場，11の森林保護区または森林域，そして一つの私的な保全区を含んでいる（表8.1）．さらなる調査が進行中あるいは計画されており（たとえば V. Quiroga によるアルゼンチンの Chaco での調査，WCS-Ecuador による Yasuní 国立公園での調査）．それらの中でもっとも大がかりな調査は，18の研究者が参加し Universidad Nacional Autónoma de México が率いる10以上の機関が援助するメキシコの国家ジャガー調査（CENJAGUAR）である（Chávez et al. 2006）．この調査は2008年から2009年の期間で終了した．

154

8.3 調査設計とデータ解析

　ジャガーの調査のためのカメラトラップの設置には二つの方法が使われてきた．すなわち，(1) 全調査期間で一つの格子内にトラップを設置，または (2) 調査期間で最初のサンプリング期間と同じ期間異なる地域にトラップを移動．二番目の方法は単一のサンプリング期間で全調査地域を覆うほどのカメラが用意できない場合に用いられる．二番目の場合，サンプリング期間は1箇所でカメラトラップを稼働できる期間の長さとして考えられる．記述したどちらのサンプリング方法でも，通常ジャガーの調査はジャガーが低密度であることと捕獲—再捕獲（CR）モデルが実行できるほど捕獲確率を高くするために（ただし考察を参照），特定の決められた踏査ルート（Silver et al. 2004；http://savingwildplaces.com/media/file/SilverJaguarCameraTrappingProtocol.pdf, 2018/5/31 時点でアクセス不能）に従う体系的な調査設計に従ってきた．いくつかの場合，調査者はジャガーを誘引するための物を設置すると同時に，到達できない地域に到達しカメラトラップを調査地域全体に配置するために，調査のために道を整備する．道が設定されれば，それらの道はジャガーの移動ルートを維持するために日常的に整備される．図8.2は，さまざまな調査地点で利用可能な道，山道，そして川を含むという利点がある選択されたカメラトラップの設置箇所を示している．

　カメラは通常，対象種の体高を考慮して地上から30〜40 cm 上に設置される．ジャガーは日夜問わず活動するので，カメラトラップは1日あたり24時間写真を撮影するように設定される．撮影後の再起動のための遅延時間は通常30秒から5分だが，対象でない種/物体による往来が多い場所（たとえばトラックが通る道，人や動物が集まる道や塩場）では，より長い遅延時間でもよい．あるカメラの設置場所（バージニア工科大学，Blacksburg, VA の M. Kelly，私信）で，異なるオスのジャガーが2分間で次々と撮影されたことが複数回あったことを注意喚起しておく．非標的種や物体の往来が少ない場所では，カメラトラップは通常10〜14日に一度確認するが，往来が多い場所ではフィルムがなくなることを避けるために2〜3日に一度確認する．試験的な調査は，ジャガーを撮影する最適な場所を評価すると同時に，どのカメラをどの程度の頻度で確認し交換する必要があるのかを決定するうえで有用である（Rosas-Rosas 2006）．匂いや誘引物が必要なのか，あるいはこれらが捕獲［訳

表8.1 ジャガーのカメラトラップ調査：調査地あたりの調査数，生態的地域，土地利用

国	調査地	調査数	森林と生態的地域	土地利用
アルゼンチン	Copo	1	Chaco/熱帯雨林	国立公園
アルゼンチン	Impenetrable Chaco Aboriginal 保護区	1	Chaco/熱帯雨林	生息地
アルゼンチン	Iguazú	2	大陸性/熱帯湿性低地林	国立公園と森林保護区
アルゼンチン	Urugua-í	1	大陸性/熱帯湿性低地林	州立公園と私的な保護区
アルゼンチン	Yaboti	1	大陸性/熱帯湿性低地林	森林保護区
ベリーズ	Chiquibul	5	中央アメリカ/熱帯湿性低地林及び山麓林	国立公園
ベリーズ	Cockscomb流域	6	中央アメリカ/熱帯湿性低地林	野生生物保護区
ベリーズ	Fireburn	1	中央アメリカ/熱帯湿性低地林	私的な保護区，森林の回廊，メソアメリカン生物回廊
ベリーズ	Gallon Jug Estate	2	中央アメリカ/熱帯湿性低地林	私的な保護地域
ベリーズ	Rio Bravo	1	中央アメリカ/熱帯湿性低地林	保全と管理地域
ベリーズ	Mountain Pine Ridge	6	中央アメリカ/熱帯湿性マツ林	森林保護区
ボリビア	Alto Madidi	2	熱帯アンデス/熱帯湿性低地林	国立公園
ボリビア	Cerro Cortado, Kaa-Iya	2	Chaco/熱帯季節林	国立公園と先住民の土地
ボリビア	El Encanto CIMAL	2	Cerrado/熱帯季節林 (Chiquitano季節林)	認証された森林地域
ボリビア	Estación Isoso, Kaa-Iya	2	Chaco/熱帯季節林 (Chaco-Amazonの移行帯)	国立公園
ボリビア	Guanacos, Kaa-Iya	2	Chaco/熱帯季節林 (草原)	国立公園と牧場
ボリビア/パラグアイ	Palmar, Kaa-Iya	2	Chaco/熱帯季節林 (Chaco-Chiquitanoの移行帯)	国立公園，私的な保護区，牧場
ボリビア	Puestos Ganaderos	1	Chaco/熱帯季節林 (Chaco-Chiquitanoの移行帯)	牧場
ボリビア	Ravelo, Kaa-Iya	2	Chaco/熱帯季節林 (Chaco-Chiquitanoの移行帯)	国立公園
ボリビア	Rio Heath, Madidi	2	熱帯アンデス/熱帯湿性季節林，熱帯草地	国立公園
ボリビア	Rios Tuichi and Hondo, Madidi	3	熱帯アンデス/熱帯湿性低地林	国立公園
ボリビア	San Matias	1	Pantanal/草本の低地草原	牧場と国立統合管理地域
ボリビア	San Miguelito	2	Cerrado/熱帯季節林 (Chiquitano季節林)	私的な保護区と牧場
ボリビア	Tucavaca, Kaa-Iya	3	Chaco/熱帯季節林 (Chaco-Chiquitanoの移行帯)	国立公園
ブラジル	Emas国立公園, Goiás	1	Cerrado/熱帯季節林	国立公園
ブラジル	Fazenda Cauaia	1	Cerrado/熱帯季節林	牧場

国	サイト名		生息地	保護状況
ブラジル	Fazenda Santa Fé and Cantão 州立公園、Tocantins	1	Amazon/熱帯湿性林-Cerrado/熱帯季節林	牧場、州立公園
ブラジル	Fazenda Sete	2	Pantanal/草本の低地草原	牧場
ブラジル	Moro do Diablo	1	Atlantic/熱帯湿性低地林	国立公園
ブラジル	Serra da Capivara	1	Caatinga/乾燥地	国立公園
ブラジル	SESC Pantanal	1	Pantanal/草本の低地草原	私的な保護区
ブラジル	Varzeas do Rio Ivinhema	1	Atlantic/熱帯湿性低地林/varzea	州立公園
コロンビア	Amacayacu 国立公園と Ticoya 先住民居住域	1	Amazon/熱帯湿性低地林	国立公園と先住民の居住域
コロンビア	Calderón river valley	1	Amazon/熱帯湿性低地林	国立森林保護区(保護されていない)と先住民の居住域
コスタリカ	Corcovado	1	中央アメリカ/熱帯湿性低地林	国立公園
コスタリカ	Colfo Dulce, Golfito	1	中央アメリカ/熱帯湿性低地林	私営牧場、森林保護区、野生生物保護区
コスタリカ	Golfo Dulce	1	中央アメリカ/熱帯湿性低地林	森林保護区
コスタリカ	Santa Rosa, Guanacaste, San Cristobal	3	中央アメリカ/熱帯季節林	国立公園と生物回廊
エクアドル	Yasuní and Waorani Ethnic 保護区	2	Amazon/熱帯湿性低地林	国立公園と先住民の居住域
フランス領ギニア	Counami 林	1	Amazon/熱帯湿性低地林	非保護区
グアテマラ	Carmelita-AFISAP	1	中央アメリカ/熱帯湿性低地林	林業地域
グアテマラ	La Gloria-Lechugal	1	中央アメリカ/熱帯湿性低地林	林業地域、多目的利用地域
グアテマラ	Rio Azul	1	中央アメリカ/熱帯湿性低地林	国立公園
グアテマラ	Tikal	1	中央アメリカ/熱帯湿性低地林	国立公園
メキシコ	Sonora	1	メキシコ乾燥地/熱帯疎低木林	私的な保護区と牧場
ニカラグア	Bosawas	1	中央アメリカ/熱帯湿性低地林	ユネスコエコパーク
パナマ	Darien	2	中央アメリカ/熱帯湿性低地林	国立公園
ペルー	Los Amigos	2	Tropical Andes/熱帯湿性低地林	保全地域
ペルー	Bahuaja Sonene, Tambopata	1	Tropical Andes/熱帯湿性低地林	国立公園
アメリカ	南アリゾナ	1[a]	メキシコ乾燥地/熱帯疎低木林	連邦林、国立野生生物保護区、国立公園、私営牧場

[a]McCain and Childs (2008) は 2001 から 2007 まで連続して南アリゾナの国境地帯をモニタリングするためのカメラトラップの格子配置を配設定した。

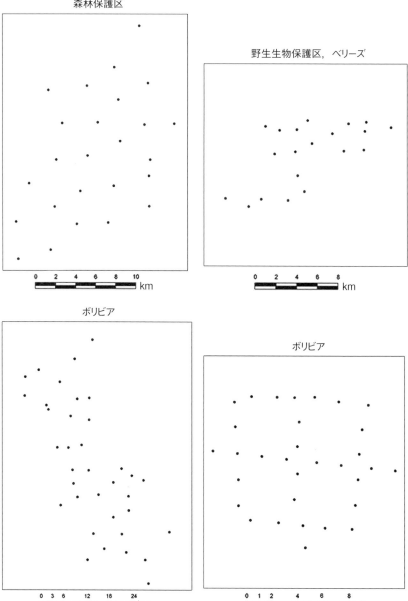

図 8.2 ジャガー調査のためのカメラトラップ設置様式（点はカメラトラップの位置）

注：本書ではカメラによる撮影を含む] 確率を高めるのかどうかすらわかって
いないが，ジャガーは時折匂いを調べることが知られている．これによって，
さまざまな角度のジャガーを撮影することができ，個体の識別の手助けとなる
ことがある．家畜が多い地域では，柵などでカメラを守ることで野生動物，と
くにジャガーの行動は妨げないが，家畜がカメラに近づかないようにすること
ができる（Rosas-Rosas 2006）．

　調査は，生体捕獲のためのわなの代わりにカメラを用い，個体を識別し"再
捕獲"するためにジャガーの模様を用いた．閉鎖個体群の CR サンプリングに
おける通常の手続き（Karanth and Nichols 1998, 2002 を参照）に基づく．私
たちの CR 調査の目的は，サンプリング地域内の個体数を推定することであ
る．大まかに言えば，この推定値は少なくとも一度は捕獲された個体の捕獲履
歴に基づいた捕獲確率をまず推定することで得られる．その後，サンプリング
した地域の動物の個体数は，捕獲された動物の総個体数を少なくとも一度は捕
獲された個体の推定された平均捕獲確率で割ることで推定される．この方法は
調査地域の無作為サンプリングに基づく必要はなく，むしろサンプリング地域
のすべての個体の捕獲確率を最大化するために設計された規則的なカメラ配置
に基づくべきである（Silver 2004）．この方法は，調査地域のすべての個体を
撮影する調査の効率を推定する．より多くのジャガーが撮影されその結果とし
て彼らが高頻度で再撮影されれば，調査期間中のよりロバストな個体数推定値
が得られるだろう．写真に印字された日時によって，調査者は調査日あるいは
離散的なサンプリング事象としての期間を測ることができる．

　1 回の CR 調査は調査期間中にその調査地域が閉鎖個体群（すなわち個体の
出生，死亡，移出入がない）であることを仮定している．実際には，正確にそ
の動物個体群が閉鎖していることはほとんどなく，調査者は調査期間を制限す
ることでこの仮定を満たそうとする．動物の寿命と比較して短い調査期間はこ
の仮定が満たされない可能性を減少させる．ジャガーはトラのように長寿なの
で，ほとんどのジャガーの調査は Karanth and Nichols（1998）が確立した閉
鎖個体群の仮定を満たす CR 実施のための写真撮影期間として 4 ヶ月以内とい
う慣習に従っている．同じように，アフリカのヒョウでは 2〜3 ヶ月が通常用
いられる（Henschel and Ray 2003）．ジャガーの生活史について利用可能な
データは非常に少ないが，同じ期間が（個体群の閉鎖を）満たすと仮定するこ
とは合理的だろう．ジャガー調査のほとんどはデータ収集期間が 3 ヶ月もしく

はそれ以下である．カメラの写真からジャガーの個体数を推定するのにもっともよく用いられるソフトは CAPTURE（Otis et al. 1978；White et al. 1982）であり，Patuxent Wildlife Research Center の Web サイト（https://www.mbr-pwrc.usgs.gov/software/capture.html）から入手できる．このプログラムは捕獲された個体数と再捕獲の割合に基づいて，複数のモデルから個体数推定値を得る．これらのモデルは捕獲確率が変動する要因について異なる仮定をしており，個体間の変異（たとえば性別，例，行動パターン，優占度，活動），時間の変異，捕獲されたことによる行動の変異，これらの要因のさまざまな組み合わせが含まれる．とくに，M(o)は捕獲確率が各個体ですべての調査時点で等しいことを意味する．M(h)は各個体に固有の捕獲確率によって捕獲確率の不均質性を導入する．M(t)は捕獲確率が時間で変動することが特徴である．M(b)はトラップハッピーあるいはトラップシャイのようなカメラトラップに対して動物が異なる反応を示す場合に適用される．一連のモデルには前述の要因の組み合わせも含まれる．ジャガーの調査ではおもに，私たちの個体の行動や生態に関する知識に基づき，とくに陸上の肉食動物のように個体によって捕獲確率が異なることを前提とした M(h)が，もっとも当てはまりがよいモデルとして用いられてきた（Karanth and Nichols 1998）．しかしながら，時折 CAPTURE は M(o)がもっともよいモデルと勧めてくることがある．しかしそのような場合は注意を要する．M(h)はジャックナイフ推定量であり，他のモデルが用いる最尤推定量よりもはるかにロバストである．

　長期調査のデータをより短い捕獲機会に分割する（たとえば 70 日の調査を 10 回の 7 日間の調査にする）ことで，捕獲機会あたりの捕獲確率を増加させ，閉鎖性が満たされていないことを改善する．もし複数の個体が複数回再捕獲されていれば，データの分割は一般的に個体数推定値に影響を与えず，推定値の標準誤差を減少させるかもしれない．CAPTURE はどのモデルがデータにもっともよく当てはまっているかを決定するためのモデル選択過程において判別分析関数を用いる．CAPTURE は MARK 内部でも使われることにも注意すべきである（http://www.phidot.org/software/mark/）．

　二つ目の重要な仮定は，調査地域のすべてのジャガーが少なくとも撮影されるある確率をもっていることである（すなわち，調査期間中の各個体のホームレンジにはカメラトラップが一つある）．この仮定はカメラトラップ間の距離を規定し，少なくとも一つのカメラトラップによってサンプリングされる面積

の最大サイズを決定する．そのため，研究で推定されたジャガーの最小ホームレンジは究極的には局所的な最小のカメラトラップ密度を決定する．理想的には，ジャガーのホームレンジを十分に含むぐらい広い隙間がカメラトラップ設置場所間にない方がよい．この過程を満たす保守的な方法は，その場所のジャガーについて報告されている最小の推定ホームレンジを採用することである．実際には，ほとんどのジャガーの調査では，ベリーズのメスのジャガーの最小ホームレンジである $10\,km^2$ を用いてカメラを $2\sim3\,km$ 間隔にしている（Rabinowitz and Nottingham 1986）．この間隔はジャガーのホームレンジがより広い他地域では適用できないかもしれない．

　ひとたび個体数を推定すれば，次の段階は調査面積を計算することである．これはカメラトラップ調査に基づいてジャガーの個体群密度を推定する際にもっとも問題となる事項の一つである．調査面積を推定する古典的な方法は，ホームレンジの直径の代替として平均の最大移動距離（MMDM, Mean maximum distance moved）を計算する方法がある（Wilson and Anderson 1984）．その方法は，異なる場所で少なくとも二度捕獲（ただし 1 箇所で繰り返し捕獲された動物については Dillon and Kelly 2007 を参照）されたすべての個体について，直径を 2 で割り（半径）平均し，これをカメラトラップ周辺のバッファとして適用する．科学論文では，このバッファは二つの方法で適用されてきた．カメラトラップの場所をつないで構築されるポリゴンの外側に適用する方法（ポリゴンバッファ）と，各カメラの位置で円のバッファを適用する方法（点バッファ）である．最初の方法は，研究者（と用いるソフトウェアのプログラム）によってカメラの位置をつなぐ方法が異なることで異なるポリゴンが形成されるので，より恣意的である．二番目の方法は，毎回同じ面積のバッファが生成されるのでポリゴン描画の解釈が恣意的でなく，ジャガーの調査でもっとも一般的に用いられている．しかし，各カメラの位置にバッファを発生させる方法は，一つのジャガー個体群が"ボールと壺の概念"（White et al. 1982）の元でサンプリングされているという考えに適合していないと主張する人たちもいる．ここで各ジャガーは一つの個体群あるいは"壺"に入っている"ボール"であることを示す．円のバッファを生成しそれらのバッファを解くことで決定される総面積は連続的なサンプリング面積となる．しかし，いつもこのように計算されるわけではないことに気がつくことは重要である．たとえばオセロットのようなホームレンジサイズがより小さい種について，バッ

ファを推定するためにカメラトラップのデータを用いる場合である．有効サンプリング面積の推定につながるバッファの推定は，密度推定とほとんど関連していない．MMDM は調査（同じ場所での）間ですら大きく変異する．そのため，同じ場所で行われた複数の調査データが利用可能であるときは，累積的な MMDM の半分の値を採用することがある．この累積的な MMDM は異なる年に行われた複数調査にまたがってすべての個体の最大移動距離を平均する．これはサンプルサイズを増加させ MMDM に関連した分散を減少させ，有効サンプリング面積の推定をより正確にする（Dillon and Kelly 2007）．しかし，全体のサンプリング面積が対象動物の行動範囲と比較して小さすぎる場合は，この方法であっても MMDM の推定値は改善しない．

　密度推定における問題点を解決するための新しい方法が開発されている（Borchers and Efford 2008；Efford et al. 2004；Royle et al. 2009）．

8.4　結果

　カメラトラップのポリゴンと有効サンプリング面積（カメラトラップ周辺の 1/2MMDM）の両方は調査によって大きく異なり，それぞれ 24〜555 km^2 と 54〜938 km^2 であった（表 8.2）．私的な保護区，牧場，そして比較的小さな保護区の場合，カメラはその土地利用あたり 30〜100％の範囲に設置されていた．ブラジルの Moro do Diablo 国立公園および Fazenda Sete 牧場，ボリビアの And Miguelito 指摘保護区，ベリーズの Gallon Jug Estate である．これらの反対の極端な例は Kaa-Iya del Gran Chaco 国立公園での調査であり，異なる 6 箇所で行われた調査面積は国立公園の 1％にかろうじて達する程度であった．有効調査面積を考慮すると，ほとんどの調査は調査地面積の最低 35％を覆っていたが，例外はまたしても Kaa-Iya のようなボリビアの国立公園で，有効調査面積を合計しても調査地面積のわずか 4％にすぎなかった．他の調査はこれらの両極端の間にあった．たとえば，すべての調査の中で最大のカメラポリゴン面積である 550 km^2 を達成した Iguazú と Yabotí での調査は，それぞれの調査で見ると保護面積の 21％であった．バッファ面積を含めると，これら二つの調査有効調査面積は保護面積の 35％を覆っていた．密度推定値も，0 頭/100 km^2 から 11 頭/100 km^2 以上と調査地域間で大きく異なっていた（表8.2）．非常の高い密度推定値のいくつかは私有地で報告された．ブラジルの Pantanal の牧場（Soisal and Cavalcanti 2006）とベリーズの私的な保護区

（Miller and Miller 2005）である．また，予想外に高い密度推定値が，特用林産物の収穫者と狩猟者からの強い圧力がかけられている林地から得られている（McNab et al. 2008）．

　特定の地域でのカメラトラップを用いた複数の調査では，他の方法ではジャガーの存在が報告されているにもかかわらずジャガーが撮影されなかった．これは，(1) カメラの動作不良，(2) ジャガー密度の低さ，(3) カメラトラップの設置期間が個体を撮影するほど十分に長くなかった，(4) ジャガーの通り道に関する当該地域での知識が不足しておりそのような場所にカメラを仕掛けることができなかったという複数の要因の結果であると考えている．密度推定にまつわる問題は，撮影された個体数が少なすぎてまったく再捕獲がないまたはほとんど再捕獲がない場合にも生じる．それでも，これらのデータは明らかに識別された個体数に基づく最低限確認された個体群という情報をもつ．カメラトラップデータは 100 または 1000 カメラナイトあたりの撮影枚数に基づく"撮影頻度"を計算するために用いられてきた．全体の撮影頻度は対象動物の個体数と相関することが示されているが（O'Brien による 6 章を参照），個体の識別と CR 解析に基づく密度推定値だけが個体数や密度に基づき研究間および種間の信頼できる比較を可能にする．そのため，撮影頻度を個体数の指標として用いることは議論の余地がある（Carbone et al. 2001, 2002；Jennelle et al. 2002）．図 8.3 は調査地間で個体群密度と撮影頻度が相関しないことを示している．撮影頻度が最大であったベリーズとボリビアの調査地は密度がもっとも高かった調査地と異なる．大陸性森林であるブラジルの Moro do Diablo は，撮影頻度はベリーズやグアテマラの湿性林の調査地と同程度に高かったが，個体群密度はボリビアの乾性林と同程度に低かった．さらに，図 8.3 から除いたのはブラジルの Pantanal の Fazenda Sete の事例である．この地域は 2 回の調査で 100 カメラナイトあたり平均 15 枚の撮影頻度であり，他の調査地で記録された最大の撮影頻度の 2.5 倍以上であった．しかし，個体群密度はベリーズの推定値の最大値と類似していた（表 8.2）．

　性比もまたカメラトラップ調査間で変動している（表 8.3）が，ほとんどの調査でメスよりもオスの方が多く撮影された．3：2（Maffei et al. 2004a, Soisalo and Cavalcanti 2006）から 4：1（Kelly 2003, Wallance et al. 2003），最大で 9：0（明らかにメスと分かる個体は撮影されなかった，Silver et al. 2004）であった．例外の一つは Darien における研究で，他の二つの例外は大陸性森

表 8.2 捕獲頻度，密度推定値（同じ場所で複数の調査が行われている場合は平均値），調査地域

国	調査地	引用文献	100 カメラナイトあたりの撮影数	密度±SE (個体/100km²)
アルゼンチン	Copo	1	0	0
アルゼンチン	Impenetrable Chaco Aboriginal Reserve	39	0	0
アルゼンチン	Iguazú	2	0.5-1.5	1.12±0.30
アルゼンチン	Urugua-í	2	0.1	0.3[a]
アルゼンチン	Yabotí	2	0.2	0.2[a]
ベリーズ	Cockscomb basin	3	3.1-8	3.5-11
ベリーズ	Chiquibul	3, 6	3.5	7.48±2.74[d]
ベリーズ	Fireburn	27	1.2	5.3±1.76
ベリーズ	Gallon Jug Estate	4	3.3-4.7	10.05±2.47
ベリーズ	Mountain Pine Ridge	35	3.3-7.1	2.32-5.35
ボリビア	Cerro Cortado, Kaa-Iya	7	1.0-2.0	5.24±2.46
ボリビア	El Encanto	8	0.4	5.66±2.33
ボリビア	Estación Isoso, Kaa-Iya	9	2.2-3.2	2.91±0.33
ボリビア	Guanacos, Kaa-Iya	10	1.1-2.9	2.28±0.66
ボリビア/パラグアイ	Palmar, Kaa-Iya	9, 25	2.4-2.9	1.13±0.13
ボリビア	Puestos Ganaderos	32	0.5-1.5	0
ボリビア	Ravelo, Kaa-Iya	12	1.2-1.5	1.92±0.76
ボリビア	Rios Tuichi and Hondo, Madidi	3, 6	0.9	2.84±1.78
ボリビア	San Matias	13	0.5-1.5	0
ボリビア	San Miguelito	14	1.2-3.2	4.23±1.43
ボリビア	Tucavaca, Kaa-Iya	15	0.8-1.3	3.41±1.21
ブラジル	Emas National Park	28	4.56	2
ブラジル	Fazenda Causia	26	0	0
ブラジル	Fazenda Santa Fé	29	4.02	2.59±1.03
ブラジル	Fazenda Sete	16	13.6-16.4	11.0±1.73
ブラジル	Moro do Diablo	17	3	2.22±1.33
ブラジル	Serra da Capivara	37	6.5	2.67±1.06
ブラジル	SESC Pantanal	18	0	0
コロンビア	Amacayacu	22	0.56	4.2
コロンビア	Calderón river valley	34	0.62	2.5
コスタリカ	Corcovado	19	1.9	6.98±2.36
コスタリカ	Golfo Dulce/Golfito	38	0.5	2±1.49
コスタリカ	Golfo Dulce	30	0	0
コスタリカ	San Cristobal	20	1.1	6.7
エクアドル	Yasuní-Waorani	36	0.3	1.38±0.60
グアテマラ	Carmelita-AFISAP	33	3.1	11.28±3.51
グアテマラ	La Gloria-Lechugal	34	1.5	1.54±0.85
グアテマラ	Rio Azul	5	2.9	10.5
グアテマラ	Tikal	21	5.9	6.63±2.46
メキシコ	Sonora	23	0.9	1.0±1.30
ニカラグア	Bosawas	24	0.3	3.7
パナマ	Darien	11	0.8	1.8-4.4
ペルー	Los Amigos	31	1.0-1.6	9.6±2.35
ペルー	Bahuaja-Sonene, Tambopata	31	0.5	11.4±19.8

a　観察個体のみから得られた密度推定値．
b　ブラジルとアルゼンチンの国立公園および San Jorge 森林保護区をあわせた面積．
c　太字は保護面積に対するカメラ領域の割合，その他は保護面積に対する有効調査面積の割合．
d　初回調査時の密度が高かったため密度は減少している．

1/2MMDM バッファを用いた有効調査面積（km²）	カメラ領域（km²）	保護地域のサイズ（km²）	調査面積の割合（%）[c]
–	388	1,140	34
–	449	1,500	30
576-958	209-555	670-2,594[b]	31, 21/86, 37
368	81	872	11/42
1,001	549	2,600	21/39
196-332	80	400	20/40-80
107-405	89-146	1,670	5-9/6-24
132	55	8 priv res	100+/100+
170-195	130-165	520 ranch	32/38
302-345	105-140	430	24-33/74-80
137-149	49-52	34,400	<1/<1
106	36	876 concession	4/12
153-158	48-51	34,400	<1/<1
191-243	49-62	34,400	<1/<1
230-1,068	71-434	34,400	1/3
–	217	270	80
309-319	100	34,400	<1/<1
458	200	15,000 lowlands	1/3
–	125	29,200	<1
54-142	24-53	24 priv res, 600 ranch	100/100 priv res, 9/24 ranch
125-272	49-130	34,400	<1/<1
500[f]	–[e]	1,320	38
–	16	17 ranch	94
425	80	570[g]	14/75
274-360	110-165	460 ranch	36/78
300	330	370	89/81
524	157	1,291	41/12
–	54	1,063 priv res	5
120	32	2,930 park, 1,406 indig territory	1/4 park, 2/9 indig territory
242	70	–	–
86	29	425	7/20
218	102	630	16/35
–	24-53	617	4
60	134	40 biol corridor	100/100 biol corridor
218	94	9,820	<1/2
115	51	1,056	5/11
390	128	991	14/43
95	50	1,169	4/8
121	39	575	7/21
140	100	400	25/35
127	52	19,928	<1/<1
213-274	67-110	5,790	1-2/4-6
130-141	56	1,460	4/10
105	52	13,830	<1/<1

e カメラが直線上に設置されていたので適用しなかった.
f 全面積の30%しかジャガーの生息地として適していないと考えた.
g 200 km² の恒常的な牧草地と50%以上の落葉樹を含む牧場の全面積.
※引用文献については章末に記載.

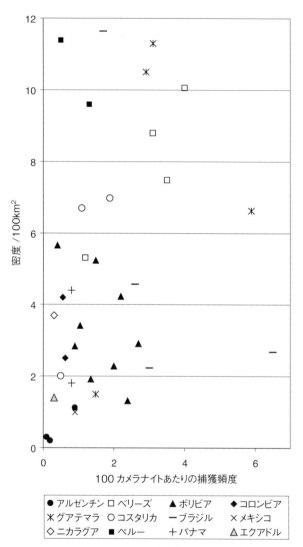

図 8.3 ジャガー個体群の撮影頻度に対する密度推定値（撮影頻度が 100 カメラナイトあたり 13〜16 枚で密度推定値が 11 頭/km^2 であったブラジルの Fazende Sete 調査地を除く）．

林，Aguazú および Moro do Diablo 国立公園，における研究である．後者の二つの場合，保護地域は強度に改変された景観に囲まれた森林であるため，ジャガーに繁殖場所を提供しているのかもしれない．ほとんどのラジオテレメ

表8.3 ジャガー調査地ごとの成獣の性比（複数の調査が行われている場合は累積値）と0歳/幼獣が撮影された場所

研究（文献）	オス	メス	性別不明	0歳/幼獣
アルゼンチン Iguazú（Paviolo et al. 2008）	4	6	0	Yes
アルゼンチン Urugua-í（Paviolo et al. 2008）	1	0	0	
アルゼンチン Yabotí（Paviolo et al. 2008）	1	0	0	
ベリーズ Chiquibul（M. Kelly ［Virginia Tech University, Blacksburg, VA］未発表データ）	15	6	0	Yes
ベリーズ Cockscomb（Silver et al. 2004）	9	0	2	
ベリーズ Fireburn（Miller 2006）	3	0	2	
ベリーズ Gallon Jug（Miller and Miller 2005）	9	7	4	
ベリーズ Mountain Pine Ridge（M. Kelly ［Virginia Tech University, Blacksburg, VA］未発表データ）	14	7	0	Yes
ボリビア Cerro Cortado（Maffei et al. 2003）	6	2	1	Yes
ボリビア CIMAL（Arispe and Venegas ［WCS/Fundación para la Conservacion del Bosque Chiquitano, Santa Cruz, ボリビア］未発表データ）	2	4	0	Yes
ボリビア El Encato（Arispe et al. 2007）	4	0	0	
ボリビア Estación Isoso（Romero-Muñoz 2008）	4	1	0	Yes
ボリビア Guanacos（Cuéllar et al. 2008）	2	2	2	Yes
ボリビア Palmar（Romero-Muñoz 2008；Montaño et al. 2007）	7	2	0	
ボリビア Ravelo（Cuéllar et al. 2003）	5	2	0	Yes
ボリビア Río Tuichi/Río Hondo（Silver et al. 2004）	5	3	1	Yes
ボリビア San Miguelito（Arispe et al. 2005；Rumiz et al. 2003）	5	5	1	Yes
ボリビア Tucavaca（Maffei et al. 2004a）	5	3	1	Yes
ブラジル ENP（Silveira 2004）	2	1	5	
ブラジル Fazenda Santa Fé and Cantão State Park（L. Silveira and N.M. Negrões ［Jaguar Conservation Fund/Instituto Onça-Pintada, Mineiros, ブラジル］）未発表データ	6	0	2	
ブラジル Fazenda Sete（Soisalo and Cavalcanti 2006）	15	10	6	Yes
ブラジル Moro do Diablo（Cullen et al. 2005）	2	3	1	Yes
ブラジル Serra da Capivara（Astete 2008）	6	4	3	Yes
コロンビア Amacayacu（Payan 2008）	3	1	0	
コロンビア Calderón river valley（Payan 2008）	2	1	1	
コスタリカ Corcovado（Salom-Pérez et al. 2007）	3	1	0	
コスタリカ Corcovada buffer zone（Bustamante 2008）	4	0	0	
コスタリカ San Christobal（Amit 2007）	0	3	1	
エクアドル Yasuní-Waorani（S. Espinosa ［University of Florida, Gainesville, FL］未発表データ）	3	0	0	
グアテマラ Carmelita-AFISAP（McNab et al. 2008）	7	3	0	
グアテマラ La Gloria-Lechugal（Moreira et al. 2007）	4	2	0	
グアテマラ Río Azul（Miller and Miller 2005）	6	0	1	
グアテマラ Tikal（García et al. 2006）	3	1	3	
メキシコ Sonora（Rosas-Rosas 2006）	4	1	0	Yes
ニカラグア Bosawas（Polisar 2006）	3	0	0	
パナマ Darien（Moreno 2006）	1	3	0	
ペルー Los Amigos（S. Carrillo-Percastegui, M. Tobler and G. Powell ［Arizona State University, Tucson, AZ］未発表データ）	6	3	1	
ペルー Bahuaja-Sonene, Tambopata（S. Carrillo-Percastegui, M. Tobler and G. Powell ［Arizona State University, Tucson, AZ］未発表データ）	5	1	1	
アメリカ（McCain and Childs 2008）	4	0	0	

8章　個体数/密度の事例研究　*167*

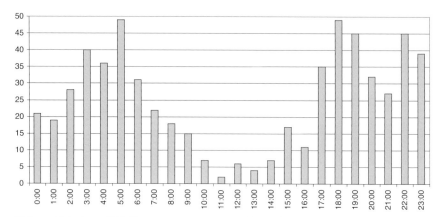

図 8.4 ボリビアの乾性林のカメラトラップの記録から得られたジャガーの活動量の例（N＝605）．

トリーによる研究は，オスはメスよりもホームレンジが大きいことを報告している（Crawshaw 1995；Cullen et al. 2005；Rabinowitz and Nottingham 1986；Scognamillo et al. 2002, 2003；Soisalo and Cavalcanti 2006）ので，定住した繁殖個体群が存在するあらゆる地域ではメスの方がオスよりも存在すると考えられる．しかし，オスはホームレンジが大きくそのホームレンジにはおそらくより多くのカメラが含まれるので，オスの方が捕獲確率が高いかもしれない．加えて，オスはメスよりも歩く傾向があり（Rabinowitz and Nottingham 1986），人間の踏み跡や道（カメラトラップがほぼ常に設置される）をメスよりも使う傾向がある（Salon-Pérez et al. 2007）．ラジオテレメトリーとカメラトラップ研究の両方は，複数のオスとメスの行動圏が重複していることを示唆している．メスと幼獣が生息する場所は明らかに保全優先度が高い．一方で，メスが撮影されないことはその地域にメスがいないことを意味するのではなく，そのような地域は通り道あるいは分散地域，潜在的な生息場所であるかどうかを決定するためにより慎重に評価されるべきである．

　最後に，カメラトラップ法は密度推定を除いても，活動パターン，繁殖データ（幼獣の数や季節変動），被食者に関する情報といったジャガーに関する重要な情報を与えてくれる（この本の他の章を参照）．図 8.4 はある調査地におけるカメラトラップの記録から得られたジャガーの活動量を示している．カメラトラップの写真は，ジャガーは 1 日のどの時間でも活動しうるが，おもに薄暮から夜間に生息域で活動することを示唆している．0 歳はまれに撮影され

表 8.4 Tucavaca, Kaa-Iya del Gran Chaco 国立公園での複数回のカメラトラップ調査によるジャガー個体の入れ替わり（Maffei et al. 2004a）

	T1	T2	T2	T3	T4	T5	T6	T7	T8	T9	T10	
	M	F	Cub	M	F	M	M	F	J	?	M	合計
予備調査　2001 年 5-12 月		14	2	1				3		2		20
調査 I　2002 年 1-3 月	11	5		1	2	3	1	1				24
調査 II　2003 年 4-6 月		3						4	3	2		12
調査 III　2004 年 3-5 月							8	2	1		3	14

（ベリーズの Chiquibul，ボリビアの Cerro Cortado，Guanaco，Tucavaca では 1 頭の幼獣しか撮影されなかった），幼獣は母親とともにもう少し高頻度で撮影される（ベリーズの Chiquibul とボリビアの Cerro Cortado ではペアの幼獣が撮影され，ボリビアの Estación Isoso，Ravelo，San Miguelito，Tucavaca では 1 頭の幼獣が撮影されたのみであった）．この種の情報は繁殖様式に関する基礎的な情報を提供する．Chaco 乾性林では 12 月から 5 月の雨季に 1 頭から 2 頭の子どもが生まれ，母親による育児は成獣の大きさに達するまで続く．

　同じ場所で複数回調査を行うことで，密度推定値，行動様式，特定の個体群における個体の入れ替わり速度に関する大まかな情報を確認することができる．たとえば，表 8.4 はどの個体が定住個体（メスの T2 および T4，オスの T5 と T6）なのか移住個体（オスの T1，T3，T10 そして性別不明の T9）なのかを示唆する．しかし，この情報は状況に基づいて考えられなければならない，なぜなら，別な可能性として後者（移住個体）のグループはカメラトラップ設置範囲の端で撮影されたが，彼らの縄張りはカメラの配置とほとんど重ならない定住個体であるにもかかわらず不正確に移住個体と分類されてしまうかもしれない．たとえば，メスである T2 の子どもとメスである T7 が産んだ幼獣がその後撮影されなかった場合に，彼らが生存していれば調査地外に分散したことを示唆する．Karanth et al.（2006）は変化，生存，新規個体の加入，一時的な移出などの割合の推定を 12 年のデータに基づいて行っている．ジャガーの調査者はこれらの割合の推定を今日まで行っていないが，最長の継続研究は現在で 6 年であり，近い将来これらの推定が可能になるだろう．カメラトラップ調査はアメリカとメキシコ（McCain and Childs 2008），アルゼンチンとブラジル（Paviolo et al. 2006），ボリビアとパラグアイ（Romero-Muñoz et al. 2007）の間といった国境の移動についても言及してきた．それらの情報は国際的な保全努力を推進するために非常に貴重である．

8.5　考察

　個体数を計算するには検出数が少なすぎる場合あるいは格子状にトラップを配置できない場合の別な方法として，それぞれのカメラ設置箇所における検出—不検出データを用いた検出確率と占有面積の割合のモデル化がありえる（MacKenzie and Kendall 2002；MacKenzie et al. 2003, MacKenzie et al. 2006, O'Connell and Bailey による 11 章を参照）．この方法では，検出—不検出（しばしば在—不在と呼ばれる）データが個体数の代替として警戒心が高い種や密度が低い種に用いられる．この方法は，占有された場所の割合の変化が個体群サイズの変化と相関し，調査地は適切な空間スケールで定義されることが適用条件である（MacKenzie 2005；MacKenzie et al. 2006）．これまでこの方法はジャガーに適用されたことはないが，将来の研究では必ず用いられるだろう．

　［訳注：対象種の密度の］空間的な変異に言及するため，種の 1 日の行動に関する情報とカメラの無作為配置を組み合わせた新しいカメラトラップ法が開発されているが（Rowcliffe et al. 2008），無作為配置はほとんどの野外のジャガーの研究では非現実的である．なぜならば，捕獲確率が極端に低いからである．ジャガーを対象とした研究でも捕獲確率が非常に低い（100 カメラナイトあたり最大 2 個体）ことが既知の元で，無作為配置で求められる捕獲数を得るために努力量を増加させることはおそらく現実的ではない．規則性があり等間隔でジャガーを対象としたトラップ配置（すなわち，道，獣道，狩猟者の道，河川などの存在を考慮する）は，Rowcliffe et al.（2008）のガスモデルにおけるバイアスのない推定値を得るのに必要であることが証明されているトラップの無作為配置という仮定に反している．しかし，CR 調査を行うために十分な再捕獲数を得ることも必要である．対象種を狙ったサンプリングを組み合わせた無作為配置という妥協法がおそらく有用であろう．別な方法として，Borchers and Efford（2008）が用いた，動物の位置と空間位置が与えられた捕獲確率を推定するために捕獲場所を用いる方法がある．この方法では，密度は時空間の共変量に基づいて最尤推定の枠組みで評価される．この方法はまだジャガーに適用されたことはない．

　カメラトラップを用いたすべてのジャガー調査に共通した問題は，対象とする個体群の真の密度を知らないこととそれによって真の密度を過小あるいは過大推定しているのかわからないことである．カメラトラップ法の補正のため

に，密度が既知である場所でのカメラ調査を行う必要がある．これはライオン（*Panthera leo*）のようなある場所における全個体が既知である（C. Packer［Minnesota University］，私信）他の種では可能かもしれないが，あらゆるジャガーの生息域ではこれは不可能だろう．

　規則的にカメラトラップを配置する方法は，多くの保護地域が比較的小面積で，調査がそれらの地域の大部分あるいはすべてを含み，対象種が保護地域の外に移動することが難しいインドにおけるトラの研究で元々発達した．ジャガーの生息域において類似した条件は，たとえば中央アメリカの多くやブラジルの大陸性森林で存在する．しかし，多くの他の場所やとくに南アメリカでは，ジャガーが $100～500\,km^2$ のカメラトラップ調査の境界を自由に越えて移動できるような，$10,000\,km^2$ を超えるような広大な保護地域あるいは潜在的な生息域のごく一部で調査が行われている．密度推定値はこの広域の景観におけるこの種の状態に関する情報を提供するので重要である．しかし，推定値は一時的にのみ用いられるべきであり，外挿してより広い保護区あるいは地域の個体群全体の推定を行うことは注意が必要である（Maffei et al. 2004b）．肉食獣の密度は人間による干渉がまったくない，あるいはほとんどない自然条件かであっても大きく変動するかもしれない（Karanth et al. 2004；Sunquist et al. 1999）．

　密度推定値は有効調査面積の値にとくに敏感で，それはトラップ周辺のバッファサイズに依存する．カメラトラップの間隔，全体の調査面積，ホームレンジ半径とカメラデータから得られる 1/2MMDM との一致度は，密度推定値に影響する 3 つの重要な要因として挙げられている（Dillon and Kelly 2007, 2008）．カメラの間隔が増加すれば MMDM が増加するので密度推定値が減少することになる（Dillon and Kelly 2007）．Maffei and Noss（2008）は，面積が小さいことは最大移動距離の過小評価につながるので，対象種のホームレンジに対してカメラの調査面積が小さい場合は，MMDM はホームレンジ直径のよい指標ではないことを提唱している．1/2MMDM は文献においてホームレンジの指標として用いられた長い歴史があり（Dice 1938），シミュレーション研究でよい成績であった（Wilson and Anderson 1985）が，その使用に近年疑問が呈されている．Parmenter et al.（2003）は，捕獲地点数が少ない場合ホームレンジサイズや移動距離の深刻な過小推定をもたらすことを発見した．ほとんどのジャガーの研究は 30 かそれ以下のカメラ設置点を用いるが，捕獲地点

は間違いなく少ない．Parmenter et al.（2003）は 1/2MMDM ではなく MMDM を用いることで小型哺乳類の研究では経験的によい結果であったことを発見したが，動物の移動について数多くの仮定が必要であることから彼らは MMDM の使用に警鐘を鳴らしている．彼らは代わりに，ラジオテレメトリーから得られた既知の移動距離を用いることを提案している．

このことを行った研究はわずかである．Pantanal でカメラトラップ調査と同時にジャガーを電波発信機で追跡した Soisalo and Cavalcanti（2006）は，電波発信機で移動した距離はカメラトラップで推定した距離の 2 倍であったことを発見した．首輪をつけられたジャガーの行動と彼らの MMDM の比較に基づいて，1/2MMDM よりも MMDM をカメラの位置のバッファに用いることを勧めている（Parmenter et al. 2003 に従って）．カメラトラップとラジオテレメトリーによる調査をオセロットに同時に行った最近の研究において，ある研究では Soisalo and Cavalcanti（2006）と類似した結果が得られ（Dillon and Kelly 2008），別の研究では 1/2MMDM がホームレンジ半径の指標として適切であった（Maffei and Noss 2008）ことから，1/2MMDM が適切なのか MMDM が適切なのかは曖昧であるということになる．オセロットに関するこの二つの研究は生息地の種類が異なっており，ある亜個体群から別の亜個体群への野生のネコ科動物の移動パターンは亜個体群ごとに可塑的であることを示している．

MMDM を，調査を行うジャガー個体群の遊動パターン（そして有効サンプリング面積の推定における正確な指標）の正確な特徴とするために，カメラトラップを配置する格子はジャガーが調査期間中に移動するであろう長い距離を考慮して十分に大きいものでなくてはならない．明らかに，15 km の範囲内に設置されているカメラトラップの配置は 15 km 以上移動する動物の正確な分布の特徴とならないだろう．そのため，カメラトラップ調査の設計を行う調査者は，カメラトラップの格子最小次元について何らかの事前の仮定をおく必要がある．

中央アメリカでは，ラジオテレメトリー研究によってジャガーのホームレンジについて以下のような報告がなされてきた．ベリーズの熱帯湿性低地林で $10 \sim 40 \, \mathrm{km}^2$（Rabinowitz and Nottingham 1986），メキシコの熱帯湿性低地林で $32 \sim 59 \, \mathrm{km}^2$（Ceballos et al. 2002），メキシコの乾性林で $25 \sim 65 \, \mathrm{km}^2$（Núñez et al. 2002）．カメラトラップ調査は少なくとも対象種の平均的なホームレンジ

4つを含むという推奨（Maffei and Noss 2008）を適用すると，中央アメリカにおけるジャガーの調査は最低でも100〜180 km^{2}の範囲の地域を含んでいるべきである．コスタリカのSan CristobalとパナマのDarienでの2回目の調査と同様に，ベリーズでの複数の調査はこの要件を満たしている（表8.2）．メキシコ—アメリカ国境付近で低密度で分布範囲が広いジャガーについては，より広域な調査が必要である（McCain and Childs 2008）．

　南アメリカでは，中央アメリカよりも平均的なホームレンジははるかに広い．Pntanal草原で52〜176 km^2（Crawshaw and Quigley 1991；Soisalo and Cavalcanti 2006），大陸性熱帯湿性低地林で43〜177 km^2（Crawshaw 1995；Cullen et al. 2005），ベネズエラLlanos草原で48〜130 km^2（Scognamillo et al. 2002, 2003），Chacoで69〜1,200 km^2（McBride et al. 2004, 2005；Romero-Muñoz et al. 2007）であった．再びMaffei and Noss（2008）が提案した暫定的な基準を適用すると，南アメリカにおけるジャガーの調査は最低でもカメラが500〜600 km^{2}の範囲を含むことを保証すべきである．YabotíとIguazúにおける2回目の調査（Argentina-Paviolo et al. 2008）はそれぞれ550 km^{2}を含むためこの基準を満たしており，保護地域の21％に等しい．Moro do Diabloでの調査（ブラジル）はこの基準に近く，同時に保護地域の90％を含んでおり，ラジオテレメトリーでの情報によってカメラトラップによる密度推定を確認している（Cullen et al. 2005）．ボリビアのPalmarにおける2回目の調査もこの基準に近いが，広大なKaa-Iya国立公園のわずか3％しか含んでいない（Montaño et al. 2007）．

　カメラトラップ調査による密度推定値は，とくに調査が広大な保護地域あるいはジャガーの潜在的な生息域のごく一部分しか含んでいない場合，カメラが500 km^{2}以上の範囲を含むカメラトラップ調査によって方法が検証されるまで単なる予備試験として扱うことを勧める．最低でも平均的なホームレンジの4倍の面積をカメラトラップで覆うことが設備的に不可能である場合，ジャガー個体群の密度推定値は非常に注意深く解釈することを勧める．さらに，カメラトラップによる有効サンプリング面積の推定において1/2MMDMの代替値として用いるために，類似した生息地と地域で1日のホームレンジの範囲を決定するためのラジオテレメトリー調査が必要である．有効調査面積を推定するためのモデリングに基づいたより理論的に優れた方法の開発も勧める．

　最後に，論文として出版されたトラの調査と比較すると，ジャガーの調査は

比較的少ないサンプルサイズである（表8.3）．ジャガーはその生息地での密度が一般に低いので，これからの研究はより大きなサンプルサイズによる結果と密度推定値が一致するのかを確認するために，より大きな面積で調査することに重きをおくべきである．

謝辞

私たちはジャガーを研究し保全するための Alan Rabinowitz の激励と指導力と広範囲の調査を整理する展望にとくに感謝する．Wildlife Conservation Society による 10 年以上続くジャガー保全プログラムをつうじ，最近ではヒョウも含めたジャガーコリドーの創始者として彼は私たちに方法論を紹介し，ここで報告した多くの調査を技術的および予算的に援助した．私たちは自身の研究や調査地の情報を快く提供してくれたすべての研究者に非常に感謝する．A. Paviolo, M. di Bitetti, C.D. de Angelo, Y.E. di Blanco, L. Denapole, L. Ostro, C. Miller, B. Miller, R. Arispe, E. Cuéllar, C. Venegas, D. Rumiz, R. Peña, T. Dosapey, R. Montaño, A. Romero-Muñoz, J. Barrientos, E. Ity, J. Ity, F. Mendoza, J. Segundo, G. Segundo, R. Wallace, G. Ayala, M. Trolle, T.T. de Oliveira, L. Silveira, N.M. Negroes, A.T. de Almeida Jácomo, E. Payan, E. Carrillo, R. Amit, S. Espinosa, R. McNab, R. García, H. Portillo, O. Rosas-Rosas, J. Polisar, R. Moreno, S. Astete, V. Quiroga, M. Tobler，そして S. Carrillo-Percastegui. Kathy Zeller はおそれ多くも図 8.1 の地図を作ってくれた．私たちは，一人ひとり名前を挙げるには多すぎる多くの国々の多くの調査地での調査を可能としてくれたすべての支持者と仲間（保全機関，地元および政府機関，民間，個人）に感謝したい．ここで示された進行中の協働はジャガーのための研究を続けていくのに必要不可欠である．

引用文献

Amit, R. R. 2007. Densidad de jaguares (*Panthera onca*), en el Sector San Cristóbal del Área de Conservación Guanacaste, Costa Rica. Undergraduate thesis. Universidad Nacional, Heredia, Costa Rica

Arispe, R., D. I. Rumiz, and C. Venegas. 2005. Segundo censo de jaguares (*Panthera onca*) y otros mamíferos con trampas cámara en la Estancia San Miguelito. Technical Report #144, Wildlife Conservation Society, Santa Cruz, Bolivia

Arispe, R., C. Venegas, D. I. Rumiz, and A. J. Noss. 2006. Estudio de mamíferos con trampas cámara en estancias ganaderas al sur de Roboré. Technical Report #166, Wildlife Conservation Society, Santa Cruz, Bolivia

Arispe, R., D. I. Rumiz, and C. Venegas. 2007. Censo de jaguares (*Panthera onca*) y otros mamíferos con trampas-cámara en la Concesión Forestal El Encanto (23 de septiembre-20 de noviembre). Technical Report #173, Wildlife Conservation Society, Santa Cruz, Bolivia

Astete, S. E. 2008. Ecología da onça pintada nos Parques Nacionais Serra da Capivara e Serra das Confusões, Piauí. M.S. thesis. Universidade da Brasília, Brasilia, Brazil

Borchers, D. L. and M. G. Efford. 2008. Spatially explicit maximum likelihood methods for capture-recapture studies. Biometrics 64:377-385

Bustamante, A. 2008. Densidad y uso de hábitat por los felinos en la parte sureste del área de amortiguamiento del Parque Nacional Corcovado, Península del Osa, Costa Rica. M.S. thesis. Universidad Nacional, Heredia, Costa Rica

Carbone, C., S. Christie, K. Conforti, T. Coulson, N. Franklin, J. R. Ginsberg, M. Griffiths, J. Holden, K. Kawanishi, M. Kinnaird, R. Laidlaw, A. Lynam, D. W. Macdonald, D. Martyr, C. McDougal, L. Nath, T. O'Brien, J. Seidensticker, D. J. L. Smith, M. Sunquist, R. Tilson, and W. N. Wan Shahruddin. 2001. The use of photographic rates to estimate densities of tigers and other cryptic animals. Animal Conservation 4:75-79

Carbone, C., S. Christie, K. Conforti, T. Coulson, N. Franklin, J. R. Ginsberg, M. Griffiths, J. Holden, M. Kinnaird, R. Laidlaw, A. Lynam, D. W. MacDonald, D. Martyr, C. McDougal, L. Nath, T. O'Brien, J. Seidensticker, J. L. D. Smith, R. Tilson, and W. N. Wan Shahruddin. 2002. The use of photographic rates to estimate densities of cryptic mammals: response to Jennelle et al. Animal Conservation 5:121-124

Carrillo, E., R. Salom-Pérez, J. Saénz, and C. Saénz. 2007. Análisis de distribución de poblaciones de mono araña, felinos grandes y sus presas en la Península de Osa como una herramienta para definir áreas prioritarias de conservación. Final Report presented to INBio. Instituto Nacional de Biodiversidad-Coalición Técnica del Corredor Osa, Critical Ecosystem Partnership Fund-Conservation International, Wildlife Conservation Society & Instituto Internacional en Conservación y Manejo de Vida Silvestre, San José, Costa Rica

Ceballos, G., C. Chávez, A. Rivera, C. Manterola, and B. Wall. 2002. Tamaño poblacional y conservación del jaguar en la Reserva de la Biosfera Calakmul, Campeche, México. Pages 403-417 in R. A. Medellín, C. Equihua, C. L. B. Chetkiewicz, P. G. Crawshaw, Jr., A. Rabinowitz, K. H. Redford, J. G. Robinson, E. W. Sanderson, and A. B. Taber, editors. El jaguar en el nuevo milenio. Fondo de Cultura Económica, Universidad Nacional Autónoma de México, Wildlife Conservation Society, Mexico City, Mexico

Chávez, C., G. Ceballos, R. Medellín, and H. Zarza. 2006. Primer censo nacional del jaguar. Pages 133-141 in Conservación y manejo del jaguar en México: estudios de caso y perspectivas. G. Ceballos, C. Chávez, R. List, and H. Zarza, editors. Comisión nacional para el conocimiento y uso de la biodiversidad, World Wildlife Fund, Telcel, Universidad Nacional Autónoma de México, Mexico City, Mexico

Crawshaw, P. G., Jr. 1995. Comparative ecology of the ocelot (*Leopardus pardalis*) and jaguar (*Panthera onca*) in a protected subtropical forest in Brazil and Argentina. Ph.D. dissertation. University of Florida, Gainesville, FL

Crawshaw, P. G., Jr. and H. B. Quigley. 1991. Jaguar spacing, activity and habitat use in a seasonally flooded environment in Brazil. Journal of Zoology, 223:357-370

Cuéllar, E., T. Dosapei, R. Peña, and A. J. Noss. 2003. Jaguar and other mammal camera trap survey Ravelo II, Ravelo field camp (19° 17' 44"S, 60° 37' 10"W), Kaa-Iya del Gran Chaco National Park, 18 September-18 November 2003. Technical Report #103. Wildlife Conservation Society, Santa Cruz, Bolivia

Cuéllar, E., J. Segundo, G. Castro, and A. J. Noss. 2004. Jaguar and other mammal camera trap survey Guanaco II, Guanaco field camp (20° 03' 03"S, 62° 26' 04"W), Kaa-Iya del Gran Chaco National Park, 18 August-18 October 2004. Technical Report #108. Wildlife Conservation Society, Santa Cruz, Bolivia

Cuéllar, E., L. Maffei, R. Arispe, and A. J. Noss. 2006. Geoffroy's cats at the northern limit of their range: activity patterns and density estimates from camera trapping in Bolivian dry forests. Studies on Neotropical Fauna and Environment 41:169-178

Cullen, L. Jr., D. Sana, K. C. Abreu, and A. F. D. Nava. 2005. Jaguars as landscape detectives for the upper Paraná river corridor, Brazil. Natureza e Conservação 3:124-146

Denapole, L. 2007. Jaguar (*Panthera onca*), puma (*Puma concolor*) y presas en el Chaco Seco, Santiago del Estero, República Argentina. M.S. thesis. Universidad Nacional, Heredia, Costa Rica

Di Bitetti, M. S., A. Paviolo, and C. D. de Angelo. 2006. Density, habitat use and activity patterns of ocelots (*Leopardus pardalis*) in the Atlantic Forest of Misiones, Argentina. Journal of Zoology, 270:153-163

Di Bitetti, M. S., A. Paviolo, C. D. de Angelo, and Y. E. di Blanco. 2008. Local and continental correlates of the abundance of a neotropical cat, the ocelot (*Leopardus pardalis*). Journal of Tropical Ecology 24:189-200

Dice, L. R. 1938. Some census methods for mammals. Journal of Wildlife Management 2:119-120

Dillon, A. and M. J. Kelly. 2007. Ocelot *Leopardus pardalis* in Belize: the impact of trap spacing and distance moved on density estimates. Oryx 41:469-477

Dillon, A. and M. J. Kelly. 2008. Ocelot home range, overlap, and density using camera trapping and radio telemetry. Journal of Zoology 275:391-398

Efford, M. G., D. K. Dawson, and C. S. Robbins. 2004. DENSITY: software for analysing capture-recapture data from passive detector arrays. Animal Biodiversity and Conservation 27:217-228

García, A. R., R. B. McNab, J. S. Shoender, J. Radachowsky, J. Moreira, C. Estrada, V. Méndez, D. Juárez, T. Dubón, M. Córdova, F. Córdova, F. Oliva, G. Tut, K. Tut, E. González, E. Muñoz, L. Morales, and L. Flores. 2006. Los jaguares del corazón del Parque Nacional Tikal, Petén, Guatemala. Asociación Balám and Wildlife Conservation Society, Flores, Petén, Guatemala

Harmsen, B. J., R. J. Foster, S. C. Silver, L. E. T. Ostro, and C. P. Doncaster. 2010. The ecology of jaguars in the Cockscomb Basin Wildlife Sanctuary, Belize. Pages 403-416 in D. Macdonald, editor. The biology and conservation of wild felids. Oxford University Press, Oxford

Henschel, P. and J. Ray. 2003. Leopards in African rainforests: survey and monitoring techniques. WCS Global Carnivore Program. Wildlife Conservation Society, New York

Jackson, R. M., J. D. Roe, R. Wangchuk, and D. O. Hunter. 2006. Estimating snow leopard population abundance using photography and capture-recapture techniques. Wildlife Society Bulletin 34:772-781

Jennelle, C. S., M. C. Runge, and D. I. MacKenzie. 2002. The use of photographic rates to estimate densities of tigers and other mammals: a comment on misleading conclusions. Animal Conservation 5:119-120

Karanth, K. U. 1995. Estimating tiger *Panthera tigris* populations from camera-trap data using capture-recapture models. Biological Conservation 71:333-36

Karanth, K. U. and J. D. Nichols. 1998. Estimation of tiger densities in India using photographic captures and recaptures. Ecology 79:2852-2862

Karanth, K. U. and J. D. Nichols, editors. 2002. Monitoring tigers and their prey: a manual for researchers, managers and conservationists in tropical Asia. Centre for Wildlife Studies, Bangalore, India

Karanth, K. U., J. D. Nichols, N. S. Kumar, W. A. Link, and J. E. Hines. 2004. Tigers and their prey: predicting carnivore densities from prey abundance. Proceedings of the National Academy of Sciences 101:4854-4858

Karanth, K. U., J. D. Nichols, N. S. Kumar, and J. E. Hines. 2006. Assessing tiger population dynamics using photographic capture-recapture sampling. Ecology 87:2925-2937

Kelly, M. J. 2003. Jaguar monitoring in the Chiquibul Forest, Belize. Caribbean Geography 13: 19-32

Kelly, M. J., A. J. Noss, M. S. di Bitetti, L. Maffei, R. Arispe, A. Paviolo, C. D. de Angelo, and Y. E. di Blanco. 2008. Estimating puma densities from camera trapping across three study sites: Bolivia, Argentina, Belize. Journal of Mammalogy 89:408-418

Kostyria, A. V., A. S. Skorodelov, D. G. Miquelle, V. V. Aramilev, and D. McCullough. 2003. Results of camera trap survey of far eastern leopard population in southwest Primorski Krai, winter 2002-2003. Wildlife Conservation Society and Institute for Sustainable Natural

176

Resource Use, Vladivostok, Russia

MacKenzie, D. I. 2005. What are the issues with presence-absence data for wildlife managers? Journal of Wildlife Management 69:849-860

MacKenzie, D. I. and W. L. Kendall. 2002. How should detection probability be incorporated into estimates of relative abundance? Ecology 83:2387-2393

MacKenzie, D. I., J. D. Nichols, J. E. Hines, M. G. Knutson, and A. B. Franklin. 2003. Estimating site occupancy, colonization, and local extinction when a species is detected imperfectly. Ecology 84:2200-2207

MacKenzie, D. I., J. D. Nichols, A. Royle, K. H. Pollock, L. L. Bailey, and J. E. Hines. 2006. Occupancy estimation and modeling: inferring patterns and dynamics of species occurrence. Academic, Boston, MA

Maffei, L. 2005. Estudios con trampas cámaras en el Área Protegida San Matias. Technical Report #162. Wildlife Conservation Society, Santa Cruz, Bolivia

Maffei, L. and A. J. Noss. 2008. How small is too small? Camera trap survey areas and density estimates for ocelots in the Bolivian Chaco. Biotropica 40:71-75

Maffei, L., J. Barrientos, F. Mendoza, E. Ity, and A. J. Noss. 2003. Jaguar and other mammal camera trap survey Cerro II, Cerro Cortado field camp (19° 31' 36"S, 61° 18' 36"W), Kaa-Iya del Gran Chaco National Park, 28 November 2002-28 January 2003. Technical Report #85. Kaa-Iya Project (Capitanía de Alto y Bajo Isoso, Wildlife Conservation Society), Santa Cruz, Bolivia

Maffei, L., B. Julio, R. Paredes, A. Posiño, and A. J. Noss. 2004a. Estudios con trampas-cámara en el campamento Tucavaca III (18° 30.97' S, 60° 48.62' W), Parque Nacional Kaa-Iya del Gran Chaco, 28 de marzo-28 de mayo de 2004. Technical Report #129. Wildlife Conservation Society, Santa Cruz, Bolivia

Maffei, L., E. Cuéllar, and A. Noss. 2004b. One thousand jaguars (*Panthera onca*) in Bolivia's Chaco? Camera trapping in the Kaa-Iya National Park. Journal of Zoology, 262:295-304

Maffei, L., A. J. Noss, E. Cuéllar, and D. I. Rumiz. 2005. Ocelot (*Felis pardalis*) population densities, activity, and ranging behaviour in the dry forests of eastern Bolivia: data from camera trapping. Journal of Tropical Ecology 21:349-353

McBride, R., L. Zavala, and E. Buongermini. 2004. Proyecto Jaguareté. Informe Técnico 2002-2004. Faro Moro Eco Research – Conservation Force, Secretaría del Ambiente, Asunción, Paraguay

McBride, R., L. Zavala, and E. Buongermini. 2005. Proyecto Jaguareté. Informe Técnico 2005. Faro Moro Eco Research – Conservation Force, Secretaría del Ambiente, Asunción, Paraguay

McCain, E. B. and J. L. Childs. 2008. Evidence of resident jaguars (*Panthera onca*) in the southwestern United States and the implications for conservation. Journal of Mammalogy 89:1-10

McNab, R. B., J. Moreira, R. García, G. Ponce, V. Méndez, M. Córdova, F. Córdova, G. Ical, I. García, A. Vanegas, E. Zepeda, H. Tut, and R. Monzón. 2008. Densidad de jaguares en la Concesión Comunitaria de Carmelita y Asociación Forestal Integral San Andrés Petén, Reserva de la Biosfera Maya. Technical Report. Wildlife Conservation Society-Guatemala, Flores, Guatemala

Miller, C. M. 2005. Jaguar density in Gallon Jug Estate, Belize. Unpublished report. Wildlife Conservation Society, Gallon Jug, Belize

Miller, C. M. 2006. Jaguar density in Fireburn, Belize. Unpublished report. Wildlife Conservation Society, Gallon Jug, Belize

Miller, C. M. and B. Miller. 2005. Jaguar density in La Selva Maya. Unpublished report. Wildlife Conservation Society, Gallon Jug, Belize

8章　個体数/密度の事例研究　*177*

Montaño, R. R., L. Maffei, and A. J. Noss. 2007. Segundo muestreo con trampas cámaras de jaguares y otros mamíferos en el Campamento Palmar de las Islas y Ravelo (Diciembre 2006-Marzo 2007). Technical Report #185. Wildlife Conservation Society, Santa Cruz, Bolivia

Moreira, J., R. B. McNab, D. Thornton, R. García, V. Méndez, A. Vanegas, G. Ical, E. Zepeda, R. Senturión, I. García, J. Cruz, G. Asij, G. Ponce, J. Radachowsky, and M. Córdova. 2007. The comparative abundance of jaguars in La Gloria-El Lechugal, Multiple Use Zone, Maya Biosphere Reserve, Guatemala. Wildlife Conservation Society, Flores, Guatemala

Moreno, R. 2006. Parámetros poblaciones y aspectos ecológicos de los felinos y sus presas en Cana, Parque Nacional Darien, Panamá. M.S. thesis. Universidad Nacional, Heredia, Costa Rica

Núñez, R., B. Miller, and F. Lindzey. 2002. Ecología del jaguar en la Reserva de la Biosfera Chamela-Cuixmala, Jalisco, México. Pages 107-126 *in* R. A. Medellín, C. Equihua, C. L. B. Chetkiewicz, P. G. Crawshaw, Jr., A. Rabinowitz, K. H. Redford, J. G. Robinson, E. W. Sanderson, and A. B. Taber, editors. El jaguar en el nuevo milenio. Fondo de Cultura Económica, Universidad Nacional Autónoma de México, Wildlife Conservation Society, Mexico City, Mexico

Otis, D. L., K. P. Burnham, G. C. White, and D. R. Anderson. 1978. Statistical inference from capture data on closed populations. Wildlife Monographs 62:1-135

Parmenter, R. R., T. L. Yates, D. R. Anderson, K. P. Burnham, J. L. Dunnum, A. B. Franklin, M. T. Friggens, B. C. Lubow, M. Miller, G. S. Olson, C. A. Parmenter, J. Pollard, E. Rexstad, T. M. Shenk, T. R. Stanley, and G. C. White. 2003. Small-mammal density estimation: A field comparison of grid-based vs. web-based density estimators. Ecological Monographs 73: 1-26

Paviolo, A., C. de Angelo, Y. di Blanco, C. Ferrari, M. di Bitetti, C. B. Kasper, F. Mazim, J. B. G. Soares, and T. G. de Oliveira. 2006. Crossing the border: the need of transboundary efforts between Argentina, Brazil and Paraguay to preserve the southernmost jaguar (*Panthera onca*) population in the world. Cat News 45:12-14

Paviolo, A. J., C. D. de Angelo, Y. E. di Blanco, and M. S. di Bitetti. 2008. Jaguar population decline in the Upper Paraná Atlantic Forest of Argentina and Brazil. Oryx 42:554-561

Payan, C. E. 2008. The impact of indigenous hunting in jaguar, ocelot and prey populations inside and outside a national park in Colombian Amazonia. PhD dissertation, University College London and Insitute of Zoology, Zoological Society of London, London

Pereira, J., M. di Bitetti, N. Fracassi, A. Paviolo, and C. de Angelo. 2006. Densidad y patrón de actividad del gato montés (*Oncifelis geoffroyi*) en un arbustal semidesértico de Argentina central. I Congreso Sudamericano de Mastozoología. 5-8 October 2006. Ciudad de Gramado, Rio Grande do Sul, Brazil

Polisar, J. 2006. Jaguares, presas y gente en Territorios Indígenas Mayangna Sauni Bu, Reserva Biosfera BOSAWAS. The Nature Conservancy, United States Agency for International Development, Managua, Nicaragua

Rabinowitz, A. R. and B. G. Nottingham Jr. 1986. Ecology and behaviour of the jaguar (*Panthera onca*) in Belize, Central America. Journal of Zoology, 210:149-159

Romero-Muñoz, A. 2008. Densidad, patrones de actividad y comportamiento espacial de felinos en dos sitios del Gran Chaco con diferente presión de ganadería. Undergraduate thesis. Universidad Mayor de San Simon, Cochabamba, Bolivia

Romero-Muñoz, A., A. J. Noss, L. Maffei, and R. M. Montaño. 2007. Binational jaguar confirmed by camera-traps in the American Gran Chaco. Cat News 46:24-25

Rosas-Rosas, O. C. 2006. Ecological status and conservation of jaguars in northeastern Sonora, Mexico. Ph.D. dissertation. New Mexico State University, Las Cruces, New Mexico

Rowcliffe, J. M., J. Field, S. T. Turvey, and C. Carbone. 2008. Estimating animal density using camera traps without the need for individual recognition. Journal of Applied Ecology 45: 1228-1236

Royle, J. A., J. D. Nichols, K. U. Karanth, and A. M. Gopalaswamy. 2009. A hierarchical model for estimating density in camera-trap studies. Journal of Applied Ecology 46:118-127

Rumiz, D. I., R. Arispe, A. J. Noss, and K. Rivero. 2003. Survey of jaguars (*Panthera onca*) and other mammals using camera traps in the San Miguelito Ranch, Santa Cruz, Bolivia. Technical Report #143. Wildlife Conservation Society, Museo de Historia Natural Noel Kempff Mercado, Santa Cruz, Bolivia

Salom-Pérez, R., E. Carrillo, J. C. Sáenz, and J. M. Mora. 2007. Critical condition of the jaguar *Panthera onca* in Corcovado National Park, Costa Rica. Oryx 41:1-7

Sanderson, E. W., K. H. Redford, C.-L. B. Chetkiewicz, R. A. Medellin, A. R. Rabinowitz, J. G. Robinson, and A. B. Taber. 2002. Planning to save a species: the jaguar as a model. Conservation Biology 16:58-72

Scognamillo, D. I., E. Maxit, M. Sunquist, and L. Farrell. 2002. Ecología del jaguar y el problema de la depredación de ganado en un hato de los llanos venezolanos. Pages 139-150 *in* R. A. Medellín, C. Equihua, C. L. B. Chetkiewicz, P. G. Crawshaw, Jr., A. Rabinowitz, K. H. Redford, J. G. Robinson, E. W. Sanderson, and A. B. Taber, editors. El jaguar en el nuevo milenio. Fondo de Cultura Económica, Universidad Nacional Autónoma de México, Wildlife Conservation Society, Mexico City, Mexico

Scognamillo, D. I., E. Maxit, M. Sunquist, and J. Polisar. 2003. Coexistence of jaguar (*Panthera onca*) and puma (*Puma concolor*) in a mosaic landscape in the Venezuelan llanos. Journal of Zoology, 259:269-279

Silveira. L. 2004. Ecologia comparada e conservação da onça-pintada (*Panthera onca*) e onça-parda (*Puma concolor*) no Cerrado e Pantanal. PhD dissertation, University of Brasília, Brazil

Silveira, L., A. T. A. Jácomo, S. Astete, R. Sollmann, N. M. Tôrres, M. M. Furtado, and J. Marinho-Filho. 2009. Density of the near threatened jaguar *Panthera onca* in the Caatinga of north-eastern Brazil. Oryx 44:107-109

Silver, S. 2004. Assessing jaguar abundance using remotely triggered cameras. Wildlife Conservation Society, New York. http://savingwildplaces.com/media/file/SilverJaguar Camera-TrappingProtocol.pdf

Silver, S. C., L. E. T. Ostro, L. K. Marsh, L. Maffei, A. J. Noss, and M. Kelly. 2004. The use of camera traps for estimating jaguar (*Panthera onca*) abundance and density using capture/recapture analysis. Oryx 28:148-154

Soisalo, M. K. and S. M. C. Cavalcanti. 2006. Estimating the density of a jaguar population in the Brazilian Pantanal using camera-traps and capture-recapture sampling in combination with GPS radio-telemetry. Biological Conservation 129:487-496

Sunquist, M., K. U. Karanth, and F. Sunquist. 1999. Ecology, behavior and resilience of the tiger and its conservation needs. Pages 5-18 *in* J. Seidensticker, S. Christie, and P. Jackson, editors. Riding the tiger: tiger conservation in human-dominated landscapes. The Zoological Society of London, Cambridge University Press, London

Trolle, M. and M. Kéry. 2003. Density estimation of ocelot (*Leopardus pardalis*) in the Brazilian Pantanal using capture-recapture analysis of camera-trapping data. Journal of Mammalogy 66:13-21

Trolle, M. and M. Kéry. 2005. Camera-trap study of ocelot and other secretive mammals in the northern Pantanal. Mammalia 69:405-412

Trolle, M., M. C. Bissaro, and H. M. Prado. 2007. Mammal survey at a ranch of the Brazilian Cerrado. Biodiversity and Conservation 16:1205-1211

Wallace, R. B., H. Gómez, G. Ayala, and F. Espinoza. 2003. Camera trapping for jaguar (*Panthera onca*) in the Tuichi valley, Bolivia. Mastozoología Neotropical 10:133-139

White, G. C., D. R. Anderson, K. P. Burnham, and D. L. Otis. 1982. Capture-recapture and removal methods for sampling closed populations. Los Alamos National Laboratory LA-8787-NERP, Los Alamos, New Mexico

Wilson, K. R. and D. R. Anderson. 1985. Evaluation of two density estimators of small mammal population size. Journal of Mammalogy 66:13-21

Zeller, K. 2007. Jaguars in the new millennium data base update:the state of the jaguar in 2006. Wildlife Conservation Society-Jaguar Conservation Program, New York

表 8.2 引用文献

1, Denapole (2007); 2, Paviolo et al. (2008); 3, silver et al. (2004); 4, Miller (2005); 5, Miller and Miller (2005); 6, Kelly (2003); 7, Maffei et al. (2003); 8, Arispe et al. (2007); 9, Romero-Muñoz (2008); 10, Cuéllar et al. (2004); 11, Moreno (2006); 12, Cuéllar et al. (2003); 13, Maffei (2005); 14, Arispe et al. (2005); 15, Maffei et al. (2004a); 16, Soisalo and Cavalcanti (2006); 17, Cullen et al. (2005); 18, Trolle and Kéry (2005); 19, Salom-Pérez et al. (2007); 20, Amit (2007); 21, García et al. (2006); 22, Payan (2008); 23, Rosas-Rosas (2006); 24, Polisar (2006); 25, Montaño et al. (2007); 26, Trolle et al. (2007); 27, Miller (2006); 28, Silveira (2004); 29, L. Silveira and N.M. Negrões (Jaguar Conservation Fund / Institute Onça-Pintada, Mineiros, Brazil) (unpublished data); 30, Carrillolet al. (2007); 31, S. Carrillo-Percastegui, M. Tobler and G. Powell (unpublished data); 32, Arispe et al. (2006); 33, McNab et al. (2008); 34, Moreira et al. (2007); 35, M. Kelly, Virginia Tech University, Blacksburg, VA (unpublished data); 36, S. Espinosa, University of Florida, Gainesville, FL (unpublished data); 37, Silveira et al. (2009); 38, Bustamante (2008); 39, V. Quiroga (CONICET, Mendoza, Argentina) (unpublished data).

Cappter9　Estimation of Demographic Parameters in a Tiger Population from
Long-term Camera Trap Data

K. Ullas Karanth, James D. Nichols, N. Samba Kumar and Devcharan Jathanna

第9章

長期カメラトラップデータに基づいたトラ個体群の個体群動態パラメータの推定

9.1　はじめに

　Karanth らによる第7章では，トラ（*Panthera tigris*）の密度を推定するための閉鎖個体群における捕獲—再捕獲（CR）モデルと組み合わせたカメラトラップ調査の使用について説明した．そのような推定は，特定の種の空間全体にわたる変動（たとえば，Karanth et al. 2004）または特定の場所における種間の変異を調査するにあたって非常に有用となりうる．さらに，同じ場所で複数年にわたって継続して得られた密度推定値は，大型肉食動物の個体群の理解と管理に非常に有用である．そのような複数年にわたる研究では，個体数の変化率を推定することができる．さらに，個体識別された動物の運命が時間に沿って追跡されるため，生物学者は生存率，新規加入率，移出入率などの個体数に変化を引き起こす要因を徹底的に探ることができる（Williams et al. 2002）．幸いなことに，近代的な CR アプローチは，出生，死亡，移入，移出の結果としてサンプリングするたびに変化する個体群のモデリングを可能にする（Pollock et al. 1990；Nichols 1992）．初期の「開放個体群」モデルのいくつかは，生存率の推定に重点を置き個体数の推定には比較的重きを置いていなかったが，最近のモデルでは新規加入や移出入率の推定も可能である．

　長期的な動物の個体群動態の理解が重要であることを考慮すると，適切な空間スケールおよび時間スケールで大型哺乳類の研究を実施する際に生じる制約

181

のため，大型哺乳動物に関するこのような研究は比較的少ないといえるだろう．たとえば，トラの場合，ネパール（Sunquist 1981；Smith 1993；Kenny et al. 1995）とロシア（Kerley et al. 2003）において，30〜40個体から得られたラジオテレメトリーのデータに基づいてその時点のみの生存率を推定した研究例がわずかに存在する程度である．しかし，コストや管理上の手間がかかりすぎるため，トラの個体群動態パラメータを推定するためのラジオテレメトリーの使用可能性は厳しく制限されている．さらに，トラの個体群動態の研究で用いられている，発表済みの個体群動態パラメータ推定値（たとえば，Smith 1993；Kenny et al 1995；Carroll and Miquelle 2006；Chapron et al. 2008）のほとんどは，一般に検出確率を組み込むという重要な問題を無視し，それが彼らの最終的な推論を弱めている．

　この章では，時間ごとの個体数，年生存率，新規加入率といった主要な個体群動態パラメータを推定するために，非侵襲的なカメラトラップデータを開放個体群における CR モデルとともに使用する方法を示す．1991〜2000年にかけ南インドの Nagarahole において実施されたトラの個体群に関する9年間の調査事例（Karanth et al. 2006）を用いて，この方法論を説明する．

9.2　モニタリング上の問題に関連するトラの行動および個体群動態

9.2.1　サンプリングの検討

　CR モデルを使用して推定されたパラメータの正確度および精度は，サンプルサイズに依存するため，カメラトラップ（または他の技術）を使用して複数等の個体識別されたトラを効率的に「捕獲［訳注：本書の捕獲はカメラによる撮影を含む］」することは重要な問題である．すでに第7章でも検討されたが，カメラトラップ調査は，しばしば，サンプリング面積とサンプリング強度との間のトレードオフを伴う．幸い，トラは林道やトレイルを歩き回って行動圏を"パトロール"したり，獲物を探したりすることがよくある（Karanth and Chundawat 2002）．生物学者は，捕獲確率を最大にするために，このような移動経路に沿ってカメラトラップを設置することができる（トラップサイトの選択およびその他の野外調査設計の問題の詳細については7章を参照）．

　しかしながら，野外での評価に基づいて最適な場所にトラップが設置されていても，すべての齢―性別クラスのトラは同じように撮影されるわけではない

可能性がある．トラの空間構造と土地保有のシステムは，繁殖メスを中心に動く．繁殖メスは，通常，自分の産まれた地域の一部または近隣に縄張りを確保する．典型的には，これらのメスは，最初に 3〜4 歳で出産し，以降の 5〜7 年間その領域を保持する．成獣オスの行動圏ははるかに大きく，いくつかのメスの行動圏と重複しているが，オスの土地保有は通常 2〜4 年と短くなっている．亜成獣は約 18〜24 ヶ月で分散し，またオスはメスと比べてより出生地から遠ざかる．これらの分散は，数十 km 以上におよび，いくつかの繁殖個体の行動圏を通過し，同性の個体を追い出して移住するための縄張りを探し歩くことになる（Sunquist 1981；Smith et al. 1987；Smith 1993；Miquelle et al. 1999；Karanth and Sunquist 2000）．

　私たちは，開放モデル研究の場合においても，検出確率に関する局外パラメータを処理するという問題が生じることを強調したい．生物学者がカメラトラップを設置した調査地域が，必ずしもトラの生息地のパッチ全体をカバーしているとは限らない．上記のトラの社会構造パターンによって，どの個体群のトラについても，個体ごとに捕獲確率の不均質性をもつかもしれない．1 歳未満の幼獣は撮影を避けるかもしれないため，通常は 1 歳以上の動物の個体群動態パラメータが推定される．分散後，サンプリング対象地域を通過してしまった放浪中のトラは，複数回捕獲される確率が低いだろう．またいくつかの個体は，ある調査期間中にサンプリング対象地域から一時的に移動するかもしれないが，その後の期間には地域内に存在し，おそらく捕獲されるだろう．これは一時的な移出として知られている．長期研究における個体群からのトラの恒久的な消失は，出生後の分散か，あるいは死亡の結果として起こる可能性がある．これらのプロセスは，個体群動態に関する推論を行うために必要な捕獲履歴データを生成するうえですべて相互に関係しており，そのため少なくとも CR データのモデリング時には考慮する必要がある．さらに，開放モデル分析であっても，トラップへの応答，行動，捕獲確率の時間的変動を処理しなければならない．以下のデータ解析の問題でより詳しく説明されているように，閉鎖個体群研究のモデルと同様に，可能なかぎり，トラの生物学的なこれらの側面を開放個体群におけるカメラトラップ研究のモデルに現実にそって組み込むことが重要である（7 章を参照）．

　トラの行動圏の大きさは，おもに大きな有蹄動物の獲物の密度によって決まる（Karanth and Stith 1999；Karanth et al. 2004）．ネパールやインドの沖積草

地やインド半島の湿った落葉樹林など，被食者が豊富な生息地では，繁殖中のメスのトラの行動圏は小さく，トラの密度は高くなる傾向があるが，被食者の密度が低い生息地では，自然環境もしくは人間の影響のために，トラの行動圏は大きく，その密度は 1/10〜1/20 と低くなっているかもしれない．しかしながら，トラの生息地が最高な状態であっても，死亡率はすべての齢クラスで本質的に高い可能性があり，幼獣と放浪中の個体の生存率はもっとも低いだろう．

トラの死亡の直接的な原因としては，子殺し，飢餓，洪水，森林火災，および他種による捕食が含まれる．分散後の放浪個体は，同種内の闘争，飢餓，人間からの迫害による死亡に対して脆弱である（Karanth and Chundawat 2002）．局所的なトラ個体群も，恒久的な移出（分散）と闘争で追いやられた繁殖個体の死によって個体を失う（Smith 1993）．したがって，健全なトラ個体群でさえ，平衡密度（おもに被食者密度によって決定される）は時間的に動的であり，個体の回転率が高いという特徴がある．

トラ個体群動態のシミュレーション（Karanth and Stith 1999）と同様，トラと被食者の空間的な相関関係（Karanth and Nichols 1998；Karanth et al. 2004）からは，健全なトラ個体群が，トラ自体の密猟の影響よりも，被食者資源の枯渇（幼獣および成獣の生存率の低下だけでなく，環境収容力の減少を招く）の影響をより受けやすい可能性があると予測されている．これは，トラの密猟は，他のトラの生存率増加や新規加入によって部分的に補償される可能性が高いためである．この章で提示された事例研究では，被食者資源の豊富な生息地におけるトラ個体群において，年間の死亡個体割合が高いという仮説にもかかわらず，個体群が存続可能であるという予測を検証することを試みた．

9.2.2 野外調査の問題

実際の野外調査における検討事項のほとんどは第 7 章で述べており，また Karanth and Nichols（2002）として編集したマニュアルに詳しく説明されている．ここでの議論は，トラの撮影 CR 調査の側面のみに限定されており，トラの個体群動態の長期的な研究による見解が説明されている．

長期にわたるトラの撮影 CR 調査のための調査地域は，いくつかの要因に基づいて選択されているであろうが，サンプルサイズとカメラ管理上の手間の問題は必然的に選択肢に制限をかける．カメラトラップに基づく捕獲—再捕獲法によるトラの個体数の推定は，$100 \, \mathrm{km}^2$ 当たり 2〜3 頭以上の密度の地域では

うまく機能することが分かっている（Karanth and Nichols 2002）．密度が低い地域や調査範囲が非常に小さい地域では，写真での捕獲プロセスを信頼性の高いモデルとするのに十分なデータが得られないかもしれない．第7章で述べたとおり，実際のカメラトラップ設置位置の選択は，おそらく完全な「ランダム」ではないであろうが，この点についてはトラの捕獲確率を最大にすることをめざすべきである．トラップの設置間隔は，サンプリング対象地域内に「穴」がないことを保証しなければならない（7章）．複数年の研究では，サンプリング対象地域を変更すると，得られるデータが個体群動態とサンプリング対象地域の変更の両方を反映したかたちで変化してしまうため，サンプリング対象地域の時間ごとの個体数推定値を個体群成長率や新規加入の推定に直接使用することができなくなる．時間の経過に伴う調査範囲の拡大はよくあることであり，個体群増加率および新規加入の推定は，全調査範囲の一部分に焦点を当てることによって，あるいは密度推定値（個体数ではなく）の使用によって達成することができる．生存率の推定値は，サンプリング面積の増加の影響を受けにくい．

9.3　トラの個体識別と齢―性別クラスの割り当て

　CR モデル（カメラトラップデータを使用したもの）を用いた捕獲確率と生存率の推定値は正確な個体識別に完全に依存しているため，（a）同一個体が2個体以上の別個体として誤認されることがない，（b）2個体以上の個体を同一個体として見誤らない，の2点が極めて重要である．トラの側面からの写真は，性別や幅広い年齢層の分類を可能にするという利点がある．推定されたパラメータの不均質性が齢―性別クラスの違いに起因する可能性が高い場合，パラメータがトラの齢―性別クラス別に推定される“層別”，またはこれらを統合した多階層解析（たとえば，Williams et al. 2002）が役に立つだろう．しかしながら，これは，すべての関連する齢―性別カテゴリーで十分な数のトラが捕獲された場合にのみ可能となる．ここで報告する長期調査では，このタイプの分析に十分なデータを得ることができず，パラメータ推定値はすべての捕獲可能なクラスのすべてのトラの平均値とみなすべきである．1才未満の幼獣はめったに捕獲されなかったので（366 のトラの撮影捕獲のうち2），これらの分析からは除外している．以下に説明するように，いくつかの CR 分析は齢―性別クラスへの先験的分類とは無関係に，個体群における放浪個体の割合を推定

することができる.

9.4 データ分析の問題

9.4.1 モデルの枠組み

閉鎖個体群における CR 研究では，特定の捕獲履歴（たとえば，101001：7章を参照）を観察する確率は，捕獲確率にのみ依存する．これは個体間で（不均質性），または新規に捕獲された動物と以前に捕獲されたことのある動物とで（トラップへの応答），時間とともに変化したりしなかったりするかもしれない．カウント値（調査中に捕獲された個体の数）は，実際の個体数と全体的な捕獲確率（個体群内のある個体が少なくとも1回捕獲される確率）の積に等しい．したがって，真の個体数を推定するためには，捕獲確率という「局外パラメータ」を，捕獲履歴データ（Karanth and Nichols 2002；Williams et al. 2002）から最初に推定しなければならない.

開放個体群における CR 研究では，特定の捕獲履歴を観察する確率は，捕獲確率と，個々のトラ個体がサンプリング期間をまたいで生存しサンプリング対象地域内に留まる確率の両方に依存する．これは，個体群が時間的，空間的に加入と消失に対して開放されているためである．この捉え方は「見かけの生存率」と呼ばれ，死亡と永続的な移出による消失を区別しない．したがって，捕獲履歴データのモデルは，捕獲および生存に関する確率のパラメータを含むことになる．最尤法は，もっとも一般的に使用されるパラメータ推定方法であり，単に得られたデータが与えられる可能性がもっとも高くなるようなパラメータを見つける（すなわち，得られたパラメータは実際に観測された捕獲履歴のセットを得る尤度を最大にする）．生存確率および捕獲確率は，時間の経過とともに，グループ（たとえば，性別），時間（たとえば，天候），あるいは個体に特異的な（たとえば，体重），それぞれの属性の間で時間に伴って変化したりしなかったりするかもしれない.

一般的に Cormack-Jolly-Seber（CJS；Cormack 1964；Jolly 1965；Seber 1965）モデルと呼ばれる基本的な開放個体群モデルは，標識された個体の再捕獲を追跡し，捕獲確率および見かけの生存率の推定を可能にする．このモデルでは，マーキングされた（捕獲された）あるいはマーキングされていない個体が同じ捕獲確率を有するという前提を必要とせず，したがって，個体数の推定はできない．Jolly-Seber（JS）モデルは，その構造に CJS モデルを含んでい

186

る．個体が個体群から無作為にサンプリングされたと仮定することにより（すなわち，標識された個体と標識されていない個体の捕獲は同等にありうる），JS モデルは捕獲確率および見かけの生存率に加えて，個体数の推定値を提供する（Pollock and Alpizar-Jara 2005）．これらの個体数の推定量は，均一な捕獲確率を仮定できない場合，その影響に極めて敏感であるという大きな問題がある．個体ごとの捕獲確率の不均質性とトラップハッピー［訳注：トラップへの誘引にエサなどを使用した場合，動物個体がそれを学習してより積極的にトラップを訪れるようになること］は，個体数推定値に負のバイアスを，トラップシャイ［訳注：トラップで捕獲，捕捉された経験が負の動機づけとして学習され，動物個体がトラップを避けるようになること］は正のバイアスをもたらす傾向がある．一方，見かけの生存率の推定値は，捕獲確率とトラップへの応答の不均質性にたいしてロバストであるが，トラップへの応答は見かけの生存率の分散推定に影響を与えるかもしれない（Pollock and Alpizar-Jara 2005）．

　これらの問題のいくつかを克服する一つの方法は，サンプリングを二つの時間スケールで行うことができる Pollock（1982）のロバストデザインを使用することである．まず一次サンプリング機会は，個体群が消失と加入に対して開放された比較的長い期間に分割され，各一次サンプリング機会内に複数の二次サンプリング機会が生じ，こちらは閉鎖状態と仮定するのに妥当な比較的短い期間によって分割される（Williams et al. 2002；Nichols 2005）．当初想定されていたように，一次サンプリング機会を通して CJS 推定法を使って生存率が推定され，ある一次サンプリング機会内の二次サンプリング機会を通した捕獲履歴データに基づく閉鎖個体群推定法を用いて個体数が推定される．そして，生存率の推定値と時間ごとの個体数とを組み合わせることによって，個体群への新規加入を推定することができるだろう．Kendall et al.（1995, 1997）は，一次および二次サンプリング機会からのデータを用いて，一段階で同時にパラメータを推定する，ロバストデザインの下での尤度ベースの推定アプローチを後に開発した．この開放および閉鎖データセットを組み合わせたモデリングは，たとえばいくつかのパラメータが時間の経過によらず一定な場合，この情報を効果的に使い回すことで推定されたパラメータの精度を高めるなど，モデルのパラメータを減らすことを可能にするという利点がある．

　不均質性を組み込んだ尤度ベースの推定法の開発（Norris and Pollock 1996；Pledger 2000）により，現在では閉鎖個体群またはロバストデザインの

分析に不均質性が組み込まれるようになった．ロバストデザインの分析には，一時的な移出の推定を許可するという利点もある．放浪個体と個体群増加率からなる新規捕獲個体の割合は開放個体群モデルを使用して推定することができるため，ロバストデザインのモデルも使用できる．原因不明の一時的な移出は，個体数や時には見かけの生存率に大きな偏りをもたらす可能性がある．たとえば，ある個体が一次サンプリング機会において001001の捕獲履歴を有する場合，一時的な移出を許可しないモデルでは，二次サンプリング機会の4および5においてサンプリングされた時にその個体が存在しているが捕獲されなかったと仮定する（したがってこの伝統的な定義は捕獲確率を潜在的に過小評価しやすい）一方で，一時的な移出を可能にするモデルは，（1）個体が存在したが捕獲されていない可能性，もしくは（2）個体が一時的に二次サンプリング機会の4または5，もしくはその両方でサンプリング対象地域から移動していた可能性，を考慮する．同様に放浪個体の割合は，これらの個体がその後のサンプリング時に捕獲される確率がほぼゼロであり，これを考慮しない場合には定住個体の生存率を過小評価しやすくなるため，推定する必要がある（Pradel et al. 1997）．

CR分析における「放浪」や「一時的移出」の定義は，これらの呼び名を用いてトラの研究者が記述した現象と正確には一致しないかもしれないことに注意されたい．たとえば，CR分析における「放浪個体」は，調査全体で再捕獲される確率がほぼゼロになるような，新規に捕獲されたトラを定義する．しかし，生物学者は，「放浪個体」という用語について，分散後の個体ではあるが，まだ縄張りを確保できていないトラを指すために使用している．一時的移出は調査地域の大きさに基づく関数である可能性が高い．小規模の研究エリアでは，単に彼らの行動圏がサンプリング対象範囲の外にはみ出しているため，いくつかの一次サンプリング機会の間に多くの個体が不在となる可能性がある．閉鎖状態の前提は，多くのロバストデザインのモデルの元で二次サンプリング機会において依然として必要とされるが，第7章に記載されているテストを用いて評価することができる．

多状態モデルとして知られるCRモデルのクラスは，個体を各クラス（たとえば，繁殖もしくは非繁殖，異なる地理的位置など）に割り当て，あるクラスから別のクラスへの遷移確率の推定を可能にする（Arnason 1972；Brownie et al. 1993；Schwarz et al. 1993；Williams et al. 2002；Schwarz 2005）．トラの場

188

合，このアプローチは，あるクラスの構成個体が地理的位置に属する個体群間を移動する確率を推定するのにもっとも有用である．CR データの逆時間モデリング（Williams et al. 2002；Nichols 2005 を参照）として知られているもう一つのアプローチでは，個体数増加をその地域での繁殖と移入に起因するものとに分離することも可能である（Nichols and Pollock 1990；Nichols et al. 2000）．これらの分析はすべて，ロバストに設計された CR 研究のデータを使用して行うことができる（Nichols 2005）．空間的に明示的なデータのための開放個体群モデルは，単一の枠組み内で放浪や一時的移出，トラップに起因する不均質性を扱う可能性をもつ（Royle and Gardner による 10 章参照）．

9.4.2　モデル選択

ロバストデザインの研究から捕獲履歴のデータセットが得られれば，非常に多数の潜在的なモデルが使用可能となる．捕獲確率について，期間中に一定もしくは可変（一次および二次サンプリング機会）に，新規捕獲時と再捕獲時で一定もしくは可変に，個体ごとに不均質または均質であるように，自由にモデルを設定できる．同様に，個体の生存確率についても，一次サンプリング機会の期間中に一定もしくは可変に，新規捕獲と再捕獲の間で一定もしくは可変に設定できる．個体群における生存率についても，新規捕獲と再捕獲の間で（ロジットスケールにおいて）並行を仮定して可変とすることができるし，あるいは新規捕獲には一定，再捕獲時には可変に設定することもできる．一時的移入個体である確率は，その動物が前の期間に一時的移入個体であったかどうかで変化するように，または前の期間の移入ステータスとは無関係であるように，いずれの形でもモデル化することができる．一時的移入率は，時間変化するか，あるいは時間を通して一定であるものとしてモデル化することもできる（詳細については Karanth et al. 2006 を参照）．これらのパラメータの可能な組み合わせの数を考慮すると，非常に多数の潜在的なモデルをデータに適合させることができることは明らかである．任意の分析において検討されるモデルは，データを生成したプロセスに関する仮説を反映する．私たちが優先するのは，システムに関する先験的仮説と生態学的知識に基づいて，もっともらしいと思われるものだけをモデルセットに含め，モデルを可能なかぎり少数に限定することである．このアプローチが他のすべての方法よりも優れているという正式な証拠はないが，可能性のあるすべてのモデルを含むアプローチは，どん

なデータセットでも偶然のみによって適合してしまうモデルを見つける可能性が非常に高いであろう点に注意されたい．モデル選択における私たちの目的はうまく適合するモデルを見つけることではなく，データを生成したプロセスに適した近似モデルを見つけることである．この目的は，私たちの関心が単なるデータの変化の記述でなく，背後のプロセスを律するパラメータの値の推定である点を反映している．

　妥当なモデルセットが与えられた場合，モデル選択の問題には二つの問いが含まれる．最初の問いは，モデルセットに妥当なモデルが含まれているかどうかである．この問いは一般に，もっとも一般的な（複雑な）モデルが適切にデータに適合するかどうかを求めることによって対処される．第二の問いは，セットに少なくとも一つの妥当なモデルが含まれているとすれば，どのモデルを推論の基礎として選択すべきか？である．ロバストデザインのモデルに対する適合度テストはまだ開発されていない．しかしながら，異なるモデル構成要素の適合度を別々に評価することは可能である．適合度は，典型的には，閉鎖モデルのデータセット（各一次サンプリング期間に含まれる二次サンプリング期間データの1組のセット）と，各一次サンプリング期間内における少なくとも一回の捕獲もしくは非捕獲を表現した，二次サンプリング期間データの組み合わせから得られる単一の開放モデルのデータセットのそれぞれにおいて別々に評価される．閉鎖モデル（Otis et al. 1978）および開放モデル（Pollock et al. 1985；Burnham et al. 1987）のために特別に開発された適合度テストを使用して，ロバストデザインによるデータセットにおける異なる構成要素の適合度を評価することができる（Williams et al. 2002；Nichols 2005 を参照）．適合度の欠如は，不適当なモデル構造または個々の動物の運命（たとえば，捕獲や生存）の独立性の欠如に起因しているかもしれない．モデルセットのもっとも一般的なモデルがデータに適切に適合しない場合，分散拡大係数$\hat{c}$を推定することで，モデル選択および分散の推定に用いることができる（Burnham and Anderson 2002；Williams et al. 2002 参照）．

　モデル選択において，ここで説明されているすべてのモデルは尤度ベースの推定手順を使用しているため，複雑なモデルの低い精度に対してモデルの単純さによる大きな偏りをトレードオフするために赤池情報量規準（AIC, Burnham and Anderson 2002）などの客観的モデル選択基準を適用することが可能である．実際には，サンプルサイズが中～小であれば小サンプル補正

（AICc），もっとも一般的なモデルには適合しないという証拠がある場合は疑似尤度補正（QAIC）を $\hat{c}$ に基づいて使用することを勧める．二つ以上のモデルが強い支持を得ている場合，モデル平均手順を使用し，推定値を導出することができる（Burnham and Anderson 2002）．

9.4.3 ソフトウェアのオプション

プログラム MARK（White and Burnham 1999）は，柔軟性のある強力なソフトウェアプログラムであり，さまざまな種類の CR データタイプに対応する一連のモデルを提供する．閉鎖条件における捕獲，CJS，JS，ロバストデザインの解析はすべて MARK を使用して実行可能である．さらに MARK は，さまざまなシミュレーションベースのアプローチ（White et al. 2001）やプログラム RELEASE（Burnham et al. 1987）の適合度テストを含む，適合度テスト統計および $\hat{c}$ を計算するためのさまざまなオプションを実装しており，これらは MARK インターフェースから呼び出すことができる．二次サンプリング機会について，見かけの生存率が 1 に固定されているモデルと，固定されていないモデルとを比較することにより，プログラム MARK は死亡または恒久的な移出による閉鎖状態の検証テストも可能にする．さらに，第 7 章で説明したように，CAPTURE（Otis et al. 1978；Rexstad and Burnham 1991）と ClosTest（Stanley and Burnham 1999）を用いて閉鎖状態のテストを実行することができる．

9.5 インド Nagarahole のトラの個体群動態

私たちはカメラトラップを用いてトラの個体群動態に関する 9 年間の長期研究を行い，ロバストデザインの下でデータを分析した（Karanth et al. 2006）．野外調査プロトコルは第 7 章および Karanth and Nichols（2002）に記載されている．調査はインド南部の Karnataka 州の Nagarahole 保護区の良好に保全されている中央部で行われた．この 643 km² の保護区は，高密度の被食者（有蹄類が 1 km² あたり 56 頭ほど，Karanth et al. 2004）を養っており，結果的にトラも高密度で生息している．私たちは，このトラの個体群は，死亡率や移出による高い年消失数が疑われるにもかかわらず，比較的安定しているだろうと予想した．Nagarahole 調査地域が，他の保護区，多目的に利用される森林，農地からなるより広い景観から構成されていることを考えると，縄張りを確保

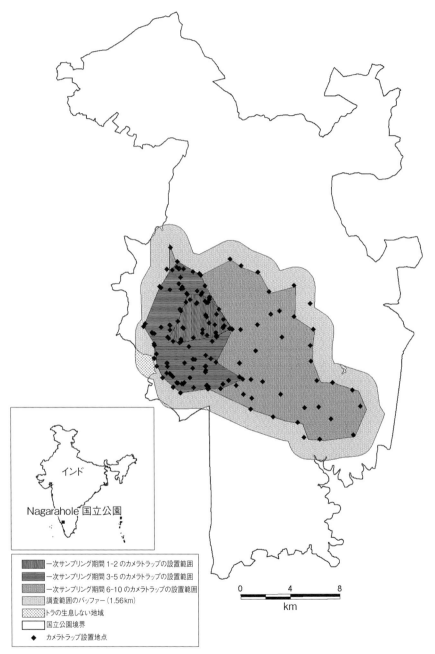

図 9.1 1991～2000 年の Nagarahole 国立公園におけるカメラトラップによるサンプリング対象地域の地図. 差し込みの地図は, インド国内の公園の位置を示す.

しようとする放浪個体の割合も比較的高いことが想定された.

これらの仮説を検証するために,私たちは時間に沿った個体数,生存率,放浪個体率,新規加入率,および個体群の変化を推定した.カメラトラップ調査は,41.4 km^2 の領域で最初に実施され,その後 101.5 km^2 に拡大され,最後に 231.8 km^2 に拡大された(図 9.1).全期間にわたって,私たちは 5,725 トラップナイトのサンプリングを行い,合計 74 頭のトラ成獣を捕獲した.表 9.1 には,一次および二次サンプリング期間,サンプリング対象面積,カメラ捕獲努力,および写真捕獲されたトラの数(各一次サンプリング期間および累積)が示されている.

以下に続く分析方法は,先に述べた "**9.4 データ分析の問題**" および

表9.1 インドの Nagarahole で 1991〜2000 年に撮影された一次および二次サンプリング期間,サンプリング対象面積,カメラトラップ調査の努力量および個体識別されたトラの頭数に関する詳細.サンプリング対象面積 $\hat{A}(\hat{SE}(\hat{A}))$ は,Karanth and Nichols(1998)の記載にしたがって推定.

一次サンプリング期間（t）	二次サンプリング期間の数	調査時期（中央）	総調査日数	対象面積 $\hat{A}$ ($\hat{SE}(\hat{A})$)(km^2)	努力量（トラップ・日）	捕獲されたトラの頭数	捕獲されたトラの頭数（累積）
1	6	1991 年 5 月	162	41.4(3.3)	294	9	9
2	5	1991 年 12 月	127	41.4(3.3)	87	4	10
3	3	1993 年 4 月	75	101.5(5.2)	108	5	13
4	7	1994 年 1 月	197	101.5(5.2)	668	17	24
5	10	1995 年 1 月	78	101.5(5.2)	691	12	26
6	18	1996 年 3 月	118	231.8(7.8)	938	26	44
7	8	1997 年 6 月	33	231.8(7.8)	448	15	47
8	12	1998 年 1 月	39	231.8(7.8)	695	16	50
9	15	1999 年 3 月	47	231.8(7.8)	868	22	60
10	15	2000 年 5 月	54	231.8(7.8)	928	28	74

"**9.4.2 モデル選択**"に記載されている方法に基づいており，Karanth et al. (2006) でその詳細が説明されている．最初に，CAPTURE（Otis et al. 1978；Rexstad and Burnham 1991）を用いてテストと予備分析を実施した．各一次サンプリング期間内に閉鎖個体群であったとする帰無仮説について，開放個体群であったとする対立仮説に対してテストした．個体数の加入および消失を示す統計量のほとんどが負の値であったにもかかわらず，これらのテストではいずれの一次サンプリング期間についても帰無仮説を棄却することができなかった．

また，CAPTURE の出力で示されたモデル間テスト，適合度テスト，モデル選択スコア（詳細は 7 章を参照）を検証し，最終的な分析に使用する候補モデルのリストを絞り込んだ．モデル M_0 はほとんどのデータセットで選択されたが，このモデルの推定量は個体ごとの捕獲確率の不均質性についての仮定に反するためロバストではないことが分かっており，後続の分析では使用しなかった．個体差およびトラップへの応答に関する形跡が確認され，捕獲確率の時間的変動を支持する形跡はそれよりずっと少なかった．したがって，私たちの候補モデルのセットにおいては，二次サンプリング期間にわたるモデル化された変動要素としての個体差およびトラップへの応答，ならびに一次サンプリング期間にわたる捕獲確率の時間的変動を含めた．Pledger（2000）の有限混合モデルを用いて，混合パラメータおよび捕獲確率における異なる二つの動物グループを考慮し，その不均質性を組み入れた．生存率と一時的移出のモデル化については，上記のモデル選択で説明されたとおりである．プログラム RELEASE の適合度検定では，CJS モデルにおけるフルモデルのデータへの適切な適合を示した（$\chi^2_{16}=16.11$，$P=0.45$）．しかし，RELEASE によって実施されたテストの一つで，放浪個体の応答について弱い証拠が得られた（$\chi^2_8=11.69$，$P=0.17$）．したがって，放浪個体に関するパラメータをモデルに組み込んだところ，30 個の競合モデルが構成された．

ΔAIC_c 値および AIC_c weight ［訳注：Burnham and Anderson（2002）では Akaike weights と定義されており，AIC_c weight という単語は原著者の誤解と思われる］の検討（Burnham and Anderson 2002）の結果，選択されたベストモデル（AIC_c weight＝0.68）が，もっとも近い競合モデル（AIC_c weight＝0.21）よりも実質的に優れていることが示された．したがって，モデル平均化されたパラメータ推定値は使用しなかった．選択されたベストモデルは個体差と捕獲確率におけるトラップへの応答の効果を含んでおり，初期の

194

捕獲確率は二つのグループ（混合モデル）についてそれぞれ $\hat{p}=0.40$, $\hat{SE}(\hat{p})=0.067$, および $\hat{p}=0.15$, $\hat{SE}(\hat{p})=0.020$ であった．再捕獲確率の推定値は，それぞれ二つのグループについて，$\hat{c}=0.26$, $\hat{SE}(\hat{c})=0.048$, および $\hat{c}=0.080$, $\hat{SE}(\hat{c})=0.010$ であり，トラップシャイの存在が確認された．二つのグループのそれぞれにおける個体の割合は，経時的に可変であり，いくつかの年では，個体群の中に検出確率の不均質性は認められなかった（推定された混合パラメータはおおよそ 1 または 0）．一時的移出は，前年度の状況に依存せず，時間とともに一定あるいはランダムであると推定された（Kendall et al. 1997 を参照）．一次サンプリング期間それぞれにおいては，10%（$\hat{SE}=0.069$）の個体が一時移出個体であると推定された．

　選択されたベストモデルにおいて，生存率は検出以降の最初の間隔（放浪状態を示す）とその他のすべての間隔との間で異なるようにモデル化されたが，その他のパラメータは時間の経過によらず一定であった．一次サンプリング期間の中央の点は正確な 1 年刻みでなかったため，年あたりの値に換算して見かけの生存率を求めたところ，0.77（$\hat{SE}=0.051$）という値が得られた（平均すると，トラの 23% は死亡および研究期間中における永続的な移出のために個体群から毎年失われている）．各個体の初期検出直後の間隔における生存率の推定値を用いて，新たに検出された動物が放浪個体である確率（0.018, $\hat{SE}=0.11$）を推定した．個体数は時間の経過とともに変化するものとしてモデル化された（表 9.2）．

　モデルから直接推定されたパラメータを使用して，他の推定対象の数値を計算することができた．私たちは，B_t を，一次サンプリング期間 $t+1$ には存在するがそれ以前の一次サンプリング期間にはいなかった動物として，それぞれの一次サンプリング期間における新規加入数を推定した（詳細については Karanth et al. 2006 を参照）．時間ごとの個体数推定値はまた，時間ごとの有限個体数増加率を計算することを可能とした（表 9.2）．試験区域のサイズが一次サンプリング期間の 1 から 5 の間で 2 倍に増加し，より多くの数のトラが捕獲努力にさらされ，これらのサンプリング努力量に関連した個体数の変化および調査区域の拡大にともなう新規動物個体の変化によって，個体群動態も変化するため，増加率と新規加入は一次サンプリング期間の 6〜10 でのみ計算された．1996 年から 2000 年までの期間限定の有限増加率の幾何平均は 1.03（$\hat{SE}=0.020$）と推定され，年間 3% の増加となった．

表9.2 インドの Nagarahole（1991〜2000）の一次サンプリング期間におけるトラの個体群の推定生存率（$\hat{S}$），新規加入（$\hat{B}_t$），個体数（$\hat{N}_t$）および増加率（$\hat{\lambda}_t$）．さまざまな推定パラメータの平均値と標準誤差を示す．

一次サンプリング期間（t）	調査時期（中央）	t から t+1 までの間隔(年)	年生存率 $\hat{S}(\widehat{SE}(\hat{S}))$	各期間における生存率 $\hat{S}^{\Delta t}$ $(\widehat{SE}(\hat{S}^{\Delta t}))$	個体数 $\hat{N}_t$ $(\widehat{SE}(\hat{N}_t))$	増加率 $\hat{\lambda}_t$ $(\widehat{SE}(\hat{\lambda}_t))$	新規加入数 $\hat{B}_t(\widehat{SE}(\hat{B}_t))$
1	1991 年 5 月	0.667	0.77 (0.051)	0.85 (0.040)	9(0.0)	–	–
2	1991 年 12 月	1.333	0.77 (0.051)	0.72 (0.061)	7(2.6)	–	–
3	1993 年 4 月	0.750	0.77 (0.051)	0.83 (0.043)	11(5.5)	–	–
4	1994 年 1 月	0.917	0.77 (0.051)	0.80 (0.048)	21(3.2)	–	–
5	1995 年 1 月	1.250	0.77 (0.051)	0.73 (0.059)	12(0.0)	–	–
6	1996 年 3 月	1.167	0.77 (0.051)	0.75 (0.056)	27(1.4)	0.76 (0.12)	3(3.2)
7	1997 年 6 月	0.583	0.77 (0.051)	0.87 (0.037)	20(3.2)	0.86 (0.15)	0(3.0)
8	1998 年 1 月	1.250	0.77 (0.051)	0.73 (0.059)	17(1.7)	1.35 (0.15)	11(2.8)
9	1999 年 3 月	1.083	0.77 (0.051)	0.77 (0.051)	23(1.7)	1.29 (0.11)	14(2.9)
10	2000 年 5 月				30(2.1)		

　また，再捕獲されたトラの平均最大移動距離に基づく手法（MMDM：7 章を参照）を用いて，個体数推定値から一次サンプリング期間ごとの密度の推定値を得た．これらの密度推定値は，サンプリングされた面積の変化によって比較的影響を受けないであろう．密度に基づく個体群増加率の推定値を計算するためにも使用された．しかしながら，拡大された調査範囲には，元の調査サイトと比較して，トラの密度が低い新しい地域が含まれていた．これは，サンプリング地域が拡大された2年間でとくに顕著なように，トラの個体群密度の長期間にわたる明らかな低下として反映された（表9.3）．

表9.3 インドの Nagarahole (1991〜2000) のトラ個体群に関する, 各一次サンプリング期間におけるカメラトラップによる調査面積の推定値 ($\hat{A}$), 個体数 ($\hat{N}_t$), 個体群密度 ($\hat{D}_t$), 密度の増加率 ($\hat{\lambda}_t^p$) の値. 各種推定パラメータの平均値と標準誤差を示す.

一次サンプリング期間 (t)	調査時期 (中央)	t から t+1 まで の間隔 (年)	個体数 $\hat{N}_t(\hat{SE}(\hat{N}_t))$	対象面積 $\hat{A}$ $(\hat{SE}(\hat{A}))$ (km^2)	個体数密度 $\hat{D}_t(\hat{SE}(\hat{D}_t))$	密度の増加率 $\hat{\lambda}_t^p(\hat{SE}(\hat{\lambda}_t^p))$
1	1991 年 5 月	0.667	9(0.0)	41.4(3.3)	21.73(1.7)	0.78(0.30)
2	1991 年 12 月	1.333	7 (2.6)	41.4(3.3)	16.91(2.6)	0.64(0.40)
3	1993 年 4 月	0.750	11(5.5)	101.5(5.2)	10.84(5.4)	1.91(1.01)
4	1994 年 1 月	0.917	21(3.2)	101.5(5.2)	20.69(3.3)	0.57(0.10)
5	1995 年 1 月	1.250	12(0.0)	101.5(5.2)	11.82(0.6)	0.99(0.08)
6	1996 年 3 月	1.167	27(1.4)	231.8(7.8)	11.65(0.7)	0.74(0.13)
7	1997 年 6 月	0.583	20(3.2)	231.8(7.8)	8.62(1.4)	0.85(0.17)
8	1998 年 1 月	1.250	17(1.7)	231.8(7.8)	7.33(0.8)	1.35(0.18)
9	1999 年 3 月	1.083	23(1.7)	231.8(7.8)	9.92(0.8)	1.30(0.15)
10	2000 年 5 月		30(2.1)	231.8(7.8)	12.94(1.0)	–

9.6 個体群動態の推定におけるカメラトラップデータの利用

　私たちの研究の結果は, トラ個体群にかなりの消失 (1 歳以上の個体で年 23%が消失) が確認されたにもかかわらず, 密度は依然として高く (密度の範囲は 7.3〜21.7/100 km²), 個体群が存続可能であるという予測を支持した. これは, 高い繁殖率と新規加入率を促す Nagarahole の高い被食者密度 (有蹄類が 1 km² あたり 56 頭ほど) が結果として効いている可能性が高い. この結果は, 被食者種に対する人間の狩猟を制御することの重要性を強調しており, 直接トラを狩猟によって捕獲することのみに焦点を当てていない. 推定された年消失の 23%には, 死亡 (人為的なものと自然のもの) が含まれているほか, 恒久的な移出者としてこの地を離れ分散する亜成獣のトラや, この土地に棲んでいたが何らかの理由で追い出されたトラも含まれている (Smith 1993; Smith et al. 1999). 一時的移出個体が比較的高い割合であるという私たちの予測は支持され (10%), 同様に放浪個体の割合も高いだろうという予測についても, 選択されたモデルでは放浪個体率のパラメータが 18%と推定された. このように, 非侵襲的なカメラトラップを使用したトラの個体群サンプリング

9 章　長期カメラトラップデータに基づいたトラ個体群の個体群動態パラメータの推定　*197*

とモデリングのアプローチによって，トラのような大型で，見つけにくく，広範囲に生息する動物の個体群において推定不可能と言っても過言ではないパラメータを推定することができた.

　私たちのトラ個体数の推定値は，時間とともに変化し，比較的大きい分散によって特徴づけられている．これは，部分的には，サンプリングプロセスおよびトラの生態から生じる不確実性の原因を明示的に組み込んだ結果である．私たちの意見として，これらの不確実性を本質的に無視することで「精度」および「変化を検出する能力」を向上させると主張するトラのモニタリング手法は有効な代替アプローチではない．とくに一次サンプリング期間の1〜5において，展開できるカメラトラップの数が限られていたことによる制約を受けた．カメラのトラップ数とサンプリング対象地域の増加は，再捕獲率を高め，より多くの個体を捕獲することにより（表9.1を参照），パラメータ推定値の精度を向上させるだろう．加えて，推定対象の個体群（たとえば，Nagarahole 保護区全体のトラ）についてより多くの割合をサンプリングすることにより，一時的移出個体の推定割合が減少する可能性がある．これらのアイデアは現在，このサイトの周辺のより広範囲にわたる景観において現在進行中の野外調査でテストされている.

　何人かの研究者は，各年の個体数推定の精度が比較的低いということでもって，トラの個体群をモニタリングする手段としてのカメラトラップの使用に反対してきた．しかしながら，研究期間全体にわたる個体群増加率は，少なくとも動物個体群に関する他の研究例と比べて，比較的高い精度で推定された．期間をとおして値を使い回す形でパラメータを削減したモデルを使用することにより，さまざまな生態学上およびサンプリング上の不確実性を十分に考慮しつつ，トラの個体数および他のパラメータ（たとえば，年生存率）の変化を妥当な精度で推定することができた．したがって，野生生物管理や科学的な問題に取り組むために個体群動態のモニタリングプログラムが真に必要な状況において，ここに提示されたタイプの中長期的なカメラトラップ研究は，トラの管理および科学の実践に効果的なアプローチとなると考えている.

　ラジオテレメトリーや目視による個体識別に基づいたトラの長期的な研究（Sunquist1981；Smith 1993；Smith et al. 1999）は，伝統的に個体群のトラを定住個体，分散前の若い個体，放浪個体として分類してきた．このような事後分類は，これらの個体の検出履歴自体に基づいた主観的なものであり，いくつ

198

かの季節において個々のトラが存在していたが検出されないという可能性を考慮しない。このような研究では，一度だけ検出された個体は典型的には放浪個体として分類されるが，私たちのモデルにおいては，このような個体について再捕獲される前に死亡した定住性のトラを含む形で認識されている。私たちのモデルの多くは放浪個体を扱うために特別にパラメータ化されており（Pradel et al. 1997 を参照），モデル選択の結果はこれらのモデルを強力に支持している。前述のように，この放浪個体のパラメータ化は，トラの研究者（Sunquist 1981；Smith 1993；Karanth and Sunquist 2000）が主観的に「放浪」と呼ぶものと必ずしも一致しないが，その代わりに CR データから推定できる量に基づいている。

　自然界における大規模な生態学的野外研究の多くでは，実験的操作，無作為化，反復および条件制御を達成することは不可能である。しかしながら，不確実性に直面した野生生物管理と保全活動への個体群の反応に関する疑問への回答は依然として保全に必要である。Nagarahole での私たちの研究は，効果的な保全活動に対する個体群の応答の後に始まり（Karanth et al. 1999），この歴史は，比較的大きく安定したトラ個体群の予測につながった。管理アクションの実施前に開始され，その後も継続される調査は，そのようなアクションに対する個体群の反応についてさらに強力な推論を提供することができる。ロバストデザインに基づいた長期的なカメラトラップの研究は，トラの個体群に対する管理アクションや人為的攪乱などの要因の影響を評価する大きな可能性を秘めている。

　期間をとおして値を使い回す形でパラメータを削減したモデルを使用することにより，妥当な精度をもったトラ個体群サイズやその他の個体群動態パラメータの変化を反映した複数年のトレンドを推定することができ，さまざまな生態学上およびサンプリング上の不確実性に十分に対応することができた。動物個体群動態に関する他のカメラトラップ研究は，本研究と同様のアプローチを採用することで恩恵を得るだろう，と私たちは考えている。

引用文献

Arnason, A. N. 1972. Parameter estimates from mark-recapture experiments on two populations subject to migration and death. Researches on Population Ecology 13:97-113

Brownie, C., J. E. Hines, J. D. Nichols, K. H. Pollock, and J. B. Hestbeck. 1993. Capture-recapture studies for multiple strata including non-Markovian transition probabilities. Biometrics 49:

1173-1187

Bumham, K. P. and D. R. Anderson. 2002. Model selection and multi-model inference: a practical infomation-theoretic approach. Springer, New York

Bumham, K. P., D. R. Anderson, G. C. White, C. Brownie, and K. H. Pollock. 1987. Design and analysis methods for fish survival experiments based on release-recapture. American Fisheries Society Monograph 5:1-437

Carroll, C. and D. G. Miquelle. 2006. Spatial viability analysis of Amur tiger *Panthera tigris altaica* populations in the Russian Far East: the role of protected areas and landscape matrix in population persistence. Journal of Applied Ecology 43:1056-1068

Chapron, G., D. G. Miquelle, A. Lambert, J. M. Goodrich, S. Legendre, and J. Clobert. 2008. The impact on tigers of poaching and prey depletion. Journal of Applied Ecology 45:1667-1774

Cormack, R. M. 1964. Estimates of survival from the sightings of marked animals. Biomettika 51:429-438

Jolly, G. M. 1965. Explicit estimates from capture-recapture data with both death and immigration-stochastic model. Biometrika 52:225-247

Karanth, K. U. and R. S. Chundawat. 2002. Ecology of the tiger: implications for population monitoring. Pages 9-21 *in* K. U. Karanth and J. D. Nichols, editors. Monitoring tigers and their prey: a manual for researchers, managers and conservationists in tropical Asia. Centre for Wildlife Studies, Bangalore, India

Karanth, K. U. and J. D. Nichols. 1998. Estimation of tiger densities in India using photographic captures and recaptures. Ecology 79:2852-2862

Karanth, K. U. and J. D. Nichols, editors. 2002. Monitoring tigers and their prey: a manual for researchers, managers and conservationists in tropical Asia. Centre for Wildlife Studies, Bangalore, India

Karanth. K, U. and B. M. Stith. 1999. Prey depletion as a critical determinant of tiger population viability. Pages 100-113 *in* J. Seidensticker, S. Christie, and P. Jackson, editors. Riding the tiger: tiger conservation in human dominated landscapes. Cambridge University Press, Cambridge, UK

Karanth, K. U. and M. E. Sunquist. 2000. Behavioral correlates of predation by tiger, leopard and dhole in Nagarahole, India. Journal of Zoology 250:255-265

Karanth, K. U., M. E. Sunquist, and K. M. Chinnappa. 1999. Long term monitoring of tigers: lessons from Nagarahole. Pages 114-122 *in* J. Seidensdcker, S. Christie, and P. Jackson, editors. Riding the tiger: tiger conservation in human dominated landscapes. Cambridge University Press, Cambridge, UK

Karanth. K. U., J. D. Nichols, N. S. Kumar, W. A. Link, and J. E. Hines. 2004. Tigers and their prey: predicting carnivore densities from prey abundance. Proceedings of the National Academy of Sciences USA 101:4854-4858

Karanth, K. U., J. D. Nichols, N. S. Kumar, and J. E. Hines. 2006. Assessing tiger population dynamics using photographic capture-recapture sampling. Ecology 87:2925-2937

Kendall, W. L., K. H. Pollock, and C. Brownie. 1995. A likelihood-based approach to capture-recapture estimation of demographic parameters under the robust design. Biometrics 51: 293-308

Kendall, W. L., J. D. Nichols, and J. E. Hines. 1997. Estimating temporary emigration using capture-recapture data with Pollock's robust design. Ecology 78:563-578

Kenny, J. S., J. L. D. Smith, A. M. Starfield, and C. McDougal. 1995. The long-term effects of tiger poaching on population viability. Conservation Biology 9:1127-1113

Kerley, L. L., J. M. Goodrich, D. G. Miquelle, E. N. Smirnov, I. G. Nikolaev, H. B. Quigley, and M. G. Hornocker. 2003. Reproductive parameters of wild female Amur (Siberian) tigers (*Panthera tigris altaica*). Journal of Mammalogy 84:288-298

Miquelle, D. G., E. N. Smirnov, T. W. Merrill, A. E. Myslenkov, H. B. Quigley, M. G. Hornocker, and B. Schleyer. 1999. Hierarchical spatial analysis of Amur tiger relationships to habitat and prey. Pages 71-99 *in* J. Seidensticker, S. Christie and P. Jackson, editors. Riding the tiger: tiger conservation in human dominated landscapes. Cambridge University Press, Cambridge, UK

Nichols, J. D. 1992. Capture-recapture models: using marked animals to study population dynamics. BioScience 42:94-102

Nichols, J. D. 2005. Modem open-population capture-recapture models. Pages 88-122 *in* S. C. Amstrup, T. L. McDonald, and B. F. J. Manly, editors. Handbook of capture-recapture analysis. Princeton University Press, Princeton

Nichols, J. D. and K. H. Pollock. 1990. Estimation of recruitment from immigration versus in situ reproduction using Pollock's robust design. Ecology 71:21-26

Nichols, J. D., J. E. Hines, J. D. Lebreton, and R. Pradel. 2000. The relative contribution of demographic components to population growth: a direct estimation approach based on reverse-time capture-recapture. Ecology 81:3362-3376

Norris, J. L. and K. H. Pollock, 1996. Nonparametric MLE under two closed capture-recapture models with heterogeneity. Biometrics 52:639-649

Otis, D. L., K. P. Bumham, G. C. White, and D. R. Anderson. 1978. Statistical inference from capture data on closed animal populations. Wildlife Monographs 62:1-135

Pledger, S. 2000. Unified maximum likelihood estimates for closed capturer-recapture models using mixtures. Biometrics 56:434-442

Pollock, K. H. 1982. A capture-recapture design robust to unequal probability of capture. Journal of Wildlife Management 46:757-760

Pollock, K. H. and R. Alpizar-Jara. 2005. Classical open-population capturer-recapture models. Pages 36-57 *in* S. C. Amstrup, T. L. McDonald and B. F. J. Manly, editors. Handbook of capture-recapture analysis. Princeton University Press, Princeton

Pollock. K. H., J. E. Hines. and J. D. Nichols. 1985. Goodness-of-fit tests for open capture-recapture models. Biometrics 41:399-410

Pollock, K. H., J. D. Nichols, C. Brownie, and J. E. Hines. 1990. Statistical inference for capture-recapture experiments. Wildlife Monographs 107:1-197

Pradel, R., J. E. Hines, J. D. Lebreton, and J. D. Nichols. 1997. Capture-recapture survival models taking account of transients. Biometrics 53:60-72

Rexstad, E. and K. P. Bumham. 1991. Users' guide for interactive program CAPTURE. Abundance estimation of closed animal populations. Colorado State University, Fort Collins, CO

Schwarz, C. J. 2005. Multistate models. Pages 165-195 *in* S. C. Amstrup, T. L. McDonald. and B. F. J. Manly, editors. Handbook of capture-recapture analysis. Princeton University Press, Princeton

Schwarz, C. J., J. F. Schweigert, and A. N. Arnason. 1993. Estimating migration-rates using tag-recovery data. Biometrics 49:177-193

Saber, G. A. F. 1965. A note on the multiple-recapture census. Biometrika 52:249-259

Smith, J. L. D. 1993. The role of dispersal in structuring the Chitwan tiger population. Behavior 124:165-195

Smith, J. L. D., C. McDougal, and M. E. Sunquist. 1987. Female land tenure system in tigers. Pages 97-109 *in* R. L. Tilson and U. S. Seal, editors. Tigers of the world: the biology, biopolitics, management and conservation of an endangered species. Noyes, Park Ridge, NJ

Smith, J. L. D., C. W. McDougal, S. C. Ahearn, A. Joshi, and K. Conforti. 1999. Metapopulation structure of tigers in Nepal. Pages 176-189 *in* J. Seidensticker, S. Christie, and P. Jackson, editors. Riding the tiger: tiger conservation in human dominated landscapes. Cambridge University Press, Cambridge, UK

Stanley, T. R. and K. P. Bumham. 1999. A closure test for time–specific capturer–recapture data. Environmental and Ecological Statistics 6:197–209

Sunquist, M. E. 1981. Social organization of tigers (*Panthera tigris*) in Royal Chitawan National Park, Nepal. Smithsonian Contributions to Zoology 336:1–98

White, G. C. and K. P. Bumham. 1999. Program MARK: survival rate estimation from both live and dead encounters. Bird Study 46:120–139

White, G. C., K. P. Bumham, and D. R. Anderson. 2001. Advanced features of program MARK. Pages 368–377 *in* R. Field, R. J. Warren, H. Okarma, and P. R. Sievert, editors. Wildlife, land, and people: priorities for the 21st century. The Wildlife Society, Bethesda, MD

Williams, B. K., J. D. Nichols, and M. J. Conroy. 2002. Analysis and management of animal populations. Academic, San Diego, CA

Cappter10 Hierarchical Spatial Capture-Recapture Models for Estimating Density
from Trapping Arrays

J. Andrew Royle and Beth Gardner

第10章

トラップ群から密度を推定する
ための階層空間捕獲再捕獲モデル

10.1 はじめに

　個体数の推論の根底にある多くの理論や方法は，ある場所または地域に関連
づけられた個体が無作為にサンプルでき個体を確実に同定できるという点で明
確に定義された個体群に関するものである．しかし，個体群中の個体は空間的
に組織化されている．個体は生活し移動するホームレンジや縄張り，ある意味
では"場所"をもっている．この場所に一つまたは複数のカメラトラップ［訳
注：本章では単に trap と記述されているが，他章の訳との整合性のためカメ
ラトラップと訳した．ただし，カメラトラップでないトラップにも trap とい
う単語が当てられている場合があり，その場合は単にトラップと訳した］を重
ねて設置（並列配置）できることは，調査設計，モデリング，推定，そしてカ
メラトラップから得られるデータを解釈するうえで重要な意味をもつ．並列配
置は，とくに二つの一般的な問題を引き起こす．第一の問題は，ほとんどの個
体群では個体が存在する（そして捕獲［訳注：本書ではカメラによる撮影を含
む］にさらされる）空間的な範囲を正確に描くことができないこと，推定上の
サンプリング単位を動物が移出入することで個体群が閉鎖せず閉鎖個体群モデ
ルから得られる個体数推定値 N の解釈に直接的な影響を与えることである．
第二の問題は，並列配置は個体が捕獲にさらされる機会が変動することで捕獲
確率の不均質をもたらすことである．たとえばカメラトラップ群の縁に縄張り
をもつ個体は捕獲にさらされることがほとんどなく，一つまたは二つのカメラ
トラップに近づくのみであろう．逆に，縄張りがカメラトラップ群の中心に位

203

置している個体は多くのカメラトラップに近づくかもしれない．そういうものとして，これらの個体は前者の個体よりも捕獲確率が高くあるべきである．

　大型ネコ科動物の個体数の推定に複数のカメラトラップを用いることは広く行われている．トラ（*Panthera tigris*）（Karanth 1995；Karanth and Nichols 1998；Karanth et al. 2006），オセロット（Trolle and Kéry 2003, 2005），ジャガー（Wallace et al. 2003；Maffei et al. 2004），斑や縞模様から個体を識別できる他の種の研究で用いられてきた．このような系からの密度を解析する通常の手順は閉鎖した個体群のモデルを適用することであり，それらの推定値を，探索的に発見された本質的に事後的なさまざまな方法を用いて密度に変換しようとする．たとえば，生態学者は有効サンプリング面積を補正するための平均または最大の移動距離を推定するために，補助的な位置情報に基づいて種々の探索的な"補正"を用いてきた（Wilson and Anderson 1985a, b；Karanth and Nichols 1998；Parmenter et al. 2003；Trolle and Kéry 2003）．カメラトラップ研究で標準的に用いられる推定量は，一つ以上のカメラトラップで捕獲された個体の最大移動距離の平均値の半分に等しいバッファをカメラトラップ群の周辺に置く（より正確にはカメラトラップ群の凸包）Karanth and Nichols（1998）の方法のようだ．Williams et al.（2002，316頁）が指摘したように，この方法は理論的な正当性はほぼないが，Wilson and Anderson（1985a）のシミュレーション研究ではよい成績であったように思われる．これらの方法は実用上はよく動作するようだが，モデルや適用条件はほぼ理解されておらず，理論的に特徴づけることが難しい．すなわち，拡張のための基盤がない．遭遇場所と縄張りまたはホームレンジ（そしておそらく行動）に関する何らかの概念とを結びつけるために，空間的な補助情報を使用するための定式化はモデルの厳密な定義のために必要である．

　カメラトラップ群から密度を推定するための古典的な閉鎖個体群に関するモデルの欠点は，それらのモデルでは"空間"が明示的に表現されないことである．パラメータ N は単にモデルの整数パラメータであり，モデルの構造はカメラの配置によらず変更されない．小型哺乳類のための 10×10 の格子，クマの体毛を採取するための不規則な配列，森林の区画を移動していくカメラトラップから得られたデータに適用される場合でも，カメラトラップ群から推論を行うための一般的な枠組みを構築するためには，空間を明示的に認めるような閉鎖個体群モデルの抜本的な再定式化が必要である．これを行う自然な方法

は，点過程モデル（Efford 2004）を用いることである．点過程モデルでは，個体は空間の点として参照され，$\mathbf{s}_i$（i は 1, 2, ..., N）と呼ばれる．そのため，普通の閉鎖個体群モデル（個体の遭遇を記述する）はこの点過程を記述するモデルによって拡張される．その結果は階層モデル（Royle and Dorazio 2008）である．階層モデルは，生態的過程（空間における個体の分布）とその過程の不完全な検出（カメラトラップにおける個体の遭遇）の両方を明示したモデルを含んでいる．

　この章では，空間捕獲再捕獲（CR）モデルの階層的定式化を行う．カメラトラップから得られたデータの階層モデルによる定式化は比較的単純だが，モデルの解析は各個体のホームレンジや縄張りが不明であるため難しい統計的な問題が生じる．空間 CR モデルのための正式な解析技術の発達において，これらは隠れ変数（すなわちランダム効果）として知られている．さらに，そのような活動中心の数（すなわち個体群サイズ N）もまた不明である．階層モデルでの推論を実行するため，データ拡大（Royle et al. 2007）に基づいたモデルのベイズ解析を採用する．これは数多くの類似したモデルに適用されてきた（たとえば Royle and Dorazio 2008；Royle and Young 2008；Royle 2009；Gardner et al. 2009）．

　この章では，観測モデルに適用される固有の仮定によって区分される 3 つの異なるクラスのモデルについて言及する．観測モデルの違いは，カメラトラップの種類やカメラトラップから得られるデータの取得方法の結果として生じる．以下の節で，モデルの技術的な構築について示す．Model 1 と標識する基礎的なポアソン遭遇モデルから始めよう．他のモデルは，固有の制約が課されることで相互に関連している．その制約は，二項的な遭遇（Model 2）または多項的な遭遇（Model 3）である．そのため，モデルの記述法は以下のようになっている．

　Model 1（ポアソン観測）：個体はあらゆる特定のトラップ期間中に，任意の数のカメラトラップに任意の回数捕獲される

　Model 2（二項観測）：個体はあらゆる特定のトラップ期間中に，任意の数のトラップのある一つのトラップに一度捕獲される

　Model 3（多項観測）：個体はあらゆる特定のトラップ期間中に，一つのトラップに一度捕獲される

　すべての場合で，カメラトラップは複数の個体を捕獲できるので，"複数個

体捕獲"トラップ（Efford et al. 2008）の変異であるといえる．かすみ網群は複数個体捕獲トラップの典型的な例だが，これらのモデルは体毛採取やカメラトラップ，他のサンプリング方法と概念的そして技術的に関連している．カメラトラップ研究は通常観測モデル1または2と関連している．1個体を捕獲する従来のトラップを用いた動物個体群に関する多くの研究で登場する第4のモデルに注意する必要がある．ここでは，これらの"1個体捕獲"状況については扱わない．Efford（2004）は，逆推定として知られるシミュレーションに基づいた方法を使ってこれらのモデルに関する推論を行う方法を考案した．

"階層的に考える"ことを推奨してこれらのモデルを構築する方法を採用する．最初にもっとも一般的な問題を解くのではなく，いくつかの値が既知であると仮定した簡略化したモデルをいくつか構築する．とくに，N が既知であり個体群中の全個体のホームレンジ（活動中心）を知っているという仮定の元での基本的なモデルを最初に構築する．この単純なモデルの解析は概念的にも方法論的にも有用で，その拡張は多くの技術的な複雑さを必要としない．その後，技術的および概念的にわずかに複雑になるだけであることを証明する一般化を行う．この方法は，これらのモデルの単純さはランダム効果をもったポアソンあるいは二項分布の一般化線型モデル（GLM）と同じぐらい単純であることを示す．実際，データ拡大を用いるベイズ法による推論（Royle et al. 2007）は，ランダム効果をもったゼロ過剰 GLM と厳密に同じである．閉鎖個体群のための基礎的なモデルを構築し，それらのモデルを自由に利用できるソフトウェアパッケージである WinBUGS で実装する基礎を提供する．個体が死亡［訳注：原文は survival だが日本語での読みやすさを優先した］および新規加入することが認められる開放個体群のための空間 CR モデルについても紹介する（10.8 節）．

10.2 背景

前の節で，密度計算で用いる有効サンプリング面積の"推定値"を得るために，数多くの事後的な方法が用いられてきたことを指摘した．これらの方法は，あらゆる特定の補正を正当化する根底にあるモデルがほとんど明らかにされていないという意味で事後的である．それらは明らかに，モデルに基づいた方法ではない．逆に，Efford（2004）はトラップ群という文脈での空間 CR 問題のためのモデルを初めて定式化した．彼は個体の分布を記述するためにポア

ソン点過程モデルを採用し，個体の位置の関数としての検出確率を記述する観測モデルを距離標本の定式として採用した．トラップ群から密度を推定するそれ以前（そして同時期）の方法では空間についてのモデルの正式な記述はなかったが，Efford はモデルの定式化を成し遂げた．ただし，Efford は空間モデル（逆推定として知られるシミュレーションに基づいた方法を用いて）をもった推論のため，多かれ少なかれ事後的な枠組み（尤度に基づかない方法）を使用した．この点で，確立されているパラメトリックな推論（すなわち尤度あるいはベイズ推論）のための枠組みと Efford の枠組みを関連づける方法が明確でない．

　最近，空間 CR モデルを解析するためのモデルに基づいた定式化に，多くの労力が捧げられてきた．これまでに，(1) 尤度に基づいた古典的な推論と (2) ベイズ推論に基づくもの，の二つの異なる方法が開発されてきた．これらの方法の起源と関連に興味をもってもらうために，空間 CR モデルは古典的な CR モデルで"個体の共変量"があるモデル―完全にモデルに基づいた推論の枠組み（すなわち"完全な尤度"に基づいている，Borcher et al. 2002；Royle 2009 も参照）と本質的に類似していることを示す．個体共変量モデルをモデルに基づいて扱うことは，Huggins（1989）や Alho（1990）のような伝統的な方法による推論に反している［訳注：個体の検出確率は個体間で均一であると仮定する］が，モデルに基づいた解析は時間変動する個体の共変量（Bonner and Schwarz 2006）や測定誤差に関する共変量（たとえば距離標本；Royle and Dorazio 2008；Karanth et al. による 7 章を参照）など特定の個体共変量モデルに必要であることが証明されてきた．標準の個体共変量モデルでも同様に容易にモデルに基づいた定式化が可能である（Royle 2009）．

　空間 CR モデルは隠れ変数またはランダム効果（個体の位置に対応した）の集まりという面で定式化されるので，このモデルの解析のための自然な枠組みは統合尤度に基づいている（Laird and Ware 1982）．観測モデルはランダム効果の条件つきとして概念化されるが，正式には推論は観測の周辺確率分布（すなわちランダム効果によらない）から構築される尤度に基づいている．ランダム効果は積分によって条件つき尤度から除去される（空間 CR モデルでは数値的に達成される）．推論のためのこの方法は，Borchers and Efford（2008），Efford et al.（2008），そして Efford et al.（2009）によってトラップ配置問題の文脈で定式化され，特定の種類のモデルのためのソフトウェア DENSITY に

よって実装された（Efford et al. 2004）.

　ベイズ解析は隠れ変数またはランダム効果を含むモデルの解析のためのもう一つの自然な枠組みである．この方法の元では，モデルの解析は事後分布からのモンテカルロシミュレーションに基づいており，事後分布は条件つき尤度，ランダム効果の分布，そしておそらく他の分布の積である．この方法は Royle and Young（2009）によって開発され，CR モデルにおける個体の効果のモデリングに焦点を当てた研究によって動機づけられた．とくに，個体共変量モデルの便利な再パラメータ化は，データ拡大として知られる方法（Royle et al. 2007）を用いて達成された．これは Royle（2009）によって古典的な個体共変量モデルに適用された．個体共変量モデルと個体の共変量として個体の活動中心 s_i をもつ空間 CR モデルは類似していたことから，Royle and Young（2008）によって記述されたデータ拡大法を適用することにつながった．Royle and Young（2008）がデータ拡大法を適用した状況は物理的な空間（区画）内で繰り返し探索するというものであり，これをカメラトラップ法に適用することは非常に独創的である．そのため，個体はその区画の境界内のあらゆる場所で捕獲されうる．このモデルはトラのカメラトラップデータ（Royle et al. 2009a）やクマの体毛採取（Gardner et al. 2009）の解析のために，発達が促進された．データ拡大を適用したこれらの例は，より適切な二項モデル（Model 2）の代わりに多項観測モデル（Model 3）を使ったことに注意する必要がある．

　これらの二つの技術的な定式化（統合尤度とベイズ法）はともに空間 CR データによって提示された推論の問題に正確な解決法を提供する．技術的な違いは，Borchers and Efford（2008）は N に条件づけられていないポアソン点過程を仮定している一方，Royle and Young（2008）と関連した研究は N に関連づけられた二項点過程を仮定していることである．さらに重要なことは，Borchers と Efford は解析を点過程の条件つきでない方法（積分によってパラメータを周辺化している）で開発していることである．逆に，Royle and Young（2008）の解析は点過程の条件つきである．

　階層モデリング法は柔軟で実務者にも使いやすいだろう．なぜならば本質的にモデルは単にランダム効果をもつ二項分布あるいはポアソン分布の GLM であるからだ．そのため，それらのモデルは，基礎的な統計に関する理解と経験がある程度あれば実務者にも概念的に理解しやすい．たとえば，この章ではこ

れらのモデルが WinBUGS でランダム効果をもつ GLM として構築される（Royle et al. 2009b）ことを示す．実務者は，彼らの特異的な状況に適合するモデルを開発する柔軟性をもつだろう．トラップの移動がモデルを定義するうえであらゆる追加的な困難さを与えず，WinBUGS を用いて MCMC によって直接的に解析できる例を示す．より一般的には，複雑な点過程モデルのための統合尤度は難解であること，点過程に条件づけられたモデルの解析はより多目的に利用でき一般化可能であることが示される．

10.3 モデルの定式化

　導入で述べたように，トラップ群から得られた遭遇履歴データに閉鎖個体群モデルを適用する場合に基本的に欠けているのは，それらのモデルでは空間や移動が明示的に定義されないことである，すなわち，モデルは"空間的"ではない．これらの伝統的なモデルでは，N は空間的な属性を何ももっていないただの整数パラメータである．そのため，個体がどのように観察されたかに関連した個体の空間的な構成という方法で定式化する必要がある．これを達成する自然な方法は，空間点過程モデル（Efford 2004）を用いることである．とくに，個体は $\mathbf{s}_i$（$i = 1, 2, ..., N$）と呼ばれる空間における固定点で参照され，これらの点の位置の性質を点過程モデルで記述する．この点過程モデルを用いる一般的な閉鎖個体群モデルを，階層的に拡張する．具体的には，これらの標準的な観測モデルを，個体の位置を記述する点過程モデルによって拡張する．この点の位置はサンプリング期間中は固定されていると仮定し，閉鎖していることを示す．そのため，個体はサンプリング期間中は静的でないかもしれないが，研究期間中固定されている各個体の空間的な属性 $\mathbf{s}_i$ が存在するとする．厳密に言えば，これらの点の定義は純粋には抽象的かもしれないが，概念的にはホームレンジの中心（Efford 2004）あるいは確率論的に記述される動物の移動に関する点（Royle and Young 2008）と見ることができるかもしれない．

　この点過程を特徴づける二つの方法が提案された．Efford（2004），Borchers and Efford（2008），そして関連した研究では，N に条件づけられていないポアソン点過程が採用された．対照的に，Royle and Young（2008）と Gardner et al.（2009）は，N に条件づけられた二項点過程を採用した．これはモデルの基礎的な定式化の微細な違いかもしれないが，10.2 節で述べたように推論過程の構築においてはより重要な違いである．

個体群における各個体が，個体 i の行動が集中する（すなわち個体の"活動中心"）空間上の位置を示す二次元の座標である固定された点 $\mathbf{s}_i=(s_{1i}, s_{2i})$ で特徴づけられるところから始めよう．さらに，活動中心 $\mathbf{s}_i ; i=1, 2, ..., N$ をもつ N の個体群は状態空間である S と呼ばれるある地域に分布しているとする．実際には，S は事前に与えられるだろう（たとえば，カメラトラップ群を含むような多角形の緯度経度を指定して）．例として，図 10.1 を考えよう．この図は，ある単位の間隔をもった 10×10 のカメラトラップ群（黒の点）が，破線で示された 18×18 単位の四角形で仮想的な領域で囲まれていることを示している．この大きい四角形が S である．個体の活動中心は観測していない．その代わり，それらはモデルにおいて隠れ（観測されていない）変数である．

次に，個体の活動中心をカメラトラップ群と関連づけて記述する必要がある．サンプリングは位置（$\mathbf{x}_j ; j=1, 2, ..., J$）をもつ J 個のカメラトラップ群によって行われる．モデルの次の発展では，あるカメラトラップ j で個体が捕獲される確率はカメラトラップから個体の活動中心までの距離の関数であり，一つまたはそれ以上のパラメータが推定される．ここで考えるモデルでは，密度推定は S または国立公園や野生生物の保全地のような S の部分集合における活動中心の密度を推定することと等しい．

結果としてカメラトラップ群から生成される観測値は，個体 $i=1, 2, ..., n$，カメラトラップ $j=1, 2, ..., J$，そしてサンプリング機会（トラップ"機会"または"期間"）$k=1, 2, ..., K$ を示す y_{ijk} である．これらの観測値は個体 i が捕獲されれば $y_{ijk}=1$ で捕獲されなければ $y_{ijk}=0$ となる二値だが，それらの値は一般的にカメラトラップに特異的な回数となるかもしれない（すなわち，サンプリング機会 k の間にカメラトラップ j に捕獲される個体 i の数）．二値ではあるが，それらを遭遇あるいは捕獲履歴と呼ぶことにする．古典的な CR モデルではこれは三次元配列だが，私たちは遭遇の観測値として二次元の行列を得る．その行列は通常，個体を示す行とサンプリング機会を示す列からなる．今回の場合，カメラトラップ番号が追加の空間情報として与えられており，この三番目の（空間的な）次元によって遭遇履歴の複雑さが増している．そのため，個体群中の各個体は，J がトラップ数で K が個体群サンプル数を示す $J\times K$ の行列で示す遭遇履歴行列を得る．検討中の特異的なモデルを用いる状況では，繰り返しの観測値を合計することで三次元の観測値の配列をより小さい二次元の配列（$n\times J$）に減少させることができる．

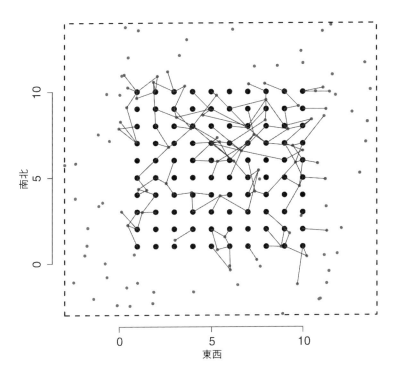

図10.1 捕獲された個体とカメラトラップ群をシミュレーションで生成した結果．生成した個体の捕獲（・点）は10×10格子のカメラトラップ（●）によってなされた．個体が捕獲されたカメラトラップは細線で示されている．

次に，個体の活動中心 s_i に条件づけられた各個体の二次元の遭遇履歴のためのモデルを記述する．ここで示すすべてのモデルで，個体はトラップに検出されるという点においてお互いに独立であるという仮定をおく．これはいくつかの状況，とくにトラップが個体を拘束あるいは捕殺するような古典的なトラップ群（Efford 2004）では妥当でないだろう．さらに，縄張りをもつ肉食獣については生物学的に妥当でないだろう．より現実的な個体間の依存性を考慮できるような空間 CR モデルの拡張はまだなされていない．

10.3.1 観測モデル

多くの基礎的な観測モデルがありえる．これらの観測モデルはおもに，物理的なトラップの種類や制約，トラップからデータが得られる方法から導出される．個体が任意の数のトラップに任意の回数捕獲されうるという状況に適用す

るポアソン点過程モデルを検討することから始める．厳密に言えば，ポアソン
点過程モデルはおそらくカメラトラップに適用されてこそ意味がある，なぜな
ら個体はあらゆるサンプリング期間中任意の回数訪問（そして観測）できるか
らである．しかし，カメラトラップの研究において，複数検出された個体は一
つの"全体としての検出"として処理されることがよくある．さらに，ある短
い1期間（たとえば一晩）中の複数遭遇は独立でないだろう（Royle et al.
2009b）し，相対的に情報として寄与しないだろう．開始点としてここではポ
アソンモデルを用いるが，この状況で検出回数のために他のモデルを用いるこ
とはあり得ることを指摘しておきたい．たとえば，Efford et al.（2009）は負
の二項分布モデルを検討している．ポアソンモデルから直接的に他の二つのモ
デルが導出できる．カメラトラップ研究にもっとも関連している一つのモデル
は，ベルヌーイあるいは二項遭遇モデルである．このモデルの元では，個体は
どれか一つのトラップに最大一度捕獲されうるが，捕獲されるトラップ数は任
意である．そのため，各カメラトラップにおける遭遇（またはしない）はベル
ヌーイ試行である．K 回のサンプリング機会に基づいた研究では，時間変動
するパラメータがない場合は，遭遇回数は二項分布に従う．最終的に，個体が
どのサンプリング期間においてもどれか一つのカメラトラップに最大でも一度
しか捕獲されないという多項遭遇モデルを検討する．ほとんどのカメラトラッ
プの状況においてこのモデルが想定している状況はほぼ起こらないので
（Royle et al. 2009a），ここではこのモデルの解析についての情報は提供しない．

10.3.1.1　Model 1：ポアソンモデル

個体 i がトラップ j にサンプリング機会 k において検出される回数である観
測値 y_{ijk} について，この観測モデルのための自然な選択肢はポアソン分布である．

$$y_{ijk} \sim \text{Poisson}(\lambda_0 g_{ij})$$

ここで λ_0 は遭遇回数の平均値であり g_{ij} はトラップと活動中心の距離に関する
ある減少関数である．ここでは，関数形として"半正規"関数のみを考える．

$$g_{ij} = \exp(-d_{ij}^2/\sigma^2) \qquad (10.1)$$

この式で σ^2 はデータから推定されるパラメータである．そのため，あるト
ラップが個体の活動中心に正確に位置していれば λ_0 はそのトラップにおける
捕獲数の期待値である．

　半正規関数を好むのにはさまざまな理由がある．第一に，半正規関数は距離

標本において"検出関数"として一般的に用いられ，空間 CR モデルに関する Efford（2004）やその後の発展研究でも用いられている．第二に，個体の移動によって引き起こされるトラップへの曝露を明示的に扱うモデルに登場するためである（Royle and Young 2008）．このため，"曝露関数"という単語を g を参照するのに時々用いる．最後に，半正規曝露関数はランダム効果をもつポアソン回帰モデルの正確な表現につながる．とくに，ポアソン平均の対数変換は以下のような形を意味することに注意が必要である．

$$\log (E[y_{ijk}])=\alpha+\beta d_{ij}^2$$

ここで $\alpha=\log (\lambda_0)$ であり $\beta=-(1/\sigma^2)$ である．この場合，d_{ij} はランダム効果である．明らかに，関数 g_{ij} の選択はポアソン分布の平均と距離の間の機能的な関係―すなわちリンク関数―に影響するだけである．動物のサンプリングという文脈でのリンク関数の選択に関するいくつかの例については Royle and Dorazio（2008，4.5.2節）を参照されたい．

10.3.1.2　Model 2：二項遭遇モデル

次に，観測が二値である場合を考える．二値観測値は概念的に，より一般的な状況ではカウントできるものを減少させたものとして見る．これは，個体があらゆるサンプリング期間に何度も遭遇可能で，生物組織（体毛など）は蓄積するが回収後にそれらがいつ採取されたのか分割できないクマの体毛採取研究（DNA に基づいたサンプリング）では現実的かもしれない．これを定式化するために，以下のような二値観測値 y_{ijk} を得ることを想定しよう．

$$\pi_{ijk}=\text{pr}\,(y_{ijk}=1)=1-\exp{(-\lambda_0 g_{ij})}$$

これはポアソン遭遇回数モデルにおける $y>0$ となる確率である．そのため，このモデルのパラメータは本質的に同じだが，観測可能な量は観測したいと思っているものの情報が減少した要約である（類似した対のモデルについては Royle and Nichols（2003）や Royle（2004）を参照）．この新しい種類のデータに同じ変数名（y）を用いることは混乱を招くかもしれないということは理解しているが，文脈があいまいな時はいつでもそれが二値観測なのかポアソン観測なのかはっきりさせる．

このモデルは適切に変換した二項パラメータ π_{ijk} に距離の効果が線形で含まれる二項 GLM を表したものである．とくに，π_{ijk} の complementary log-log 変換は以下のようになる．

$$\log\left(-\log\left(1-\pi_{ijk}\right)\right)=\alpha+\beta d_{ij}^2$$

ここで α と β は前述と同様である．再び，ランダム効果 d_{ij} をもつ GLM（この場合は二項分布の）を得た．ここではこれ以上発展させないが，ランダム効果が空間的に相関することは注目に値する．その関連性と結果は別な場所で発展させるだろう．

10.3.1.3　Model 3：多項観測モデル

ここで検討する最後のモデルは，個体が 1 回のサンプリング機会で最大でも一度しか捕獲されない状況に適用するものである．これは鳥類のかすみ網研究に典型的である（Borchers and Efford 2008）が，Royle et al.（2009a）によってカメラトラップの研究において密度を推定するためにも用いられた．"捕獲のトラップ"は多項試行なので，多項観測モデルと呼ぶ．J 面からなるサイコロを転がした結果であると考えることができる．このモデルを基本的なポアソンモデルから導出する．独立したトラップに対するポアソン遭遇モデルの元では，各個体が各捕獲期間に捕獲される総数（すなわちすべてのトラップで合計する）もまた，ポアソン確率変数の構成要素の加法性によってポアソン確率変数である．

$$y_{i.k}=\sum_j y_{ijk}\sim\text{Poisson}\left(\lambda_0\sum_j g_{ij}\right)\tag{10.2}$$

そのため，$y_{i.k}$ に条件づけられた個体のトラップに遭遇する回数の分布は多項分布である（これは標準的な結果である—総数に条件づけられた独立したポアソン確率変数は多項分布をもつ）．そのため，捕獲される回数 y_{ijk} は多項分布に従う．

$$\{y_{ijk}\}_{j=1}^J\,|\,y_{i.k}\sim\text{Multinom}\left(y_{i.k}\,;\left\{\frac{g_{ij}}{\sum_j g_{ij}}\right\}\right)\tag{10.3}$$

関連した観測モデルを得るために，$y_{i.k}=1$ と条件づけする．それはすなわち，個体は一度だけ捕獲されることである．そのため，捕獲のトラップはトラップ数 j に等しく，捕獲確率は 10.3 で示したとおりである．モデルの構成要素は捕獲のトラップを記述している．しかし，見かけ上あるいは"全体の"捕獲確率を $\Pr(y_{i.j}=1)$ と記述する必要がある．これは，ポアソン仮定の元で正の質量を合計することで得られる．それは以下のように定義される．

$$\bar{p}_i = \Pr(y_{i,k} > 0) = 1 - \exp\left(-\lambda_0 \sum_j g_{ij}\right) \qquad (10.4)$$

そのため，もし y_{ik} が捕獲機会 k における個体 i のための多項観測であれば，$J+1$ 次元の多項分布の分割確率は以下のように記述できる．

$$\pi_j = \bar{p}_i \frac{g_{ij}}{\sum_j g_{ij}} \text{ for } j = 1, \ldots, J$$

"捕獲されない" ことに対応する最後の分割確率は $1 - \bar{p}_i$ である．Royle et al.（2009a）や Gardner et al.（2009）ではポアソン過程からそれを導出していないので，異なる形の $\bar{p}_i$ が用いられている．

10.4 モデルの解析

個体群の全 N 個体の s_i が正確にわかっているものとして，これらの二つのモデル（二項観測とポアソン観測）の解析を進めよう．この場合，推論の問題はパラメータ λ_0 と σ を推定することである．これを行う目的は，推論の問題のための基本的な式を記述することである．加えて，s に条件づけられたモデルの定式化はカメラトラップデータのための階層モデルの単純さを示すことになる．とくに，一般的なモデルはランダム効果をもつ GLM だが，s_i が固定されていて既知であれば単純なポアソンあるいは二項 GLM—すなわち固定効果のみ—である．s が未知であることを許容するモデルの拡張は，技術的にも概念的にも簡単である．

s_i が固定されて既知である場合，このモデルのベイズ解析は自由に利用できるソフトウェアパッケージである WinBUGS（Gilks et al. 1994）を使うことで容易に実行できる．ベイズ主義は人気のある推定の枠組みで，豊富な背景の知識が論文や入手できる文書が存在するので，ここではベイズ法に関する導入は提供しない．モデルのベイズ解析を採用する際には，パラメータの事前分布が必要である．事前分布として，σ には 0 から 5 の一様分布，λ_0 には尺度パラメータが 0.1 と 0.1 であるガンマ分布という，事前の情報がないことを反映するように調整した事前分布を用いる．σ の事前分布のための一様分布の上限は座標系に依存しており，パラメータの事後質量が上限に集中しないように十分大きくするべきである．

10.4.1 ポアソン検出回数

s_i が固定されている場合のポアソンモデルを WinBUGS で記述したものを，パネル 10.1 に示した．WinBUGS のモデル記述法で数行のみでよく，そのほとんどはカメラトラップと活動中心の距離の計算であることがわかる．活動中心の座標は sx と sy であり，それらはカメラトラップの座標を示す行列である X，総個体数 N，トラップ数 J，そしてサンプリング機会数 K とともにデータとして WinBUGS に渡されている．最後に，従属変数は三次元配列である y である．擬似的な WinBUGS コードによる表現は，モデルがいかに単純であるかを示している．これが階層モデルの力である．右辺の隠れ変数に条件づけられたモデルを考える際は，非常に単純な確率構造［訳注：ここでは「関数」ぐらいの意味か］が登場する．データを生成しモデルをあてはめるための R コードは著者から入手できる．

10.4.1.1 モデルの拡張と適切な縮小

パネル 10.1 におけるモデルの指定は，求められる多くの状況よりもより一般的な記述である．なぜならこれは各個体が各カメラトラップに K 回の捕獲機会に遭遇する回数というもっとも詳細な単位という点からの指定だからであ

```
model {
  sigma2~dunif(0,5)
  lam0~dgamma(.1,.1)
  for(i in 1:N) {
    for(j in 1:J){
      dist2[i,j]<- ( pow(sx[i]-X[j,1],2) + pow(sy[i]-X[j,2],2) )
      mu[i,j]<- lam0*exp(-dist2[i,j]/sigma2)
      for(k in 1:K){
        y[i,j,k]~dpois(mu[i,j])
      }
    }
  }
}
```

パネル 10.1　$s_i(i=1, 2, ..., N)$ が既知である場合のカメラトラップデータに対するモデルのための WinBUGS におけるモデルの指定．活動中心 s は，全個体 N の活動中心の x と y 座標のベクタである sx と sy という形でデータで WinBUGS に与えられている．これはモデルの核心的な構造の要素―観測値と個体の活動中心，そしてカメラトラップの位置―が単純であることを示すために過剰に単純化したモデルである．

る．もっとも基本的な水準での観測を指定すれば，モデルのさまざまな拡張が可能になる．たとえば，パネル 10.1 のコードに一組の数行を加えるだけで，モデルの λ_0 に時間または個体の効果を加えることができる．

時間の効果がなければ，各個体のカメラトラップ j における総捕獲数が平均 $K \times \lambda_0 g_{ij}$ のポアソン確率変数であると考えることで解析の効率を向上させることができる．そのため，反復回数 K は線型モデルの平均のための単なる加法的な項である．これを実装する方法の一つとして，$K=1$ を選択すればモデルのパラメータの同定可能性を損なわない（追加情報は Efford et al. 2009 を参照）．この場合，サンプルの反復は必要ない．

ポアソン確率変数の加法性により，他の単純化もいくつかの場合可能である．それらについては，技術的な追加の検討はないので，可能な単純化や拡張については説明しない．

10.4.2　Model 2：二項遭遇過程

二項観測モデルの元で，個体はサンプリング機会ごとに各カメラトラップに一度だけ捕獲されうる．そのため，個体がいずれかのカメラトラップに捕獲されるまたはされないという事象はベルヌーイ試行の結果と見ることができる．s_i を固定した場合のこのモデルを実装するためには，パネル 10.2 に示したように，WinBUGS によるモデル指定を変更する必要はほぼない．

この指定はパネル 10.1 のポアソンの場合のように多くの求められる状況よりもより一般的な書き方である．なぜなら観測モデルはそれぞれの二項観測値

```
model {
    sigma2~dunif(0,5)
    lam0~dgamma(.1,.1)
    for(i in 1:N){
        for(j in 1:J){
            dist2[i,j]<- ( pow(sx[i]-X[j,1],2) + pow(sy[i]-X[j,2],2) )
            mu[i,j]<- 1-exp( -lam0*exp(-dist2[i,j]/sigma2) )
            for(k in 1:K){
                y[i,j,k] ~ dbern(mu[i,j])
            }
        }
    }
}
```

パネル 10.2　$s_i (i=1, 2, ..., N)$ が既知である場合のベルヌーイ遭遇モデルのための WinBUGS におけるモデルの指定．

10 章　トラップ群から密度を推定するための階層空間捕獲再捕獲モデル　*217*

のためのベルヌーイ確率という点からの指定だからである．この指定は潜在的にかなりの計算負荷をもたらす一方，拡張が容易である．たとえば，WinBUGS の推定に数行加えるだけで，λ_0 に時間または個体の効果を加えることができる．いくつかの状況では，各個体のカメラトラップ j に捕獲される総数がサンプルサイズ K に基づいた二項確率変数であると考えることであてはめの効率を向上させることができる．その場合，データは $N \times J$ 行列の捕獲回数（K 回中の捕獲数）に減少できる．この例は，10.5 節で記述するもう少し複雑なモデルを用いてパネル 10.5 で示す．

10.4.3　シミュレーションの解析

ある単位間隔をもつ仮の 10×10 のカメラトラップ群のためのデータを生成し，その生成したデータにモデルを当てはめる．$N=120$ 個体はカメラトラップ群を含む 18×18 格子上に均一に分布している（図 10.1）．$\lambda_0=0.15$ と $\sigma=1.5$ を用いる．これらの個体は K=6 回の調査期間にさらされ，61 個体が捕獲された．全 120 個体の総捕獲数は以下のとおりである．

```
capture frequency     0   1   2   3   4  5  6  7  8
number of individuals 59  15  13  12  6  7  3  3  2
```

ポアソン遭遇モデルでは複数回の捕獲が許容されるので，捕獲回数が 6 回以上のデータもある．これらのデータには，1 回のサンプリング機会中にある個体が二つ以上のカメラトラップに捕獲された事例が 37 あった（2 トラップに捕獲された 28 事例と 3 トラップに捕獲された 9 事例）．データの望まれる構造を達成できるように，このモデルのパラメータを変更できる．データを各個体が各カメラトラップに捕獲されたのかを示す二値に減少させる場合，各サンプリング機会における複数回捕獲から得られる情報を失う．すなわち，あるサンプリング機会に同じカメラトラップに 2 回捕獲された個体は一度の捕獲として登録される．生成したデータセットの情報をこの方法で減少させると，新しい（個体の）捕獲回数は以下のとおりである．

```
capture frequency     0   1   2   3  4  5  6  7  8
number of individuals 59  15  16  10  5  9  1  4  1
```

ある個体があるサンプリング機会に複数回捕獲される事例は 32 あった（二度は 25 事例，三度は 7 事例）．ここでは情報があまり失われていない（主観的に言えば）ので，両方のモデルから類似した結果が得られたといえるだろう．

218

表 10.1 図 10.1 で示したシミュレーションデータセットにポアソンおよびベルヌー
イ遭遇モデルを当てはめたモデルのパラメータの推定値

パラメータ	平均	標準偏差	モンテカルロ誤差	2.5%	中央値	97.5%
ポアソン						
λ_0	0.143	0.0148	0.00027	0.115	0.142	0.174
σ	1.646	0.1204	0.00235	1.434	1.637	1.901
ベルヌーイ						
λ_0	0.142	0.0150	0.00031	0.114	0.141	0.173
σ	1.653	0.1183	0.00220	1.438	1.647	1.907

　この生成したデータセットに両方のモデルを当てはめた結果は表 10.1 に示
した．おおむね，事後の標準偏差はポアソンモデルの方が小さいが，これはモ
ンテカルロ誤差の範囲内である（わずか 4500 の事後サンプルに基づいてい
る）．複数回の捕獲からどれほどの情報が得られるのかを見るためには，大規
模なシミュレーション研究を行うことが有用かもしれない．

10.5　モデルの拡張：N が既知で s が未知の場合

　ある領域 S のカメラトラップに捕獲されうる個体の総数 N は既知だがその
活動中心の位置 s は不明であるとする．概念的には，これらは古典統計で用い
られている概念の一般的な意味でランダム効果と考えられる．ランダム効果モ
デルの解析のために，s に事前分布を採用しそれらのモデルを解析する一般的
な方法で進める．厳密には，どのように進めていくかの大部分は，ランダム効
果の解析に古典的な方法を採用するかベイズ的な方法を採用するかによる．
　ランダム効果の古典的な扱いは，積分によってそれらを尤度から削除するこ
とである．これは最近 Borchers and Efford（2008）によって空間 CR モデル
の解析に採用された方法である（Efford et al. 2009 も参照）．あるいは，ラン
ダム効果モデルのベイズ解析はより簡単で，WinBUGS を用いることで生態学
者にも容易に実行できる．s の自然な事前分布は一様分布である．ここでは，
活動中心点がある領域 S 上に均一に分布すると仮定し，以下のように表現する．

$$s \sim \mathrm{Uniform}\,(S)$$

領域 S は点過程の状態空間として参照され，捕獲可能な個体がサンプリング
される領域である—すなわち s の事前分布である．S は自由に大きくすること
ができるが，大きすぎる面積は計算負荷が大きくなる．モデルをベイズ解析す
るかどうかに関わらず，S を指定する必要がある．統合尤度に基づいた非ベイ

```
model {
  sigma2~dunif(0,5)
  lam0~dgamma(.1,.1)

  for(i in 1:N) {
    sx[i]~dunif(Xl,Xu)
    sy[i]~dunif(Yl,Yu)
    for(j in 1:J) {
      dist2[i,j]<- ( pow(sx[i]-X[j,1],2) + pow(sy[i]-X[j,2],2) )
      mu[i,j]<- lam0*exp(-dist2[i,j]/sigma2)
      for(k in 1:K) {
        y[i,j,k] ~ dpois(mu[i,j])
      }
    }
  }
}
```

パネル 10.3 s_i は未知だが N（総個体数）が既知である場合のカメラトラップ群のデータに対するモデルのための WinBUGS におけるモデルの指定.

ズ解析を行う場合であっても，依然として積分の範囲を決める必要があり，これは S を規定することと厳密に等しい.

これを WinBUGS で実装するためには S を定形の多角形として記述することが便利で，**s** に一様分布を仮定する方法はパネル 10.3 で説明したように sx[i]~dunif(Xl, Xu) と sy~dunif(Yl, Yu) と記述することである. 上限と下限（Xl, Xu, Yl, Yu）は WinBUGS にデータとして与える. 固定された N に対するこのモデルの実装は簡単である. 興味のある読者は，シミュレーションデータに少しだけ改変したモデルを適用した例を探してみるとよい. Royle et al.（2009a）は非生息地を外せるように離散的に表現した S を用いた. この場合，**s** は利用可能な地点に均一に分布すると仮定されている. Borchers and Efford（2008）は統合尤度を実行するために必要な積分の数値近似を促進するために離散的な近似を S に用いた.

ある任意の多角形内に位置する活動中心の数を推定したいことがあるかもしれない. たとえば，ある多角形 X（たとえば国立公園）内に位置する活動中心をもつ個体数 $N(X)$ に興味があるかもしれない. あるいは，X 内の個体の密度 $D(X) = N(X)/A(X)$ に興味があるかもしれない. ここで $A(X)$ は X の既知の面積である. これらのことを計算するためには，事後分布から $s_i = 1, 2, ..., N$ を抽出して活動中心 **s** の座標が多角形内に存在する個体を単に数え上げればよ

```
model {

  sigma2~dunif(0,5)
  lam0~dgamma(.1,.1)

  for(i in 1:N) {

    sx[i]~dunif(Xl,Xu)
    sy[i]~dunif(Yl,Yu)

    tmp1[i]<- step(sx[i] - xmin)
    tmp2[i]<- step(xmax - sx[i])
    tmp3[i]<- step(sy[i] - ymin)
    tmp4[i]<- step(ymax - sy[i])
    incenter[i]<-tmp1[i]*tmp2[i]*tmp3[i]*tmp4[i]

    for(j in 1:J) {
      dist2[i,j]<- ( pow(sx[i]-X[j,1],2) + pow(sy[i]-X[j,2],2) )
      mu[i,j]<- lam0*exp(-dist2[i,j]/sigma2)
      log(lam[i,j])<-log(K)+ log(mu[i,j])
      y[i,j] ~ dpois(lam[i,j])
    }
  }
  Nin<-sum(incenter[1:N])
  D<-Nin/81
}
```

パネル 10.4 s_i は未知だが N（S における個体数）は既知の場合のカメラトラップ群に対する
ポアソン分布版モデル（Model1）のための WinBUGS におけるモデルの指
定. この指定では，トラップ格子 X で囲まれた多角形の最小面積のための導
出パラメータ $N(X)$（個体群サイズ）と $D(X)$（密度）も計算する. モデルの
この指定は，すべての K 回の調査における遭遇頻度を合計したデータに基づ
いている.

い．WinBUGS は必要な事後分布からそれらの要約統計量を適切に生成する．
これを行うためには，WinBUGS におけるモデル指定に数行加える必要があ
る．モデルの指定に，以下の行を加えなければならない．

```
tmp1[i] <- step(sx[i] - xmin)
tmp2[i] <- step(xmax - sx[i])
tmp3[i] <- step(sy[i] - ymin)
tmp4[i] <- step(ymax - sy[i])
incenter[i] <- tmp1[i]*tmp2[i]*tmp3[i]*tmp4[i]
```
そして，繰り返しの外にこれらの行を加えよ．
```
Nin <- sum(incenter[1:N])
```

10 章　トラップ群から密度を推定するための階層空間捕獲再捕獲モデル　*221*

```
D <- Nin/81
```
この場合，81は前述の例で生成したデータにおける10×10のトラップ群を含む最小限の四角形の面積であり，xmin, xmax などはその四角形の境界であり，これらはデータとして WinBUGS に渡されている．これを WinBUGS の指定で実装したものをパネル 10.4 に示した．WinBUGS における解析の効率を向上させるため，この版のモデルは 10.4.1 節で説明したように各個体が K 回のサンプリング機会中に捕獲された回数を合計した $N×J$ の行列という視点から記述されている．

10.6 N が未知の場合：データ拡大

ここでは，N が未知であることを許容することで，モデルをさらに一段階一般化する．より一般的なモデルを解析する困難さは，パラメータ空間の次元（"ランダム効果"の数—すなわち活動中心）そのものが未知の量であることである．それは，データ拡大法（Royle et al. 2007）を用いた類似のモデルの解析に動機づけられた問題である．データ拡大を使うと，ベイズ解析では前の節でまさに達成したように固定された活動中心の数をもつ"完全なデータ"に対するモデルを解析できるので，非常に直接的に行える．以前に，空間 CR モデルは概念的にも技術的にも個体の共変量をもつ広義の CR モデルと類似していることを指摘した．この点は Royle and Dorazio（2008, 7章）と Royle（2009）によって発達した．

データ拡大を導入するために，まずより一般的なモデル（すなわち N が未知）のベイズ解析を単純に構築することを考える．このためには，パラメータ N, λ_0, そして σ の事前分布を記述する必要がある．これらのパラメータに関する情報がないことを反映する事前分布の自然な選択は，N に対してより大きい値である M を用いて0から M までの離散一様事前分布（すなわち $N \sim Du(0, M)$）を仮定することである．λ_0, そして σ についてはすでに定義している．ここでは，N の離散一様事前分布に注目する．M の選択は N の事後分布を切断しないくらい十分に大きい値が選ばれていれば，それほど深刻に考える必要はない．切断しているかは，予備解析後に確認できる．

原則的には，モデルはこの事前分布の指定の元で便利な MCMC 法により事後分布からサンプリングすることで解析が可能である．しかし，N が不明であるので，ランダム効果 $\mathbf{s}_i$ の数であるパラメータ空間の次元もまた不明であ

ることに注意する必要がある．そのような状況では，事後分布からNを新しくサンプリングするたびにランダム効果（活動中心）の数も変化する．この条件でパラメータの更新を正しく行うことは，技術的な複雑さという点で困難な問題である．この技術的な問題が，Royle et al.（2007）のデータ拡大法をこのようなモデルの解析に用いるという方法を促した．

　データ拡大を実装的な方法で記述すると，単に過剰な"すべて0"の遭遇履歴をデータに加えるだけである．すなわち，Mが十分に大きければ，$M-n$個［訳注：ここでnは実際に観測された個体数であり，推定したい真の個体数Nとは異なる］のすべてが0の遭遇履歴を加えることでMによってデータを拡大することができ，拡大されたデータのためのモデルは完全なデータセット（すなわちNが既知である場合）のモデルのゼロ過剰版であると見なすことができる．個体の効果をもつモデルでは，データ拡大は（拡大された）データセットにおける最大の数のランダム効果を保持することを可能にし，それらの値はMCMC法の繰り返しのたびに更新されるので便利な枠組みである．

　正式には，データ拡大はNについての離散一様事前分布の元でのモデルの再パラメータ化と見なせる．とくに，Nについての離散一様事前分布はNについて二項分布$N \sim \mathrm{Bin}(M, \phi)$とし$\phi$について0から1の一様分布をおくことで構築できるに注意すべきである．ϕが積分によって二項要素から消去される場合，結果は$N \sim \mathrm{Du}(0, M)$となる．これは数学的に興味深いだけのように思えるかもしれないが，そのようなモデルをベイズ解析する場合に実装が容易になる．つまり，この離散一様事前分布をM個体からなる超個体群［訳注：調査地域内に存在する個体からなる個体群（推定したい個体数）と調査地域内に存在しない架空の個体からなる個体群を合わせた仮想的な個体群］であると提案すると考えることができる．ここで$M-n$は"すべて0"の捕獲履歴（捕獲されていないので）に対応する．M個体の内何個体かは0に固定される（すなわち個体群に存在しない個体）一方，何個体かはサンプリングされないことによる0とみなす．彼らは個体群に存在するが捕獲されなかった個体に対応する．これは$z_i = 1$であれば個体iは個体群に含まれ$z_i = 0$であれば0に固定される一連の隠れ指示変数$z_1, z_2, ..., z_M$の導入によって定式化できる．$z_i \sim \mathrm{Bernoulli}(\phi)$とする．データ拡大を実装するために，観測された$N$個の遭遇履歴を$M-n$個の"すべて0"の履歴によって拡大し，拡大されたデータセットのためのモデルを，"Nが既知"のゼロ過剰版モデルという観点で指定

10章　トラップ群から密度を推定するための階層空間捕獲再捕獲モデル　*223*

する．個体かつトラップごとの遭遇回数（すなわち K 回のサンプリング機会の合計）のためのポアソンモデルの例は以下のとおりである．

$$y_i \sim \text{Poisson}\,(\lambda_0 g_{ij}) \text{ if } z_i = 1$$
$$y_i = 0 \text{ if } z_i = 0$$

データ拡大の元では，パラメータ ψ は正式にパラメータ N を事前分布の指定 $N \sim \text{Bin}(M, \psi)$ によって二つのパラメータに置き換える．パラメータ空間の次元は固定されているので，このことによって通常の MCMC 法による正式な解析が可能となる．拡大されたデータ解析のための MCMC の手順を構築することはこのモデルの元では容易で，その上このモデルは WinBUGS でも実装できるので，それらの技術的な詳細は割愛する．

10.6.1 実装

このモデルのさらなる（しかし重要な）拡張は，WinBUGS でのモデル指定にわずか数行追加するのみで実装できる．とくに，データ拡大に関連した Bern(ψ) 確率変数と仮定する隠れ指示変数 z_i を定義しなければならない．そのうえ，拡大されたデータにおけるカウント数はゼロ過剰ポアソンまたはゼロ過剰二値であることに注意する必要がある．これを実装するために，（ポアソン

```
model {

    sigma2~dunif(0,5)
    lam0~dgamma(.1,.1)
    psi ~ dunif(0,1)

    for(i in 1:N) {
      z[i]~dbern(psi)
      sx[i]~dunif(Xl,Xu)
      sy[i]~dunif(Yl,Yu)

      for( j in 1:J){
        dist2[i,j]<- ( pow(sx[i]-X[j,1],2) + pow(sy[i]-X[j,2],2) )
        mu[i,j]<- lam0*exp(-dist2[i,j]/sigma2)
        log(lambda[i,j])<-log(K)+ log(mu[i,j])
        tmp[i,j]<-lambda[i,j]*z[i]
        y[i,j] ~ dpois(tmp[i,j])
      }
    }
  N<-sum(z[1:M])
}
```

パネル 10.5 ポアソン遭遇過程モデルのための WinBUGS におけるモデルの指定．この指定では，活動中心 **s** と N は未知である．

または二項）分布のパラメータを指示変数 z [i] の積となるように再定義し，パラメータと"N が既知"モデルのパラメータを再定義する．たとえば，パネル 10.5 のポアソンモデルの拡張について，ゼロ過剰ポアソン分布とするための関連した指定は以下のとおりである．

```
z[i] ~ dbern(psi)
log(lambda[i,j]) <- log(K) + log(mu[i,j])
tmp[i,j] <- lambda[i,j]*z[i]
y[i,j] ~ dpois(tmp[i,j])
```

ゼロ過剰過程をこのように構築することは，z[i]=1 であれば観測値は平均 lambda[i,j] であるポアソン分布に従い，z[i]=0 であれば平均 0 のポアソン確率変数として表現されているように観測値は 0 に固定されることを意味する．

これはパネル 10.5 に見ることができる．モデルを $M=N$，すなわち実際に既知である個体数を超えたすべて 0 の遭遇履歴を追加しないように設定したデータに当てはめれば，ψ の事後分布は $\psi=1$ に質量が集中すると予想される．

10.7　Nagarahole のトラのデータへの適用

Karanth とその関係者によって 1991 年から現在までカメラトラップによって研究されてきた（たとえば Karanth 1995；Karanth and Nichols 1998, Karanth et al. 2006）南西インド Karnataka 州の Nagarahole 保護区で得られたトラのデータの解析例を示す．ここで検討するデータセットは 2006 年に 120 のカメラトラップの設置場所のサンプリングによって得られ，各カメラトラップの設置場所は緯度経度および UTM 座標によって参照される（図 10.2）．このデータの解析はとくに断りがなければ Royle et al.（2009b）に従っている．各場所では二つカメラトラップが設置された．サンプリングは 1 月 24 日から 3 月 16 日までのべ 48 夜間行われた．

この期間のサンプリングによって，44 個体のベルヌーイ遭遇データが得られた．そのため，各個体の遭遇履歴は $K \times J$（48×120）行列であり，この行列の構成要素はもし（個体が）検出されればサンプリング機会およびカメラトラップごとに 1 に等しくなり，検出されなければサンプリング機会およびカメラトラップごとに 0 となる．ベルヌーイ遭遇モデルはこれらのデータに適切である．時間変動するパラメータは考慮しないので，遭遇履歴はサンプリング機

10 章　トラップ群から密度を推定するための階層空間捕獲再捕獲モデル　*225*

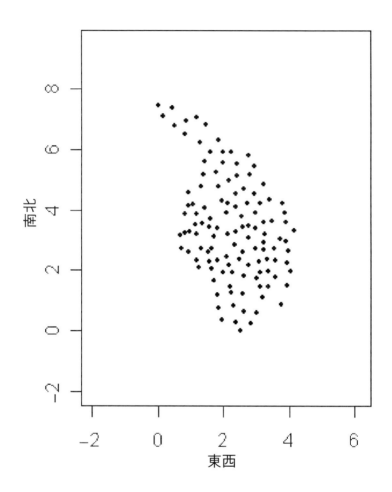

図 10.2 120 のカメラトラップからなる Nagarahole 保護区のトラのカメラトラップ配列. この図の距離の単位は 5 km である.

会 $K=48$ で合計した個体とカメラトラップ固有の遭遇回数に減少できる．この研究設計の重要な特徴は，120 のカメラトラップの設置場所のすべてが同時に稼働していたわけではないことである．保護区はそれぞれ約 30 のカメラトラップの設置場所を含む 4 区画に分割され，各区画は連続した 12 日間調査された．そのため，カメラは次の 12 日間は次の区画に移動されこの過程を 4 区画がサンプリングされるまで繰り返した．この設計は Karanth and Nichols (2002, 133 頁) のサンプリング設計 4 に従っている．そのため，あるカメラ

トラップはあるサンプリング機会の間稼働しておらず動物は検出できないので，いくつかの 0 は構造的な 0（サンプリングして 0 であることとは対極）である．

　Nagarahole での研究では，カメラトラップはいずれかの夜にカメラトラップを含んでいる 120 地点の内の 30 地点を移動していた．これは，DNA を得るための体毛採取や個体を検出する他の方法と同様にカメラトラップ研究では標準的な設計である．これは m_{jk} で表現されるカメラトラップ j がサンプリング機会 k に稼働していたのかどうかを示す指数を単に定義するだけで解析で簡単に扱うことができ，以下のようである．

$$\Pr\left(y_{ijk}=1\right)=1-\exp\left(-\lambda_0 m_{jk}g_{ij}\right)$$

ここで $m_{jk}=1$ はカメラトラップ j がサンプリング機会 k に稼働しており $m_{jk}=0$ は稼働していないことを示す．そのため，カメラトラップが稼働していない時は，$\Pr\left(y_{ijk}=1\right)=0$ となるべきである．

　これらのデータの解析のために，図 10.2 で示したように 120 の位置を含む長方形である S を定義する．ここで S は，4 基本方位の最小と最大の座標よりも 2 単位大きく，約 2,331 km^2 の面積を表す．座標系は標準単位が 5 km に調整されており，σ の単位も同様であることに注意する必要がある．以前に行われた解析（Royle et al. 2009a, b）では，非生息地を S から除去できるように R 言語でこの離散状態空間のためのモデルの実装を構築した．ここでは，連続的な状態空間を用いて WinBUGS での完全な解析を提供する．

　ベルヌーイ遭遇モデルを当てはめた結果の事後要約量は表 10.2 に示した．観察されたのは 44 個体であったことを思い出して欲しい．$N(S)$ の推定値は約 301 個体で S 上の個体密度の事後平均は 12.935/100 km^2 であった．これは生

表 10.2　トラのカメラトラップデータのためのモデルのパラメータの事後要約量．$N(X)$ は隠れ点過程の状態空間 S 内の活動中心数であり，D は 100 km^2 あたりの密度である．観測されたのは 44 個体であった．

パラメータ	平均	標準偏差	2.5%	中央値	97.5%
λ_0	0.015	0.004	0.008	0.015	0.024
σ	0.338	0.086	0.212	0.325	0.546
ϕ	0.567	0.114	0.374	0.557	0.821
D	12.935	2.494	8.750	12.697	18.444
$N(X)$	301.566	58.134	204.000	296.000	430.000

10 章　トラップ群から密度を推定するための階層空間捕獲再捕獲モデル　*227*

息適地と判断された長方形内の領域に基づいた $12.2/100\,\mathrm{km}^2$ という Royle et al.（2009b）によって報告された値よりも若干大きい．今回の場合，密度の95%信用区間は 8.75 から 18.44 である．パラメータ λ_0 はカメラトラップの設置場所に活動中心 s をもつ個体が捕獲される割合である．そのため $\lambda_0 = 0.015$ は $1-\exp(-0.015) \approx 0.015$ という状況で個体が捕獲される確率を示す．

10.8 開放系における個体群動態

多くのカメラトラップ研究は複数年にわたって行われるか，個体群の閉鎖性を満たせないぐらい十分に長い期間である．実際には，ある種の保全や管理のうえでその種の生存や加入は生物学的に非常に興味深い．そのため，空間 CR モデルの一つの有用な拡張は個体群に死亡や加入が起こる状況である（Karanth et al. による 9 章）．そのようなモデルを追求する実務的に重要な動機は，カメラトラップ法で研究される多くの種の密度は低く，複数年にわたるデータは密度推定値を大きく改善できるためである．

空間 CR モデルの階層的な定式は個体群が開放系であることに直接的に拡張でき，ここでは Gardner et al.（2010）に基づいて拡張を示そう．ここでは基本的な概念と定式化の技術的側面に集中し，データの解析は提供しない．興味のある読者はその論文の解析と結果を参照されたい．解析は 1 年に複数回のサンプリングを行った $T=2$ 年間のコロコロ（*Leopardus colocolo*）の研究に基づいている．閉鎖個体群モデルと同様に，開放個体群モデルは二項またはポアソン観測モデルで容易に指定できる．従って，遭遇データは個体 i，カメラトラップ j，サンプリング機会 k，そして調査年 t を示す y_{ijkt} である．観測値 y_{ijkt} は，個体がカメラトラップかつサンプリング機会あたり一度しか捕獲されなければ二値であり，任意の回数記録されうるのであれば捕獲回数である．通常の状況では，カメラが適切に動作していれば，得られるデータの種類はおもにデータ解析手順の結果［訳注：二項なのかポアソンなのか］となるかもしれない．1 年の間ですべてのパラメータは不変であると仮定し，y_{ijt} が K 回のサンプリング機会での総捕獲数であると定義する（K は年によって変動するかもしれないが，簡潔のためここでは一般化しない）．このデータ構造は"ロバストデザイン"（Pollock 1982）の元で発達したものと一致している．$T=2$ なので，生残パラメータと加入パラメータは一つである．$T>2$ に拡張することは容易だが，簡潔に説明するためここでは概念的な一般化は行わない．

Gardner et al.（2010）は開放個体群のための空間 CR の構築のために，モデル空間 CR と閉鎖個体群における個体共変量モデルの間の概念的な関係性を開発した．階層モデルの個体の効果のパラメータ化は Royle and Dorazio（2008, 10 章）と Gardner et al.（2010）によって提供され，空間 CR モデルを構築するための定式化に用いられた．とくに，生残と加入を記述する根底にあるモデルは変更されていない．しかし，観測モデルはまさに閉鎖個体群の状況と同様に，個体の活動中心という形で空間的な個体の共変量を含めるように改変されている．先に行ったように，"N に条件づけられた"モデルを構築し，過剰な $y_{ijt}=0$ を疑似観測値として導入し大きさが M のデータセットを作成することでデータ拡大し，推論に取り組む．とくに，この文脈における N は個体群における研究期間に生存していた個体数，すなわち Schwartz and Arnason（1996）（Crosbie and Manly 1985 も参照）が "超個体群" と称したものとなる．特定の年の個体群サイズを知りたければ，N_t を使う．

Jolly-Seber 型の状態モデルは隠れマルコフモデルとして簡単に表現できる．個体 i がある年 t に "生存している状態" を記述する隠れ変数 $z(i,t)$ を定義する．$z(i,t)=1$ は個体が生存しており $z(i,t)=0$ は個体が生存していないことを示す．データ拡大した場合，"生存していない" は個体が死んだ事象，あるいは個体がまた加入していない事象を含んでいる．状態モデルは以下の二つの要素からなる．まず，初期状態は以下のように記述される．

$$z(i,1) \sim \mathrm{Bern}(\psi)$$

そして，$t=1$ から $t=2$ への個体の状態の推移を記述するモデルは以下のとおりである．

$$z(i,2) \sim \mathrm{Bern}(\phi z(i,1)+\gamma(1-z(i,1)))$$

もし $z(i,t)=1$ であれば，個体は確率 ϕ で生存し，$z(i,t)=0$ であれば "擬似個体" は確率 γ で加入する．K 回の観測機会に基づいた観測モデルは以下のとおりである．

$$y_{ijk}|s_i \sim \mathrm{Poisson}(K\lambda_0 g_{ij}(s_i,x_j)\,z(i,t))$$

ここで g_{ij} は閉鎖個体群とまさに同じように，活動中心 i とトラップ j の間の距離の何らかの関数である．この観測モデルを構築するにあたり，y_{ijt} は個体 i が時間 t において生存している場合（すなわち $z(i,t)=1$），ポアソン確率変数の結果である．もし $z(i,t)=0$ であれば，確率 1 で $y_{ijt}=0$ となる．

データ拡大の枠組みでは，観測値はデータセットの全体量を M にするため

に多数の $y_{ijt}=0$ 観測が加えられることで拡大される．M 個体のこのセットは，サンプリングで観測された個体，サンプリングでは観測されなかった個体，加入しないかもしれない"潜在的な"個体を含んでいる．データ拡大に基づいたこのモデルを定式化すると，このモデルは"多期間占有"モデル（Royle and Dorazio 2008 の 9 章と 10 章を参照）と形式上等価である．そのモデルの定式化において，加入パラメータは，直接的に有用な解釈を得ていない利用可能な［訳注：まだ加入していない］0 群からの相対関係として記述される．総加入個体数は以下のように定義できる．

$$R=\sum_{i=1}^{M}z(i,2)\,(1-z(i,1))$$

これはまさに $t=1$ の時点で生存していないが $t=2$ の時点で生存している個体

```
model {
    sigma2 ~dunif(0, 10)
    lam0~dgamma(.1,.1)
    psi ~dunif(0, 1)
    phi ~dunif(0, 1)
    gamma~dunif(0, 1)
  for (i in 1:M) {
    z[i,1] ~dbern(psi)
    mu[i] <- phi*(z[i,1]) + gamma*(1-z[i,1])
    z[i,2] ~dbern(mu[i])
    SX[i] ~dunif(xl, xu)
    SY[i] ~dunif(yl, yu)
    for(j in 1:J){
      D2[i,j] <- pow(SX[i]-X[j,1], 2) + pow(SY[i]-X[j,2],2)
      mu[i,j] <- lam0*exp(-D2[i,j]/sigma2)
      log(pmean[i,j])<-log(K[j]) + log(mu[i,j])
    for(t in 1:2){
        tmp[i,j,t]<-pmean[i,j]*z[i,t]*op[j,t]
        y[i,j,t]~dpois(tmp[i,j,t])
  }
  }
a[i]<-(1-z[i, 1])*z[i,2]
}
N1<-sum(z[1:M,1])
N2<-sum(z[1:M,2])
R<-sum(a[1:M])
}
```

パネル 10.6　開放個体群におけるポアソン遭遇過程モデルのための WinBUGS でのモデルの指定．この指定では，活動中心 **s** と N は未知である．ここで，データとして与えられている K[j]はカメラトラップ j が稼働しているサンプリング機会の回数であり，一方 op[j, t]はカメラトラップ j が年 t の間中稼働しているかを示す．

数の総数である．そのため，加入率は $r = R/N_i$ であり，$N_1 = \Sigma_i z(i, 1)$ である．似たように，$N_2 = \Sigma_i z(i, 2)$ である．

個体の遭遇履歴という点でモデルを記述しているので，個体の位置，そして観測値と個体の位置の関係を記述するモデルを導入するだけでよい．Gardner et al.（2010）では，個体の活動中心は 2 年間静的，すなわち $\mathbf{s}_{i,t} \equiv \mathbf{s}_i \sim \mathrm{Unif}\,(S)$ と仮定した．この階層モデルの解析ではこれ以上何も考慮すべきものはない．モデルは直接的に記述され（パネル 10.6 を参照），WinBUGS を用いて解析できる．あるいは，活動中心が年変動することを許容することも可能で，実装は容易であるように思われる．一つの可能性として，個体のホームレンジの中心が前の年の値からの乱数として得られるように $\mathbf{s}(i, t) \sim \mathrm{Normal}\,(\mathbf{s}(i, t-1), \delta^2 \mathbf{I})$ と仮定することである．そのようなモデルを用いることで，ホームレンジの動態に関する仮説をおそらく検証できる．空間 CR モデルと個体共変量モデルの概念および技術の類似性について，私たちは強調する．個体共変量の時間変動に関連した特定の事項については，Bonner and Schwarz（2006），King et al.（2008），そして Royle and Young（2008）を参照されたい．

10.9　要約および考察

歴史的に，カメラトラップ研究における密度推定は，個体の遭遇履歴データに閉鎖個体群を仮定した多数だが大半が事後的あるいは探索的な方法を適用することで行われてきた．閉鎖個体群の推定量の概念的な限界は，サンプリングにさらされる個体群のサイズの推定量という意味で N の推定値は妥当かもしれないが，個体の動きが個体群サイズの推定量と正確な面積と結びつけることを困難にさせる．観測された遭遇履歴データと形式的に（統計的なモデルで）結びついていない非形式的な方法を使うことで有効サンプリング面積を推定するために，簡便方法が開発されてきた．根底となるモデルが正確に指定できないので，それらは十分に可塑的でなく拡張が難しい．たとえば，これらの事後的な技術はカメラトラップが調査期間中に移動する，開放形である，あるサンプリング機会に複数回捕獲されることを考慮できない．

空間 CR モデルにおける推論のための近年の研究は，モデルに基づいた枠組みの開発に重きが置かれてきた．Effort（2004）は空間における個体の分布を支配するポアソン点過程に基づいたそのようなモデルを初めて開発した．空間 CR モデルにおける推論は，ランダム効果を扱うための統合尤度に基づいた古

典的な（すなわち非ベイズ主義の）方法を用いた Borchers and Efford（2008）
による最近の論文で定式化された．この方法はソフトウェア DENSITY
（Efford et al. 2004）において実装されている．この章では，ポアソン遭遇回数
モデルに基づいた広義の空間 CR モデルのための階層モデリングの枠組みにつ
いて概説した．私たちは，空間 CR モデルという文脈で Royle and Young
（2008）とその後の研究で発達したデータ拡大（Royle et al. 2007）に基づいた
階層モデルのためのベイズ推測法を採用した．

　この章のテーマの一つは，異なる種類のモデル（ポアソン，二項，多項）が
観測値の情報の正しい減少もしくは制約によってお互いに密接に関連している
ことである．二つ目のテーマは，これらのモデルは根本的に，一般化線形混合
モデル（GLMMs）と呼ばれる種類のモデルである，ランダム効果（実際に
は，空間的に相関しているランダム効果をもった GLM）をもったただの
GLM（二項またはポアソン）であることである．たとえば，ベルヌーイモデ
ルのパラメータ $\pi_{ijk}=\mathrm{Pr}(y_{ijk}=1)$ は以下のようである．

$$\log(-\log(1-\pi_{ijk}))=\alpha+\beta d_{ij}^2$$

ここで d_{ij} はランダム効果（すなわち，それは観測されていない）である．よ
り厳密には，d_{ij} は隠れ活動中心 $\mathbf{s}_i$ に依存している．半正規分布の"検出関数"
は二次関数的な距離の項となるが，より標準的な一般化線形混合モデルとなる
単純な指数関数を代わりに用いることもできることに注目されたい．用いる検
出関数の正式な形式にかかわらず，もちろん他のリンク関数を用いることもで
きるが，二値の観測値のためのモデルは通常の"ロジスティック回帰"であ
る．ここで用いたリンク関数は通常 complementary-log-log リンク関数と称
される．

　一般化線形混合モデルとしてこのように示したことで，空間 CR モデルとよ
り伝統的な"個体共変量"モデルとの関係をより明瞭に見ることができる
（Royle 2009）．さらに，このように示すことは，Link（2003）が解明したよう
に，個体群サイズの推定量は個体のランダム効果のための分布の選択に強い影
響を受ける（実際には N は同定不能ですらあるかもしれない），という問題を
喚起することにもなる．今回は，点過程モデルの選択は d_{ij} の分布をおもに決
定するので，ほぼ同様の誤差［訳注：原文は ambiguity だが，ここでは誤差
の意であると判断した］をもたらした．しかし，上記のように，ランダム効果
は空間的に相関しており，これは Link（2003）が明らかにした問題を部分的

に緩和するかもしれない。ランダム効果が空間的に相関していることはさまざまな理由で興味深く，それらは別の場所で取り上げられるだろう。

　モデルの解析のために，まず活動中心 s が固定されており N（そのような活動中心の数）が既知である状況からモデルの構築を始めた。これによって，これらのモデルが GLM のように本質的には単純であることを示した。N は固定されているが s が未知であることを許容するようにモデルを少し拡張することで，ランダム効果モデルは s に事前分布をあてがうことで自然に解析できることを示した。空間 CR モデルの場合，（事前分布の）自然な選択は一様分布である。s が不明であるモデルは形式的に，個体共変量が誤差をもって観測される個体共変量モデルと関連している（Royle and Dorazio 2008，7 章）。概念的な発達において考えた三番目の状況は，N が不明である状況である。このもっとも一般的な場合の解析は，仮説として捕獲されていない個体がいることに対応する多数のすべて 0 の遭遇履歴によってデータを拡大するデータ拡大（Royle et al. 2007）の技術によって助けられる。拡大されたデータはゼロ過剰版の"N が既知"データセットと考えられる。データ拡大の元でのこのモデルのベイズ解析は，WinBUGS におけるモデル指定からわかるように簡単である。

　階層的な定式化は，空間 CR モデルの拡張の開発において柔軟性をもたらすと信じている。この章で構築した一つの領域は，これらのモデルの開放個体群への拡張である。階層モデリングの枠組みでは，個体の共変量（活動中心）を含めることは困難ではない。それは，Royle and Dorazio（2008，10 章）によって記述された Jolly-Seber 型のモデルにおける基本的な個体の効果のパラメータ化の拡張である。拡張したモデルは，不完全な点の観測を伴った単純な空間—時間点過程の階層的な拡張である。より複雑な空間—時間点過程を発達させることは自然な考えである（たとえば Rathbun and Cressie 1994）。点間の非独立性を許容する点過程の一般化もまた，空間 CR モデルの拡張の重要な方向性であると思われる。たとえば，縄張りの防衛，性差，種間といった個体間の相互作用をモデル化するのに用いられる相互作用（たとえば，抑制モデル，マルコフ点過程，集合を認める過程など）を示す点過程モデルを考えることは自然な考えである。個体によって利用可能な生息地（とくに希少種）が占有されることは，保全生物学や管理において重要な生態学的過程である（たとえば Fretwell 1972）。空間 CR モデルは点過程の根底に関する明示的な推論を可能にする。そのような点過程モデルはより複雑であり（たとえば，相互作用

10 章　トラップ群から密度を推定するための階層空間捕獲再捕獲モデル　*233*

と条件依存)，統合尤度（Borchers and Efford 2008）を計算するのに必要な積分は計算上困難となるかもしれない．しかし，階層的に定式化されたモデルのベイズ解析は（原則的には）活動中心の位置についての条件つきシミュレーションが実行可能かだけを要求する．最後に，カメラトラップは"現実の時間"のデータを得ることが可能で，モデルを連続的な時間の中で測定するように拡張することは，効率を向上させるかもしれない．カメラトラップは1サンプリング機会中に複数回撮影できるが，データはカメラの稼働に関する理由からしばしば最小の解像度では与えられない．さらに，観測値は時間スケールに大きく依存すると思われるので，いくつかの検討が時間的にデータをまとめるモデルについてなされるべきである．

引用文献

Alho, J. M. 1990. Logistic regression in capture-recapture models. Biometrics 46:623-635

Bonner, S. J. and C. J. Schwarz. 2006. An extension of the Cormack-Jolly-Seber model for continuous covariates with application to *Microtus pennsylvanicus*. Biometrics 62:142-149

Borchers, D. L. and M. G. Efford. 2008. Spatially explicit maximum likelihood methods for capture-recapture studies. Biometrics 64:377-385

Borchers, D. L., S. T. Buckland, and W. Zucchini. 2002. Estimating animal abundance: closed populations. Springer, London

Crosbie, S. F. and B. F. J. Manly. 1985. Parsimonious modelling of capture-mark-recapture studies. Biometrics 41:385-398

Efford, M. 2004. Density estimation in live-trapping studies. Oikos 106:598-610

Efford, M. G., D. K. Dawson, and C. S. Robbins. 2004. DENSITY: software for analysing capture-recapture data from passive detector arrays. Animal Biodiversity and Conservation 27:217-228

Efford, M. G., D. L. Borchers, A. E. Byrom. 2008. Density estimation by spatially explicit capture-recapture: likelihood-based methods. Pages 255-269 in D. L. Thomson, E. G. Cooch, and M. J. Conroy, editors. Modeling demographic processes in marked populations. Springer, New York.

Efford, M. G., D. K. Dawson, and D. L. Borchers. 2009. Population density estimated from locations of individuals on a passive detector array. Ecology 90:2676-2682

Fretwell, S. D. 1972. Populations in a seasonal environment. Monographs in Population Biology 5:1-217

Gardner, B., J. A. Royle, and M. T. Wegan. 2009. Hierarchical models for estimating density from DNA mark-recapture studies. Ecology 90:1106-1115

Gardner, B., J. Reppucci, M. Lucherini, and J. A. Royle. 2010. Spatially-explicit inference for open populations: estimating demographic parameters from camera-trap studies. Ecology 91:3376-3383

Gilks, W. R., A. Thomas, and D. J. Spiegelhalter. 1994. A language and program for complex Bayesian modelling. The Statistician 43:169-178

Huggins, R. M. 1989. On the statistical analysis of capture experiments. Biometrika 76:133-140

Karanth, K. U. 1995. Estimating tiger *Panthera tigris* populations from camera-trap data using capture-recapture models. Biological Conservation 71:333-338

Karanth, K. U. and J. D. Nichols. 1998. Estimation of tiger densities in India using photographic captures and recaptures. Ecology 79:2852-2862

Karanth, K. U. and J. D. Nichols, editors. 2002. Monitoring tigers and their prey: a manual for researchers, managers and conservationists in Tropical Asia. Centre for Wildlife Studies, Bangalore

Karanth, K. U., J. D. Nichols, N. S. Kumar, and J. Hines. 2006. Assessing tiger population dynamics using photographic capture-recapture sampling. Ecology 87:2925-2937

King, R., S. P. Brooks, and T. Coulson. 2008. Analysing complex capture-recapture data: incorporating time-varying covariate information. Biometrics 64:1187-1195

Laird, N. M. and J. H. Ware. 1982. Random-effects models for longitudinal data. Biometrics 38: 963-974

Link, W. A. 2003. Nonidentifiability of population size from capture-recapture data with heterogeneous capture probabilities. Biometrics 59:1123-1130

Maffei, L., E. Cuellar, and A. Noss. 2004. One thousand jaguars (*Panthera onca*) in Bolivia's Chaco? Camera trapping in the Kaa-Iya National Park. Journal of Zoology 262:295-304

Parmenter, R., T. Yates, D. Anderson, K. Burnham, J. Dunnum, A. Franklin, M. Friggens, B. Lubow, M. Miller, G. Olson, et al. 2003. Small-mammal density estimation: a field comparison of grid-based vs. web-based density estimators. Ecological Monographs 73:1-26

Pollock, K. H. 1982. A capture-recapture design robust to unequal probability of capture. Journal of Wildlife Management 46:752-756

Rathbun, S. L. and N. A. C. Cressie. 1994. A space-time survival point process for a longleaf pine forest in Southern Georgia. Journal of the American Statistical Association 89:1164-1174

Royle, J. A. 2004. N-mixture models for estimating population size from spatially replicated counts. Biometrics 60:108-115

Royle, J. A. 2009. Analysis of capture-recapture models with individual covariates using data augmentation. Biometrics 65:267-274

Royle, J. A. and R. M. Dorazio. 2008. Hierarchical modeling and inference in ecology: the analysis of data from populations, metapopulations, and communities. Academic, San Diego, CA

Royle, J. A. and J. D. Nichols. 2003. Estimating abundance from repeated presence-absence data or point counts. Ecology 84:777-790

Royle, J. A. and K.V. Young. 2008. A hierarchical model for spatial capture-recapture data. Ecology 89:2281-2289

Royle, J. A., R. M. Dorazio, and W. A. Link. 2007. Analysis of multinomial models with unknown index using data augmentation. Journal of Computational and Graphical Statistics 16:67-85

Royle, J. A., J. D. Nichols, K. U. Karanth, and A. Gopalaswamy. 2009a. A hierarchical model for estimating density in camera trap studies. Journal of Applied Ecology 46:118-127

Royle, J. A., K. U. Karanth, A. M. Gopalaswamy, and N. S. Kumar. 2009b. Bayesian inference in camera trapping studies for a class of spatial capture-recapture models. Ecology 90:3233-3244

Schwarz, C. J. and A. N. Arnason. 1996. A general methodology for the analysis of capture-recapture experiments in open populations. Biometrics 52:860-873

Trolle, M. and M. Kéry. 2003. Estimation of ocelot density in the Pantanal using capture-recapture analysis of camera-trapping data. Journal of Mammalogy 84:607-614

Trolle, M. and M. Kéry. 2005. Camera-trap study of ocelot and other secretive mammals in the northern Pantanal. Mammalia 69:409-416

Wallace, R., H. Gomez, G. Ayala, and F. Espinoza 2003. Camera trapping for jaguar (*Panthera onca*) in the Tuichi Valley, Bolivia. Journal of Neotropical Mammalogy 10:133-139

10章　トラップ群から密度を推定するための階層空間捕獲再捕獲モデル　*235*

Williams, B. K., J. D. Nichols, and M. J. Conroy. 2002. Analysis and management of animal populations. Academic, San Diego

Wilson, K. R. and D. R. Anderson. 1985a. Evaluation of two density estimators of small mammal population size. Journal of Mammalogy 66:13-21

Wilson, K. R. and D. R. Anderson 1985b. Evaluation of a nested grid approach for estimating density. Journal of Wildlife Management 49:675-678

Cappter11 Inference for Occupancy and Occupancy Dynamics
Allan F. O'Connell and Larissa L. Bailey

第 11 章
占有と占有動態に関する推論

11.1 はじめに

本章では，占有（Occupancy）推定について扱うことにする．占有とはカメラトラップなどを用いて種の分布ステータスを評価したり，その変化を追跡したりするために用いられる状態変数の一つのことである．占有推定およびモデリングに対する近年の関心のほとんどは，MacKenzie et al.（2002，2003）が開発したモデルに端を発している．もっとも，同様の方法は，これらとは独立に開発されてきた（Azuma et al. 1990；Bayley and Petersen 2001；Nichols and Karanth, 2002；Tyre et al. 2003）．どの論文でも，種の出現情報および不完全検出が扱われている．これらの論文が発表されてから 10 年もたたない間に，種の出現と占有動態がモデリング・推定されることが顕著に増加してきた．ジャーナルの特集号が組まれ，占有モデルを用いることで検出—不検出データを従来とは異なる形で利用できないかが検討されたり（Vojta 2005），占有推定の利用と応用についてまとめた単行本が出版されたりしている（MacKenzie et al. 2006）．最近話題となっている概念や科学哲学の立場，あるいは占有推定が可能なさまざまな調査デザインについてのレビューは，比較的容易に参照できるようになっている（MacKenzie and Royle 2005；MacKenzie et al. 2006；Bailey et al. 2007；Royle and Dorazio 2008；Conroy and Carroll 2009；Kendall and White 2009；Hines et al. 2010；Link and Barker 2010）．これらの文献において明確に述べられていることをここでもう一度説明する必要はないだろう．しかし，いかなる科学トピックをレビューするうえでも，そのトピックの文脈や背景を十分に明らかにする必要がある．占有推定のように比較的新しい方法論や技術がかかわる場合にはとくにそうである．デジタル社会

237

においては新しい情報が非常に速いスピードで公表されるために，理論的な進展や研究の発展に後れをとらないようにすることがますます困難になっている．このような社会においては，これは非常に重要なことである．

ここでは最初に，占有推定を導く原理（たとえば，調査デザインの検討）や生態学の研究における占有推定の役割についてレビューすることにする．占有モデルのうち単一シーズンモデルと複数シーズンモデルについての基本的な枠組みについて説明し（MacKenzie et al. 2002, 2003），占有モデルの基礎にある仮定と占有データのさまざまな解析オプションについて述べる．そして，研究を開始するに先立って，さまざまなサンプリングデザインを評価する場合，どのような手法があるのかを提示する（Bailey et al. 2007）．そして，占有モデルの拡張について実際の研究例を示して説明する．モデルを拡張することで，種の出現と関連するシステムの動態について，より柔軟でかつ便利に推論することが可能になることが分かるだろう．具体的には，複数スケールでの占有推定を可能にする（カメラトラップを含んだ）複数手法アプローチ（Nichols et al. 2008），個体数の違いがもたらす検出不均質モデル（Royle and Nichols 2003；Wenger and Freeman 2008），そして，種同時出現モデル（MacKenzie et al. 2004）について議論する．さらに，将来カメラトラップ研究にも用いられる可能性が高い最近開発されたモデルについても簡潔に述べることにする．それには，多状態モデル（Nichols et al. 2007；MacKenzie et al. 2009）や，一次元空間的自己相関モデル（Hines et al. 2010）などが含まれる．

11.2 動物生態学における占有

個体数や密度といった個体群パラメータを推定することは，動物個体群研究の主要な関心事であり続けてきた（O'Brien，6章；Karanth ら，7章；Maffei ら，8章参照）．個体群サイズやそれと関連する個体群動態パラメータについての情報は，個体群のステータスを評価したり，その変化をモニタリングしたりするうえでしばしば不可欠である（Karanth ら，9章参照）．しかし，そのためには，多くの個体が識別可能であるか，あるいは物理的に捕獲され標識されている必要がある（すなわち捕獲—再捕獲（CR）法，6章—9章）．動物を捕獲したり標識をつけたりすることが非常に困難である場合，あるいは生息密度が低いと予想される場合，占有情報は個体数や密度の有効な代替物であり，種の分布と分布パターンを決定するプロセスを推定することを可能にしてくれ

る．しかも，占有（すなわち，種の出現情報）を推定するのに必要なタイプや量のデータを集めるのは，個体数や密度を推定するための情報を集めるよりも低コストであり時間消費も少なくてすむことが多い．

　本来，占有はアバンダンス（すなわち，動物の個体数）の関数であり，環境中に動物がどのように分布しているのかに関わる動態プロセスを支配するパラメータである（Royle and Dorazio 2008）．種によっては，占有は個体数の代理物としてみなすことができる（MacKenzie and Nichols 2004）．地理的分布，メタ個体群動態，生息地との関係性，資源選択，そして種の相互作用に関係するような生態学の基礎的な問いに答えるために，占有はさまざまな生態学の調査において広く用いられてきた．一般に，占有は，サイトやパッチに対象種が存在している確率として定義されるものであるが，パッチもしくはサイトの占有，あるいは占有されている面積割合（PAO）といった別の呼び方も文献によってはなされてきた（これらの由来と解釈の詳細は，MacKenzie et al. 2006参照）．動物生態学における占有データの収集は比較的簡単であり，調査手法は，動物それ自体の観察（たとえば，カメラトラップの写真）から，種が存在することを示す何らかの証拠（たとえば，糞や足跡）の記録に至るまで多くの形をとりうる．

　種の出現の変化についての確かな推論を行うためには，ほとんどの動物調査と同様，二つの重要な変動源，空間変動と検出確率に対処する必要がある（Lancia et al. 1994；Thompson, 2002）．多くの調査プログラムでは，調査対象地域全体を扱うことができないので，サンプリング単位を確率論的に選択することが求められる（たとえば，単純なランダムサンプリングや層化ランダムサンプリング）．そのうえで，サンプル対象とされたユニットを用いて，調査対象地域全体についての推論がえられる．二つ目の懸念材料は検出確率であり，この懸念は，調査地域にいるすべての個体もしくは種を検出できるとは限らない動物の個体群調査において，ほとんど普遍的に付随するものである（Pollock et al. 2002）．歴史的に，種の出現情報は，長らく種の在・不在情報と等価なものとして扱われており，検出確率，すなわち「ある占有サイトで対象種を実際に検出できる確率」については，ほとんど無視されてきた．しかし，近年の生態学的なサンプリングの進展によって，検出—未検出情報を効率的に利用し，種の検出に関わる観察プロセスが不完全であること考慮したうえで，種が本当に存在しているのか不在なのかについての推論を引き出すことができ

るようになった．占有データの場合，種が検出された場所での占有状態についての不確実性はないが，種が検出されなかった場所での占有状態は確定できない（すなわち，存在するかもしれないし，いないかもしれない）．検出確率は，長らく CR モデルの重要な要素であると考えられてきた．というのも，CR モデルでは再捕獲率を推定する必要がある（すなわち，マークされた全個体が再捕獲されるわけではない）ためである．しかし，検出—非検出データをモデリングするうえでも，検出確率が組み込まれないかぎり，推定の信頼度は著しく下がってしまう．カウント数（種が検出された場所の数）と推定対象のパラメータ（占有確率）の関係性を私たちは知らないからである．代わりに，占有の推定値そのまま（種が検出されたサイトの単純な割合）では，さまざまな未知の要因によって負のバイアスがかかっている（Bailey et al. 2004）．この章で議論するすべての占有推定の方法は，明示的にこの非検出の問題を扱っており，バイアスのない占有および関連動態パラメータをえるためのものである（MacKenzie et al. 2006）．

11.3 モデルの枠組み，仮定，そして解析オプション

11.3.1 占有推定のための標準モデルと占有動態モデリング

MacKenzie et al.（2002, 2003）によって開発された占有推定手法は，最尤法の枠組みで検出確率と占有確率を同時に推定する（ベイズ推定に関しては Royle and Dorazio 2008 参照）．基本的なサンプリングスキームは，調査対象地域内からランダムに選択されたサイトを複数回訪問するということである．検出と非検出の情報は，それぞれの訪問ごとに収集される．訪問は，占有状態（すなわち，サイトが占有されているか，いないか）が変化しないという閉鎖性の仮定ができるくらい短い時間間隔でなされなければならない．ここで，サイト i が対象種によって占有されている確率を ψ を用いて表すことにする．あるサイト i への j 回目の独立な訪問において，種が検出される確率を p_{ij} とする．添え字 i を落とせば，T 回の訪問で種を少なくとも 1 回検出する確率は，$p = 1 - \prod_{j=1}^{T}(1 - p_j)$ と書ける．そうすると $(1 - p^*)$ は，占有しているサイトで種を検出しそこなう確率ということになる．

　検出—非検出データは，それぞれの調査サイトで集められ，データを生成さ

せたであろう確率論的なプロセスを，モデルパラメータを用いて表現できる．
5回訪問調査されたサイトの検出履歴が，たとえば"*00101*"となったとする．これらの履歴が観察される確率は，以下のように表現できる．

$$\Pr(00101) = \phi(1-p_1)(1-p_2)\,p_3(1-p_4)\,p_5 \qquad (11.1)$$

検出履歴がすべて 0（00000）からなる場合，次の二つの説明が可能である．一つは，サイトは占有されているにもかかわらず，種が検出されなかった場合である．もう一つは，サイトが本当に占有されていないかである．数式によって表現するならば以下のようになる．

$$\Pr(00000) = \phi(1-p_1)(1-p_2)(1-p_3)(1-p_4)(1-p_5) + (1-\phi) \quad (11.2)$$

もともとの「単一シーズン」モデル（MacKenzie et al. 2002）では，調査「シーズン」内では，調査場所の占有状態が閉鎖していることを仮定している．しかし，生息地の質の向上や，人為的な攪乱などのような顕著な出来事によって局所的な移入や絶滅が生じ，占有状態が時間とともに（すなわち，シーズン間で）変化することもあるだろう．

　MacKenzie et al.（2003）は，二つの動態パラメータを含むように，単一シーズンモデルを拡張した．すなわち，シーズン t においてサイトを占有していたのがシーズン $t+1$ には占有しなくなったという確率 ε_t と，シーズン t では占有していなかったのがシーズン $t+1$ には占有していたという確率 γ_t である．これらの「複数シーズン」モデルは，一つのシーズン内，すなわち，それぞれのサイトにおける占有状態に変化がない期間内に複数回の調査がなされるということを仮定している（このデザインは，Pollock's（1982）の CR 法におけるロバストデザインと類似したものであることに注意）．このモデルのもとでは，たとえば2シーズンそれぞれで3回の調査が行われた場合，その観察履歴は"*100 000*"と表現できる．対象種は，最初のシーズン中は明らかに存在していたが，2シーズン目に観察されなかった．これには，二つの可能性が存在する．種が存在していたが検出されなかったか，その種が局所的に絶滅したかである．

$$\Pr(100000) = \phi p_{1,1}(1-p_{1,2})(1-p_{1,3})\left[(1-\varepsilon_1)\prod_{j=1}^{3}(1-p_{2,j}) + \varepsilon_2\right] \quad (11.3)$$

ここで，シーズン t 間やシーズン内の訪問 j 間で検出確率は変化しうる．

　シーズン内での閉鎖仮定（それぞれのシーズン内では，占有状態が変化しないこと）に加えて，もともとの占有モデルは，（1）サイトと検出は独立であること，（2）種の誤同定がないこと，（3）階層内では，占有確率と検出確率は，

サイトごとに一定であるか，もしくは共変量を用いてモデル化されること（MacKenzie et al. 2006）を満たす必要がある．占有，絶滅や移入を共変量の関数としてモデリングすることは，しばしば占有研究において重要である．さまざまな組み合わせの共変量をモデルに組み込むことによって，種の出現と個体群動態パラメータ（絶滅や移入確率）に影響を与えうる要因に関する競合仮説を表現することができる．これらのモデルは，データに適用されたうえでモデル選択によって評価される（たとえば Burnham and Anderson 2002）．推定とモデリングのもう一つのアプローチは，階層ベイズモデルとみなすことであり，Markov chain Monte Carlo 法（MCMC）を用いてパラメータの推定を行うことができる（たとえば Royle and Dorazio 2008）．どちらの方法を用いた場合でも，占有，動態パラメータ，そして検出確率は，測定された共変量の関数としてモデリングできる．

占有データの解析には，最尤推定を行うための PRESENCE（http://www.mbr-pwrc.usgs.gov/software/presence.html）や MARK（White and Burnham 1999）などのいくつかのソフトウェアが利用可能である．また，ベイズ推定を行いたければ，R や WinBUGS で必要なコードを書けばよい．Royle and Dorazio（2008）は，占有モデリングのための WinBUGS 用サンプルコードを提供している．

11.3.2　個体数の違いがもたらす検出の不均質性

先に述べたように，占有推定がうまくいくのは，検出確率の不均質性が時間あるいはサイト固有の共変量を介して適切にモデリングできる場合である．しかし，多くのシステムでは，局所的な個体数の違いが，種の検出確率に大きな不均質性を生み出してしまう．こうした個体数が検出確率にもたらす影響は，従来の共変量（たとえば生息地の特徴，Royle 2005；MacKenzie et al. 2006）によってモデリングすることが困難である．理屈上，ある種を少なくとも 1 個体検出する確率は，その種の局所的な個体数とともに明らかに上昇する．局所個体群がサイトによって変化するシステムでは，個体数の違いによって検出確率の不均質性が大きくなるため，この不均質性を考慮できなければ，占有確率の過小評価につながってしまうだろう．

Royle and Nichols（2003）は，個体数と検出，占有の関係性を考慮することにより個体数の違いがもたらす検出の不均質性を扱った．具体的には，サイト

固有の検出確率を次のように書けることに注目した.

$$p_i = 1 - (1-r)^{Ni} \tag{11.4}$$

ここで，p は，サイト i において，少なくとも対象種 1 個体を検出する確率であり，r は，個体の検出確率，N_i は，サイト i における対象種の個体数である．局所的な個体数が未知であるが調査期間中に閉鎖している場合（すなわち変化しない場合），適切なパラメトリック分布を用いて検出確率をモデリングすることが可能である．しばしば，サイト固有の個体数は平均 λ のポアソン分布を用いてモデリングされる．ここで λ はサイトごとの平均個体数を示す．ポアソン分布の仮定の下では，占有は，$\phi = \mathrm{Pr}(N > 0) = 1 - \mathrm{e}^{-\lambda}$ となる．もし種がほとんどのサイト割合で不在の場合，ゼロ過剰ポアソン分布を用いるのがより適切である（Wenger and Freeman 2008）．また負の二項分布が用いられることもある．ただし，負の二項分布は当てはめがしばしば困難である（Royle and Nichols 2003；MacKenzie et al. 2006）.

　個体数の違いがもたらす検出の不均質性は，動物個体群が低密度で存在しており，その密度が調査地域内で大きく変化するときにとくに重要だろう（たとえば $N < 10$，MacKenzie et al. 2006）．ペルーにおける 5 種の偶蹄類についてのカメラトラップ研究においては，確かにこうした状況が存在していた．事前解析では 5 種すべてにおいて，カメラを設置した場所ごとに検出確率が大きく違っていることが確認された．それゆえ，著者は，PRESENCE に実装されているポアソンモデルを用いて，それぞれの調査地域，調査シーズンにおいて，生息地の違いが平均個体数 λ にどのように影響しているのかを調べた．そのうえで最適モデルを用いて，それぞれの生息地，調査地域，時間（シーズン）それぞれに対して占有推定値を得た.

11.4　占有モデルのための研究デザイン

　この章で扱う占有モデルはすべて，調査期間中，占有状態が閉じている調査単位（サイト）において複数回の調査を実施する必要がある．調査者は，対象とする生物システムにおいて，何が「サイト」や「シーズン」を構成するのかを十分に考慮する必要がある（MacKenzie et al. 2006）．たとえば，1 種類を対象にした占有に基づく調査は，広域調査が不可欠な群集全体の種数の推定に比べれば，さまざまなサンプリング方法がありうるだろう．カメラトラップを用いて占有を研究する場合，その調査デザインは，調査目標によって大きく変

わってくるが（以下の 11.8 も参照），カメラシステムそれ自体に加えて対象種の生態についても考慮する必要がある．サイト（もしくはパッチ）をどのように選択・定義するのか，あるいは調査対象地域にどのようにサイトを設定するのか（たとえば，ランダムなのか，層化するのか）は，研究目的や対象種の行動圏サイズや習性に応じてなされるべきである．カメラトラップ研究では，サイトは，自然に存在する不連続なパッチ状の生息地であることもあるが（たとえば島状の生息地や塩場，Terborgh et al. 2001；Tobler et al. 2009），「ある特定サイズの調査区内のカメラトラップの置かれた場所」として恣意的に定義されることも多い．サイトの定義とその配置は，閉鎖性と独立性というモデルの前提にも関係している．もしサイトを，個体の行動圏よりも小さい生息地の調査区として定義したり，もしくは，ある単一の個体が 1 シーズン内で複数のサイトで検出されるということがあったりする場合，閉鎖性と独立性はともに満たされないことになる．皮肉なことに，（6-9 章で議論したような）個体数や密度を推定するためのカメラトラップのデザインとして優れたものは，占有推定の重要な仮定に反しているかもしれないのである．

　研究デザインについて考える際には，まれな種を検出するためには何回訪問するか，あるいはサンプリング機会（たとえば，日）は何度必要なのか，どの種が撮影されると予想されるのか（たとえば，地上性の種と樹上性の種で撮影されやすさは異なるのか），どのようなカメラタイプを使うべきか（たとえば，受動式のセンサーなのか，能動式のセンサーなのか，Swann ら，3 章参照），検出プロセスにおいて調査者が重要であると考える環境共変量は何なのかといったことを含めて考える必要がある．これらのことを観察者が調査開始前に十分考慮することができたならば，成功のチャンスは増すであろう．これらの点は，熱帯の生物多様性のトレンドをモニタリングするために最近提案された指数 Wildlife Picture Index（WPI）を用いるうえでも非常に重要である．WPI とは，時間ごとの相対的な占有推定値を幾何平均した値に基づく合成指数である（Buckland et al. 2005）．カメラトラップを用いて占有の推定を行うならば，事前に上述の問題を考える必要がある．そうでなければ，WPI のような指数の利用は，非現実的な予想をもたらしてしまうだろう．

　いったんサイトやシーズン，シーズンごとの調査機会数を定義したら，科学あるいは保全上の目標を達成するために，サイト間でどのように調査努力を分配するのがもっとも効率的かを決定するべきである．これを手助けしてくれる

さまざまなプログラムが存在している（たとえば Bailey et al. 2007）．これらのプログラムは，モデルの仮定（たとえばサイトの閉鎖性）に反した場合の影響を評価するのにも役立つ．PRESENCE や MARK（White and Burnham 1999）に基づくプログラム GENPRES（http://www.mbr-pwrc.usgs.gov/software.html）を利用すれば，調査者は，柔軟なシミュレーションを行うこともでき，これまで述べてきたような占有モデルが利用できるようなさまざまなサンプリングデザインを考えることができる．十分明確にされた科学あるいは保全上の目標は，研究対象のシステムの状態と動態についての競合仮説を表すモデルに容易に翻訳できる．事前調査や他のシステムからの情報は，サンプリングデザインのトレードオフを考えるうえで参考にできる（たとえば O'Connell et al. 2006）．野外調査の開始に先立って，十分に調査計画を練る段階では，研究デザインの評価結果は非常に有用である．さらに，こうしたことを実行すれば野生生物管理者や資金提供者に対して，システムの状態と動態についての現実性のある予想をもたらす．これと同時に，モニタリングプログラムを評価するのに役立つものになる（たとえば Mattfeldt et al. 2009）．

11.5　占有解析の結果の提示に関する提案

　本章では，占有に関する最尤推定値を生み出すカメラトラップデータに適用可能なさまざまな尤度ベースのモデルに焦点を当ててきた（ベイズ推定の利用に関しては Royle and Dorazio 2008 参照）．ほとんどの研究では，競合仮説を表現する複数のモデルがあてはめられ，モデル選択によってこれらの仮説の妥当性が評価されるだろう（たとえば Burnham and Anderson 2002）．いくつかの論文において，これらの解析結果をどのように提示すればよいかについて簡潔にまとめてある（たとえば Anderson et al. 2001；Anderson and Burnham 2002）．ここでは，カメラトラップを用いた占有推定の結果をよりよく提示するために，いくつかの基礎的な点を強調したい．

　占有解析を利用するほとんどの調査や研究では，占有や動態パラメータ，もしくは検出確率に，共変量（たとえば，生息地のタイプ）がどのように影響しているのかに関心があるだろう．もしそのようなモデルがデータによって支持されたならば，調査者は，効果の大きさとそれに関連する精確性のパラメータを結果に示すことが重要である．また，関心パラメータと共変量の関係性をグラフで示すことも重要である．たとえば，もし種の出現が，最寄りの道路や小

11 章　占有と占有動態に関する推論　　*245*

川からの距離，もしくは林地面積によって影響を受けているならば，これらの
関係性をグラフ化するか，推定された効果の大きさとその方向（ポジティブに
効くのかネガティブに効くのか）について報告し，読者に結果を十分に伝えた
うえで，他の先行研究との比較を行うべきである．

　検出確率が１よりも小さい場合には，占有確率の素推定値およびその共変量
には大きなバイアスがかかるということがよく知られている（Gu and Swihart
2004；MacKenzie et al. 2006）．たとえば，検出確率と生息地変数間に相関が
ある場合，占有と生息地の関係性を表すパラメータには非常に大きなバイアス
がかかる（Gu and Swihart 2004；MacKenzie et al. 2006：Fig 2.3）．検出確率
が調査地全体で等しいと仮定してしまうと（たとえば，p（.）モデル［訳注：
共変量を含まない帰無モデルを示す］），もし種の検出確率が共変量とともに変
化する場合にはバイアスのある結果を生み出す可能性が生じる．

　最後に，（しばしば，$\overline{\Psi}$ として表記される）「全体の占有確率」を報告した
り，解釈したりする場合には注意が必要である．もしこの推定値が，調査場所
それぞれのサイト固有の占有推定値を平均したものならば（プログラム
PRESENCE の初期のバージョンがそうであったように），その値は，調査地
域内からランダムに選択された場所での占有確率とは一致しないかもしれな
い．二つの数値が同じになるのは，調査サイトが純粋にランダムに選択されて
いる場合，すなわち実際に調査した場所の共変量の分布が調査地域全体の共変
量の分布を代表していることが確かな場合のみである．もしそうではない場合
（もしサイトが層化ランダムサンプリングによって選択された場合）全体の占
有推定値は，階層ごとの推定値を重みづけして平均化して計算する必要が生じ
るし，分散の推定にはデルタ法を用いる必要がある（MacKenzie et al. 2006,
p.121-122）．

11.6　カメラトラップを用いた占有推定：モデルの拡張

　カメラトラップは，撮影することができるどんな種に対しても，さまざまな
付属的な情報（たとえば，行動，年齢，健康状態）とともに，検出―非検出の
情報をもたらしてくれる．カメラは，これまで述べてきたような占有モデルに
適合的なデータをもたらすので，それのみを用いて調査することもできるし，
他の手法と組み合わせて調査することもできる．占有の推定値は，対象種の個

体識別ができない場合にはとくに魅力的であり，単純な検出―不検出データが
これらの技術によって有効活用できることもある．実際，近年のカメラトラッ
プ研究では，これまでに述べたような標準的な単一シーズンモデルが用いられ
てきており，これまで調査されていなかった地域（Johnson et al. 2009）の分
布基礎情報を与えてくれたり，森林構造や森林保持率がさまざまな哺乳類種の
占有確率に与える影響の重要性について明らかにしたり（Linkie et al. 2007；
Baldwin and Bender 2008；McShea et al. 2009），あるいは，レクリエーション
などの人間活動が種の出現や行動にもたらす影響を評価する機会を与えてくれ
たりしている（Zielinski et al. 2008）．

　今日に至るまで，占有動態（個体群動態パラメータ）が時間とともにどう変
化するのかを明らかにするためにカメラトラップデータが用いられたことはな
い．しかし，地理的分布範囲の縮小具合がしばしば種のステータスを評価した
り絶滅リスクのカテゴリーを決めたりするのに用いられていることを考えれば
（たとえば IUCN の基準），将来，占有動態モデルがこれらのために使われる
だろう．次の節では，カメラトラップを用いた研究をいくつか取り上げ，モデ
ルの前提を緩めたり，さらなるパラメータの推定をしたりといった標準的な占
有モデルの拡張例を示すことにする．

11.6.1　複数の調査手法と複数のスケール

　カメラトラップは，複数種を検出するのに広く用いられているが，どんな調
査機器であっても，すべての種を同じ効率で検出できるわけではない
（Gompper et al. 2006；O'Connell et al. 2006；Long et al. 2007；Tobler et al.
2009）．近年，複数種を対象にするようなモニタリング・プログラムが行われ
始めているが，これらには複数の方法を同時に利用することが必要である
（Manley et al. 2004；Mattfeldt et al. 2009）．このようなデザインのもとでは，
複数の検出方法からえられた結果を一つにまとめて，対象種が少なくとも一つ
の方法で検出されたかどうかが示される．しかし，研究者は，しばしばそれぞ
れの検出方法の有効性をテストしたり，別の代替検出方法が占有推定値にもた
らす影響について評価したい場合もある（Bailey et al. 2004；O'Connell et al.
2006；Long et al. 2007）．

　北アメリカのマサチューセッツ，ケープコッドと七つの国立公園において行
われた調査では，カメラトラップ，キュービーボックス（すなわち，閉鎖型足

11 章　占有と占有動態に関する推論　*247*

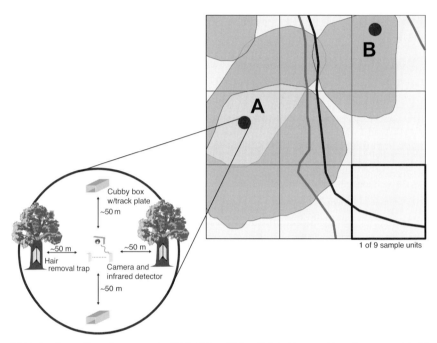

図 11.1 九つのサンプルユニット（それぞれのグリッドセルが一つのサンプルユニットに相当）内に生息するシマスカンクの行動圏を示す仮想の図．調査用に二つのサンプルユニット（A および B）がランダムに選択され，これらのユニットそれぞれの中でランダムに検出装置（調査ステーションサイト）が配置されている．それぞれの検出装置は，中央に配置されたカメラトラップ 1 台と，カメラから等距離（50 m）4方向に設置された二つのトラックプレートやヘアトラップからなる（John Wiley and Sons より許可を得て複製）．

跡プレート），そしてヘアトラップが用いられ，さまざまな哺乳類種の占有確率と検出確率が推定された（O'Connell et al. 2006；Nichols et al. 2008, たとえば図 11.1）．Nichols et al.（2008）は，複数の検出手法を利用し，標準的な「単一シーズン」モデルを拡張して，二つの空間スケールでの占有確率の推定を行えるようにした．そして，それぞれの検出手法ごとの検出確率を比較した．このアプローチによって，広域スケールでの占有推定，すなわち調査単位（1 ha）内の種の存在に対応する推定が可能になるのと同時に，条件つきで，小スケール，すなわちサイトレベルでの種の利用可能性（局所的な出現もしくは利用，図 11.1）に対応する推定が可能になった．加えて，著者は，カメラトラップを含むさまざまな検出手法において，いくつかの種（たとえば，シマ

248

スカンク *Mephitis mephitis*）の検出確率が時間によって変化するという比較的明白な証拠をえることができた.

このモデルはとくに密度が低く，移動性が高い種に有効であろう．これらの種は，比較的大きなサンプルユニットを占有するが，ある調査機会の間にはカメラの設置点の近くにはいないかもしれない．動物の痕跡（たとえば，毛，足跡，糞）調査のような追加的な検出方法の利用は，将来カメラトラップ研究を向上させ，広域スケールの調査ユニットでの種の出現を推定したり，占有されているユニット内におけるカメラ設置点における局所的な種の存在もしくは利用を推定したりするのに使えるかもしれない．痕跡は，その種を正しく同定できなければならないし，どの期間のものかを正しく判断し，カメラトラップ調査と対応させなければならないという点に注意が必要である．言い換えれば，カメラトラップも動物の痕跡もともに調査するならば，それぞれの手法の検出は，同じ訪問もしくは同じ調査機会の種の（局所的な）出現を示すものでなければならない（Rhodes et al. 2010）.

11.6.2　種の同時出現および資源分割

Tobler et al.（2009）は，カメラトラップを用いて，不完全検出を考慮した種同時出現モデルを用いて，偶蹄類の空間分割のパターンについて調べた．この論文では，標準的な単一シーズン占有モデルを拡張し，2種の占有がモデルの中に含まれるようにした．このモデルでは，ある調査サイトにおける真の占有状態は，互いに排他的な四つの可能性のどれかに該当することになる．すなわち，両方の種によって占有される ψ^{AB}, A という種によってのみ占有される $\psi^A-\psi^{AB}$, 種 B によってのみ占有される $\psi^B-\psi^{AB}$, どちらの種によっても占有されない $1-\psi^A-\psi^B+\psi^{AB}$ の四つである．もし2種が独立に分布している場合，$\psi^{AB}=\psi^A\times\psi^B$ なると予想される．しかし，同時出現モデル（MacKenzie et al. 2004）は，種間相互作用パラメータ γ をモデルに含んでおり，$\psi^{AB}=\psi^A\times\psi^B\times\gamma$ と表現される．$r<1$ の場合，2種の同時出現率は期待されるよりも低く，回避しているか競争排除している可能性を示す．一方，>1 の場合，独立な分布から予想されるよりも同時出現する傾向があるということを示す．同様の相互作用パラメータは，検出プロセスにおける相互作用があるかどうか，すなわち，ある種の検出確率が他の種の出現や検出に影響されないかを確かめたりするのにも用いられる（MacKenzie et al. 2004）.

Tobler et al.（2009）の研究対象である5種の偶蹄類では，各種の空間分布は大きく重複しており，ほとんどの種間でγ＝1であった．このことは，ほとんど空間資源分割をしていないことを示している．この論文の著者らは，検出プロセスに相互作用があるとは考えておらず，検出確率が同種の存在によって影響されることはないと仮定しているが，多くの食肉目ではこれは当てはまらないだろう．彼らは多くの場合排他的な縄張りを形成するからである．2種占有モデルは，出現と検出プロセス両方に種間相互作用がありそうなシステムにおいてこれらの関係性を調べるために用いられてきた（たとえば Bailey et al. 2009）．

11.7　最近の進展

私たちが知るかぎり，以下で述べる手法はまだカメラトラップ研究では用いられていないが，将来の利用を促進するために議論することにする．

11.7.1　多状態占有モデル

標準的な単一シーズンモデルや複数シーズンモデルが拡張され，さまざまなカテゴリーの占有を含められるようになってきた（Royle 2004；Royle and Link 2005；Nichols et al. 2007；MacKenzie et al. 2009）．しばしば，これらのモデルは，繁殖が行われているかどうか（すなわち，占有されたサイトは繁殖が可能な場所か）によって占有サイトを分類するのに用いられている．しかし，占有カテゴリーの定義もしくは状態は，非常に高い一般性を持っており，個体数に関するカテゴリー（相対個体数が低いか高いか）や縄張りをもつかどうかや，あるいは季節移動するかどうかといった動物の行動カテゴリーをも含むことができる．さらには，占有動態と生息地動態を同時にモデリングすることさえも可能である（Martin et al. 2010）．

11.7.2　空間的に固まったサブユニットでの占有モデル

もともとの占有モデルは，時間反復を前提として開発されているが（それぞれのサイトへの複数回の独立な訪問），数多くの追加的なオプションが「複数回の調査」を実現するために提案されている．（1）一度の訪問で複数回の調査を実施するが，検出を複数の期間に分割するもの（たとえば，Nichols et al.

2008，1323 頁），（2）一度の訪問で複数の独立な観察者が調査を行うもの，（3）より大きなサンプルユニット内の複数の空間サブユニットで調査するものなどがある．最後の方法は，占有サイト内の調査サブユニットすべてにおいて対象種の検出される確率が 0 になるということがあってはならない（これは，サブユニットを置き換えることによって保証されうる）．この条件は，多くの研究システムでは満たされないものである（Kendall and White 2009）．Hines et al.（2010）は，空間的な反復（サブユニット）に基づく調査デザインに見合ったモデルを開発した．これらのサブユニットは一度だけ調査されるものであり，空間的な自己相関が生じていると予想される．このモデルは，広域スケールでのトラの調査のために考案されたものである．トラの痕跡は，調査トレイルや道路の連続したセクション（サブユニット）に存在する可能性が高い（Hines et al. 2010）．トレイルの連続したセクションを反復として用いることは，標準的な占有モデルの独立性の仮定に反しそうである．しかし，Hines et al.（2010）のモデルは，検出プロセスを二つの部分に分解した．種がサブユニットに存在する確率と，サブユニットが占有されている場合の検出確率である．サブユニット t における種の存在あるいは利用は，それ以前のサブユニット $t-1$（すなわち，マルコフプロセスの第一順）での種の出現と共変量の関数としてモデル化される．このモデルを使えば，この手のデータの空間的相関の有無を定式的に判定できる．

これまで，カメラが関わる研究にこのモデルが用いられたことはないが，カメラは，しばしばトレイルの交差点に置かれることがあるので（たとえば Tobler et al. 2009），これらのモデルは将来有用になるだろう．

11.8　結び

カメラトラップと占有推定もしくはモデリングはそれぞれ，動物個体群のサンプリングとその状態の推論を行うための有効なツールとして確立されてきた．これらは互いに補完しあうことで時間節約的でコストパフォーマンスのよい質の高いデータ収集が可能になる．そして，これらはしばしば強力な推論を可能にする議論の余地のない資料となる．カメラトラップと占有モデルを併用して動物の出現をバイアスなく推定するということは，生態学の調査手法における大きな進歩である．カメラトラップと占有推定を用いた最近の仕事の多くは哺乳類を対象にしているが，最近他の分類群に対しても用いられ始めてお

11 章　占有と占有動態に関する推論　*251*

り，写真を用いて検出―非検出データをモデリングすることがいかに柔軟性に富んだ強力なものであるかを示しつつある（たとえば Nomani et al. 2008；Winarni et al. 2009）．

　この点を心にとどめたうえで，これらの技術を利用するにあたっての注意点を最後に述べておくことにしよう．調査を有効性の高いものにしたり，あるいは，モニタリングプログラムを意味のあるものにしたりするためには必要なステップをきちんと踏む必要がある．しかし，調査者はしばしばそれを怠る．なによりもまず，調査者が次の点を十分に考えることが不可欠であろう．（1）なぜサンプリングするのか，科学的な知見をえるためか，保全管理の意思決定に必要な情報をえるためか，（2）何を達成したいのか（すなわち目標），（3）望ましい結果をえるためには，どのように調査やモニタリングプログラムをデザインすることが最善なのか．調査者はすぐに野外に駆け込み，調査を開始してしまう．この結果，これらの問いを十分考えることなく，調査を始める前から自らの仕事の価値を限られたものにしてしまう．これらの概念については別の場所で詳しく議論されてきたが（Nichols らによる 4 章，Nichols and Williams 2006），ここでもそのことを指摘しておく．というのも，動物の出現情報を収集するサンプリングプログラムを計画し実行するのに不可欠なものだからだ．

　動物種の絶滅リスクがますます高くなり，生物多様性の把握が強く求められるようになっている今日において，占有推定のような定量的な方法は，科学的な推論をより堅固なものにし，動物個体群の管理に役立てられるだろう．残念ながら，カメラトラップデータを解析するための推定手法の利用は，ゆっくりとしか広まっていない（Conroy and Carroll 2009）．占有推定は，比較的容易に集められるデータを用いて，バイアスのない推定をすることが可能なので，これらの手法は，現在さまざまな目的に利用されつつある．占有推定はまもなく，カメラトラップ調査の解析手法としても広く用いられるようになると予想している．

謝辞
本章の草稿に適切なコメントをくれた Jim Nichols と Ullas Karanth に感謝する．また，Mathias Kobler には，データを提供してくれたことを感謝する．

引用文献
Anderson, D. R. and K. P. Burnham. 2002. Avoiding pitfalls when using information-theoretic

methods. Journal of Wildlife Management 66:912-918

Anderson, D. R., W. A. Link, D. H. Johnson, and K. P. Burnham. 2001. Suggestions for presenting the results of data analyses. Journal of Wildlife Management 65:373-378

Azuma, D. L., J. A. Baldwin, and B. R. Noon. 1990. Estimating the occupancy of spotted owl habitat by sampling and adjusting for bias. USDA Technical Report PSW-124. Berkeley, CA

Bailey, L. L., T. R. Simons, and K. H. Pollock. 2004. Estimating site occupancy and detection probability parameters for terrestrial salamanders. Ecological Applications 14:692-702

Bailey, L. L., J. E. Hines, J. D. Nichols, and D. I. MacKenzie. 2007. Sampling design trade-offs in occupancy studies with imperfect detection: examples and software. Ecological Applications 17:281-290

Bailey, L. L., J. A. Reid, E. D. Forsman, and J. D. Nichols. 2009. Modeling co-occurrence of northern spotted and barred owls: accounting for detection probability differences. Biological Conservation 142:2983-2989

Baldwin, R. A. and L. C. Bender. 2008. Distribution, occupancy, and habitat correlates of American marten (*Martes americana*) in Rocky Mountain National Park, Colorado. Journal of Mammalogy 89:419-427

Bayley, P. B. and Peterson, J. T. 2001. An approach to estimate presence and richness of fish species. Transactions of the American Fisheries Society 130:620-633

Buckland, S. T., A. E. Magurran, R. E. Green, and R. M. Fewster. 2005. Monitoring change in biodiversity through composite indices. Philosophical Transactions of the Royal Society B 360:243-254

Burnham, K. P. and D. R. Anderson. 2002. Model selection and multimodel inference: a practical information-theoretic approach, Second edition. Springer, New York, NY, USA

Conroy, M. J. and J. P. Carroll. 2009. Quantitative conservation of vertebrates. Blackwell, West Sussex, UK

Gompper, M. E., R. W. Kays, J. C. Ray, S. D. LaPoint, D. A. Bogan, and R. J. Cryan. 2006. A comparison of noninvasive techniques to survey carnivore communities in Northeastern North America. Wildlife Society Bulletin 34:1142-1151

Gu, W. and R. K. Swihart. 2004. Absent or undetected? Effects of non-detection of species occurrence on wildlife-habitat models. Biological Conservation 116:195-203

Hines, J., J. D. Nichols, J. A. Royle, D. I. MacKenzie, A. M. Gopalaswamy, N. S. Kumar, and K. U. Karanth. 2010. Tigers on trails: occupancy modeling for cluster sampling. Ecological Applications 20:1456-1466

Johnson, A., C. Vongkhamheng, and T. Saithongdam. 2009. The diversity, status and conservation of small carnivores in a montane tropical forest in Northern Laos. Oryx 43:626-633

Kendall, W. L. and G. C. White. 2009. A cautionary note on trading spatial for temporal sampling in studies of site occupancy. Journal of Applied Ecology 46:1182-1188

Lancia, R. A., J. D. Nichols, and K. H. Pollock. 1994. Estimating the number of animals in wildlife populations. Pages 215-253 *in* T. A. Bookhout, editor. Research and management techniques for wildlife and habitats, Fifth edition. The Wildlife Society, Bethesda, MD

Link, W. A. and R. J. Barker. 2010. Bayesian inference: with ecological applications. Academic, San Diego, CA

Linkie, M., Y. Dinata, A. Nugroho, and I. A. Haidir. 2007. Estimating occupancy of a data deficient mammalian species living in tropical rainforests: sun bears in the Kerinci Seblat region, Sumatra. Biological Conservation 137:20-27

Long, R. A., T. M. Donovan, P. Mackay, W. J. Zielinski, and J. S. Buzas. 2007. Comparing scat detection dogs, cameras, and hair snares for surveying carnivores. Journal of Wildlife Management 71:2018-2025

11 章　占有と占有動態に関する推論　*253*

MacKenzie, D. I. 2005. What are the issues with presence-absence data for wildlife managers? Journal of Wildlife Management 69:849-860

MacKenzie, D. I. and J. D. Nichols. 2004. Occupancy as a surrogate for abundance estimation. Animal Biodiversity and Conservation 27:461-467

MacKenzie, D. I. and J. A. Royle. 2005. Designing efficient occupancy studies: general advice and tips on allocation of survey effort. Journal of Applied Ecology 42:1105-1114

MacKenzie, D. I., J. D. Nichols, G. B. Lachman, S. Droege, R. A. Royle, and C. A. Langtimm. 2002. Estimating site occupancy rates when detection probabilities are less than one. Ecology 83: 2248-2255

MacKenzie, D. I., J. D. Nichols, J. E. Hines, M. G. Knutson, and A. B. Franklin. 2003. Estimating site occupancy, colonization, and extinction when a species is detected imperfectly. Ecology 84:2200-2207

MacKenzie, D. I., L. L. Bailey, and J. D. Nichols. 2004. Investigating species co-occurrence patterns when species are detected imperfectly. Journal of Animal Ecology 73:546-555

MacKenzie, D. I., J. D. Nichols, J. A. Royle, K. H. Pollock, L. L. Bailey, and J. E. Hines. 2006. Occupancy estimation and modeling: inferring patterns and dynamics of species occurrence. Academic, New York, NY

MacKenzie, D. I., J. D. Nichols, M. E. Seamans, and R. J Gutierrez. 2009. Modeling species occurrence dynamics with multiple states and imperfect detection. Ecology 90:823-835

Manley, P. N., W. J. Zielinski, M. D. Schlesinger, and S. R. Mori. 2004. Evaluation of a multiple-species approach to monitoring species at the ecoregional scale. Ecological Applications 14: 296-310

Martin, J. S., S. Chahamaillé-Jaames, J. D. Nichols, H. Fritz, J. E. Hines, C. J. Fonnesbeck, D. I. MacKenzie, and L. L. Bailey. 2010. Simultaneous modeling of habitat suitability, occupancy, and relative abundance: African elephants in Zimbabwe. Ecological Applications 20: 1173-1182

Mattfeldt, S. D., L. L. Bailey, and E. H. Campbell Grant. 2009. Monitoring multiple species: estimating state variables and exploring the efficacy of a monitoring program. Biological Conservation 142:720-737

McShea, W. J., C. Stewart, L. Peterson, P. Erb, R. Stuebing, and B. Giman. 2009. The importance of secondary forest blocks for terrestrial mammals within an acacia/secondary forest matrix in Sarawak, Malaysia. Biological Conservation 142:3108-3119

Nichols, J. D. and K. U. Karanth. 2002. Statistical concepts; assessing spatial distribution. Pages 29-38 in K. U. Karanth and J. D. Nichols, editors. Monitoring tigers and their prey. A manual for managers, researchers, and conservationists. Centre for Wildlife Studies, Bangalore, India

Nichols, J. D. and B. K. Williams. 2006. Monitoring for conservation. Trends in Ecology and Evolution 21:668-673

Nichols, J. D., J. E. Hines, D. I. MacKenzie, M. E. Seamans, and R. J. Gutiérrez. 2007. Occupancy estimation and modeling with multiple states and state uncertainty. Ecology 88:1395-1400

Nichols, J. D., L. L. Bailey, A. F. O'Connell, Jr., N. W. Talancy, E. H. Campbell, E. H. C. Grant, A. T. Gilbert, E. M. Annand, T. P. Husband, and J. E. Hines. 2008. Multi-scale occupancy estimation and modeling using multiple detection methods. Journal of Applied Ecology 45: 1321-1329

Nomani, S. Z., R. R. Carthy, and M. K. Oli. 2008. Comparison of methods for estimating abundance of gopher tortoises. Applied Herpetology 5:13-31

O'Brien, T. G., J. E. M. Baille, and M. Cuke. 2010. The wildlife picture index: monitoring top trophic levels. Animal Conservation. doi: 10.1111/j.1469-1795.201000357.x

O'Connell, A. F. Jr., N. W. Talancy, L. L. Bailey, J. R. Sauer, R. Cook, and A. T. Gilbert. 2006.

Estimating site occupancy and detection probability parameters for mammals in a coastal ecosystem. Journal of Wildlife Management 70:1625-1633

Pollock, K. H. 1982. A capture-recapture design robust to unequal probability of capture. Journal of Wildlife Management 46:752-757

Pollock, K. H., J. D. Nichols, T. R. Simons, G. L. Farnsworth, L. L. Bailey, and J. R. Sauer. 2002. Large scale wildlife monitoring studies: statistical methods for design and analysis. Environmetrics 13:105-119

Rhodes, J. R., D. Lunney, C. Moon, A. Matthews, and C. A. McAlpine. 2010. The consequence of using indirect sign that decay to determine species' occupancy. Ecography 34:141-150

Royle, J. A. 2004. Modeling abundance index data from anuran calling surveys. Conservation Biology 18:1378-1385

Royle, J. A. 2005. Site occupancy models with heterogeneous detection probabilities. Biometrics 62:97-102

Royle, J. A. and R. M. Dorazio. 2008. Hierarchical modeling and inference in ecology. The analysis of data form from populations, metapopulations, and communities. Academic, San Diego, CA

Royle, J. A. and W. A. Link. 2005. A general class of multinomial mixture models for anuran calling survey data. Ecology 86:2505-2512

Royle, J. A. and J. D. Nichols. 2003. Estimating abundance from repeated presence-absence data or point counts. Ecology 84:777-790

Terborgh, J., L. Lopez, P. Nuñez, M. Rao, G. Shahabuddin, G. Orihuela, M. Riveros, R. Ascanio, G. H. Adler, T. D. Lambert, and L. Balbas. 2001. Ecological meltdown in predator-free forest fragments. Science 294:1923-1926

Tobler, M. W., S. E. Carrillo-Percastegui, and G. Powell. 2009. Habitat use, activity patterns and use of mineral licks by five species of ungulate in south-eastern Peru. Journal of Tropical Ecology 25:261-270

Thompson, S. K. 2002. Sampling, Second edition. Wiley, New York, NY

Tyre, A. J., B. Tenhumberg, S. A. Field, D. Niejalke, K. Parris, and H. P. Possingham. 2003. Improving precision and reducing bias in biological surveys by estimating false negative error rates in presence-absence data. Ecological Applications 13:1790-1801

Vojta, C. 2005. Old dog new tricks: innovations with presence-absence information. Journal of Wildlife Management 69:845-848

Wenger, S. J. and M. C. Freeman. 2008. Estimating species occurrence, abundance, and detection probability using zero-inflated distributions. Ecology 89:2953-2959

White, G. C. and K. P. Burnham. 1999. Program MARK: survival estimation from populations of marked animals. Bird Study 46:120-139

Winarni, N. L., T. G. O'Brien, J. P. Carroll, and M. F. Kinnaird. 2009. Movements, distribution, and abundance of Great Argus Pheasants (*Argusianus Argus*) in a Sumatran rainforest. Auk 126:341-350

Zielinski, W. J., K. M. Slauson, and A. E. Bowles. 2008. Effects of off-highway vehicle use on the American marten. Journal of Wildlife Management 72:1558-1571

11 章　占有と占有動態に関する推論　*255*

Cappter12　Species Richness and Community Dynamics : A Conceptual Framework
Marc Kéry

第 12 章

種数と群集動態
：概念的な枠組み

12.1　はじめに

　動物群集の研究は，生態学の多くの分野，とくに群集生態学，生物地理学，保全生物学において長い歴史がある．動物群集のサイズ，構成，動態を特徴づけることは，野生生物管理という観点から見ても重要なことである．たとえば，群集全体のサイズ（すなわち，種数）や部分集合のサイズ（たとえば，希少種やレッドリスト掲載種の数）といった群集の特徴は，直接的な保全活動にとっても有用な情報であるし，そうした活動の有効性をモニタリングするのにも用いることができる．カメラトラップは，動物群集のサイズ，構成，動態を研究するのにも利用できる．とくに中大型の哺乳類や鳥類，地上性動物や，中でも夜行性の種に有効である．カメラトラップからえられたデータも，動物群集を調査する際に用いられる他の方法とまったく同様にして扱うことができるが，不連続な捕獲期間［訳注：本書の捕獲はカメラによる撮影を含む］を容易に定義できるので，とくに捕獲—再捕獲（capture-recapture，以下 CR と略）タイプの解析に向いている．群集の推論に用いられるカメラトラップの重要な特徴の一つは，調査対象となる群集が通常それほど大きくはないことである．それゆえ，非常に希少な種やめだちにくい種が無数に存在する場合に生じる推定の困難が大きく軽減されることが多い．

　どんな方法で動物群集内の種を記録するかに関わらず，観測は通常不完全である．すなわち，群集に存在するすべての種が必ずしも検出されるわけではなく，存在しているサイトや時間ポイントすべてで検出されるわけでもない（Kéry 2002 ; Schmidt 2005）．このことは，あるギルドや分類群といった群集

257

の一部のみを研究する場合にもあてはまる．カウントできた種数を実際に存在する真の種数として扱うことは，調査エリアに存在するすべての種が確実に発見されたと仮定しているのに等しい．より強くいえば，存在するすべての種のすべての個体を完全に発見していると仮定しているのに等しいのである．二項サンプリングのもとでは，あるサイトにおいて種を検出する確率(P)は，N個体のうちの1個体を検出する確率pの関数であり，$P=1-(1-p)^N$（Royle and Nichols 2003）である．そして，Pが1になるのは$p=1$の場合のみである．

その一方で，カウントされた種の数を相対的な種数の指数として扱うことは，発見された種の全種数に対する割合が比較対象間で平均して同じであること，すなわち，検出確率の期待値$E(P)$が一定であることを仮定しているのと同じことである．場所，生息地タイプ間，標高によって種数を比較したり，あるいは時間変化を明らかにしようとしたりする場合に生のカウント値を利用するということは，発見された種の全種数に対する割合とこれらのいかなる変数との間にも相関がないことを仮定している．先の「平均して」というのは，発見種数の割合が，これらの次元に沿って正確に一定であるということを意味するのではなく，むしろ，これらの割合は変化するが種数に関する関心対象である要因と関係していないという意味である．

両者の仮定（すなわち$P=1$や$E(P)=1$）が明示的に言及されることはほとんどなく，それを仮定してよいかを検証されることはさらに少ない．しかし，一つ目の仮定は，一部の例外的なケースを除いてほとんどの場合成り立たない．二つ目の仮定に関しても，少なくとも疑問の余地はあるし可能ならば検証するべきである．しかし，驚くべきことに，野生生物管理者や群集生態学者，地理生物学者，保全生物学者や関連分野の研究者のほとんどは，これらの仮定やこれらの仮定が満たされない場合の帰結について明示的に認識することに積極的ではない．

未検証な仮定や明示的に言及しない仮定をおくよりも間違いなく優れたアプローチは，動物群集の推定を行う際に不完全検出という問題を明示的に考慮することである．生態学や野生生物管理に応用されることは比較的まれではあるが，不完全検出の問題をいかに是正し，種数および関連量の推定をいかに定式的に行うのかという問題は，統計生態学において比較的古くから検討されており，数多くのレビューの対象となってきた．たとえば，Bunge and Fitzpatrick（1993），Colwell and Coddington（1994），Nichols and Conroy

（1996），Williams et al.（2002, 555〜573 頁）， Chao（2005）などがある．O'
Brien らによる第 13 章も参照されたい．

　群集生態学では，不完全検出を考慮するために，大きく分けて少なくとも四
つのアプローチが用いられてきた（Dorazio et al. 2006）．すなわち，(1) 種数
飽和曲線の利用（Soberon and Llorente 1993；Gotelli and Colwell 2001），(2)
検出された種の見た目の種数分布を用いたパラメトリックモデル（Pielou
1977, 269〜290 頁），(3) 標本理論にもとづくノンパラメトリックモデル（Bunge
and Fitzpatrick 1993），(4) 個体を種に置き換えた群集解析用の閉鎖個体群
CR モデル（Otis et al. 1978；Burnham and Overton 1979）の四つである．

　ここでは，これら以外のアプローチ（たとえば Chao 1987, 2005；Chao and
Lee 1992；Chao et al. 2006；Mao and Colwell 2005）やそのためのソフトウエ
ア（たとえば EstimateS；http://viceroy.eeb.uconn.edu/estimates）の有用性
は認めつつも，四番目に述べた群集サイズ，構成，動態の推定に関する一連の
研究を，関連するソフトウエアとともにまとめることにする．ここで CR モデ
ルを選択するのは，CR モデルが真のシステムの状態（たとえば，種数）から
システムの観測結果（たとえば，種のカウント値）が生み出される観測プロセ
スを明示的に認識しているという，とくに魅力的な性質をもっているからであ
る．CR 法の枠組みは，システムから種のカウント結果が生み出されるメカニ
ズムをもっとも明示的に捉えた手法であることは間違いない．さらに，CR モ
デルはおそらくもっとも柔軟で汎用的なアプローチでもある．というのも，分
析単位（たとえば，個体，占有エリアや種）を再定義するだけで，個体群につ
いての推論から種の分布や，さらには動物群集やメタ群集についての推論が可
能になるからである．この一般性のおかげで，たとえば Seber（1982），
Williams et al.（2002）や Royle and Dorazio（2008）などの論文によって代表
される統計生態学の一大分野の概念とモデルを利用でき，これらを単純に群集
の場合に適用するだけでよくなる．

　CR モデルは，もっとも広い意味では，時間軸の複数の点（しばしば，機会
（occasions）という用語が使われる）でのシステム（ここでは，一つ以上の群
集）の観測に基づくものである．個別に識別可能な単位（ここでは種）の検
出・不検出の情報を使えば，対象とするシステム（たとえば，群集サイズ，構
成，動態）の特徴と，検出確率に代表される観測プロセス，さらには「一時的
な移出確率」のような局外パラメータすべてを推定することができる

（MacKenzie et al. 2002）．ここで明確にするように，CR モデルは，サイト占有モデルを内包するものであることにも注意されたい（MacKenzie et al. 2002）．

個体群における個体と群集における種のアナロジーがくずれるのは，わずか二つの場面においてのみである．すなわち，再移入と個体の不均質性（Nichols et al. 1998a）である．ある群集において種が絶滅しても他の地域からの再移入が可能であるが，個体群においてある個体が死んだ場合にはそれは不可能である．検出履歴が 101 の場合を考えてみよう．この履歴は，1 回目と 3 回目の調査機会では検出したが 2 回目の調査では不検出であったことを示している．個体が対象の場合は中間の 0 は，「生存していたが検出されなかった」か「生存していたが，一時的に移出していた」かのどちらかである．しかし，もしこれが，ある場所でのある種の検出履歴であった場合，種がある場所で一度絶滅した後，その場所に再入植した可能性もある．この問題を解決するために，開放系の群集モデリングでは，「ロバストデザイン」の形をとったデータを必要とする（Pollock 1982；Williams et al. 2002, 523〜554 頁）．ロバストデザインのもとでは，サンプルは二つの時間スケールで取得される．このうち一次サンプリング機会では群集の状態に変化が起こってもよいが，一次サンプリング機会内にネストしている二次サンプリング機会では変化は起こってはならない．このデザインの二次サンプリング機会でのサブ標本が，非検出と一時的な移出や絶滅後の再入植を区別するのに必要な検出確率についての情報を与える．

第二に，種は同じ種に属する個体とまったく異なっている．ある場所でのある種の検出確率 P は，その場所での局所個体数との関係が深い．個体が個々に検出される場合には，$P=1-(1-p)^N$ という，よく知られた関係性が成り立っている（Royle and Nichols 2003）．群集における各種の個体数は数十倍の差異があることもあり，それぞれの種が検出される確率は大きく異なる可能性が高い．これに加えて，異なる種の個体間には，色彩や行動，社会的ステータス，性，年齢，生息地利用，生理的特徴やその他多くの点に違いがあり，これらはすべて検出確率の違いをさらに大きくしそうである．検出確率の種間での不均質性は，鳥類群集（Boulinier et al. 1998a, b；Kéry and Royle 2008a, b；Kéry and Schmidt 2008）や，蝶類群集（Dorazio et al. 2006；Kéry and Plattner 2007；Kéry et al. 2009）などで，これまで何度も証明されてきたことである．

群集解析における CR 法でよくあるのは，種固有の不均質性をモデリングしていないために，群集サイズ N を過小評価するということである（Dorazio and Royle 2003）．また，移入や絶滅のような他の推定値にも影響を与えてしまう．その不均質性の程度によって，種数やそのほかの群集記載子の推定値は非常に大きなバイアスを被ることになる．それゆえ，群集の解析では，いかなる推定方法であっても種の検出確率の不均質性を考慮することを標準にするべきである．

　これに加えて，検出確率の種間の不均質性はさらなる興味深い結果を招く．ある群集を正しく反映した標本をえることを非常に困難であるか不可能にしてしまうということである．発見された種の標本は，必然的により検出しやすい種に多くの場合深刻なレベルで偏っている．このことが検出プロセスを明示的に考慮したうえで群集に関する推論を行うことが有益であるもう一つの理由である．そうでなければ，ほぼ確実により普通で目につきやすい群集の構成員に偏った推論をしてしまうことになるだろう．そして，これらは，群集全体を適切に反映するものではないだろう（Kéry et al. 2008）．たとえば，まれな種は，個体群サイズが小さいために絶滅率は高くなることが多い．これらの種は，調査で見過ごされることがおそらく多いので，絶滅率の標本値は，推定対象である群集全体の絶滅率としては偏った推定値になるだろう（Nichols et al. 1998a；Alpizar-Jara et al. 2004）．

　原則として，ロバストデザインによる CR タイプのモデルは，個体の検出の不均質性を考慮することができるので，動物群集の推論を行うための候補の一つになる．しかし，どのように不均質性をモデル化するかを選択することは必ずしも容易ではない．不均質性を考慮するための数多くのモデルが存在するためである．たとえば，ノンパラメトリックモデル（Burnham and Overton 1979；Chao 1987），有限混合分布（Norris and Pollock 1996；Pledger 2000），もしくはベータ二項分布や対数正規分布などの連続混合分布（Coull and Agresti 1999；Dorazio and Royle 2003）などがある．残念ながら，結果としてえられた推定が，モデル間で必ずしも一致するわけではない．さらに，選択に役立つ逸脱度や赤池情報量基準（AIC）といったデータに基づく基準も必ずしも信用できるわけではない（Dorazio and Royle 2003）．実際，Link（2003）は，群集サイズ N は，これらの不均質モデル間で同一にはならないことを示している．

12 章　種数と群集動態　*261*

実際にはこのことは何を意味するのだろうか？　種間の検出確率の不均質性を明らかにするために二つの異なる方法を用いたものの，それらの推定値が異なるならば，どちらがより良いものであるかをデータに語らせる方法がないということである（この実例は，Dorazio and Royle 2003 や Link 2003 参照）．しかし，だからといって，不均質モデルをまったく使うべきではないと結論することは「角を矯めて牛を殺す」ことだろう．理屈のうえでも実際の研究結果からもそれぞれの種がまったく異なるものであることは明らかである．そして，不均質性をモデルに組み込まないかぎり，群集サイズ N や関連パラメータに深刻なバイアスを生んでしまうこともまた明らかである．それゆえ，どれがもっとも適切なのかが分からないからという理由で，代わりに（種間で）検出確率を一定にしてモデルを用いてしまうと，「誤った」不均質モデルを用いるよりも，はるかに推定の質が下がってしまう可能性が極めて高い．これに加えて，不均質モデルは，個体群サイズが既知のいくつかの研究ではうまく機能している（たとえば，Greenwood et al. 1985；Manning et al. 1995；Pledger 2000；Conn et al. 2006）．しかし，調査デザインを決める段階で個々の不均質性を可能なかぎり除去するか，あるいは解析の段階で種間の違いを説明するような共変量を明示的に用いることで対処すべきなのは間違いない．種間の不均質性をもたらしうる要因は非常に多いので，検出確率には平滑分布を用いた方がよい結果がえられるという議論や，連続混合分布の方が有限混合分布よりも自然で望ましいという議論もある（Dorazio and Royle 2003）．しかし，この捉え方には反論もあり（Pledger 2005），倹約という点では「不自然な」モデル使用も時には有用であることも実際にある．

　それゆえ現在のところ，研究デザインを決める際も解析を行う際も可能なかぎり不均質性を除き，そのうえで混合モデルを利用するのがさしあたっては賢いやり方で，場合によっては最適なものになる．さらに，検出確率が高ければさまざまな推定上の問題が軽減される（Link 2003）．このため，大きな調査努力を払うことには必ずそれだけの価値はあるということになる．これについては，以下の「デザインの検討」を参照されたい．

　動物群集の研究において出会う推論状況は，次の二つの二分法によって分類すると便利である．すなわち単一サイト vs. 複数サイト，静的（もしくは，単一「シーズン」）vs. 動的（もしくは，複数「シーズン」）の二分法である．表 12.1 は，これらの結果生じた四つの状況それぞれにおける推定対象の数値の

表 12.1 推定対象パラメータの一部を示した動物群集の推論状況の分類表．静的状況に関して示した推定対象のパラメータは，該当する動的状況の時間点それぞれにおいても推定対象になりうる．シーズンは，群集に変化がない，すなわち閉鎖している期間として定義できる

	静的（単一シーズン）	動的（複数シーズン）
単一サイト	(1) 出現 (z_i)	(2) 生存率 (ϕ_t)
	種数 ($N = \Sigma z_i$)	絶滅率 ($\varepsilon_t = 1 - \phi_t$)
	群集の健全性の指標	移入率 (γ_t)
		変化傾向 ($T_t = N_{t+1}/N_t$)
		回転率
複数サイト	(3) 出現 (z_{ij})	(4) 生存率 (ϕ_{jt})
	占有率 (ϕ_t^{fp})	絶滅率 ($1 - \phi_{jt}$)
	有限個体群の占有率	移入率 (γ_{jt})
	局所的な種数 (N_j)	局所的変化傾向 ($T_{jt} = N_{j,t+1}/N_{j,t}$)
	全体の種数 (N)	全体の変化傾向 (T_t)
	種間の類似性	回転率
	サイト間の類似性	
	種累積	

注意：N は種数，z は在・不在指標，i は潜在的に観測されうる種を指し，j は空間を，t は時間（季節）を示す．

一部を示したものである．動的状況（右の列のセル 2 と 4）に関する値は，静的状況（それぞれの左の列のセル 1 と 3）の当該値を含んでいることに注意されたい．「シーズン」が意味しているのは，研究対象群集が変化しそうもないくらい十分に短い期間，すなわち閉鎖性を仮定することが可能な期間のことである（Kendall 1999）．明らかに，何が「短い」とするかは研究対象とする群集の動態によって異なっている．たとえば，昆虫に対して群集が閉鎖していると考えられる期間よりも，哺乳類や鳥類に対して想定される期間の方がはるかに長いだろう（Royle and Kéry 2007）．「動的（dynamic）」という用語は，「複数シーズン」という用語よりもより正確である．というのも複数シーズンデータは，単純にシーズンを一つのグループとして扱い，各シーズンの推定量間の関係性を明示しないでも解析できるからである．さらに前者はモデルを強調するのに対し，後者はデザインを強調する．

　以下の概観は，表 12.1 にまとめた内容を中心にしている．ここでは単一サ

イトから複数サイトへと向かい，それぞれの静的状況から動的状況へと話を進めることにした．興味深いことに，この分野の方法論的な進展は歴史的にもこれと同じようにして進んできた．これに続いて，調査デザインを検討し，最後に将来の見通しを与えたい．全体をとおして技術的な詳細については避けることにし，モデルの核となる発想について述べたうえで関連する主要文献を読者に紹介することにする．

12.2　単一サイトに対する推論

12.2.1　単一サイト静的群集

もっともシンプルな状況は単一静的な群集である（表 12.1，セル 1）．ここでは長さ C（Count の略として）の観測された種のリストがあり，すくなくとも2 回の機会（反復調査）から観測結果がえられている．観測されなかった種は0 であり発見された種は 1 である．この状況でおもに推定したいのは，種数，言い換えると，リストに現れない種も含めた群集に存在している種の数である．検出された種がされていない種に対して情報をもたらすという通常の仮定に立てば，観測していない種の数を推定することができるだろうし，それゆえ，しかるべき CR 推定量を用いれば全体の種数を推定することができるだろう．

こうした推論状況に適用される通例の CR 法の枠組みでは，時間反復のある観測を行うことが必要である．しかし，空間的な反復に対しても適用されるようになっている（Nichols et al. 1998a, b；Boulinier et al. 1998a, b；Cam et al. 2002a, b；Doherty et al. 2003；Dorazio and Royle 2003）．こうした発想は確かに創造的なものだが，種の出現が小さな空間スケールで不均質な場合，検出の不均質性と交絡してしまうことを認識しておく必要がある．最後に，バイアスのない推定値をえるチャンスを最大化するためには，空間的にも反復のあるサンプリングをするべきであることにも注意されたい（Kendall and White 2009）．

閉鎖個体群 CR 法による推論の鍵となるのは，種固有の検出確率 p のパターンに適切なモデルがえられるかという点である．閉鎖個体群モデルにおける検出確率のパターンとして有用な分類は Otis et al.（1978）によるものである．彼らは，p への効果に関して次の三つを区別している．個体の不均質性 h，行動応答 b，時間 t である．それらは，M_h，M_b，M_t とそれぞれ表現され，M_h は個体間の非構造な違い，M_b は最初の捕獲かそうでないかによる検出の違

い，そして M_t は捕獲機会による違いである．これらの二つないし三つがともに影響している場合もある一方で，p が一定，すなわち，いわゆる M_0 モデルの場合もある．これらのモデルのほとんどに対して一つあるいは複数の統計量は CAPTURE（Otis et al. 1978；http：//www. mbr-pwrc. usgs. gov/software/capture.html も参照）に実装されている．ただし，たとえばもっとも複雑なモデル M_{tbh} は実行できない．CAPTURE は，今日では MARK（White and Burnham 1999；http://welcome.wanercnr.colostate.edu/~gwhite/mark/mark.html，2018/5/31 時点でアクセス不能）というプログラムから呼び出すことで容易に実行できる．

　すでに議論したように，種数についてのモデルでは，個体の不均質性を標準で含んでいる必要がある．もう一つの潜在的に重要な効果として行動（b）が挙げられる．すなわち，種が以前に検出されていたかどうかで検出確率に影響が及ぶ可能性である．これは，種の側が原因でも観測者の側が原因でも起こりえる．非常にめだちにくく，ごく少数しか生息していないような種の場合，捕獲による負の影響を学習し，捕獲されて以降はより見つかりにくいように行動するかもしれない．この場合，トラップを避けるようになり，結果として捕獲率が最初の捕獲率よりもさらに低下する．たとえば，最初の捕獲がその後の一度の捕獲機会（直後のトラップ応答）のみに影響する場合や捕獲による影響がその後のすべての機会にわたって持続する（永続的なトラップ応答）場合といったように，捕獲効果の時間変化をモデル化することも可能である．他のパターンも可能であるが，CAPTURE における閉鎖モデルでは永続的なトラップ反応のみが実装されている．調査員の知識の変化によって生じることが多い正のトラップ効果を組み入れることも可能である．たとえば，ある種を発見するためには，どこを見たり，どのように探したらいいのかが分かったりすれば，その種の検出確率は上がるだろう．行動上の反応も群集モデリングでは考慮するべき重要な効果であるが，比較的めだたないカメラトラップでは，その影響ははるかに小さいだろう．一つの例外は，ある種が検出されるまで調査地内のさまざまな場所にトラップを移動させた場合である．この場合，群集についての適切な推論をえるためには，正のトラップ応答を考慮する必要が生じる．調査機会による検出確率の変化（効果 t）は，どんな場合でもある程度は生じる可能性があり，もしそれが重要ならばその変化も考慮するべきである．

　種数の推定にもっとも広く用いられている推定量の一つは，M_h モデルのた

12 章　種数と群集動態　*265*

めのジャックナイフ推定量である（Burnham and Overton 1979；Boulinier et al. 1998a；13章も参照）．これは，捕獲頻度，すなわち i 回の調査で捕獲された種数に基づくものであり，その目的は f_0，すなわち一度も検出されていない種数に外挿することである．この方法は実際に広く利用されており，十分にうまく機能してきた（Boulinier et al. 1998a に引用されている事例を参照）．一つの欠点は，この推定量を利用するためには，調査の反復数が完全に同じであることを必要とする点である（実際の検出数が，それぞれに種に対して同じである必要はない）．さらに，これ以上の共変量をモデルに含めることもできない．また，少数標本の場合（たとえば 2～3 回の調査機会）でも比較的まともな結果を生むようではあるが，この場合のパフォーマンスについて十分研究されているわけではない（Kéry and Schmid 2004, 2006；Kéry and Plattner 2007）．単一機会の種数データに適用できるジャックナイフの極限形もあり（Burnham and Overton 1979），Patuxent Wildlife Research Center の J.E. Hines によって維持されているソフトウェア・レポジトリに実装されている（プログラム SPECRICH 参照，http://www.mbr-pwrc.usgs.gov/software/specrich.html）．

　プログラム CAPTURE に含まれているこの推定量の欠点の一つは，すべてが必ずしも尤度ベースではないということである．それゆえ，たとえば逸脱度や AIC（Burnham and Anderson 2002）といった共通の尺度でモデルを比較することができない．この問題は Norris and Pollock（1996）や Pledger（2000）によって解決が図られており，有限混合分布を用いた閉鎖個体群向けのモデリングの枠組みが示されている．すなわち，個体［訳注：この文脈では個々の種を指す．個体群に対する推論との対応を明確にするために，これ以降も，種を指す場合でも「個体」と訳すことがある］の不均質性を考慮するために，種は少数のグループ（通常は二つか三つのみ）のうちの一つに属しており，それぞれのグループ内の個体の検出確率は一定であると仮定されている．推定されるべき検出パラメータは，それぞれのグループに対する検出確率と一つを除くすべてのグループに対しての混合割合（すなわち，そのグループにおける種の割合）である．その残る一つのグループの割合は，1 からその他すべての混合割合を引いたものである．

　検出の個体による不均質性は，さまざまな要因の結果であることが多く，不連続というより連続的なものである場合がほとんどだろう．それゆえ，有限混

合分布を用いてそれを表すという発想は不自然なものに感じられるだろう．それにもかかわらず，有限混合モデルは個体群サイズが既知の場合と比較しても非常にうまく行くことが分かっている（Pledger 2000）．それゆえ，種を少数の仮想的なグループの一つに帰属させるという「トリック」は，個体の不均質性のかなりの部分を取り除いてくれるという点で役に立つ．個体の不均質性に加えて時間や行動の効果を指定することができるので，M_{tbh} モデルを含むOtis et al.（1978）の整理した効果のあらゆる組み合わせに対して最尤推定値をえることが可能であり，この枠組みの潜在的な有用性を高めている．これらのモデルはすべて，プログラム MARK に実装されている．もしくは，プログラム WinBUGS を用いて個体共変量モデルとしてベイズ推定を行うこともできる（Spiegelhalter et al. 2003；Royle 2009）．

　個体の不均質性を指定するもう一つの方法は，有限混合分布ではなく連続分布によるものである．ベータ二項分布は 0 から 1 の値をとる連続分布であるので検出確率の不均質性を特定する候補として自然なものである．もう一つが対数正規分布である（Coull and Agresti 1999）．この分布は，ロジット変換後の検出確率にもたらす，正規分布する種固有の効果を表す．Dorazio and Royle（2003）は，不均質性を特定するための三つのクラス，有限混合分布，ベータ二項分布および対数正規連続分布を比較し，どれも種数を推定するうえで有用であることを示した（ただし，これらのクラス間には同一性はないことにも注意）．連続混合分布を当てはめるためには，Dorazio and Royle（2003）が行ったように最尤推定を用いることもできるし，プログラム WinBUGS（Spiegelhalter et al. 2003）を用いてベイズ推定することもできる．Royle and Dorazio（2008）の本にはコード例が示されているので参照されたい．

　単一サイト静的群集に関しては，サイトや期間による種数の比較は，ある群集に潜在的に存在しうる地域種プールを用いて行うことができる（Karr 1990；Cam et al. 2002a, b）．もしこうした情報が手に入るならば，存在している種と潜在的に存在する種の比をとれば，その群集に関する生態学的な健全性の指標として用いることができる（表 12.1）．これが野生生物管理に利用できる指標であることは明らかである（Cam et al. 2002a, b）．

　この発想は，種数を推定するのにサイト占有モデルを利用するのに向かわせる理由の一つである．サイト占有モデルは，比較的最近のモデル群であり（MacKenzie et al. 2002, 2003, 2006；O'Connell and Bailey, 11 章も参照），も

ともとの形では，少なくともいくつかのサイト，たとえば調査区や排他的な行動圏をもつ種の潜在的な縄張りにおいて反復調査を行うことによって，不完全検出を補正した占有サイト割合を推定するためのものである．実際に，サイト占有モデルは，非常に汎用性の高いモデル群であり，CR 法に関する多種多様なモデルを統合したものとしてみなすことができる．

　興味深いことに，閉鎖個体群サイズを推定するために用いられるモデルと，サイト占有モデルは対になっている．前者は，一部の個体が見逃される場合に全個体数を推定するために用いられるのに対し，後者は，すべての「潜在個体」（サイト）を見ることはできるものの，一部のサイトの占有が正しく認識されないかもしれない場合に用いられる．実際のところ，漸近的には，両モデルは同等なものである（ただし，サイト占有モデルでは，「個体」の共変量は，通常観測可能である．このことは推定を行ううえで大きな利点である）．この認識は，非常に重要な発想をもたらす．古典的な閉鎖個体群 CR モデルは，ゼロ過剰による再パラメータ化が可能であり，このモデルをもともとのデータセットのゼロ過剰版に対して適用できるという発想である．すなわち，データセットに任意の数のすべて 0 の検出履歴を加えてやり，サイト占有モデルを適用するのである．この場合，占有パラメータが群集サイズにとって代わることになる．このデータ拡大は，計算上好都合な点が多く，開放系か閉鎖系かを問わず，非常に数多くの CR モデルに対して，サイト占有モデルの発想を拡張して適用することが可能になる．

　さらに，一つのサイトを，その地域に潜在的に生息する種リストの内の 1 種として再定義することによって，不完全検出を補正した「相対的な種数」あるいは群集の健全性（Karr 1990；Cam et al. 2002a, b），すなわち地域種プールと想定される種リストに対する種数の割合を，サイト占有モデルを直接用いて推定することができる．

　サイト占有モデルは，プログラム MARK や PRESENCE 2（http://www.mbr-pwrc.usgs.gov/software/doc/presence/presence.html）を用いて実行可能である．両プログラムとも検出確率の種間（もしくはサイト）差は有限混合分布を用いて組み込むことができる（Pledger 2000）．著者が古いバージョンの PRESENCE 内の有限混合分布を用いた限られた経験で言えば，占有モデルにおける不均質性の数理最適化は不十分であった（すなわち，アルゴリズムはしばしば収束しない）．占有モデルの M_0 版で息詰まってしまうのだ．この結果，

268

絶滅確率の推定値はそれほど影響されないものの，種数は過小評価されてしまいがちである（Alpizar-Jara et al. 2004）．

　Royle（2006）は，不均質性のあるサイト占有モデルについて記述している．具体的には，有限混合分布とベータ二項分布，対数正規連続混合分布，個体数の違いがもたらす検出の不均質性についての Royle-Nichols の式（Royle and Nichols 2003）を用いている．彼は，最尤法を用いてこれらのモデルを当てはめている．Royle and Dorazio（2008, 本とウェブサイト）は，プログラム R（R Development Core Team 2008）で実行するためのコード例やベイズ推定を WinBUGS で行うコード例を提供している．

　おそらく，もっとも柔軟で汎用性が高く，生物学者がアクセスしやすい単一サイト静的群集での種数の推定方法は，ゼロ過剰化した種の検出データに対して，プログラム WinBUGS（Spiegelhalter et al. 2003）の対数正規サイト占有モデルを適用することであろう．それゆえ，ロジスティック回帰の本質であるところにおいて，種の検出はベルヌーイ分布から生じたものとしてモデル化することができ，ベルヌーイ・パラメータをロジット変換したもの（検出確率）は，固定効果と変量効果両方の和として表現することができる．前者は，個体群サイズや体サイズの近似値のような種の既知の特性に該当し，後者は種間の検出確率の構造化されない不均質性を考慮するための正規偏差に該当する．Otis et al.（1978）の一覧における他の効果，時間や行動，もしくはこれらの交互作用は等しく，線形モデルの線形予測子に含めることができる．WinBUGS のサイト占有モデルのコード例は，Royle and Kéry（2007）や Royle and Dorazio（2008），Kéry（2010）にある．同様に，プログラム OpenBUGS とともに公開されている生態学の事例集でも掲載されている（A. Thomas, St. Andrews, 私信）．

　CR 枠組みを用いれば，不検出の種が何種類いそうなのかを推定できるが，だからといってどんな種が検出されていないのかまでは明らかにはしないことを最後に指摘しておきたい．これは，非定式的なやり方で行うしかない．たとえば，一度も観測されなかった種が 4 種類いるということが分かった場合，経験豊富なナチュラリストであれば，研究対象の群集にいる可能性がある種のリストを作ることができるかもしれないし，実際に検出された種と比較することで，どんな種がその 4 種に該当するかを推測することができるかもしれない．代わりに，地域種のリストを用いた占有推定であれば，出現指数 z（表 12.1

参照）の値が推定可能であり，どの種がもっとも見逃されていそうであるかについて補足的な情報をもたらしてくれるかもしれない．

12.2.2　単一動的群集

　続いて，1 シーズン以上への拡張，すなわち単一動的群集を考える（表 12.1，セル 2）．表のセル 1 に示したパラメータに加えて，いくつかの関連する値が定義され，十分なデータが手に入る場合にはこれらの推定が可能になる．もっとも大事なのは，個体群における動態パラメータ，生存率と繁殖率の群集における対応物，すなわち，種の生存率 ϕ_t［訳注：種が存続する確率を指す．種に対しては「存続率」といった訳語の方が日本語としては自然であるが，個体群に対する推論との対応関係を明確にするためにここでは「生存率」を使うことにする］，もしくは種の絶滅率 $\varepsilon_t = 1 - \phi_t$，種の移入率 γ_t である．これらのパラメータの添え字 t は，連続したシーズン t と $t+1$ の間隔を示している．さらに，回転（turnover）は生存と移入の両方の関数であり，群集の安定性を特徴づけるのに用いられる．最後に個体群増加率 λ の群集における対応物は，表 12.1 では T_t と呼ばれている．

　Nichols et al.（1998a）は，不完全検出のもとでの動的生態群集の推定のための枠組みを開発した．それらのサンプリングの状況は，二つのシーズンにわたっており，二つの時間スケールで調査が反復されているという，いわゆるロバストデザインが想定されている（Williams et al. 2002，523〜554 頁）．一次サンプリング機会（すなわちシーズン）には群集は開放しているが，一次サンプリング機会にネストしている二次サンプリング機会には閉鎖していると仮定されている．重要なことであるが，それぞれの一次サンプリング機会のサブサンプリングは，不検出と一度絶滅した後の再入植を区別するのに不可欠である．Nichols et al.（1998a）は，一次サンプリング機会のそれぞれにおいて，種数のジャックナイフ統計量に基づいて，種数，生存，移入および回転率，さらには種数の年変化の推定量を開発した．彼らは，回転率を，$t+1$ 年時にランダムに選択した種が年 t においては群集の一部ではない確率，すなわち新しい種である確率として定義した．Hines et al.（1999）は，2 シーズンの場合にこのスキームを実行できるプログラム COMDYN を開発した．

　この独創性に富んだ枠組みは，不完全検出を完全に是正し，動物群集について強力な洞察を可能にしてくれる（たとえば Boulinier et al. 1998b, 2001；

Lekve et al. 2002；Doherty et al. 2003；Kéry and Schmid 2004）．この枠組み
は後述するように，ある一つの時点における二つの群集間の比較，すなわち群
集の空間的な差異を明らかにするために用いられてきた（Nichols et al.
1998b）．しかしながら，少なくとも COMDYN を実際に使用するのには明ら
かな制約もある．たとえば，扱えるのが群集サイズに関する一つの推定量に限
られていること（ときに M_h 以外のモデルが適切かもしれない），完全にバラ
ンスの取れたデータしか扱えないこと（群集によっては観測の反復数はすべて
の種で同じではないかもしれない．後述），2 シーズンの場合に限られている
こと（しばしば，それ以上の，場合によってはそれよりはるかに多くのシーズ
ンからのデータがえられる）などである．また，この解析ではどの種に対する
情報なのかが保持されない．2 年目の A 種の検出は 1 年目の検出確率につい
ての情報をもたらすはずなので，この情報が用いられていないということは，
推定効率の低下につながってしまう．さらに，複数の調査地間の比較をしたい
とき，しばしば二つのステップを踏んで COMDYN が用いられる（たとえば
Doherty et al. 2003）．これは理想的ではないが，COMDYN の推定の枠組みで
は，空間相関があるかもしれない複数サイトを扱うことは容易ではない．

　MacKenzie et al.（2006）は，包括的な種のリスト，すなわちその調査サイ
トに存在する可能性がある種がすべてわかっている場合には，動的サイト占有
モデルを群集動態の推論に用いることができるとしている．確かにサイト占有
モデルは，ロバストデザインでえられた単一群集標本の時間変化に対して適用
された場合，こうしたデータを解析するうえで非常に有効な枠組みになる（13
章参照）．しかし，群集内に存在する種による検出確率の違いは非常に大きい
ので，種数について意味のある推定値をえるためには，検出確率の違いをその
モデルに組み込む必要があるだろう．そうでなければ，種数は大幅に過小評価
されるだろう．また，その他のパラメータ（移入，絶滅/生存，そして回転）
でどの程度のバイアスが生じるかについては必ずしも明らかではない．もっと
も，絶滅/生存率に関しては，バイアスはそれほど大きくないかもしれない
（Alpizar-Jara et al. 2004）．

　動的サイト占有モデルは，ベイズ解析用のソフトウエア WinBUGS を用い
て比較的容易に当てはめることができる（Spiegelhalter et al. 2003；
WinBUGS のコードについては，近刊の生態学事例集を参照；A. Thomas, St.
Andrews, 私信）．この場合，検出確率に種固有のランダム効果を組み入れる

12 章　種数と群集動態　*271*

ことはかなり容易なことである（Royle and Kéry 2007）．WinBUGS における階層モデルあるいは状態空間モデルの定式化は非常に柔軟であり，主要な生物学的なパラメータ（最初の年の出現や各時間間隔での絶滅率や移入率）に関するより多くの効果を含めるように容易に拡張できる．たとえば Otis et al. (1978) が整理した効果だけでなく，それ以外のさらなる共変量を考慮することもできる．加えて，有限個体群の推論はベイズ推定すれば些細な問題である．たとえば，ある調査サイトにおける種数を，不確実性（標準誤差 SE，信用区間 CI）を伴った形で容易に推定できる（Royle and Kéry 2007；Link and Barker 2010）．

12.3　複数サイトについての推論

12.3.1　静的メタ群集

メタ群集とは群集の集合体のことである．静的状況においてもメタ群集を特徴づける推定対象となりうるパラメータが数多く存在する．表 12.1 のセル 3 を参照されたい．あらゆる推定に必要なのは，メタ群集内の全種に対するサイト j における種 i の出現指標 z_{ij} である．これらの z_{ij} は，行が潜在的に出現する種を指し，列がサイトを指す行列 Z にまとめられる．この Z 行列は，在・不在マトリックスとも呼ばれ，生物地理学や群集生態学におけるもっとも重要な解析単位とされている（McCoy and Heck 1987）．

乱数 Z_{ij} を生成するベルヌーイ・パラメータは，種 i についての個体群占有確率 ψ と等しい．種 i に関する有限個体群占有確率 ψ_i^{fp} は，全調査サイトの中で Z_{ij} が 1 に等しい（サイトに種 i が出現していることを示す）割合から推定される．サイト j における局所的な種数は，単純にサイト j におけるすべての種の Z_{ij} の合計である．さらに，種とサイトの類似性あるいは相違性は，2 種が共存するサイトの割合もしくは二つのサイトにともに出現する種の割合として表現される．種の累積（species accumulation）とは，種の累積数と空間サンプリング単位，時には時間的なサンプリング単位数との関係のことである．

複数サイトでの群集についての推論における不完全検出のプロセスを考慮するためには，いくつかのアプローチが可能である．（1）サイトごとに解析を行い，それに続いて二次的な解析を行う，（2）先の節で記述した Nichols らのロバストデザインの空間版を利用する，そして，（3）Dorazio and Royle（2005）による新しい複数種サイト占有モデルを使う．

第一に，メタ群集に対するもっとも単純な推論は，単一静的ケースで述べたような方法をサイト単位で適用することによってえられる．たとえば，これまで多くの研究ではジャックナイフ推定量が適用されてきた．最初のステップでこの推定量をサイトごとに算出し，次の第二ステップで，種数 N や平均検出確率（C/N によって計算される $\hat{P}$）などの他のパラメータを線形モデルによって解析し，さまざまな説明変数とこれらのパラメータの関係性を明らかにするのである．たとえば，Boulinier et al.（1998a），Doherty et al.（2003），Kéry and Schmid（2004, 2006）や Jiguet et al.（2005）などがこれに該当する．このアプローチは間違ってはいないが効率的なやり方ではなさそうである．たとえば，種 A のサイト 2 での検出は，サイト 1 における検出確率に対しても情報をもたらすだろう．しかし，それぞれのサイトで別々に推定するというアプローチは，種の同一性を考慮に入れていない．さらに，最初の解析ステップからの推定値を第二ステップのデータとして扱う場合，不確実性を考慮に入れることが困難である．もしそうしない場合，全体の信頼区間を過小評価してしまい検定も甘いものになってしまう．一方で，最初のステップの全推定値の分散共分散行列を考慮した第二ステップの解析は，二段階アプローチの単純さという魅力のほとんどを台無しにしてしまうことになるだろう（Link 1999）．

　余談だが，Cam et al.（2002a）は，不完全検出に影響されない種累積曲線を推定するために，サンプリングベースモデルや除去モデルに加えて，通常の種数累積データがどのように利用することができるかを明らかにした．Cam et al.（2002b）は，検出の失敗は，観測された種累積曲線にバイアスをもたらすことを示した．すなわち不完全検出を考慮しない場合，傾きが過大評価されてしまうのである．

　第二に，二つのサイトを比較した特別な場合として，Nichols et al.（1998b）は，単一群集の時間動態をモデリングするための枠組みを改良し，空間動態をモデリングできるようにした．Nichols et al.（1998a）が記述したもので，上の節で扱ってきたものである．ロバストデザインデータを用いて，それぞれのサイトでの種数，相対的な種数（時間変化ではなく空間変化に対応），一つには存在するが他のサイトには存在しない種の数と，その反対，共有している種の数に対する推定量を開発した．この計算には，プログラム COMDYN（Hines et al. 1999）を用いることができる．繰り返しになるが，この厳密な推

定上の枠組みは，従来の方法と比べて格段の進歩であるが，時間変動ケースに対して述べたのと同じ欠点を抱えている．二つの個体群を比較する場合の限界，すなわち，ジャックナイフ推定量の使用のために完全にバランスの取れたデータを必要とするのである．COMDYN に実装されているような枠組みを 2 サイト以上に拡張できるかは明らかではない．

　第三に，Dorazio and Royle（2005；Dorazio et al. 2006 および Royle et al. 2007 も参照）は，サイト占有モデルを拡張して複数種モデルを開発した（MacKenzie et al. 2002）．このモデルは，空間的反復（すなわち複数のサイト）およびそれぞれのサイトでの時間的反復（すなわち，少なくともいくつかのサイトで二度の観測）がなされた種の検出データに基づいて，真の在・不在 Z 行列の推定値をもたらしてくれる．それゆえ，このモデルは，（実際にサンプリングされたサイトが一つの標本を構成する）メタ群集には存在しているがサンプリングサイトには出現しない種がいたという事実も，本当はサンプリングサイトに出現していたが一度も検出されなかった種がいたという事実も補正するのである．出現したすべての種 i に対しての，サンプリングサイト j それぞれでの検出・不検出の記録，すなわち z_{ij} をえることによって，表 12.1（セル 3）に示したすべての値に対して検出確率を補正したうえでの推定値をえることができる．すなわち，検出バイアスを補正した累積曲線（Cam et al. 2002a, b）や，標本に加わった順番に依存しない累積曲線（Dorazio et al. 2006）だけでなく，各種の占有，局所的な種数（たとえば，サンプリングされたサイトそれぞれでの種数やいくつかのサイトを含んだある地域での種数），全体の種数，出現種のサイト間での類似性や，生息するサイトの種間での共通性などに対する推定値もえることができるのである．このモデルは，動物群集を解析するうえで非常に強力な枠組みであり，（たとえば種数といった）集合としての特徴を見るうえでも，（個々の種の出現といった）個々の特徴を明らかにするうえでも有用である．その適用例としては，Kéry and Royle（2008, 2009）や Kéry et al.（2008）がある．興味深いことに，Gelfand et al.（2005）は類似したモデルを独立に開発している．おもな違いの一つは，まったく観測されなかった種に推定を外挿しなかったことである．

　このモデリングの枠組みを例示するためには，Kéry and Royle（2008）による研究を要約して紹介することにしている．スイスの国の鳥類繁殖モニタリング・プログラムの対象調査区のうち 26ヶ所でえられたデータがある．このそ

表 12.2 Dorazio and Royle (2005) の複数種サイト占有モデルの概念. Kéry and Royle (2008) によって解析されたデータに Royle et al. (2007) が記述したデータ拡大によるパラメータ化を適用した

	コドラート j	観測結果：x_{ij} 1	2	3	⋯	26	部分的な観測結果：z_{ij} および w_i 1	2	3	26	w_i
種 i	1	6	3	0	⋯	4	1	1	NA	⋯ 1	1
	2	0	0	1	⋯	2	NA	NA	1	⋯ 1	1
	3	3	0	2	⋯	0	1	NA	1	⋯ NA	1
	⋯	⋯	⋯	⋯	⋯	⋯	⋯	⋯	⋯		
n	103	0	0	1	⋯	0	NA	NA	1	⋯ NA	1
n+1	104	0	0	0	⋯	0	NA	NA	NA	⋯ NA	NA
	⋯	⋯	⋯	⋯	⋯	⋯	⋯	⋯	⋯		
N	?	0	0	0	⋯	0	NA	NA	NA	⋯ NA	NA
N+1	?+1	0	0	0	⋯	0	0	0	0	⋯ 0	0
	⋯	⋯	⋯	⋯	⋯	⋯					
M	203	0	0	0	⋯	0	0	0	0	⋯ 0	0

完全に観測されたデータ（濃い灰色で色づけした矩形）には，26 調査区での 103 の観測種の検出頻度 x_{ij} が含まれている．0 だけを含む 100 の検出歴をこれらに加えた（濃い灰色の矩形の下の，中間的な灰色の矩形で示したデータ拡大した部分）．このモデルは，二つの潜在構造，部分的に観測された在・不在行列 Z（すなわち，z_{ii} を含む N×26 列の行列）と「超個体群」指数 w_i（ともに薄い灰色で色づけしてある）を推定することができる．モデリングする目的は，欠損値（NA）を推定することである．

れぞれの調査区は，群集の閉鎖性を仮定できる一度の繁殖シーズンで六度の調査がなされている．実際には二人の観測者が三度の調査を行っているが，ここではそうした詳細は無視し，モデルの説明に欠かせない研究の特徴のみを提示することにする．調査全体で 103 種類の鳥類が見つかった．この研究の問いの一つは，種の平均検出確率である．

観測データでは，調査機会 k，調査区 j において，ある種が検出された場合は 1，されなかった場合には 0 の二項値を与えてある．種の違いのみが検出確率に影響を与えることを想定した Dorazio and Royle モデルの最小モデルを当てはめた．すなわち，Otis et al. (1978) の M_h モデルのサイト占有モデル版を当てはめたことになる．ここでは調査機会 k によって変化するいかなる効果にも関心がないので，この次元でのデータ構造を壊して，二次元データ x_{ij}，調査区 j で種 i が検出された（全 6 回のうちの）調査回数をモデリングの対象に

した．このケースに適用されるようなモデルの概念を表12.2に示した．この表では，完全に観測されたデータを濃い灰色で示してある．

　基本的な発想は，調査区jにおける種iの在（$z_{ij}=1$）もしくは不在（$z_{ij}=0$）を示す潜在二項プロセスという観点からモデルを定式化するというものである．このプロセスの実現値z_{ij}は，その一部だけ検出された（すなわち潜在的であった）．というのも，ある種が観測されなかった場所，すなわち$x_{ij}=0$の場所では，値が0なのか1なのかわからないからである．それゆえ，$x_{ij}=0$に該当するz_{ij}の値は，欠損値（NAs）としてみなされ，この解析の目的は，これらを推定することに置き換えられる（表12.2：薄い灰色でハイライトした複数列の矩形）．

　Royle et al.（2007）やRoyle and Dorazio（2008，379〜400頁）によって記述されたモデルは，階層モデルあるいは状態空間モデルである．すなわち，生物学的なプロセスの現実化という条件つきで，真実ではあるが部分的に潜在的な生物学的なプロセスや不完全検出のプロセスを記す一連の分布を，入れ子状に仮定することで構成されている．Kéry and Royle（2008a）における観測された検出頻度x_{ij}に対する観測モデルは，単純なロジスティック回帰である．

$$x_{ij} \sim \mathrm{Bin}(6, z_{ij}{}^* p_{ij})$$

そこでは，検出頻度は，機会数（ここでは6回）に等しい標本サイズで二項分布に従っており，（検出）成功確率は，潜在出現プロセスZ_{ij}と検出確率p_{ij}の積に等しい．私たちのモデルは，偽陽性を仮定していない．すなわち，種は見過ごされるかもしれないが，誤同定されることはない（これが重要な仮定であることについては後の「デザインの検討」参照）．それゆえ，種iがサイトjに出現している場合，すなわち$z_{ij}=1$の場合，x_{ij}は成功確率がp_{ij}に等しい二項分布に従い，種が出現しない場合，すなわち$z_{ij}=0$の場合には，x_{ij}は構造的な0である．

　生物学的な（出現の）潜在状態z_{ij}のモデルは，もう一つのロジスティック回帰によって記述される．

$$z_{ij} \sim Bin(1, \psi_{ij}).$$

それゆえ，サイトjにおける種iの出現は，出現（もしくは占有）確率がψ_{ij}の元でのベルヌーイ過程（一枚のコイン投げに相当する標本サイズ1の二項値）としてモデル化される．Kéry and Royle（2008）においてそうしたように，出現確率は，サイトをつうじて一定であり，種によってのみ変化すると仮

定する場合，これは $z_{ij} \sim Bin(1, \psi_i)$ となる.

　このモデルは，Dorazio and Royle（2005）によるもともとのモデルのように，かなり複雑な方法で当てはめざるをえない．しかし，このモデルの当てはめは，データ拡大によって大きく単純化できることが分かっている（Royle et al. 2007）．（表12.2に濃い灰色で示した）観測データにすべて0の検出履歴を適当に加えるのである（表12.2の中間的な灰色）．実際の解析では，100の「疑似的な」あるいは「潜在的な」種を加え，全体で観測データを $M=203$ 行，26列の行列にした．この増加されたデータに対して，追加的な階層を加えたうえでもともとのモデルの再パラメータ化を行った．この追加的なレイヤーは，より大きな種プール（あるいは，種の超個体群）における種 i の利用可能性のモデリングとして考えることができ，このプロセスの実現値が，26の調査区によって代表されるサンプリング対象の群集の一部であるかどうかを決定する．それゆえ，ある種がサンプリングされたメタ群集に出現するかどうかは，w_i によって表されるもう一つのベルヌーイ・ランダム変数であり，「含有」確率 Ω によって支配される．すなわち，$w_i=1$ の場合，種 i が26調査区内のメタ群集に出現し，$w_i=0$ の場合には出現しない．サイズ N のメタ群集を推定するという問題は，Ω の推定と等価な問題に変換される（N の期待値は，M*Ω と等しいことに注意）.

　結果的に，階層モデルは今や三つのレベルがあることになる（上の場合とは状態プロセスが微妙に変化していることに注意）．この階層モデルは，三つの条件つき，すなわち依存確率として書くことができる.

（1）超個体群プロセス：$w_i \sim Bern(\Omega)$

（2）状態プロセス（出現）：$z_{ij} \sim Bern(w_i*\psi_i)$

（3）観測プロセス（検出）：$x_{ij} \sim Bin(6, z_{ij}*p_{ij})$

このモデルは，三つのレベルの階層モデルであり，非標準的な一般化線形混合モデルもしくは非標準ランダム効果ロジスティック回帰としても記述できる（Kéry 2010）.

　しかし，現在記述しているモデルはパラメータ数が多すぎるので実用的でなく，何らかの制約を加えるべきである．メタ群集における種の占有と検出確率が独立でなくても，何らかの一般的な確率分布に属する形で確率論的に非独立になっていると仮定すると，このモデルの複雑性を減少させられ推定を現実的なものにできる．すなわち，占有と検出の種固有の効果に対してランダム効果

を仮定するのである．この場合，二つのパラメータのロジット変換値は正規分布の乱数であるというよく行われる仮定をし，その平均値と分散を推定した．具体的には，占有に対して $\mathrm{logit}(\psi_i)=\alpha_i$ と $\alpha_i \sim \mathrm{Normal}(\mu_\alpha, \sigma_\alpha^2)$ を，検出に対して $\mathrm{logit}(p_i)=\beta_i$ と $\beta_i \sim \mathrm{Normal}(\mu_\beta, \sigma_\beta^2)$ を仮定している．（WinBUGS においてロジスティック-正規仕様によって頻繁に誘発される収束の問題と回避策に関しては，Kéry and Royle 2009 参照）．重要な点として，メタ群集内のすべての種の出現と検出，すなわち見たか見なかったかに対するこのランダム効果の仮定によって，見た種の結果を見なかった種に外挿しているのである．

　さらに，この方法は，メタ群集とそれに関連する検出プロセスを記述するうえで非常に節約的なやり方であることに注意してほしい．全種の出現と検出，検出されたか非検出であったかが，階層モデル内のたった五つの構造的パラメータ，（群集サイズの役割を果たす）超個体群包括確率 Ω と二つの正規平均値 μ_a と μ_b とその分散 σ_α^2 と σ_β^2 によって記述されているのである．さらなる詳細と結果は，Kéry and Royle（2008a）を参照されたい．この研究の成果の一つは，Dorazio-Royle の群集モデルの非常に大きな長所がその空間的統合性にこそある，ということを指摘した点である．Burnham のジャックナイフ推定量のサイト全体での適用に比べて，（それらの SE の大きさという観点から）統合モデルははるかに精度の高い推定値をもたらし，加えて，統合モデルは，不合理な推定値をもたらすことがはるかに少ない．

　このモデルは通常のランダム効果を含んだ GLM と同様，必要でかつ十分なデータがある場合には，いくつかの構成部分を組み合わせることで拡張できる．たとえば，ψ_i と p_i の間には相関がありそうである（説明と例は Dorazio et al. 2006 参照）．この相関は，これらのパラメータをロジット変換したものに 2 変量正規分布を仮定することで容易に組み入れることができる（Kéry and Royle 2009 参照）．さらに，ランダム効果であれ固定効果であれ，占有または検出の線形予測子にさらなる効果を含むように拡張できる．固定効果は，出現に対する生息地の効果やシーズンや時刻などが与える検出への効果を含めることができる．解析例は，Kéry and Royle（2009）や Kéry et al.（2008）を参照されたい．重要なことに，機会によって変化する共変量を含んだ場合，観測データはもともとのフォーマット［訳注：調査機会数に対する観測された機会数という形でまとめるのではなく，それぞれの調査機会ごとに観測・非観測を記録したフォーマットを指す］でモデリングしなければならない．すなわ

278

ち，X_{ijk} として三次元データをモデリングし，先に見たように，観測プロセス
は標本サイズが 1 より大きい二項分布ではなくベルヌーイ分布によって記述さ
れる必要があるだろう（WinBUGS のコード例は Kéry and Royle 2009 参照）．
さらに，占有に対するランダム効果も含めることができ，何らかの距離に関連
する相関関数を組み込むことで，空間的自己相関を組み込んだモデルにするこ
ともできる．そうすれば，メタ群集に適用できる地理統計学的複数種サイト占
有モデルにできる．階層モデルの重要な長所の一つは，こうした拡張が概念的
容易であり，いくつかの構成部分を組み合わせることでモデルを拡張できると
いう点にある（Royle and Dorazio 2008）．これらのモデルのいくつかを当ては
めるための R と WinBUGS のコード例は，Dorazio et al.（2006），Kéry and
Royle（2009），Royle and Dorazio（2008）および Zipkin et al.（2009）にある．

　メタ群集をモデリングするうえでしばしば関心対象となるのは，主たる群集
パラメータである N である．生物地理学の多くは，種数の広域スケールでの
変化を説明しようとする．では，複数種サイト占有モデルの枠組みにおいて，
生息地の記述子のような共変量と N との関係は，どのようにモデル化したら
よいだろうか？　これは扱いにくい問題である．というのも N は，主要なパ
ラメータではなく，すべての種の Z_i の合計として計算されるにすぎない値だ
からだ．自明な事後的な代替法は，それぞれの調査サイトに対して N を推定
し，その後の解析で，これらの推定量を共変量の関数としてモデリングすると
いうものである．しかし，推定値の分散共分散を適切に考慮しながらこれを行
うことは非常に難しく，通常，第一の解析の推定値の不確実性を無視した形で
行われる．もう一つのより統合されたアプローチは，空間時間で種のカウント
値を反復することで，階層 N 混合モデル（Royle 2004）を，個体群の推定，あ
るいはここでは群集サイズの推定に適用することである．このアプローチは，
さまざまな場所からえた情報を統一的に扱うが，種の同一性は保持しない．こ
のため，複数種サイト占有モデルよりもわずかに効率は劣るだろう．

　このように，複数種サイト占有モデルのもとで種数を直接的にモデリングす
ることは直感的なものではない．おそらく重要なのは次のことである．すなわ
ち，動物のメタ群集の表現としての有機的なモデル構築とそのための観測は，
種数の観測パターンを生み出す実際のプロセス，すなわち共変量との関係を含
めた，各動物種の占有確率によって支配されたベルヌーイ・ランダム過程につ
いて十分に考えることになるという点である．種数と，たとえば生息地共変量

の間に何らかの関連が観測された場合，それは占有確率 ψ_i とその共変量の間の種固有な関係性がまさに集まって生じたものである．おそらくこれこそが，より機構論的な形で考えるようにさせるという階層モデルの大きなヒューリスティクスな利点の好例の一つである．

カメラトラップは，通常中大型食肉目の研究に用いられており，生物多様性がかなり高い地域においても食肉目群集に多くの種が含まれることはまれである．どのような場合でも，群集サイズ N は未知であり複数種サイト占有モデルによって推定することができる．このモデリング・枠組みを用いることの利点として大きいのは，互いに「説得力の借用」をしているという事実においてである．非常に疎なデータでの推定は，この方法によって大幅に改良できることがある（Nichols et al. 2008 and Zipkin et al. 2009 参照）

12.3.2　動的メタ群集

表 12.1 に記された分類スキームにおける最後の推論状況は，動物群集における時空間的な変動をモデリングするというものである．これらの方法論のいくつかは，ごく最近発展したものであり，この分野の現時点での発展はこれまでのものよりも不十分である．ここで二つのアプローチについて言及することにする．ロバストデザインデータに対する事後的な二段階解析および動的複数種占有モデルである．

第一に，種数のような静的群集パラメータや，生存率，繁殖率や回転率のような動的パラメータは，これまでに記述してきたいずれかの方法によってサイトそれぞれで推定することができる．出てきた推定値を 2 番目の解析に挿入し，それぞれの単一の群集を規定する空間あるいは他の共変量の関数としてモデリングできる．先に言及した欠点があるにもかかわらず，この方法は，生物学者がアクセスできるほとんど唯一のアプローチであるように見える．

第二に，前節で扱った複数種サイト占有モデルは現在では動的ケースに拡張されつつある．メタ群集動態をモデリングするのには，少なくとも二つの方法がある．時間共変量およびマルコフ過程，もしくは時間依存モデルである（Royle and Dorazio 2008, 12.4. 参照）．両ケースともロバストデザインデータを必要とする．すなわち，複数シーズンそれぞれの中で群集が閉鎖している期間内に観測が少なくとも 2 回以上反復されていなければならない．

メタ群集動態をモデリングするための単純で「安上りな」方法は，種の出現

についての情報を与える時間共変量を用いることである．私たちは，スイスの
蝶類のメタ個体群解析を行うためにこのアプローチを採用した．調査はシーズ
ン全体（4月から9月，Kéry et al. 2009）にわたって13サイトで行われた．
一次サンプリング機会は4〜7回，そこにネストされた二次サンプリング機会
は2回である．季節性のある環境に棲む他の多くの動物や植物のように，蝶類
にも単純な時間関数で近似できるかなり明確な飛翔期間がある．シーズン全体
で動的メタ群集における各種の出現をモデリングするために，全一次サンプリ
ング機会の観測に対して複数種サイト占有モデルを当てはめ，種固有の2次関
数によって各種各シーズンの種の出現とシーズン（4月1日からの経過日数と
して表現）の関係を見た．これにより，全蝶類群集サイズの推定値とそれぞれ
の群集にシーズン全体で出現した種の数の推定値をえることが可能になった．
さらに，それぞれの種の検出確率の推定値とそれぞれの種に対して検出補正さ
れたフェノロジー曲線をえることができた．出現が時間と非常に強く相関する
ということは，季節性の強い環境に棲む多くの種で普通にみられることであり，
このモデリングの枠組みは，多くの状況で役に立つことが期待できる．これら
のモデルをWinBUGS上で走らせるためのコードは，Kéry et al.（2009）が提
供している．もちろん，生物学上の問いと利用できるデータ量に応じて，モデ
ルを拡張してもよい．たとえば出現や検出に関して追加的な共変量を導入した
り，ランダム効果や相関ランダム効果をモデルに加えたりすることもできる．
　時間共変量モデルは，メタ群集における時間変化を機構論的な形で明示的に
モデリングするわけではない．すなわち，新しい種の出現（移入や新規加入）
や消失（絶滅）の関数としてモデリングするわけではない．しかし，それ自体
は可能であり，動的メタ群集の記述方法としてもっとも一般的なのは，
MacKenzie et al.（2003）によって記述された動的単一種サイト占有モデルの
複数種版への拡張である．これについては，Royle and Kéry（2007）が
WinBUGSで実行できる階層モデルを記述している．繰り返しになるが，種固
有のパラメータは，ランダム効果の仮定を用いて同時に収集することができ
る．すなわち，群集の観測された部分から観測されなかった部分へと外挿する
のである．このタイプのモデルは，先に述べた蝶類の季節的メタ群集用に最近
記述されたものであり，WinBUGSを用いて実行することができる（Dorazio
et al. 2010；Russell et al. 2009も参照）．
　これで，不完全検出がある場合における群集もしくはメタ群集に対する推論

方法の概観を終える．ダイナミックなメタ群集に対してはとくに，多くの進展が近い将来起こると予想される．

12.4　デザインの検討

　この章で記述した方法で解析することができるデータをえるためには，数多くの点を考慮する必要があり，そのいくつかは非常に汎用性の高いものである．モニタリングを適切に行うためには，Yoccoz et al.（2001）が示した次の二つの点に十分に注意することを最初に強くお勧めする．これは野生個体群や群集のいかなる研究にも同様に当てはまる．第一に十分な空間スケールで標本をえること，第二に検出確率を考慮することである．

　前者に関していえば，サイトの選択を確率論的に行わないかぎり，統計学的な意味をもつ「個体群」に対する定式的な推論を確率の法則に基づいて行うことはできない（Thompson 2002；Thompson 2004；Kéry and Schmidt 2008）．残念ながら，ほとんどの生態学的な野外調査やモニタリング・プログラムでは，ランダムサンプリングあるいはその他の確率論的な空間サンプリングが行われていない．この章で述べたような推定枠組みを適用するためには，後者（検出）に関してもこの問題を十分考慮する必要がある．

　以下では，モデルを正しく利用するために必要な点を簡単に議論する．ここで記述するいくつかのモデルは，サイト占有モデルに基づいており，MacKenzie and Royle（2005）や Bailey et al.（2007）と非常に深い関連性がある．後者の論文は，占有研究のデザインに関する問題を考えるうえで役に立つGENPRES というソフトについても述べている．

　ここで記述したモデルのほとんどは，ある時点における群集の閉鎖性を仮定しており，群集の繰り返しの観測によって，観測プロセスにおける偽陰性，すなわち検出確率をモデル化するのに必要な情報をえるものである．ロバストデザインのもとでは，二次サンプリングの時間間隔を小さくすることで閉鎖性は担保できる．たとえば，繁殖シーズン（4月中旬から7月中旬）全体で繰り返し鳥類群集を調査する場合，最初の一度目か二度目の反復訪問では，遅れてやってくる渡り鳥はまだ調査地にはいなかったかもしれない．それゆえ，結果として生じた0は検出プロセスに関する情報を含んでおらず，構造的な0であったのかもしれない．この問題を扱うもっとも容易な方法は，関連する観測を単純に消してしまうか（ただしその種に関してのみ），それと同じことだが

282

欠損値として扱ってしまうことである（Kéry and Royle 2009）．サイト占有モデルのような現代的な推定枠組みのもとではこうしたことも可能であるが，均衡のとれたデータが必要なジャックナイフ統計量では不可能である．もう一つの方法は，動的メタ群集の節で述べた蝶類についての研究と同様に，これらの種の季節的な利用可能性をモデリングすることである（Kéry et al. 2009）．

Rota et al.（2009）は，占有モデルに用いられている閉鎖性を仮説検定するための定式的な方法を開発し，閉鎖性に反した場合の検出力を，標本サイズ，絶滅率および移入率の関数として解析的に計算する方法を示した．彼らは，標準的なサンプリングプロトコルと，種が最初に検出された時点でサンプリングを終了するという「除去法」のプロトコル，それら両方についての結果を示した．

個体によって検出確率が異なる場合，個体群の推定は難しくなるが（Link 2003），不均質性は生物界の法則でもある．種による検出の不均質性を減少させるのも一つのやり方で，よりロバストな推論をすることが可能になる．こうした対処は，研究デザインを決める段階で標準化するか，種間での違いを「うまく説明」することができる何らかの共変量を利用することによって達成できる．同様に，Link（2003）が記述した不均質モデル間での推定の食い違いは，検出確率が高い場合には小さくなるので，高い調査努力を払うことにはそれだけの価値がある．

本章で述べてきた CR モデルはすべて，観測プロセスが偽陰性のみを含むことを仮定している．当然，どんな場合でもこの仮定に反してしまうことがある．ほとんどの状況では，偽陽性である同定ミスが生じ，種が本当はそこにはいないのに検出されるということが起こってしまう．サイト占有における偽陽性については，Royle and Link（2006）が扱っている．この研究では，偽陽性が低い確率で起こった場合でも，データを汚染してしまい占有推定値に大きなバイアスを与えてしまうという結果がえられたので，この問題は重要な懸念事項ということになる．直感的に明らかなように，このバイアスは観測数が増加するにしたがって大きくなる．CR モデルにどう偽陽性（誤同定）を組み込むのかは現在活発な研究がされている分野であるが，やはり困難である．現在のところ，たとえば十分にトレーニングされた人員を使うことで偽陽性を可能なかぎり取り除く努力をすることが重要だろう．そしてもっとも重要なことであるが，疑わしい記録はすべて捨ててしまうのも非常に有効である．これによって偽陰性の数が増加し検出確率が低下してしまうが，これは当然モデルでうま

く扱うことができる．疑わしいケースを捨てることで，モデルでは十分満足いくやり方で，今のところ扱うことが難しい偽陽性データを取り除くことができるだろう．

CR は，検出確率のおもな特徴をモデル内に表現することで構成されている．一般に，構造が複雑であればあるほど，それだけ数多くの観測プロセスを記すパラメータを必要とし，群集に対する推論の精確性を損ねてしまう．それゆえ，可能なかぎり多くの検出への効果を除いた方が有利である．たとえば，もし可能ならば，真に独立な観測反復のような適切なデザインを用いて行動の影響は避けるようにするべきだろう．モデルに行動の影響を加えると，技術的にそうしたことが可能であったとしても，通常大幅にパラメータの推定の不確実性を大きくしてしまう．同様に，調査ごとの検出のバリエーションを減らすことも有効である．

標本サイズに関してはいくつかの選択がなされなければならない．たとえば，サイト（群集）の数，種数（群集の一部が研究される場合），そして，（閉鎖性が仮定できる）シーズン内での時間反復の回数などである．占有推定を行う場合は，プログラム PRESENCE や GENPRES のシミュレーション機能を用いれば，これらの問題のいくつかについては有用な情報をえることができる．一般に，必要なレベルの精度で推定を行うために必要な標本サイズを決定したり，モデルの仮定に反したときの効果を測定したりするうえでシミュレーションはもっとも有効なツールである．

群集に対して推定の枠組みを適用する場合には，検出確率の種固有の不均質性を考慮することの重要性をここでは強調してきた．通常，たとええられたとしてもごく少数の時間反復しか行われない．たとえば2回や3回の反復でしかなく，これで検出確率の種ごとの不均質性をモデル化するのに十分かどうかは，慎重に問うた方がよい．Otis et al. (1978) は，例え単一効果モデルであってもモデルを当てはめて，それらを比較するためには少なくとも5回の反復を行うことを推奨している．標本サイズが最低どれくらい必要かについての研究は歓迎すべきものである．しかし，統合モデルは，この点でそれに見合った価値がありそうである．ここでいう統合とは，Dorazio and Royle (2005) のモデルのように，数多くの類似した時間空間反復データを結合して解析すること，すなわち，（静的ケースでは）複数の場所の検出情報や（蝶類の研究のような動的ケースでは）一次サンプリング機会の情報を結合することを意味する．

実際利用するうえでは，モデルの仮定が可能なかぎり満たされるようにする
だけではなく，ある最大のコストに対し一定の精度を達成するようなデザイン
が用いられるべきである．たとえば，あるサイトでの時間反復の回数を減らす
うえでは除去法のプロトコルが有用である．最適デザインを達成するには多く
の課題があり，MacKenzie や Royle や Bailey らの先述の論文とそこで述べら
れている注意事項とソフトはとくに参考になる．同様に，連続サンプリングデ
ザインの重要性についての Dorazio et al.（2006）による考察も役に立つ．群集
研究におけるサンプリングデザインは，将来大きな進展があると予想されるも
う一つの分野であり，理論的な研究やさまざまなデザインの元で実際に行われ
た研究結果の比較がなされるであろう．

謝辞
本章に有益なコメントをくれた Jim Nichols, Bob Dorazio, Andy Royle, Allan O'Connell,
Elise Zipkin に感謝する．

引用文献
Alpizar-Jara, R., J. D. Nichols, J. E. Hines, J. R. Sauer, K. H. Pollock, and C. S. Rosenberry. 2004.
The relationship between species detection probability and local extinction probability.
Oecologia 141:652-660
Bailey, L. L., J. E. Hines, J. D. Nichols, and D. I. MacKenzie. 2007. Sampling design trade-offs in
occupancy studies with imperfect detection: examples and software. Ecological Applica-
tions 17:281-290
Boulinier, T., J. D. Nichols, J. R. Sauer, J. E. Hines, and K. P. Pollock. 1998a. Estimating species
richness: the importance of heterogeneity in species detectability. Ecology 79:1018-1028
Boulinier, T., J. D. Nichols, J. E. Hines, J. R. Sauer, C. H. Flather, and K. P. Pollock. 1998b. Higher
temporal variability of forest breeding bird communities in fragmented landscapes. Pro-
ceedings of National Academy of Sciences USA 95:7497-7501
Boulinier, T., J. D. Nichols, J. E. Hines, J. R. Sauer, C. H. Flather, and K. P. Pollock. 2001. Forest
fragmentation and forest bird dynamics: inference at regional scales. Ecology 82:1159-1169
Bunge, J. and M. Fitzpatrick. 1993. Estimating the number of species: a review. Journal of the
American Statistical Association 88:364-373
Burnham, K. P. and D. R. Anderson. 2002. Model selection and multimodel inference: a practi-
cal information theoretic approach, Second edition. Springer, New York
Burnham, K. P. and W. S. Overton. 1979. Robust estimation of population size when capture
probabilities vary among animals. Ecology 60:927-936
Cam, E., J. D. Nichols, J. R. Sauer, and J. E. Hines. 2002a. On the estimation of species richness
based on the accumulation of previously unrecorded species. Ecography 25:102-108
Cam, E., J. D. Nichols, J. E. Hines, J. R. Sauer, R. Alpizar-Jara, and C. H. Flather. 2002b.
Disentangling sampling and ecological explanations underlying species-area relationships.
Ecology 83:1118-1130
Chao, A. 1987. Estimating the population size for capture-recapture data with unequal
catchability. Biometrics 43:783-791

Chao, A. 2005. Species estimation and applications. Pages 7907-7916 *in* N. Balakrishnan, C.B. Read, and B. Vidakovic, editors. Encyclopedia of statistical sciences, Vol. 12, Second edition. Wiley, New York

Chao, A. and S.-M. Lee. 1992. Estimating the number of classes via sample coverage. Journal of the American Statistical Association 87:210-217

Chao, A., R. L. Chazdon, R. K. Colwell, and T.-J. Shen. 2006. Abundance-based similarity indices and their estimation when there are unseen species in samples. Biometrics 62:361-371

Colwell, R. K. and J. A. Coddington. 1994. Estimating terrestrial biodiversity through extrapolation. Philosophical Transactions of the Royal Society B: Biological Sciences 345:101-118

Conn, P. B., A. D. Arthur, L. L. Bailey, and G. R. Singleton. 2006. Estimating the abundance of mouse populations of known size: promises and pitfalls of new methods. Ecological Applications 16:829-837

Coull, B. A. and A. Agresti. 1999. The use of mixed logit models to reflect heterogeneity in capture-recapture studies. Biometrics 55:294-301

Doherty, P. F., Jr., G. Sorci, J. A. Royle, J. E. Hines, J. D. Nichols, and T. Boulinier. 2003. Sexual selection affects local extinction and turnover in bird communities. Proceedings of National Academy of Sciences USA 100:5858-5862

Dorazio, R. M. and J. A. Royle. 2003. Mixture models for estimating the size of a closed population when capture rates vary among individuals. Biometrics 59:351-364

Dorazio, R. M. and J. A. Royle. 2005. Estimating size and composition of biological communities by modeling the occurrence of species. Journal of the American Statistical Association 100: 389-398

Dorazio, R. M., J. A. Royle, B. Söderström, and A. Glimskär. 2006. Estimating species richness and accumulation by modeling species occurrence and detectability. Ecology 87:842-854

Dorazio, R. M., M. Kéry, J. A. Royle, and M. Plattner. 2010. Models for inference in dynamic metacommunity systems. Ecology 91:2466-2475

Gelfand, A. E., A. M. Schmidt, S. Wu, J. A. Silander, Jr., A. Latimer, and A. G. Rebelo. 2005. Modelling species diversity through species level hierarchical modelling. Applied Statistics 54:1-20

Gotelli, N. J. and R. K. Colwell. 2001. Quantifying biodiversity: procedures and pitfalls in the measurement and comparison of species richness. Ecology Letters 4:379-391

Greenwood, R. J., A. B. Sargeant, and D. H. Johnson. 1985. Evaluation of mark-recapture for estimating striped skunk abundance. Journal of Wildlife Management 49:332-340

Hines, J. E., T. Boulinier, J. D. Nichols, J. R. Sauer, and K. P. Pollock. 1999. COMDYN: software to study the dynamics of animal communities using a capture-recapture approach. Bird Study 46(suppl.):S209-S217

Jiguet, F., O. Renault, and A. Petiau. 2005. Estimating species richness with capture-recapture models: choice of models when sampling in heterogeneous conditions. Bird Study 52:180-187

Karr, J. R. 1990. Biological integrity and the goal of environmental legislation: lessons for conservation biology. Conservation Biology 4:244-250

Kendall, W. L. 1999. Robustness of closed capture-recapture methods to violation of the closure assumption. Ecology 80:2517-2525

Kendall, W. L., and G. C. White. 2009. A cautionary note on substituting spatial subunits for repeated temporal sampling in studies of site occupancy. Journal of Applied Ecology 46: 1182-1188

Kéry, M. 2002. Inferring the absence of a species - A case study of snakes. Journal of Wildlife Management 66:330-338

Kéry, M. 2010. Introduction to WinBUGS for ecologists: a Bayesian approach to regression, ANOVA, mixed models and related analyses. Academic Press, Burlington, MA

Kéry, M. and M. Plattner. 2007. Species richness estimation and determinants of species detectability in butterfly monitoring programs. Ecological Entomology 32:53-61

Kéry, M. and J. A. Royle. 2008. Hierarchical Bayes estimation of species richness and occupancy in spatially replicated surveys. Journal of Applied Ecology 45:589-598

Kéry, M. and J. A. Royle. 2009. Inference about species richness and community structure using species-specific occupancy models in the national Swiss breeding bird survey MHB. Pages 639-656 *in* D. L. Thomson, E. G. Cooch, and M. J. Conroy, editors. Modeling demographic processes in marked populations, series: environmental and ecological statistics, Vol. 3. Springer, Berlin

Kéry, M. and H. Schmid. 2004. Monitoring programs need to take into account imperfect species detectability. Basic and Applied Ecology 5:65-73

Kéry, M. and H. Schmid. 2006. Estimating species richness. Calibrating a large avian monitoring program. Journal of Applied Ecology 43:101-110

Kéry, M. and B. R. Schmidt. 2008. Imperfect detection and its consequences for monitoring for conservation. Community Ecology 9:207-216

Kéry, M., J. A. Royle, and H. Schmid. 2008. Importance of sampling design and analysis in animal population studies: a comment on Sergio et al. Journal of Applied Ecology 45:981-986

Kéry, M., J. A. Royle, M. Plattner, and R. M. Dorazio. 2009. Species richness and occupancy estimation in communities subject to temporary emigration. Ecology 90:1279-1290

Lekve, K., T. Boulinier, N. C. Stenseth, J. Gjosaeter, J.-M. Fromentin, J. E. Hines, and J. D. Nichols. 2002. Spatio-temporal dynamics of species richness in coastal fish communities. Proceedings of the Royal Society B: Biological Sciences 269:1781-1789

Link, W. A. 1999. Modeling pattern in collections of parameters. Journal of Wildlife Management 63:1017-1027

Link, W. A. 2003. Nonidentifiability of population size from capture-recapture data with heterogeneous detection probabilities. Biometrics 59:1123-1130

Link, W. A. and R. J. Barker. 2010. Bayesian inference with ecological applications. Academic Press, London

MacKenzie, D. I. and J. A. Royle. 2005. Designing occupancy studies: general advice and allocating survey effort. Journal of Applied Ecology 42:1105-1114

MacKenzie, D. I., J. D. Nichols, G. B. Lachman, S. Droege, J. A. Royle, and C. A. Langtimm. 2002. Estimating site occupancy rates when detection probability rates are less than one. Ecology 83:2248-2255

MacKenzie, D. I., J. D. Nichols, J. E. Hines, M. G. Knutson, and A. B. Franklin. 2003. Estimating site occupancy, colonization, and local extinction when a species is detected imperfectly. Ecology 84:2200-2207

MacKenzie, D. I., J. D. Nichols, J. A. Royle, K. P. Pollock, L. L. Bailey, and J. E. Hines. 2006. Occupancy estimation and modeling: inferring patterns and dynamics of species occurrence. Academic, New York

Manning, T., W. D. Edge, and J. O. Wolf. 1995. Evaluating population-size estimators: an empirical approach. Journal of Mammalogy 76:1149-1158

Mao, C. X. and R. K. Colwell. 2005. Estimation of species richness: mixture models, the role of rare species, and inferential challenges. Ecology 86:1143-1153

McCoy, E. D. and K. L. Heck, Jr., 1987. Some observations on the use of taxonomic similarity in large-scale biogeography. Journal of Biogeography 14:79-87

Nichols, J. D. and Conroy, M. J. 1996. Estimation of species richness. Pages 226-234 *in* D. E. Wilson, F. R. Cole, J. D. Nichols, R. Rudran, and M. Foster, editors. Measuring and monitoring biological diversity. Standard methods for mammals. Smithsonian Institution Press, Washington, DC

Nichols, J. D., T. Boulinier, J. A. Hines, K. P. Pollock, and J. R. Sauer. 1998a. Estimating rates of local species extinction, colonization, and turnover in animal communities. Ecological Applications 8:1213-1225

Nichols, J. D., T. Boulinier, J. A. Hines, K. P. Pollock, and J. R. Sauer. 1998b. Inference methods for spatial variation in species richness and community composition when not all species are detected. Conservation Biology 12:1390-1398

Nichols, J. D., L. L. Bailey, A. F. O'Connell, Jr., N. W. Talancy, E. H. C. Grant, A. T. Gilbert, E. M. Annand, T. P. Husband, and J. E. Hines. 2008. Multi-scale occupancy estimation and modeling using multiple detection methods. Journal of Applied Ecology 45:1321-1329

Norris, J. L. and K. H. Pollock. 1996. Nonparametric MLE under two closed-capture models with heterogeneity. Biometrics 52:639-649

Otis, D. L., K. P. Burnham, G. C. White, and D. R. Anderson. 1978. Statistical inference from capture data on closed animal populations. Wildlife Monographs 62:1-135

Pielou, E. C. 1977. Mathematical ecology. Wiley, New York

Pledger, S. 2000. Unified maximum likelihood estimates for closed capture-recapture models using mixtures. Biometrics 56:434-442

Pledger, S. 2005. The performance of mixture models in heterogeneous closed population capture-recapture. Biometrics 61:868-876

Pollock, K. H. 1982. A capture-recapture sampling design robust to unequal catchability. Journal of Wildlife Management 46:752-757

Pollock, K. H., J. D. Nichols, T. R. Simon, G. L. Farnsowrth, L. L. Bailey, and J. R. Sauer. 2002. Large scale wildlife monitoring studies: statistical methods for design and analysis. Environmetrics 13:105-119

R Development Core Team. 2008. R: a language and environment for statistical computing. R Foundation for Statistical Computing, Vienna, Austria. ISBN 3-900051-07-0, URL: http://www.R-project.org

Rota, C. J., R. J. Fletcher Jr, R. M. Dorazio, and M. G. Betts. 2009. Occupancy estimation and the closure assumption. Journal of Applied Ecology 46:1173-1181

Royle, J. A. 2004. N-mixture models for estimating population size from spatially replicated counts. Biometrics 60:108-115

Royle, J. A. 2006. Site occupancy models with heterogeneous detection probabilities. Biometrics 62:97-102

Royle, J. A. 2009. Analysis of capture-recapture models with individual covariates using data augmentation. Biometrics 65:267-274

Royle, J. A. and R. M. Dorazio. 2008. Hierarchical modeling and inference in ecology. Academic, Amsterdam

Royle, J. A. and M. Kéry. 2007. A Bayesian state-space formulation of dynamic occupancy models. Ecology 88:1813-1823

Royle, J. A. and W. A. Link. 2006. Generalized occupancy models allowing false positive and false negative errors. Ecology 87:835-841

Royle, J. A. and J. D. Nichols. 2003. Estimating abundance from repeated presence-absence data or point counts. Ecology 84:777-790

Royle, J. A., R. M. Dorazio, and W. A. Link. 2007. Analysis of multinomial models with unknown index using data augmentation. Journal of Computational and Graphical Statistics 16:67-85

Russell, R. E., J. A. Royle, V. A. Saab, J. F. Lemkuhl, W. M. Block, and J. R. Sauer. 2009. Modeling the effects of environmental disturbance on wildlife communities: avian responses to prescribed fire treatments in a coniferous forest in Washington. Ecological Applications 19:1253-1263

Schmidt, B. R. 2005. Monitoring the distribution of pond-breeding amphibians when species are detected imperfectly. Aquatic Conservation: Marine and Freshwater Ecosystems 15: 681-692

Seber, G. A. F. 1982. The estimation of animal abundance and related parameters. Charles Griffin, London

Soberón, M. J. and B. J. Llorente. 1993. The use of species accumulation functions for the prediction of species richness. Conservation Biology 7:480-488

Spiegelhalter, D., A. Thomas, and N. G. Best. 2003. WinBUGS user manual, version 1.4. MCR Biostatistics Unit, Cambridge

Thompson, S. K. 2002. Sampling. Wiley, New York

Thompson, W. L. 2004. Sampling rare and elusive species. Island, Washington, DC

White, G. C. and K. B. Burnham. 1999. Program MARK: survival estimation from populations of marked animals. Bird Study 46 (suppl.): S120-S138

Williams, B. K., J. D. Nichols, and M. J. Conroy. 2002. Analysis and management of animal populations. Academic, San Diego, CA

Yoccoz, N. G., J. D. Nichols, and T. Boulinier. 2001. Monitoring of biological diversity in space and time. Trends in Ecology and Evolution 16:446-453

Zipkin, E. F., A. DeWan, and J. A. Royle. 2009. Impacts of forest fragmentation on species richness: a hierarchical approach to community modeling. Journal of Applied Ecology 46: 815-822

Cappter13　Estimation of Species Richness of Large Vertebrates Using Camera Traps : An Example from an Indonesian Rainforest
Timothy G. O'Brien, Margaret F. Kinnaird and Hariyo T. Wibisone

第13章

カメラトラップを用いた
大型脊椎動物の種数の推定
―インドネシアの熱帯雨林の事例―

13.1　はじめに

　ある地理ユニットに存在している生物種の数は，それが，地球全体のものか，生物地理区，国，あるいは国立公園のいずれのものであるかにかかわらず，生物多様性の管理と保全に密接な関わりをもつ．生物多様性を保全するための国家間，国内，あるいは地域レベルでの取り組みの多くは，生物多様性の保全を図るために，種の数を指標とした計測可能な目標達成に政策プログラム全体を捧げてきた（Danielsen et al. 2005）．生物多様性条約は，2010年目標として，生物多様性の損失速度を減少させることを掲げている．この目標の達成具合を評価するために提案されてきた指標の多くは，種数の変化を追跡しようとするものである（United Nations Environment Programme 2002）．政府は，対策の有効性を評価するためのモニタリングシステムやそのための指標がなければ，その進捗状況を適切に判断することはできない（Balmford et al. 2005）．種多様性（Species diversity）とは，通常，ある場所における種数，すなわち「Species richness」を指している（Schluter and Ricklefs 1993；Lande 1996）［訳注：Species richness は広義な意味をもちうるが，本書では種数と等価なものとして使われているので，以下「種数」とする］．種数は，生物多様性に対する野生生物管理対策の効果や人為的な攪乱の影響を評価する際の状態変数としてしばしば用いられる．しかし，生物多様性を理解し保全するうえでの

291

もっとも大きな障害の一つは，何種類の種が存在し，どれくらいの速度で種数が変化しているのかを明らかにするのが非常に困難だという点にある（Balmford et al. 2005；May 1988）．

　種多様性［訳注：この箇所も Species richness という語があてられているが，ここでは種数よりも広義の種多様性が論じられていると判断したため，この箇所のみ種多様性とした］は，空間スケールに応じて三つの要素に分解できる．地域レベルでの全多様性はγ多様性と呼ばれ，ある地域内のサイトレベルでの平均的な多様性，すなわちα多様性と，サイト間での種の回転率，すなわちβ多様性によって構成される．通常，β多様性は，α多様性とγ多様性から計算される．Whittaker（1972）は，尺度間の関係性を$\gamma=\alpha\beta$，すなわち乗法の関係性として定義した．Whittaker のアプローチでいくと，β多様性は無次元量である種の回転率を表すことになる．Lande（1996）は，Whittaker のβ多様性は，実際のところ多様性の指数であるというより，群集間の種構成の類似性の逆数にすぎないと考えた．Lande（1996）は，これらの尺度間の関係性を加法として，すなわち$\gamma=\alpha+\beta$と定義し，β多様性を種数の単位として表現した．β多様性は，さらに生息地の種類と種の生息幅（各種が占有している平均的な生息地数の逆数）の二つに分割される（Schluter and Ricklefs 1993）．

　理想的には，もしすべての種の個体数が既知であるなら，種数の分布，すなわち，その群集での各種の個体数の構成を見ることで，種数と均衡度（ある群集において，種数やバイオマスの分布がどの程度均衡のとれたものであるかを示す指数）に関する必要情報はすべて手に入れられるだろう．しかし，残念ながら，めったに完全な情報をもつことはなく，通常，いくつかの種をサンプリングすることができない．まれな例外を除いて，n個体をサンプリングした場合でも，多くの種は，たった１個体か２個体しか含まれない．当然のことながら，調査努力を増やせば，まれな種の新しい個体を検出する確率が上昇するだけでなく，それまで１個体も検出されなかった新しい種を発見する確率も上昇する．Mao and Colwell（2005）は，これを "Preston's demon"，もしくは，調査量によって動く検出と不検出の間の境界線と表現した（Preston 1948）．何種類が不検出だったのかを推定することは，種数とその動態の基礎にあるプロセスを理解するうえで大きな課題である（Nichols et al. 1998a, b）．

　種数の推定には，数多くのアプローチが存在する．種面積曲線や種数努力曲線を外挿したり，カウント数に基づく種数からパラメトリックモデルを構築

したり，分類群比を用いたり，あるいは，サンプリング結果に基づいて種数を
推定したりすることもできる（Bunge and Fitzpatrick 1993；Colwell and
Coddington 1994；Magurran 1988）．種数面積曲線や種数努力曲線の利用は，
二つの変数間の関係に基づいている．サンプル内の種数 S_n は当然，調査努力
n とともに増加し，その増加は，調査地の総種数 S_{max} を上限として続いてい
く．種数面積/努力曲線は，種数が累積されていくパターンに曲線を当てはめ，
その漸近線を推定することで，S_n と n の関係性を明らかにするものである．
Colwell and Coddington（1994）は，種数累積曲線に基づいて種数を計算する
漸近法および非漸近法についてレビューしている．彼らによれば，外挿の基本
的な問題は，同じデータを使っても異なる最大種数になってしまう（同じ調査
努力量 n であっても種数の推定値 S が異なる）点であると指摘している．適
切な曲線は，種の累積率によって変わってくるが，その累積率は，種数の分布
や動物の検出確率の違いを生むさまざまな要因（異なる種の個体は同じように
は検出されなさそうである）によって影響される．このため，どんな累積パ
ターンであっても適切に推定できる単一のモデルというのは存在しない．どの
方法を使うかによって結果が変わること，どの方法を選択するかは主観による
しかないことから，これは大きな問題である．

Cam et al.（2002a）は，種累積データを利用する種数についてのノンパラメ
トリック推定量を提案した．彼らは，最初の検出後に検出確率が変化する捕獲
除去モデルを用いて，種数の推定と個体数の推定を同時に行うことに成功した
（M_b モデル，Otis et al. 1978）．除去モデルは，種の累積データに対して利用
するのに適したものである．というのも，最初の検出後に個体群からその種が
取り除かれるので，唯一の統計量は，それぞれの調査期間で新しく発見された
種の数だけだからである．Cam et al.（2002a）は，Otis et al.（1978）のモデル
M_{bh} を推奨している．このモデルでは，それぞれの種の検出確率が異なるこ
とが想定されている．彼らは，種の累積データに対しては，Pollock and Otto
（1983）のジャックナイフ推定量がもっとも適切であると言っている．このア
プローチが優れているのは，種数の根底にある分布に大きな仮定を置いておら
ず，曲線を当てはめることで推定するのではなく，サンプリングのプロセスに
基づいて推定しているという点である．

Colwell and Coddington（1994）は，カウントデータに基づいて種数を推定
する場合の種数分布の効用についてもレビューしている．これらのモデルに

は，古典的な対数正規分布（Preston 1948）と対数級数分布（Williams 1964）が含まれている．これらの分布に基づくアプローチは，通常，個体数が既知であることを前提にしている．これらの方法のおもな問題は，この本のいくつかの章で扱われたカウントデータを用いる際に普遍的につきまとう問題と関係している．真の個体数は未知であり，カウント数は，すべての種に対して必ずしも真の個体数と比例的な関係にあるわけではない．カウント数は，種によって異なる方向にバイアスがかかっており，これをそのまま用いれば，種数の推定値が思いもよらぬ方向に偏ってしまいかねない．これに加えて，パラメトリックモデルに関しては，個体数をいくつかのカテゴリーに分ける場合，この間隔の大きさをどのように設定するかによって最終的な結果に影響が出てしまう．しかし，この設定は主観的なものにすぎない．対数正規分布は，1個体のみがサンプリングされるような珍しい種がどれくらいいたかによって大きく影響される．最後に，対数正規分布を用いて種数を推定した場合，その推定値の信頼度の尺度が存在しない．また，対数級数分布モデルは，種の数に理論的な制限がない．しかし，調査努力や個体数の情報があるならば，対数級数分布モデルを当てはめることで，まっとうな種数の推定値がえられる場合もある．それでもやはり，対数級数モデルの推定値は，調査努力と相対的な個体数によって影響されるため，バイアスの程度が未知なこともあり，総種数 S_{max} の推定値をどのように解釈してよいのかわからないことも多い．加えて，種のカウントデータを適切に解釈するためには，検出確率の推定が不可欠である．

　Good（1953）は，種の頻度を特定の分布にあてはめる代わりに，確率モデルを用いることで，ある標本の種数を推定することを最初に提案した（たとえば，Chambers and Yule 1942；Corbett et al. 1943；Preston 1948）．Burnham and Overton（1979）は，種固有の検出確率の不均質性を種数の推定に組み込んだモデルの利用を提案した．Burnham and Overton（1978, 1979）は，検出不均質モデルに用いることができるさまざまなジャックナイフ推定量を提示しているが，これらの推定量は，閉鎖個体群の個体数推定において，個体間で捕獲率に不均質性がある場合に用いられる M_h 推定量と同じものである（Otis et al. 1978；Williams et al. 2002）．たとえば，種数 $\hat{S}$ は，第一ジャックナイフによって推定することができる．

$$\hat{S} = S_{obs} + (t-1)f_1/t \qquad (13.1)$$

　ここで，S_{obs} は，t 個の標本で観測された種の総数であり，f_1 は一つの標本

でのみ発見された種の数である．種数を推定するためのジャックナイフ推定量の一般形は，

$$\hat{S}_l = S_{obs} + \sum_{i=1}^{l} \alpha_{il} f_i \qquad (13.2)$$

であり，α_{il} は，l 番目のジャックナイフ推定量に該当する定数である（Burnham and Overton 1978, 1979）．f_i は l 個の標本のうちの i 個の標本でのみ発見された種の数である．それゆえ，f_1 は一つの標本においてのみ観測された種の数であり，f_2 は二つの標本のみで観測された種の数，以下同様である．これとは異なる推定量が Chao et al.（1992）によって提案されている．各種の検出確率が調査期間をつうじて同じであるという仮定を弱めてくれるものであり，Otis et al.（1978）による M_{th} モデルに相当する．Nichols and Pollock（1983）と Nichols et al.（1986）は，化石記録に Burnham and Overton（1978）のモデルを適用し，分類学的多様性（taxonomic diversity）と絶滅率を推定した．Boulinier et al.（1998）と Nichols et al.（1998a, b）は，これらの発想を発展させ，種数の時空間モデルを開発した．これらのモデルを使えば，群集動態において重要な統計量である絶滅率，移入率，回転率を推定することができる．これらのモデルは，Pollock（1982）のロバストデザインを用いて，推定過程に種の検出確率を組み込んでいる（O'Brien らによる 6 章および Kery らによる 12 章参照）．プログラム COMDYN（Hines et al. 1999）は，ロバストデザインの枠組みを用いて，種数と関連する動態パラメータを推定することを目的に開発された．

　種数は，検出・不検出データから推定することができる．最近発展しているのは，あるサイトや複数のサイトにおける種数を推定できる占有モデルの利用である（MacKenzie et al. 2006）．サイトあるいは地域に出現する可能性がある種のリストがある場合，占有モデルはサイトレベルでの種数を推定するのにとくに有用である．ある特定のサイトの種数は，局所的な環境条件（すなわち生息地）と，その場所に出現する可能性のある種をすべて含んだ地域種プール（種リスト）によって決まる．Cam et al.（2000, 2002b）は，相対種数 $\hat{\varphi}$ を，ある地域の種プールの種数（γ 多様性）に対するある単一のサイトの種数（α 多様性）の比，すなわち，あるサイトの全種数に対する割合を相対種数と呼んでいる．Cam et al.（2000）は，「相対種数」の推定値 $\hat{\varphi}$ を，一つの指数として扱っている．好ましい条件のサイトは，低質化したサイトよりも大きな $\hat{\varphi}$ をもつはずである．また，$\hat{\varphi}$ は，ある場所での種数の時間変化の指数としても使

うことができるかもしれない．Cam et al.（2000）の推定量は，Burnham and Overton（1979）によるノンパラメトリック推定量に基づくものであり，種固有の共変量とは関係しない発見率の不均質性を扱うために開発された．

　地域種プールが既知の場合，それぞれの種が，占有モデルの文脈での「サイト」としての役割を果たす．（たとえば単一のサイトで）繰り返しの調査を行い，地域プールのそれぞれの種に対して検出履歴が記録される．検出履歴行列は，しばしば，一度も発見されなかった地域プール内の種を含むことになる．そして，種の占有確率 $\hat{\varphi}$ は，そのサイト内に地域プールのメンバーが存在している確率として解釈される．これは，Cam et al.（2000）の $\hat{\varphi}$ と同じものである．占有モデリングを使えば，種数の時間変化を追跡することが可能になり，発見率，絶滅率や移入率に影響を与える共変量をモデリングすることもできる（MacKenzie et al. 2003, 2006）．共変量の利用は，Cam et al.（2000）の CR モデルでは不可能である．というのも，このモデルでは，発見されなかった種は推定に用いられておらず，共変量の情報をそれらの種に用いることができないからだ．

13.2　カメラトラップと種リスト

　生態学者や保全生物学者は，生物多様性の全体よりもその一部に関心があることが多い．しかし，生物多様性の一部についての研究であったとしても，それはかなり複雑である．地上性の脊椎動物のみを対象に種数を記録しようとする場合でも，それぞれの分類群に対して適切と考えられるさまざまなサンプリング方法を利用しなければならない．たとえば，樹上性動物用のライントランセクト法，げっ歯類を対象にした地上および樹上トラッピング，鳥類用のポイントカウント，両生類や爬虫類を捕まえるためのドリフトフェンス［訳注：動物の行動を制約するフェンスのこと．フェンス沿いの所々に落とし穴を設置することで捕獲効率を上げることができる］，コウモリ用のハープトラップ［訳注：楽器のハープに類似した構造をもつ捕獲器のこと．2 m 程度の金属製の枠の中にナイロン製の糸が上下方向に多数張られており，飛翔中のコウモリが糸に接触すると失速・落下し下部の袋に入るという仕組み］，鳥類やカエル，コウモリ用の音声記録，足跡や痕跡のカウント調査，そしてカメラトラップ調査などがある．カメラトラップ調査は，中型サイズから大型で，地上性から半地上性の哺乳類や大型の地上性鳥類にとくに適した方法である．これらの鳥類や

哺乳類は，あるサイトや地域における種数全体の比較的小さな部分にすぎないが，脊椎動物の中でとくに絶滅が危惧される種を多く含んでいる．

カメラトラップ調査は，地上性の哺乳類や鳥類を調査するうえで他の方法よりもいくつかの点でとくに有利である．写真撮影は野生生物に対して害を与えないという意味でカメラトラップ調査は非侵襲的である．カメラトラップは人がいなくても稼働するので，観測者によるバイアス，すなわち動物の人に対する反応がない．これらは，ライントランセクト調査やポイントカウント調査では注意しなければならない要素である．カメラのフラッシュをたく場合は，夜行性動物の行動に影響を与える可能性はあるが，動物が撮影されることに反応して移動や行動を変えることがはっきり示されたことはほとんどない．カメラは，遠隔地で長時間稼働する．このことが調査ツールとしてとくに有効なものにしている．カメラは一日24時間稼働するので，昼夜を問わずに利用できる．最後に，カメラトラップは，検出した種，日付，時刻について確実な情報をもたらしてくれる．

表13.1 （コウモリと小型げっ歯類を除いた）カメラトラップとトランセクト調査による哺乳類調査結果とそれ以前の刊行物の記録を集めた種のリスト．地域種プールは，出現が予想される中大型哺乳類であり，相対S_{obs}は，地域種プールに対するカメラトラップ調査とトランセクト調査によって観測された種の割合．ここでは検出確率の補正はしていない

	Pantanal	アマゾン	タイ[a,b]	インドネシア[b]	タンザニア[b]
カメラトラップ	16	13	30	39	25
トランセクト	26	23	31	19	41
旧リスト	–	31	57	22	45
地域種プール	43	50	60	55	55
相対S_{obs}（カメラ）	0.37	0.26	0.5	0.71	0.46
相対S_{obs}（トランセクト）	0.6	0.46	0.52	0.34	0.91
情報ソース	Trolle (2003a)	Trolle (2003b)	Lynam et al. (2006)	O'Brien et al. （未発表データ）	Foley et al.（未発表データ），J Kingdon（私信）

[a] カメラトラップの調査回数が二度以上行われた場所
[b] トランセクト調査が二度以上を行われた場所

カメラトラップ調査は，ある特定の場所における種数の推定にとくに有効であるかもしれない．他の調査手法の適用が困難な場合はとくにそうである．カメラトラップによって新しい種が発見されたことはまだないが，一度は絶滅したと考えられていた種が再発見されたり，これまで記録されていなかった場所で哺乳類や鳥類が新しく記録されたりということは何度もあった．インドネシアのスマトラ島では，カメラトラップ調査によってオニヤイロチョウ（*Pitta caerulea*）が再発見された．また，Sunda Ground Cuckoo（M. Linkie，私信）やスマトラウサギ（*Nesolagus netscheri*）が二つの国立公園で再発見された．Lao PDR では，カメラトラップを用いたことで，Annamites Mountains striped rabbit（*Nesolagus timinsi*）やサオラ（*Pseudoryx nghetinhenis*）が生息していることが明らかにされた．アメリカでは，Zielinski et al.（2005）が，シエラネバタ山脈における森林棲食肉目の多様性が変化していることをカメラトラップによって明らかにしている．

　表 13.1 は，哺乳類を調査するうえでカメラトラップ調査が有効であることを示している．カメラトラップの調査努力が 1000 カメラ日を超えた場所では（たとえば，タイやインドネシア），カメラは，それらの地域に生息する種リストから生息が予想される全中大型哺乳類のうち 50％以上の生息を確認できている．Pantanal やアマゾンの調査結果が不十分なのは，サンプリング努力が足らなかったことが原因である（500 カメラ日より調査努力が小さい，Trolle 2003a）．それでも，これらの調査のすべてにおいて，他の調査技術では記録されていなかった種がカメラトラップによって発見されている．インドネシアの Bukit Barisan Selatan 国立公園では，カメラトラップを利用することで，オニヤイロチョウやスマトラウサギが発見されただけでなく，それまで記録されていなかったキジの仲間や，2 種目のヤイロチョウ，キノガーレ（*Cynogale bennetti*），その他のいくつかの新しいジャコウネコ類がいることが明らかになった．カメラトラップは，昼間は姿を見せない夜行性の地上性哺乳類や森林棲の動物に対してとくに有効である．カメラトラップは，より小型の地上性の種（すなわちネズミ）や，リスや中型の霊長類のような樹上性の種を発見するのには向かないが，これらの動物も，時にはカメラトラップで撮影されることもある．

　種リストは，あるサイトの潜在的な種数について多くの情報をもたらしてくれるが，同時に限界もある．地域種リストもしくは種の蓄積リストは，種数の

現時点での情報ではなく，それまでに記録されたことのある種の蓄積情報である．ある種がかつて存在していたからといって，現在その種が存在しているとは限らない．したがって，地域種リストは，潜在的な種数についての情報を与えるだけである．さらに，トランセクトやポイントカウント，カメラトラップ調査による調査結果に基づく種リストは，いわゆるカウントデータであり，種間で検出確率が異なることによるカウントデータがもつあらゆる制約を受けている．

13.3 種数の推定とモニタリング
：インドネシアの事例

　私たちは 1998 年に，インドネシア・スマトラ島の Bukit Barisan Selatan 国立公園（BBSNP：図 13.1）において，カメラトラップを用いた大規模研究プロジェクトをおこなった．この研究の目的は，トラとその被食者の個体数が時間とともにどう変化しているのかをモニタリングすること（O'Brien et al. 2003），スマトラトラ（*Panthera tigris sumatrae*），ゾウ（*Elephas maximus*），サイ（*Dicerorhinus sumatrensis*）が林縁の利用を回避していることを示すこと，野生生物に対する狩猟の影響を評価することであった（Wibisono 2006）．このカメラトラップ調査は，20 km^2（2 km×10 km）の大きさのある調査ブロック 10 個で行った．これらの調査ブロックは，150 km の長さがある国立公園の境界から公園内へと向かって 10〜15 km の間隔で設置した（図 13.1）．調査ブロックを 1 km^2 の方形区に分割し，それぞれの方形区内のランダムな UTM 座標にカメラを設置した．カメラは，フィルムがなくなるまで最大約 30 日間稼働させた．調査は，ブロックごとに順に調査を行い，すべてのブロックが終わるまで調査を続けた．国立公園全体での調査は，1998〜1999 年，2000〜2001 年，2002〜2003 年，2003〜2004 年および 2005〜2006 年に行われた（以下では，1 年目の年で呼ぶことにする）．

　この調査デザインには，生物多様性を広く調査するうえで有利ないくつかの特徴がある．第一に，トラップをランダムに配置することによって，特定の種を撮影するのに「最適な」場所を選択するということが避けられており，同時に複数の種を調査するのに適したものになっている．特定の種を狙っておくと，トラップの場所が主観的なものになり恣意的サンプリングになってしまう．空間的に離れたブロック内でクラスター化された調査を行っているので，

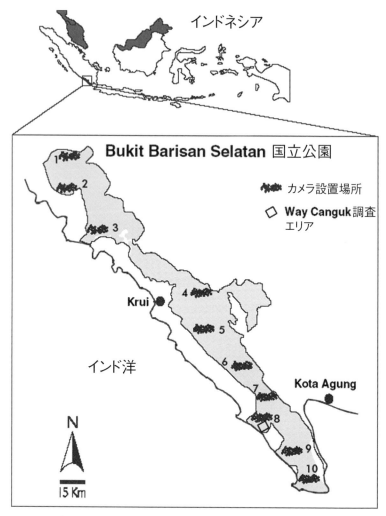

図 13.1 インドネシア・スマトラ島の Bukit Barisan Selatan 国立公園におけるカメラトラップ調査ブロックの場所.

多様性をいくつかの構成要素に分割できる．もし私たちが国立公園を一つの景観として扱おうとする場合，公園全体の γ 多様性を，調査ブロック内の α 多様性と調査ブロック間の β 多様性に分解することができる．しかし，最初の解析例では，スマトラの南半分を地域，Bukit Barisan Selatan 国立公園をサイトとして扱う．二次的なサンプリング単位が，5回の反復調査を行った10個

の調査ブロックである．私たちは，種数に関する三つの尺度を考える．調査期間中に実際に撮影された種の数に基づく種数の観測値，種数の検出補正値（M_h モデルによる：Burnham and Overton 1979；Nichols et al. 1998a, b），そして，もう一つの種数の検出補正値である相対種数（Carn et al. 2000）の三つである．

13.3.1　種数の観測値と推定値

種数の観測値と推定値をえるために，分析対象を中型から大型の地上性もしくは準地上性の哺乳類および大型地上性鳥類 4 種セキショクヤケイ（*Gallus gallus*），セイラン（*Argusianus argus*），Sumatran peacock-pheasant（*Polyplectron sumatranus*）およびクロウチワキジ（*Lophura inornata*）に絞ることにした．カメラを設置した高さを考えて，小型哺乳類と小型の地上性鳥類を確実にあるいは体系的に撮影することはなかったと想定した．それゆえ，地上性のリスとツパイ，ネズミと樹上性の霊長類はこの解析から外した．COMDYN（Nichols et al. 1998a, b；Hines et al. 1999）を用いて解析した．このソフトは，Pollock's（1982）のロバストデザインによるアプローチを組み入れて，時間的あるいは空間的に離れた 2 回の調査間での種数とその変化率，局所的な絶滅率（割合），回転率と移入種数を推定することができる．私たちは，Nichols et al.（1998a, b）に従って，期間（i, j）における局所的な絶滅率を定義した．すなわち，$j>i$ の場合，時間 i において群集に存在していた種が時間 j の時点では存在しなくなる確率である．回転率は，時間 j において群集からランダムに選ばれた種が，時間 i には存在しなかった確率である．移入した種の数は，時間 i においては存在せず，時間 i から j の間に群集に入り，かつ時間 j においてまだ存在している種の数のことである．

各年の調査結果は，次の調査年の結果と比較した．すなわち，1998 年の調査結果は 2000 年の調査結果と，2000 年は 2002 年の調査と，以下同様に比較した．データは以下のようにまとめた．10ヶ所の調査ブロックそれぞれにおいて，全カメラによって検出された種を調査年ごとにひとつにまとめた．調査ブロックは，一本の調査ルート上の複数の地点で止まりながら調査した場合の 1 地点に相当し（Nichols et al. 1998a, b），ロバストデザインにおける二番目の階層にあたる．種数とそれに関係する統計量は，2 セットの結果に依拠している．f_i（$i=1, 2, …, 10$）は，i 個の調査ブロックでのみ検出された種の数であ

表 13.2 1998 年から 2005 年までの Bukit Barisan Selatan 国立公園のカメラトラップ調査の検出履歴

種データ	検出種数	i 個（i＝1 から 10）のブロックにおいて検出された種数									
		f_1	f_2	f_3	f_4	f_5	f_6	f_7	f_8	f_9	f_{10}
1998 年に検出された種数	29	5	5	1	3	3	1	4	1	3	3
2000 年に検出された種数	27	2	8	2	0	1	2	2	4	3	3
2002 年に検出された種数	26	4	8	1	1	2	2	0	3	2	3
2003 年に検出された種数	28	6	2	5	4	1	2	3	2	1	2
2005 年に検出された種数	23	5	2	3	2	4	1	2	2	2	0
2000 年に検出された種のうち 1998 年にも検出された種数	25	3	3	1	3	3	1	4	1	3	3
1998 年に検出された種のうち 2000 年にも検出された種数	25	0	8	2	0	1	2	2	4	3	3
2002 年に検出された種のうち 2000 年にも検出された種数	24	1	7	1	0	1	2	2	4	3	3
2000 年に検出された種のうち 2002 年にも検出された種数	24	2	8	1	1	2	2	0	3	2	3
2003 年に検出された種のうち 2002 年にも検出された種数	25	4	7	1	1	2	2	0	3	2	3
2002 年に検出された種のうち 2003 年にも検出された種数	25	4	1	5	4	1	2	3	2	1	2
2005 年に検出された種のうち 2003 年にも検出された種数	23	3	2	3	4	1	2	3	2	1	2
2003 年に検出された種のうち 2005 年にも検出された種数	23	5	2	3	2	4	1	2	2	2	0

り，n_i は調査ブロック i において検出された種の数である．それぞれの調査年およびそれぞれの調査年で検出された種の部分集合に対して f_i と n_i を計算した．それぞれの年で検出された種の部分集合を構成するのは，最初の期間（年）で検出された種の部分集合に対する，2 度目の期間における f_i および n_i と，2 度目の期間（年）で検出された種の部分集合に対する，1 度目の期間における f_i および n_i である（Hines et al. 1999）．種数の時間変化に関する推定値は，1 年目に検出された種のうち 2 年目にも検出された種と，2 年目に検出された種のうち 1 年目にも検出されていた種の二つに基づくものである（表13.2）．

種数 λ_{ij} における変化率は，生物多様性をモニタリングするうえで有益な指

数である．この値は，時間 i と時間 j の種数の推定値の比として計算できる $(\hat{S}_j/\hat{S}_i)$．もし二つの期間で平均検出確率が等しいならば，λ_{ij} は，それぞれの期間に観測された種の数から直接計算することができる．観測された種数を用いた場合，λ_{ij} の分散は推定値を使った場合よりも小さくなり，$\bar{p}_i=\bar{p}_j$ の場合には，推定値のバイアスは比較的小さなものだろう．

COMDYN では，局所絶滅率は，時間 i において存在していた種が時間 j においてまだ存在している確率から計算される．もし $S_{obs,i}$ が時間 i において観測された種数であり，M_i^j が期間 i においてもまだ存在している種数であるならば，絶滅率（E）は以下のようにして推定される．

$$\hat{E}=1-\frac{\hat{M}_i^j}{S_{obs,j}} \tag{13.3}$$

絶滅種の割合は，1 から存続した種の割合を引いたものである．

回転率（T）は，絶滅率と同様の方法で，ただし時間順序を逆にして計算される．もし $S_{obs,j}$ が j において観測された種数であり，M_i^j が時間 i において存在している種の数の場合，回転率は，新しい種，すなわち期間 i において存在しなかった種の割合であり，以下のように表される．

$$\hat{T}=1-\frac{\hat{M}_i^j}{S_{obs,j}} \tag{13.4}$$

COMDYN ソフトは，時間 1 において存在していた種のうち時間 2 においても存在していた種の割合の推定値をパラメータ PHI として算出し，そこから $\hat{E}$ を計算するのに用いられる．同様に，COMDYN は，パラメータ GAMMA を出力する．これは，時間 2 において存在していた種が，時間 1 においても存在していた種の割合であり，そこから $\hat{T}$ を計算するために利用される．

私たちは，5 回の反復において全部で 32 種を確認した（観測された哺乳類 39 種のうち（げっ歯類と樹上性哺乳類は除く）28 種と 4 種の地上性鳥類）．$\hat{S}_i$ の五つの推定値の信頼区間はかなり重複していたが，観測種数も推定種数と同様，時間とともに減少傾向にあった（表 13.3；図 13.2）．S_{obs} は，2000 年の結果を除いてすべて $\hat{S}_i$ の 95% 信頼区間内にあり，平均検出確率が高い場合と一致している．$\hat{S}_i$ の標準偏差と信頼区間は，最後の 2 回のサンプリング結果において実質的に増大しており，これは，まれな種の割合が増加し普通種の割合が減少したことによるものである．平均的な検出確率が時間とともに変化することはなかった（$P>0.1$，表 13.3）．4 回の調査間での推定絶滅率は 0 から

13 章　カメラトラップを用いた大型脊椎動物の種数の推定　*303*

表13.3 Bukit Barisan Selatan 国立公園におけるソフトウェア COMDYN を用いたカメラトラップデータによる種数と群集動態に関する各種推定値。それぞれの反復に対して、観測種数 (S_{obs})、推定種数 ($\hat{S}$)、平均検出確率 ($\bar{p}$)、回転率 ($\hat{T}$)、移入種数 ($\hat{C}$)、絶滅率 ($\hat{E}$)、標準誤差 (SE) のブートストラップ推定値、95%信頼区間 (95% CI) のブートストラップ推定値を示した。絶滅率、回転率、移入種数は、t から t+1 までの期間について計算した

年	S_{obs}	$\hat{S}$	SE	95% CI ($\hat{S}$)	$\bar{p}$	SE	95% CI ($\hat{S}$)	$\hat{E}$	SE	$\hat{T}$	SE	$\hat{C}$	SE
1998	29	30.5	2.95	[29.0, 39.5]	0.951	0.070	[0.726, 1.00]	0.138	0.0069	0	0.056	5	2.52
2000	27	30.8	1.94	[27.0, 32.8]	0.876	0.059	[0.799, 1.00]	0	0.070	0.042	0.054	0	1.78
2002	26	26.7	1.22	[26.6, 30.5]	0.974	0.038	[0.848, 1.00]	0	0.012	0.084	0.062	5	12.83
2003	28	31.8	12.60	[28.0, 68.9]	0.880	0.188	[0.389, 1.00]	0.101	0.088	0	0.061	0	6.31
2005	23	25.2	8.88	[23.0, 54.7]	0.914	0.167	[0.410, 1.00]	–	–	–	–	–	–

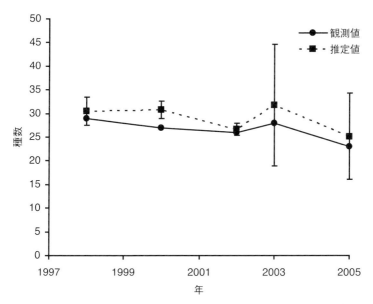

図 13.2 カメラトラップによる種数の観測値と推定値（エラーバーは標準誤差）.

0.138 になったが，回転率は 0 から 0.084 であった（表 13.3）.

　1998 年から 2000 年の間，推定絶滅率は回転率よりも大きく，移入種数は比較的小さかった（＜5 種）．2000 年から 2002 年の間，局所的な絶滅率および回転率は低く，移入してきた種の推定は 0 であった．2002 年から 2003 年の間では，回転率が急に上昇し，推定された移入種数は 5 種に達した．最後に，2003 年と 2005 年の間に局所絶滅率が上昇し回転率が下がった．この間に新しく移入してきた種はいなかった．BBSNP では，1998 年から年を追って種数の純減少が生じており，局所絶滅数は移入種数を上回っていると結論された．絶滅率と回転率は，調査機会の隔たりによっても影響されていた．この解析では，調査間隔は 2 年が三度，1 年が一度であった．理想的には，同じ間隔の推定値を比較するべきであり，そのためにすべて同じ時間間隔を反映した推定値をえるべきだった．

　これらのデータに関する問いの中でも重要なのは，種数の変化率である．推定値 $\bar{p}$ 間で有意な違いがないということは，観測種数から直接推定された $\hat{\lambda}_{ij}$ の方が，推定値よりも精確な推定になっていることを示す．図 13.3 に示したように，どの間隔においても，種数の変化率の観測値と推定値の間の違いが非

常に小さい．このことは，観測種数 $\hat{\lambda}_{ij}$ のバイアスは比較的小さいものだという
ことを示している．$\hat{\lambda}_{ij}$ の推定値の標準誤差と信頼区間は，最初の 2 間隔で
は，観測種数に基づくものと類似したものになっているが，最後の二つの期間
に関してははるかに大きくなっている．この場合では，どちらの比を利用して
も，全体の傾向にはほとんど影響しない．1998 年と 2005 年の間の観測値 λ_{ij}
および推定値 $\hat{\lambda}_{ij}$ の比の幾何平均を用いたところ，前者では 2.9% 後者では
2.4%，年平均で種数が減少していることが分かった．両推定値とも，BBSNP
における種数は時間とともに減少していることを示唆している．

13.3.2 相対種数

種数の推定やモニタリングを行うための二つ目の方法は，地域種プールのリ
ストを用いて，相対種数，すなわち，あるサイトに存在する種数の地域種数に
対する割合 φ を推定するというものである．φ の推定は，地域種プール
（Cam et al. 2000）もしくは占有解析によってえられた種数の M_h 推定量
（Boulinier et al. 1998）を用いて行われる．検出される確率が 0 の種は地域種
プールに含めるべきではない．しかし，あるサイトにその種が存在しないと確
実に分かっている場合や，自分たちのサンプリング方法が，その種が存在して
いたとしても検出する可能性はないということが明らかな場合を除いて，検出
確率が 0 であると断定することは実際にはしばしば困難である．ここで示す解
析例では，地域種プールを（小型げっ歯類を除いた）哺乳類に限定することに
する．一方で，生息地スペシャリストであるためにサンプリングされる可能性
は低いものの，それでも検出確率が 0 より大きいかもしれない動物は含めるこ
とにする．具体的には，クリームオオリス，テナガザル，ラングール，3 種の
カワウソとキノガーレは潜在的な種プールに含めることにした．地域種プール
はそれゆえ 37 種の地上性種と，4 種の半水棲種，13 の樹上性種の計 54 種類と
した．

MacKenzie et al.（2006）にならって，種数の相対値を占有モデルを用いて
推定した．国立公園を一つのサイトとして扱い，すべてのカメラサイトからの
データをプールしたうえで 8 日間の観測期間に分けた．ロバストデザイン
（Pollock 1982）を用い，5 回の調査（1998〜2005）が一次サンプリング期間
に，それら 5 回の調査それぞれで行った 4 回の観測が二次サンプリング期間に
該当する．体サイズと選好する生息環境の効果を明らかにするために，体長

（標準化したもの）と利用階層（地上性と，樹上性と半水棲を示すその他）を共変量に含めた．また年も共変量に含めた．共変量に関係する三つの仮説を考えた．第一に，検出確率，絶滅率，そして移入率が時間とともに変化すると予想した．第二に，検出確率と絶滅率が，体重の増加とともに大きくなると予想した．大型動物を対象とした商業目的あるいは自家消費用の密猟が進行形で行われていたので，体サイズは局所的な絶滅率に影響を与えるが，局所的な移入率には影響しないと考えた．最後に，地上性の哺乳類は，樹上性や半水棲の種よりも検出されやすいと予想した．移入率は一定，もしくは時間や体サイズによって変化するというモデルのみを考慮することにした．検出確率は，時間，体サイズ，そして利用階層の関数としてモデリングした．

　複数シーズン占有モデルを用いて解析を行った．このモデルは，その地域における種プールのそれぞれの種を「サイト」として扱い，それぞれの種は，8日間の観測期間中に国立公園のどこかで一度でもカメラトラップに撮影された場合，その観測期間中に存在していたということになる．5回の一次サンプリング期間では種は公園内に存在しているか不在であるかのどちらかであり，一つの調査期間内ではシステムの状態に変化がない（群集は閉鎖している）と仮定した．種の在・不在の変化は，一次サンプリング期間の間には生じるかもしれない．一次サンプリング期間において，

$$\varphi_t = \varphi_{t-1}(1 - \varepsilon_{t-1}) + (1 - \varphi_{t-1})\gamma_{t-1} \tag{13.5}$$

ここで ε_{t-1} は時間 $t-1$ から t の間の局所絶滅率，γ_{t-1} は局所移入率を示す．φ_{t-1}/φ_t が，ある群集における種数の変化率の指数として用いることができる．

　PRESENCE 2.0. を用いて 64 個の相対種数モデルを当てはめた．そのうえで，赤池情報量規準（AIC）を用いてモデルのランクづけを行い，最小個数のパラメータで十分にデータの変動を説明できるもっとも適切なモデルを選択した（Burnham and Anderson 2002）．あるモデルの AIC 値と AIC 値最小モデルの差分が ΔAIC であり，モデルの相対的な証拠を計算するのに用いられる．Akaike model weight は，ある特定のモデルが「最良」であるという証拠の強さを反映した指数である．この指数は，いくつかの代替モデルを支持することもある．これは，「最良」モデルはデータセットによって異なるということを意味する．モデル平均化に基づく複数モデルによる推定が，パラメータの推定値の安定性を向上させるために用いられることもある（Burnham and Anderson 2002）．モデル平均は，Akaike weight を用い，重みづけされたパラ

表 13.4 占有解析を用いた相対種数の解析に対する複数シーズン占有モデルのモデル選択統計量. このモデルは, 1998 年の相対種数（φ）, 局所移入率（γ）, 絶滅率（ε）, 検出確率（p）を推定した. 検出確率 p, 局所移入率 γ および絶滅率 ε に対する共変量として, 時間（year）, 対数変換した体サイズ（size）, 選好する森林階層（stratum）を含めた. 調整済み Akaike weight が 5%以上のトップ 6 モデルの結果を示した

モデル	AIC	ΔAIC	Weight (%)	−2 対数尤度	パラメータ数
φ, $\gamma(.)$, ε(year), p(year, size)	856.24	0.00	36.57	823.24	12
φ, $\gamma(.)$, ε(year, size), p(year, size)	856.97	0.73	25.38	830.97	13
φ, $\gamma(.)$, ε(year), p(year, size, stratum)	857.98	1.74	15.32	831.98	13
φ, $\gamma(.)$, ε(year, size), p(year, size, strtum)	858.56	2.32	11.46	830.56	14
φ, γ(year), ε(year), p(year, size)	859.85	3.61	6.01	829.85	15
φ, γ(year), ε(year, size), p(year, size)	860.12	3.88	5.25	828.12	16

メータの推定値を計算する.

　解析の結果, Akaike weight が 0 より大きいモデルが 23 個になった. Akaike weight が ＞＝0.05 に限定すると, 六つのモデルが選択された（表 13.4）. AIC の低いモデル［φγ(.)ε（year）p（year, size）］は, 絶滅率が時間とともに変化すること, 時間および種のサイズによって検出確率が変化することを示していた. AIC 最小のモデルは model weight が 0.3657 であり, あまり強い支持はえられなかった. 2 番目のモデル［φγ(.)ε（year, size）p（year）］［訳注：表 13.4 では, p に size も含まれるが, 原著本文にしたがった記載とした］では, 動物のサイズが絶滅率の共変量に含まれており, model weight は 0.2548 であった［訳注：表 13.4 では, model weight は 0.2538 となっているが, 原著本文にしたがって 0.2548 とした］. すべてのモデルは, 絶滅率に与える時間の効果を含んでおり, 六つのうち三つのモデルは, 体サイズの効果を含んでいた（model weight の合計は, 0.2678）. 移入への共変量の効果への支持は弱かったが, 最後の二つのモデルは, 年の効果を含んでいた（model weight の合計が 0.1126）.

　同じデータセットを用いても複数のモデルが支持されるという結果になった

ので，モデルの不確実性は高いといえる．モデル平均化（Burnham and Anderson 2002）を行い，相対種数，移入，絶滅，そして検出確率の重みづけした推定値を算出した（表13.5）．この解析例では，検出された種に基づく相対種数は，推定値$\hat{\varphi}$とかなり近い形で推移しており，観察されたφが$\hat{\varphi}$の95%信頼区間に収まっている（表13.5）．検出確率が高い場合，これは予想された結果である．この例では，検出確率の平均値は，どの調査でも0.5を超えていた．検出確率の平均値は，予想されたように時間によっても体サイズによっても異なっていた．体長が100 cmを下回る種では，検出確率が0.01から0.64だったのに対し，より大型の種では，検出確率が0.15から0.99であった．選好する森林階層も検出確率に影響を与えていることも支持された．地上性動物の平均検出確率は，樹上性種および半水棲種の2倍大きかった．半水棲種は，最初の調査では検出されなかったが，調査地に生息していることは知られており，この調査とは別に設置したカメラトラップでもその姿が撮影されていた．

　相対種数の絶滅率（表13.5）は，種数に対してえられた結果と同じ傾向を示している（図13.3）が，最後の期間においてとくに大きくなっている．絶滅率は，時間によって大きく変化しており，最初と最後の期間で高く，中間の期間で小さい．絶滅率に対する体サイズの影響はあるが，その関係は予測されたものと反対である．大型の哺乳類ほど絶滅率が低くなっていた．体長100 cmよりも小さい哺乳類の絶滅率は，100 cmよりも大きい哺乳類よりも最初と最後の調査期間で平均78%高く，4回目5回目の調査期間では55%高かった．最後に，移入に対する時間効果については，弱い支持しかなかった．移入の推定値は，他の二つの推定値と比べて，1回目と2回目の調査期間の間，3回目と4回目の調査期間の間で高かった．これは生物学的に意味のある変化だけではなく，サンプリング方法の変化によっても結果は影響されるので，短期間の変化を無理に解釈するのには注意が必要である．

　1998年と2005年の間における相対種数の変化率を，幾何平均を用いて調べると，減少率は年5%となる．これは先に報告した絶対的な豊富さの推定値よりも高くなっていることに注意してほしい．これは，4番目と5番目の調査の間で相対種数の絶滅率が高く推定されたことによるものである．この例では，年5%の相対種数の減少は，それぞれの地域から年1.6種が失われていると読み変えることができる．これに対して，絶対的な種数に基づく推定値では年

表 13.5 ソフトウェア PRESENCE に基づく結果から計算された Bukit Barisan Selatan 国立公園におけるカメラトラップのサンプリング結果に対するモデル平均化した相対種数と群集動態の推定値. それぞれの反復において, 地域種プールに対する検出された種の割合 (φ_{obs}), 平均検出確率 ($\hat{p}$) による種の割合の推定値 ($\hat{\varphi}$), 標準偏差のブートストラップ推定値 (SE), 絶滅率と移入率が推定された. 絶滅率と移入率は, t から $t+1$ の間隔に対して計算した

年	φ_{obs}	$\hat{\varphi}$	SE	$\hat{p}$	SE	$\hat{\varepsilon}$	SE	$\hat{\gamma}$	SE
1998	0.555	0.606	0.159	0.598	0.264	0.1762	0.1908	0.0649	0.0706
2000	0.537	0.540	0.272	0.608	0.251	0.0050	0.0121	0.0622	0.0666
2002	0.518	0.551	0.210	0.528	0.279	0.0000	0.0001	0.0650	0.0715
2003	0.593	0.600	0.205	0.563	0.285	0.3414	0.3409	0.0531	0.0625
2005	0.389	0.405	0.381	0.581	0.262				

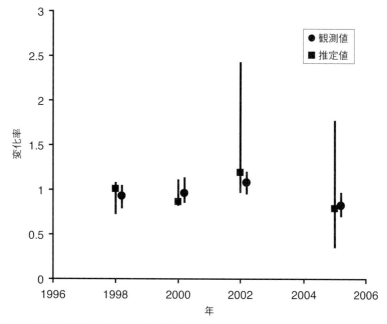

図 13.3 種数の観測値と推定値に基づく種数の時間変化率と 95% 信頼区間. 図の点は, 解釈しやすくするために表示した.

0.7 種が失われていると推定されていた. この見た目上の不一致にかかわらず, 種数の年変化率は二つの方法で顕著には異なっておらず, 両手法とも時間とともに種数が減少しているということを示している.

熱帯林におけるカメラトラップを用いた地上性大型哺乳類と鳥類群集の調査に対して，これらの結果は何を物語るだろうか？　第一に，カメラトラップは，哺乳類や鳥類を検出し，地上性の哺乳類や大型地上性鳥類の種の数を推定するのに有効であるらしいことである．種の検出確率は，両解析においてともに高く，調査期間中に予想された種の大半が確認された．これらの種のいくつかは夜行性であり，ほとんどは，公園での偶然の観測を除いては見ることができない．このことは，自動撮影カメラは，熱帯林において地上性の哺乳類や大型地上性鳥類の生物多様性をモニタリングするうえで効率的な手法であるということを示唆している．

　第二に，この解析は，標本中にまれな種が数多く現れた場合に直面するいくつかの落とし穴を示している．COMDYN を用いた絶対的な種数の解析では，一次サンプリングごとに 10 の空間反復があるとみなしたが，確認された種，あるいは実際に撮影された種は，平均すると，5 回の一次サンプリング期間のうち 4 回で出現しており，それぞれの 1 次サンプリング期間あたり 2.3 の空間反復において観測されている．平均して七つの種がまれであると考えられた．これらの種は，一次サンプリング期間内にたった 1 ヵ所の反復でのみ検出されていた．そして，それぞれのサンプリング期間において 1〜3 のまれな種を検出しそこなったと推定された．2003 年の調査では 10 種のまれな種が検出されたが，これらのそれぞれは他の調査期間でも一貫してまれであるか不在であった．2003 年の調査においてまれな種が多く検出されたことで，種数が過大に推定され，精度が低下してしまった．相対種数の分析では，最適モデルの不確実性が大きかったためにモデル平均化という解決策をとらざるをえなかった．モデル平均化は，それぞれのモデルのパラメータとモデル平均化したパラメータの差異である SE の推定にさらなる変動要素をもたらしてしまう．この結果，最終的な推定値の精度を低下させてしまう．絶対的な種数も相対種数も減少傾向にあることが示唆されたが，移入率と絶滅率が高かったということは，種が急速に局所サンプルエリアに出入りしているということを示している．

　Bukit Barisan Selatan 国立公園において，種数が減退しているという私たちの推論は，占有やそれに関する相対個体数の解析からも支持されている（T. G. O'Brien，未発表原稿）．十分なデータがある公園内の 25 種類に関して占有と相対個体数の傾向を分析したところ，占有と相対個体数ともに数多くの種が減少してきているということが分かった．このことは，占有している生息地が

縮小し，個体群サイズも減少してきているということを示唆している．商業利用される種（スマトラトラ，ゾウ，そしてサイ）の占有と相対個体数がもっとも劇的に減少しており，狩猟が大きな影響を及ぼしている可能性がある．Wibisono（2006）は，BBSNP のトラの個体数は，1999 年から 2003 年の間にほとんど 50％も減少したことを報告している．またこの研究は，偶蹄類に対して高い狩猟圧がかかっていることを報告しており，狩猟の空間分布を明らかにしている．これらの分析結果を合わせると，Kinnaird et al.（2003）や O'Brien et al.（2003）が早い段階で予想した，生息地の喪失や狩猟による種個体群の連続的な浸食という傾向が示されたといえる．

　Nichols et al.（1998a）は，個体群サイズの種間差が絶滅，移入，回転率の推定にもたらしうる問題点について議論している（Alpizar-Jara et al. 2004 も参照）．個体群サイズの違いによって検出確率が大きく異なるならば，推定に利用される実際に観測された種は，存在はするが発見されなかった種よりも個体数が多く，それゆえ検出確率も高いものだったということになる．個体数が検出や個体群動態パラメータにもたらす効果を明らかにするためには，個体数の違いによって検出されやすいグループとされにくいグループに分割し，それぞれのサブグループにたいして個体群動態パラメータを計算するか（Alpizar-Jara et al. 2004），個体数の推定値を相対種数の共変量として直接組み込んで解析を行うのがよいだろう．

　カメラトラップ調査は，地上性鳥類や哺乳類を対象としたものを含む生物多様性モニタリングにおいて重要な機能を果たすであろう．地上性鳥類や哺乳類の種数のカメラによる把握は，視認できる範囲が限られており，ほとんどの種がめだちにくい森林，疎開林，低木林においてとくに役立つだろう．この方法は，調査対象の群集において夜行性哺乳類が重要な構成要素を占める場合に非常に有効であるだろう．

　多くの地上性の鳥類や哺乳類は珍しいので，カメラトラップを用いて種数を調査する場合も，まれな種が高い確率で検出されるのに十分な長さにわたってなされる必要がある．調査努力量が 1000 カメラ日を超えるようにするべきである．カメラトラップを用いて種数の研究をすることは，単一の種を研究する場合と同じように（たとえば，Karanth et al. 2006），対象とする群集内の種のうちもっとも行動圏の大きいものにとって適切な空間スケールでなされるべきである．もし，カメラトラップ間の距離が近すぎる場合には，カメラ設置範囲

外にいる種に関しては，たとえ景観内に存在している場合でも，それらの種を
種を見すごすことになるだろう．カバーされる全体の面積を最大化するよう
に，可能なかぎり広い範囲にカメラトラップを配置するべきだろう．

謝辞

私たちの研究は，Wildlife Conservation Society と Indonesian Ministry of Forestry's
Department for Protection and Conservation of Nature の共同研究であり，Wildlife
Conservation Society， Save the Tiger Fund， Exxon Mobil Corporation とのパート
ナーシップによる National Fish and Wildlife Foundation の特別プロジェクト，US Fish
and Wildlife Service Rhinoceros and Tiger Conservation Fund，Princeton University
Alumni Association から資金提供を受けた．J. Ginsberg，M. Rao，L. Krueger，F.
Bagley， J. Seidensticker がこのプロジェクト期間中に与えてくれた支援とアドバイス
に感謝する．U. Wijayanto と I. Tanjung にはデータの収集を手伝ってくれたことに感
謝する．C. Foley，S. Durant と J Kingdon は，親切にもタンザニアの動物について情
報提供してくれた．本章の草稿は，J. D. Nichols と A. F. O'Connell，K.U. Karanth，そ
して匿名の査読者のコメントによって大きく改善された．

引用文献

Alpizar-Jara, R., J. D. Nichols, J. E. Hines, J. R. Sauer, K. P. Pollock, and C. S. Rosenberry. 2004.
The relationship between species detection probability and local extinction probability.
Oecologia 141:652-660

Balmford, A., P. Crane, A. P. Dobson, R. E. Green, and G. M. Mace. 2005. The 2010 challenge:
data availability, information needs and extraterrestial linsights. Philosophical Transac-
tions of the Royal Society of London, Series B 360:221-228

Boulinier, T., J. D. Nichols, J. R. Sauer, J. E. Hines, and K. P. Pollock. 1998. Estimating species
richness: the importance of heterogeneity in species detectability. Ecology 79:1018-10288

Bunge, J. and M. Fitzpatrick. 1993. Estimating the number of species: a review. Journal of
American Statistical Association 88:364-373

Burnham, K. P. and D. E. Anderson. 2002. Model selection and multimodal inference: a practi-
cal information-theoretic approach, Second edition. Springer, New York

Burnham, K. P. and W. S. Overton. 1978. Estimation of the size of a closed population when
capture probabilities vary among animals. Biometrika 65:623-633

Burnham, K. P. and W. S. Overton. 1979. Robust estimation of population size when capture
probabilities vary among animals. Ecology 60:927-936

Cam, E., J. D. Nichols, J. R. Sauer, J. E. Hines, and C. H. Flather. 2000. Relative species richness
and community completeness: avian communities and urbanization in the mid-Atlantic
states. Ecological Applications 10:1196-1210

Cam, E., J. D. Nichols, J. R. Sauer, and J. E. Hines. 2002a. On the estimation of species richness
based on the accumulation of previously unrecorded species. Ecography 25:102-108

Cam, E., J. D. Nichols, J. E. Hines, J. R. Sauer, R. Alpizar-Jara, and C. H. Flather. 2002b.
Disentangling sampling and ecological explanations underlying species-area relationships.
Ecology 83:1118-1130

Chambers, E. G. and G. U. Yule. 1942. Theory and observation in the investigation of accident
causation. Journal of Royal Statistical Society Supplementum 7:89-109

Chao, A., S. M. Lee, and S. L. Jeng. 1992. Estimation of population size for capture-recapture data when capture probabilities vary by time and individual animal. Biometrics 48:201-216

Colwell, R. K. and J. A. Coddington. 1994. Estimating terrestrial biodiversity through extrapolation. Philosophical Transactions of the Royal Society of London, Series B 345:101-118

Corbett, A. S., R. A. Fischer, and C. B. Williams. 1943. The relation between the number of species and the number of individuals in a random sample of an animal population. Journal of Animal Ecology 12:42-58

Danielsen, F., N. D. Burgess, and A. Balmford. 2005. Monitoring matters: examining the potential of locally-based approaches. Biodiversity and Conservation 14:2507-2542

Good, I. J. 1953. The population frequencies of species and the estimation of population parameters. Biometrika 40:237-264

Hines, J. E., T. Boulinier, J. D. Nichols, J. R. Sauer, and K. P. Pollock. 1999. COMDYN: software to study the dynamics of animal communities using a capture-recapture approach. Bird Study 46 (suppl.):S209-S217

Karanth, K. U., J. D. Nichols, N. S. Kumar, and J. E. Hines. 2006. Assessing tiger population dynamics using photographic capture-recapture sampling. Ecology 87:2925-2937

Kinnaird, M. F., E. W. Sanderson, T. G. O'Brien, H. T. Wibisono, and G. Woolmer. 2003. Deforestation trends in a tropical landscape and implications for forest mammals. Conservation Biology 17:245-257

Lande, R. 1996. Statistics and partitioning of species diversity, and similarity among multiple communities. Oikos 76:5-13

Lynam, A. J., P. D. Round, and W. Y. Brockelman. 2006. Status of birds and large mammals in Thailand's Dong Phayayen—Khao Yai forest complex. Biodiversity Research and Training Program and Wildlife Conservation Society, Bangkok

MacKenzie, D. I., J. D. Nichols, J. E. Hines, M. G. Knuson, and A. B. Franklin. 2003. Estimating site occupancy, colonization, and local extinction when a species is detected imperfectly. Ecology 84:2200-2207

MacKenzie, D. I., J. D. Nichols, J. A. Royle, K. P. Pollock, L. L. Bailey, and J. E. Hines. 2006. Occupancy estimation and modeling: inferring patterns and dynamics of species occurrence. Academic, New York

Magurran, A. E. 1988. Ecological diversity and its measurement. Princeton University Press, Princeton

Mao, C. X. and R. K. Colwell. 2005. Estimation of species richness: mixture models, the role of rare species, and inferential challenges. Ecology 86:1143-1153

May, R. M. 1988. How many species are there on earth? Science 241:1441-1449

Nichols, J. D. and K. P. Pollock. 1983. Estimating taxonomic diversity extinction rates, and speciation rates from fossil data using capture-recapture models. Paleobiology 64:253-260

Nichols, J. D., R. W. Morris, C. Brownie, and K. P. Pollock. 1986. Sources of variation in extinction rates, turnover, and diversity of marine invertebrate families during the Paleozoic. Paleobiology 12:421-432

Nichols, J. D., T. Boulinear, J. A. Hines, K. P. Pollock, and J. R. Sauer. 1998a. Estimating rates of local species extinction, colonization, and turnover in animal communities. Ecological Applications 8:1213-1225

Nichols, J. D., T. Boulinear, J. A. Hines, K. P. Pollock, and J. R. Sauer. 1998b. Inference methods for spatial variation in species richness and community composition when not all species are detected. Conservation Biology 12:1390-1398

O'Brien, T. G., M. F. Kinnaird, and H. T. Wibisono. 2003. Crouching tigers, hidden prey: Sumatran tiger and prey populations in a tropical forest landscape. Animal Conservation 6: 131-139

Otis, D. L., K. P. Burnham, G. C. White, and D. R. Anderson. 1978. Statistical inference from capture data on closed animal populations. Wildlife Monographs 62:1-135

Pollock, K. P. 1982. A capture-recapture design robust to unequality of capture. Journal of Wildlife Management 46:757-760

Pollock, K. P. and M. C. Otto. 1983. Robust estimation of population size in closed animal populations from capture-recapture experiments. Biometrics 52:639-649

Preston, F. W. 1948. The commonness and rarity of species. Ecology 29:254-283

Schluter, D. and R. E. Ricklefs. 1993. Species diversity: an introduction to the problem. Pages 1-10 *in* R. E. Ricklefs and D. Schluter, editors. Species diversity in ecological communities. University of Chicago Press, Chicago

Trolle, M. 2003a. Mammal survey in the Rio Jauaperi region, Rio Negro Basin, the Amazon, Brazil. Mammalia 67:75-83

Trolle, M. 2003b. Mammal survey in the southeastern Pantanal, Brazil. Biodiversity and Conservation 12:823-836

United Nations Environment Programme. 2002. Report on the sixth meeting of the Conference of the Parties to the Convention on Biological Diversity (UNEP/CBD/COP/6/20/Part2) Strategic Plan Decision VI/26

Whittaker, R. H. 1972. Evolution and measurement of species diversity. Taxon 21:213-251

Wibisono, H. T. 2006. Population ecology of Sumatran tigers (*Panthera tigris sumatrae*) and their prey in Bukit Barisan Selatan National Park, Sumatra, Indonesia. Unpubl. MSc. thesis, Univ. Massachusetts, 91 pp

Williams, C. B. 1964. Patterns in the balance of nature. Academic, London

Williams, B. K., J. D. Nichols, and M. J. Conroy. 2002. Analysis and management of animal populations. Academic, San Diego, CA

Zielinski, W. J., R. L. Truex, F. V. Schlexer, L. A. Campbell, and C. Carroll. 2005. Historical and contemporary distributions of carnivores in forests of the Sierra Nevada, California, USA. Journal of Biogeography 32:1385-1407

Cappter14　Camera Traps in Animal Ecology and Conservation : What's Next?
James D. Nichols, Allan F. O'Connell and K. Ullas Karanth

第 14 章

動物生態学と保全における
カメラトラップ
―今後の動向―

14.1　はじめに

　これまで説明してきたように，動物生態学におけるカメラトラップの使用は，適切かつ実質的な進化を遂げてきた．この進化には，カメラトラップの一般的な使用および結果として得られるデータのみならず，機器や統計的推論方法などのより詳細なトピックが含まれている．まとめると，本書の各章は，カメラトラップ技術の最終到達地点を要約したものとしてではなく，この進化の行先におかれた一里塚として見なされるべきであろう．各章の著者たちは，その進化を簡潔に要約し，カメラトラップデータの正しい用法と用途を説明し，今後使用が増加するであろういくつかの新しい方法を提供できるよう努めた．本章では，これまでの章をふりかえりながら，カメラトラップ使用の最新技術と科学の概要を説明し，次の 10 年間に起こる変化において予想されること，期待したいことについて論じる．構成として，最初に，カメラトラップの使用の概観とその結果として得られるデータに焦点を当てる．これらは，すべてのさらなる方法論的な開発を評価するために必要な枠組みを提供する．次いで機器について議論し，最後に統計的推論方法のレビューを行う．

14.2　カメラトラップデータの使用

　カメラトラップの最初の使用は，おもに自然の写真家や自然史家がひっそりと暮らす動物のスナップショットを得ることから始まった（Kucera and

317

Barrett による 2 章）．現在では，科学者および野生生物管理者は，動物の行動を調査するために（Bridges and Noss による 5 章），また動物の個体群および群集を特徴づける状態変数および比率パラメータを推定するために（たとえば Karanth らによる 7 章；Maffei らによる 8 章；Karanth らによる 9 章；O'Brien らによる 13 章），カメラトラップを使用する．O'Brien（6 章）が指摘したように，カメラトラップデータを使用して個体群サイズなどを効果的に推定する試みは，1990 年代初頭に始まった．Karanth（1995）は，正式な捕獲―再捕獲（CR）法によってトラの個体数を推定するために，トラの自然の模様を利用している．O'Brien（6 章）のレビューに記載されているように，最近 10 年間のカメラトラップを使用した調査の多くは，推定の方法論に焦点を当ててきた．私たちは，このような取り上げられ方については，新興の方法論として適切で合理的であると考えている．

　私たちは，方法論の開発が続くと予想しているが（下記参照），動物個体群や群集のパラメータを推定するための今後の努力が，科学または野生生物管理のプログラム全体により良く統合されることを望んでいる．動物の個体数推定値に関しては，より大きな調査または野生生物管理プログラムの構成要素ではなく，それ自体が終点であるとみなされることがあまりにも多い．推論がこれまで不可能であったような，ひっそりと暮らす動物の実際の個体数推定値を望むのは自然な流れであり，この推定にまず焦点が当たるということは確かに理解できる．しかし，より大きな科学や保全/野生生物管理のプログラムにおいて意味を持たない場合，そのような推定値の重要性について主張することは困難である．カメラトラップを用いた研究は資金と労力が比較的高価であるため，競合する仮説の判別（科学）か，あるいは野生生物管理における意思決定のどちらかに有用な推定値を得ることに焦点を当てるべきだと考えている（Nichols らによる 4 章）．

　世界各地で，カメラトラップが動物の個体群のモニタリングに使用されている．しかし，個体数の推定値単体では価値が低いのと同様に，時間および空間全体にわたるような推定値の系列も，それらのみを見るだけでは有用性に乏しい．こういった推定値は，モニタリングプログラムが科学または野生生物管理のより大きなプログラムに組み込まれている場合にもっとも有用なものとなる（Yoccoz et al. 2001；Nichols and Williams 2006）．このようなケースでは，得られた推定値がより大きな試みの一部としてどのように使用されるかが明確に

されている（4章を参照）.

　科学の探求においてカメラトラップデータを使用する例として，Karanth et al.（2004）は，トラと被食者密度の間に予測される正の関係についての先験的な仮説を検証した．仮説の本質を知るためには，インドのいくつかのサイトにおけるトラとおもな被食者の密度の推定値が必要であった．カメラトラップを用いてトラの密度を推定し，距離標本法を用いて被食者の密度を推定した．検証された仮説をうけ，科学の進め方として適切なかたちで，空間モニタリングへのアプローチが実施された．残念ながら，私たちは，このような先験的な質問もしくは一連の質問に必要とされるサンプリングデザインおよびデータを仕立てるようなケースは，カメラトラップの使用において比較的まれであると考えている．私たちは，動物の個体数や密度の推定値が得られるだけの研究を減らし，競合するアイデアや仮説を判別するためにそのような推定を得るよう設計された研究の数を増やすことを希望している．

　第4章で示されたように，情報に基づく良好な野生生物管理プログラムは，(1) 目的，(2) 選択可能な管理アクション，(3) 管理アクションへのシステムの応答を予測するモデル，(4) モニタリングプログラム，から構成される．情報に基づく野生生物管理では，モニタリングプログラムは，少なくとも三つの異なる目的，すなわち (1) 状態に応じた野生生物管理における意思決定，(2) 目的達成度の評価，(3) 管理アクションに対しシステムがどのように応答するかに関して競合する仮説の判別（不確実性に向き合うための情報に基づく野生生物管理の科学的な構成要素）に役立つ個体群サイズなどの状態変数の推定値を与える必要がある．将来，分断化された動物個体群を結ぶコリドーの設定や，捕食者とその被食者を保護するための法執行の強化など，動物数の増加をもたらすように設計された保全プログラムにカメラトラップが統合されることを期待している．保全や野生生物管理の他の分野と同様に，生物学者や野生生物管理者は，一般的にモニタリングや科学調査で得られた情報を野生生物管理における意思決定に組み込むという点では十分な仕事をしてこなかった．カメラトラップの調査は保全価値の高い種を対象としていることが多く，これらの調査が野生生物管理と保全の重大なプログラムに適切に統合されることを望む.

14.3 カメラトラップ機器と写真データ

第3章でSwannらは，現在さまざまなカメラトラップの設計および製品が利用可能であることを示しており，これはほぼすべての科学的調査や調査においてそのニーズを満たすシステムが見つかることを示している．それでもなお，携帯電話プラットフォームに基づくカメラトラップのプロトタイプが現在開発中である［訳注：2018年時点では携帯電話網を利用して画像を送信できるカメラが複数製造されており入手可能である］．このような機器は，システム効率を改善し，サイズと費用を削減するだろうと期待している（7章を参照）．携帯電話技術とビデオ映像の世界は，ソフトウェアアプリケーションとハードウェア革新の両方において大きな進歩を遂げた（Greene 2006）．これらの技術的進歩の多くは，今後のカメラトラップシステムとそのシステムの使用方法について，確実に影響を与える．位置測位技術と写真画像の統合によって，カメラトラップ（すなわち，前述の新しい携帯電話プラットフォームを使用）に全地球測位システム（GPS）機能によるジオタギング［訳注：画像ファイルへの位置情報の付加］可能な機種が登場し，これによって作業者は位置情報を持ったデータをより効率的に生成することができるようになるだろう．写真データを評価または分析する方法に影響を及ぼしうる画像およびビデオの検索の分野において研究が続けられている．画像認識ソフトウェアは引き続き開発されており，カメラトラップの場合，そのようなプログラムは動物を個体識別するうえで重要な役割を果たす（詳細については以下を参照）．先に言及した携帯電話プラットフォームに合わせて，携帯電話サイズのカメラトラップに情報発信システムを込むことで，トラップの遠隔観察が可能になり，動物の動きを時間と空間で追跡し，より効率的で費用効果の高いサンプリングプロセスを保証することができるようになるかもしれない．

小型化，デジタルレコーディング，無線化，ネットワーク化されたプラットフォーム，さらには動物由来のビデオおよび環境データシステム（animal-borne video and environmental data systems：AVEDs）［訳注：動物に取りつけてその動物の周りの画像を記録したり環境データ（温度，水深等）を記録する機器であり，国内ではバイオロギングとよく呼ばれている］など，カメラトラップ（ここではビデオ装置も含める）のタイプに関する選択肢や必要性が何であれ，すべてが遠隔イメージングのフロンティアを広げている

（Mall et al. 2007）. 無線ネットワークカメラシステムは, 在不在データから, 繁殖鳥のより複雑な行動観察, 動物がトラップで費やす時間（すなわち, 落とし穴トラップの時間を制限して, 調査に関連する死亡を減少させる）（Hamilton et al. 2007；Taggart et al. 2007）にいたるまでの情報を取得するために使用されている. 画像処理および分析（たとえば, 画像補正）に関する関連研究は, カメラトラップおよび他の画像システムの使用を改善する. 確かに, AVEDs などの一部のシステムでは, 本書で議論してきたようなカメラトラップに期待されている個体群全体の推論を進めることは可能ではないかもしれないが, これらのシステムは, とくに厳しく接近不可能な環境に生息する種の動物の行動, 生息地の利用, および種間相互作用の調査を進歩させるために使用できる（5章参照）. たとえば, 深度によって起動する小型カメラシステム（Little Leonardo Co, Ltd, Tokyo, Japan）は, アデリーペンギン（*Pygoscelis adeliae*）およびヒゲペンギン（*P. antarctica*）（Takahashi et al. 2004）の集団採食行動, ジェンツーペンギン（*P. papua*）（Takahashi et al. 2008）の採食行動, およびヨーロッパヒメウ（*Phalacmcorax aristotelis*）（Watanuki et al. 2008）の捕食行動を記録するために使用されてきた.

14.4　統計的推論手法

　機器と同様に, カメラトラップデータから推論を引き出すための統計的手法が急速に進化している. 統計的推論のためのカメラトラップデータの最初の使用は, 個体識別可能な動物の個体数に焦点を合わせた（Karanth 1995）. 過去15年間に, 個体数推定のための新しいモデルが開発されてきており, また個体数推定を密度に関する推論に変換するという付随的な問題にも大きな発展があった. さらに最近の研究では, 個体数および密度の推定については, ある時点におけるスナップショットから, これらの状態変数の動態へとだんだん移り変わってきている. 過去10年間で, 個体識別できない動物のカメラトラップデータを, 占有率および種数という二つの新たな状態変数に関する推論に使用できるということも認識された. 占有モデルは, 空間および生息地タイプにわたる種の出現についての推論を可能にし, また動態モデルは, 時間の経過にともなう分布の変化についての推論を可能にする. 特定の分類群における種数は群集レベルの状態変数であり, その動態はカメラトラップデータでも調べることができる.

14章　動物生態学と保全におけるカメラトラップ　*321*

14.4.1 個体数と密度

閉鎖個体群における CR モデルは，個体識別可能な動物のカメラトラップデータから個体数を推定するために使用される（Karanth 1995，6章）．このようなデータで使用できる基本的なモデルのセットは，1990 年代初めから大きく変化していない．この例外は，個々の動物個体によって捕獲確率に変異があることを前提としたモデルである．混合モデル（Norris and Pollock 1996；Pledger 2000）とパラメトリックモデル（Dorazio and Royle 2003）は，この難しい推定の問題に対する新しい柔軟なアプローチを提供し，これらによってカメラトラップ調査データの用途が見え始めた（たとえば，Karanth et al. 2006）．

個体数推定値を密度推定値に変換するには，捕獲［訳注：本書の捕獲はカメラによる撮影を含む］努力にさらされている動物の空間分布について推論を引き出す必要がある．この目的のため，Karanth and Nichols（1998，2002）は，まずはじめに，カメラトラップ研究を進めるなかで複数回撮影された動物個体の移動に関する情報を用いることを提案した．このようなデータを使用するには二つのステップが必要であり，これらは臨機応変に行われ，その時点において現実的と思われる唯一のアプローチをシンプルに表していた．このアプローチの弱点は認識されており（Williams et al. 2002），どの移動に関する統計量を用いるべきかについての議論の基礎となっている（Soisalo and Cavalcanti 2006，6章）．カメラトラップデータの解析におけるもっともエキサイティングな新展開の一つは，空間明示的な CR モデルの使用である（Efford 2004；Borchers and Efford 2008；Royle and Young 2008；Royle and Dorazio 2008；Royle et al. 2009a, b；Royle and Gardner による 10 章）．Royle and Gardner（10 章）が指摘したように，このアプローチは，歴史的に二段階に分けて扱われてきた密度推定における二つの基礎的な問題をうまく扱う．第一に，カメラトラップデータに関して，空間的位置の違いに依存する動物の検出確率の不均質性を明示的に取り扱う．第二に，容易に定義可能な方法で個体数と密度を同時に推定するための定式的な単一ステップのアプローチを提示する．尤度に基づいた推論は，ユーザフレンドリーなソフトウェアである DENSITY（たとえば，Borchers and Efford 2008）で得ることができる．また新しいソフトウェアである SPACECAP は，最近，柔軟なベイジアンアプローチを実装するた

めに開発された（Singh et al. 2010）．私たちは，空間明示的なCRモデルが，カメラトラップデータの分析に対する以前のアプローチを最終的に置き換え，そのようなデータから推論を行うための選択肢となるだろうと考えている．

　複数年にわたり同じ場所で行われた個体識別可能な動物のカメラトラップ研究では，開放個体群についてCRモデルを用いることができる（Karanth et al. 2006，9章）．そのようなモデルは，個体群動態およびそのような動態に関与する個体群動態パラメータ（たとえば，生存率）に関する推論を可能とする．捕獲が困難な大型動物（たとえば，大型のネコ科動物）の場合，生存に関する推論へのカメラトラップデータの使用は，そのような動物の生存率を推定するために使用される別の方法であるラジオテレメトリー法よりも大きなサンプルサイズおよびより強い推論を導くだろう．現在では，同じ場所で数年間継続して行われているカメラトラップ研究がいくつかあり，これらのデータが個体群動態や，できれば管理アクションへの個体群の応答を明らかにするためにどんどん使用されることを期待している．いくつかのカメラトラップ研究（K, U, Karanth，未発表データ）では，複数の下位個体群をカバーするような空間的な拡張が施されている．そのようなプログラムからのデータは，多段階CRモデル（たとえば，Williams et al. 2002）で使用することができ，メタ個体群システムにおける移動分散およびメタ個体群間の接続に関する推論を可能とするだろう．方法論に関する開発のもっともエキサイティングな分野の一つとして，開放個体群のための空間明示的なCRモデルがある（10章；Gardner et al. in press）．そのようなモデルは開放系モデルから得られる通常の推論のすべてを可能にするが，加えて，これまで定式的な推論方法がなかったトピックである行動圏の動態（たとえば，比較的変動がない，あるいは年によって変動する）についての推論を可能とする．

　次の10年間において重要な研究領域は，個々の動物に関する別の種類のデータとカメラトラップデータの組み合わせであると考えている．たとえば，Soisalo and Cavalcanti（2006）は，カメラトラップで特定の個体が複数回撮影されることによって得られるデータよりも優れた動物の移動および空間分布に関する情報を得るためにラジオテレメトリーを使用した．前述したように，このようなデータは，個体数推定値を密度に関する推論に変換するために重要である．テレメトリーデータを空間CRモデリングに統合するアプローチは，エキサイティングな研究分野となるだろう．糞サンプルから抽出されたDNAを

用いて，CR 分析のための個体を同定することができる（Lukacs and Burnham 2005；Yoshizaki et al. 2009）．K. U. Karanth による，同じ調査地内でトラをサンプリングするためのカメラトラップ（Karanth and Nichols 1998, 2000, 2002）と DNA（Mondol et al. 2009）の両方の使用は，トラの個体群動態に関する推論を導くためにはこれらのタイプのデータをどのように組み合わせるのがもっとも良いか，という明快な問いにつながる．

　上記で議論した個体数と密度の推定方法は，動物個体の検出履歴データを必要とする．この方法は，動物個体を明確に識別することを前提としている．これはケースによっては容易に達成されるが，研究が時間的および空間的により広範になれば，パターン認識ソフトウェアの使用がカメラトラップ研究においてより大きな役割を果たすことになるだろう．L. Hiby は，カメラからの距離や動物の向きに関して標準化されていない動物写真の困難なケース（たとえば，Hiby and Lovell 1990, 2001；Hiby et al. 2009；Kelly 2001）で使用するためのこのようなソフトウェアの開発のパイオニアである．このようなソフトウェアは，新しい写真とのマッチングのためにデジタル化された写真ライブラリから「もっとも確からしい」動物個体を選び出すことができ，検出履歴を記録するために動物個体をマッチングさせるという研究者の作業を大幅に容易にする．私たちは，カメラトラップ研究において空間および時間が拡張され，個体識別が技術的には可能にもかかわらず労力的に困難となる（たとえば，Sarmento et al. 2009）につれ，そのようなソフトウェアの必要性が高まっていくことを予見している．

　実質的な発展が期待される個体数と密度の推定の最後のトピックは，研究デザインの一般的なトピックを含む（たとえば，Kelly 2003 を参照）．Karanth and Nichols（2002）は，カメラトラップ研究デザインの望ましい特徴について議論することにより，この問題のさまざまな側面について述べた．Karanth and Nichols（2002）は，多くの研究者がカメラ機器に制限があったことを認識し，限られた数のカメラトラップに基づく推論を可能にするであろう設計についても述べた．より最近の研究は，トラップの空間間隔についての問題をより詳細に検討している（たとえば，Dillon and Kelly 2007）．Royle et al.（2009b）は最近，カメラトラップデータによる密度推定のために新たに開発された空間 CR モデルの使用を意図した研究についての推奨最適設計を開発した．私たちは，研究デザインの一般的な話題が推論手法と共進化することを期

待しており，今後10年間のカメラトラップ研究は，この共同進化的研究の恩恵を受けるだろう．

14.4.2　占有

局所領域がある種によって占有されているか否かの推定のための占有モデルの開発（MacKenzie et al. 2006）は，動物個体が個体識別を可能にするような自然の模様をもたない動物に対するカメラトラップデータの利用可能性を提供する（たとえば，6章，O'Connell and Bailey による11章）．空間的（複数のカメラトラップ/サンプルユニット）または時間的（各サンプルユニットにおける単一のカメラトラップの複数のトラップナイト）反復は，検出確率と占有率の両方を推定するために必要な動物種の検出・非検出データを与える．最近の多状態占有モデルでは，繁殖による加入，病気の存在，相対個体数に関して占有地点の特徴づけが可能であり（Nichols et al. 2007；MacKenzie et al. 2009），単純な種の在不在よりも詳細な推論が可能である．私たちは，動物の行動範囲と生息地利用に関する問いに対して，カメラトラップデータが占有モデリングと組み合わされてより広く使用されることを期待している（MacKenzie et al. 2005，6章，11章）．

占有率に関する研究の中には，各サンプルユニットにおいてカメラトラップを他の遠隔サンプリング装置とともに使用するものがある（O'Connell et al. 2006）．このような研究は，異なる装置における相対的な検出確率についての推論を可能にし，他のサンプリング手法（O'Connell et al. 2006；Nichols et al. 2008）に対するカメラトラップの有効性に関する証拠を提供する．これらの複数の装置による研究はまた，二つの空間スケール，すなわちサンプリングユニットのスケール，およびサンプリングユニット内のサンプリング装置の実際の位置のスケール，における種の占有率についての推論を可能とし，後者のスケールでの占有率はサンプリング機会毎に潜在的に変化する（Nichols et al. 2008）．

経時的（たとえば，複数年）に複数の場所でカメラトラップ研究を行うことにより，占有プロセスの動態についての推論が可能になる（MacKenzie et al. 2006）．具体的には，ロバストデザインを用いた手法（各シーズン/年内で地理的および時間的に反復した調査を，複数の季節/年で行う）により，季節/年にわたる局所的な絶滅および定着の確率についての推測が可能になる．このよう

な研究の状態変数は，対象種によって占有される面積またはサンプルユニット
の割合と見なすことができる．占有動態に関するこのような研究は，異なる空
間ユニットまたは年に適用される管理アクションの有効性に関する推論を導く
可能性を提供する．

　いくつかのサンプリング状況によっては，種レベルの検出データを用いて個
体数を推定することができる（Royle and Nichols 2003, 6 章）．この能力は，
一つのサンプリングユニットにおいてある種を検出する確率とそのサンプリン
グユニットにおけるその種の個体数との間の関係から生じる．このアプローチ
は，カメラトラップデータから個体数を推定するために使用することができ，
仮定がきちんと満たされれば，写真から個体識別できない種の個体数に関して
推論を導く可能性を提供する．

　要約すると，種レベルでのカメラトラップ検出データによる占有モデルの使
用は，写真から個体識別できない種についてさえ，動物の行動圏および生息地
利用についての推論を可能にする．これらの方法は，占有動態の基礎となるプ
ロセスを研究するために拡張することができる．サンプリング状況によって
は，占有モデリングを使用して，景観全体における動物の個体数の分布に関す
る推論を導くことさえできる．私たちは，写真から個体識別できない種のカメ
ラトラップデータによる占有モデルの活用が増加すると予想している．また，
占有モデルの枠組みに基づく研究に関連する，カメラトラップの配置やその他
の設計上の問題に付随する研究についても期待している．

14.4.3　種数

　大きな可能性を秘めており，個体識別できない種にも使用することができる
ようなカメラトラップデータの別の用途は，種数の推定である（Kéry による
12 章）．推論は研究対象となるグループ内の複数種に関するカメラトラップか
らの検出・非検出データに基づいている．Kéry（12 章）は，種数に関する推
論のためにカメラトラップデータを使用する二つの一般的なアプローチを説明
している．第一のアプローチは，種の同一性を個体識別の代わりに用い，群集
レベルの推論のための閉鎖個体群 CR モデリングを利用する（たとえば，
Burnham and Overton 1979, Williams et al. 2002）．第二のアプローチは，単
に占有モデルを複数の種に拡張する（Dorazio and Royle 2005, MacKenzie et al.
2006）．どちらのアプローチも妥当であり，また占有に基づく手法では種レベ

ルの共変量の使用が許可されているため，状況によってはこちらが明確な選択肢になるだろう．

　一つまたは複数の場所において，季節/年における反復（時間的または空間的）サンプリングを実施することで複数の季節/年をカバーできるように拡張されたカメラトラップの配置は，時間の経過に沿った種数の変化についての推論を可能にする．このような変化は，種の絶滅や定着の局所的な割合によってもたらされ，またこれらの個体群動パラメータは，ロバストデザインのCR分析に使用されたモデル（たとえば，Nichols et al. 1998）に従ってパターン化されたモデルを使用して推定することもできる．占有モデリングは，同様に，群集の構成種における種特異的かつ局所的な定着/絶滅率（MacKenzie et al. 2006）についての推論を可能にする．占有モデリング（たとえば，MacKenzie et al. 2009）はまた，ある場所におけるある種の存在がその場所の別の種の局所的な絶滅率または定着率に及ぼす影響について推論することで，群集動態の決定要因となる可能性のある競争的相互作用のメカニズムモデルを提供する．

　占有に関する状態変数と同様に，種数と群集動態を推定するためにカメラトラップデータの使用が増加することが期待される．たとえば，捕食者と被食者群集の多様性との関係についての推論を引き出す目的で，これら二つの量を同時に推定することができるかもしれない．同様に，種数や関連する指標を用いて，保全活動の有効性を評価することができる．たとえば，定着率や種数の増加をもたらすようなコリドーの設定を期待できるかもしれない．景観を越えて配備され，コリドーの設定の前後に運用されるカメラトラップは，これに関連する推論を導くために使用できるかもしれないデータをもたらすだろう．個体数，密度および占有率の状態変数と同様に，私たちはカメラトラップ研究の設計に関する新しい研究が，動物群集のさまざまな属性に焦点を当てていくことを期待している．

14.5　まとめ

　本書の各章では，ひっそりと暮らす動物の撮影から動物の行動調査，個体群と群集の動態についての洗練された分析まで，カメラトラップの使用の進化が記載されている．この進化は急激で印象的であったため，私たちはそれが今後数十年にわたって同様のペースで続くことを期待している．私たちは，基礎的な方法論の開発から重大な科学的および保全上の問題に関する調査に至るま

で，カメラトラップ研究の重要性の拡大を予想し，また望んでいる．明らか
に，生態学的な野外調査に使用されるカメラトラップおよび他の遠隔撮影機器
のデータ取得能力は，電気工学およびコンピュータ工学の技術的進歩の恩恵を
受けている．加えて，個体数から占有率，種数に至るまでの状態変数を研究す
るために使用される統計的推論方法のさらなる発展が期待される．この方法論
の開発においては，これらの状態変数の一つまたは複数に焦点を当てたカメラ
トラップ調査の設計に関する研究を伴う可能性が高い．私たちは基本的に，今
から10年後のカメラトラップ調査の科学的かつ保全上の使用について書かれ
た本は現在の書籍とは大きく異なって見えるだろう，と結論づけている．私た
ちはこのような成果を歓迎し，本書が私たちの期待する変化に貢献することを
願っている．

引用文献

Borchers, D. L. and M. G. Efford. 2008. Spatially explicit maximum likelihood methods for capture-recapture studies. Biometrics 64:377-385

Burnham, K. P. and W. S. Overton. 1979. Robust estimation of population size when capture probabilities vary among animals. Ecology 60:927-936

Dillon, A. G. and M. J. Kelly. 2007. Ocelot activity, trap success, and density in Belize: the impact of trap spacing and animal movement on density estimates. Oryx 41:469-477

Dorazio, R. M. and J. A. Royle. 2003, Mixture models for estimating the size of a closed population when capture rates vary among individuals. Biometrics 59:351-364

Dorazio, R. M. and J. A. Royle. 2005. Estimating size and composition of biological communities by modeling the occurrence of species. Journal of the American Statistical Association 100: 389-398

Efford, M. G. 2004. Density estimation in live-trapping studies. Oikos 106:598-610

Gardner, B., J. Reppucci, M. Lucherini, and J. A. Royle. 2010. Spatially-explicit inference for open populations: estimating demographic parameters from camera-trap studies. Ecology 91:3376-3383

Greene, K. 2006. Technology review. Published by MIT. (http://www.technologyreview.com /infotech/17937/). (Accessed October 2009)

Hamilton, M. P., E. A. Graham, P. W. Rundel, M. F. Allen, W. Kaiser, M. H. Hansen, and D. L. Estirn. 2007. New approaches in embedded networked sensing for terrestrial ecological observatories. Environmental Engineering Science 24:192-204

Hiby, L. and P. Lovell. 1990. Computer aided matching of natural markings: a prototype system for grey seals. Reports of the International Whaling Commission, Special Issue 12:57-61

Hiby, L. and P. Lovell. 2001. An automated system for matching the callosity patterns in aerial photographs of southern right whales. Journal of Cetacean Research and Management Special Issue 2

Hiby, L., P. Lovell, N. Patil, N. S. Kumar, A. M. Gopalaswamy, and K. U. Karanth. 2009. A tiger cannot change its stripes: using a three-dimensional model to match images of living tigers and tiger skins. Biology Letters 5:383-386

Karanth, K. U. 1995. Estimating tiger *Panthera tigris* populations from camera-trap data using

328

capture-recapture models. Biological Conservation 71:333-338

Karanth, K. U. and J. D. Nichols. 1998. Estimation of tiger densities in India using photographic captures and recaptures. Ecology 79:2852-2862

Karanth, K. U. and J. D. Nichols. 2000. Ecological status and conservation of tigers in India. Final Technical Report to the Division of International Conservation, U. S. Fish and Wildlife Service, Washington, D.C., and Wildlife Conservation Society, New York. Centre for Wildlife Studies, Bangalore. India. 124 pp

Karanth, K. U. and. J. D. Nichols, editors. 2002. Monitoring tigers and their prey. A manual for wildlife managers, researchers, and conservationists. Centre for Wildlife Studies, Bangalore, India. 193 pp

Karanth, K. U., J. D, Nichols, N. S. Kumar, W. A. Link, and J. E. Hines, 2004. Tigers and their prey. predicting carnivore densities from prey abundance. Proceedings of the National Academy of Sciences USA 101:4854-4858

Karanth, K. U., J. D. Nichols, N. S. Kumar, and J. E. Hines. 2006. Assessing tiger population dynamics using photographic capture-recapture sampling. Ecology 87:2925-2937

Kelly, M. J. 2001. Computer-aided photograph matching in studies employing individual identification: an example from Serengeti Cheetahs. Journal of Mammalogy 82:440-449

Kelly, M. J. 2008. Design, evaluate, refine: camera trap studies for elusive species. Animal Conservation 11:182-184

Lukacs, P. M. and K. P. Bumham. 2005. Estimating population size from DNA-based closed capture-recapture data incorporating genotyping error. Journal of Wildlife Management 69:396-403

Mackenzie, D. I., J. D. Nichols, N. Sutton, K. Kawanishi, and L. L. Bailey. 2005. Suggestions for dealing with detection probability in population studies of rare species. Ecology 86:1101-1113

Mackenzie, D. I., J. D. Nichols, J. A. Royle, K. H. Pollock, L. A. Bailey, and J. E. Hines. 2006. Occupancy modeling and estimation. Academic, San Diego, CA. 324pp

Mackenzie, D. I., J. D. Nichols, M. E. Seamans, and R. J. Gutierrez. 2009. Dynamic models for problems of species occurrence with multiple states. Ecology 90:823-835

Moll, R. J., J. J. Millspaugh, J. Beringer, J. Sartwell, and Z. He. 2007. A new 'view' of ecology and conservation through animal-borne video systems. Trends in Ecology and Evolution 22: 660-668

Mondol, S., K. U. Karanth, N. S. Kumar, A. M. Gopalaswamy, A. Andheria, and U. Ramakrishnan. 2009. Evaluation of non-invasive genetic sampling methods for estimating tiger population size. Biological Conservation 142:2350-2360

Nichols, J. D. and B. K. Williams. 2006. Monitoring for conservation. Trends in Ecology and Evolution 21:668-673

Nichols, J. D., T. Boulinier, J. E. Hines, K. H. Pollock, and J. R. Sauer. 1998. Estimating rates of local extinction, colonization and turnover in animal communities. Ecological Applications 8: 1213-1225

Nichols, J. D., J. E. Hines, D. I. MacKenzie, M. E. Seamans, and R. J. Gutierrez. 2007. Occupancy estimation with multiple states and state uncertainty. Ecology 88:1395-1400

Nichols, J. D., L. L. Bailey, A. F. O'Connell, Jr., N. W. Talancy, E. H. Campbell, E, H. C. Grant, A. T. Gilbert, E. M. Annand, T. P. Husband, and J. E. Hines. 2008. Multi-scale occupancy estimation and modeling using multiple detection methods. Journal of Applied Ecology 45: 1321-1329

Norris, J. L. and K. H. Pollock. 1996, Nonparametric MLE under two closed capture-recapture models with heterogeneity. Biometrics 52:639-649

O'Connell, A. F. Jr., N. W. Talancy, L. L. Bailey, J. R. Sauer, R. Cook, and A. T. Gilbert. 2006.

Estimating site occupancy and detection probability parameters for meso- and large mammals in a coastal ecosystem. Journal of Wildlife Management 70:1625-1633

Pledger, S. 2000. Unified maximum likelihood estimates for closed capturer-recapture models using mixtures. Biometrics 56:434-442

Royle, J. A. and R. M. Dorazio. 2008. Hierarchical modeling and inference in ecology: the analysis of data from populations and communities. Academic, San Diego, CA

Royle, J. A. and J. D. Nichols. 2003. Estimating abundance from repeated presence absence data or point counts. Ecology 84:777-790

Royle, J. A. and K. Young. 2008. A hierarchical model for spatial capture-recapture data. Ecology 89:2281-2289

Royle, J. A., J. D. Nichols, K. U. Karanth, and A. M. Gopalaswamy. 2009a. A hierarchical model for estimating density in camera trap studies. Journal of Applied Ecology 46:118-127

Royle, J. A., K. U. Karanth, A. M. Gopalaswamy, and N. S. Kumar. 2009b. Bayesian inference in camera trapping studies for a class of spatial capture-recapture models. Ecology 90:3233-3244

Sarmento, P., J. Cruz, C. Eira, and C. Fonseca. 2009. Evaluation of camera trapping for estimating red fox abundance. Journal of Wildlife Management 73:1207-1213

Singh, P., A. M. Gopalaswamy, J. A. Royle, N. S. Kumar, and K. U. Karanth. 2010. SPACECAP: a program to estimate animal abundance and density using Bayesian spatially-explicit capture-recapture models. Wildlife Conservation Society-India Program, Centre for Wildlife Studies, Bangalore, India. Version 1.0

Soisalo, M. K. and S. M. C. Cavalcanti. 2006. Estimating the density of a jaguar population in the Brazilian Pantanal using camera-traps and capture-recapture sampling in combination with GPS radio-telemetry. Biological Conservation 129:487-496

Taggart, M., E. Graham, M. Hamilton, S. Ahmadian, M. Rahimi, J. Sharon, C. Hicks, and J. King. 2007. Deployment of wireless, networked camera systems and sensors for observation of avian and reptile behavior. Page 19 *in* R. W. Kays and M. Wikelski, editors. Review of National Science Foundation sponsored animal tracking and physiological monitoring workshop. Report published online at http://www.movebank.org/assets/ATPM_whitepape.pdf［訳注：2018/7/23 時点でアクセス不能］

Takahashi, A., K. Sato, Y. Naito, M. J. Dunn, P. N. Trathan, and J. P. Croxall. 2004. Penguin-mounted cameras glimpse underwater group behaviour. Proceedings of the Royal Society London B Biological Sciences 271:S281-S282

Takahashi, A., N. Kokubun, Y. Mori, and H. Shin. 2008. Krill-feeding behaviour of gentoo penguins as shown by animal-borne camera loggers. Polar Biology 31:1291-1294

Watanuki, Y., F. Daunt, A. Takahashi, M. Newell, S. Wanless, K. Sato, and N. Miyazaki. 2008. Microhabitat use and prey capture of a bottom-feeding top predator, the European shag, shown by camera loggers. Marine Ecology Progress Series 356:283-293

Williams, B. K., J. D. Nichols, and M. J. Conroy. 2002. Analysis and management of animal populations. Academic, San Diego. 817 pp

Yoccoz, N. G., J. D. Nichols, and T. Boulinier. 2001. Monitoring of biological diversity in space and time. Trends in Ecology and Evolution 16:446-453

Yoshizaki, J., K. H. Pollock, C. Brownie, and R. A. Webster. 2009. Modeling misidentiflcation errors in capture-recapture studies using photographic identification of evolving marks. Ecology 90:3-9

謝辞

　まず，札幌でのシンポジウムの主催者であった私たちに，シンポジウムのトピックに基づいた専門書を出版する機会を提供してくれたシュプリンガー・ジャパンの皆様に感謝する．Springer の平口愛子，橋本 薫，武田資子，Darmendra Sundardevadossk には，朗らかでオープンに接していただき，そしてとりわけたくさんのさまざまな提出，再提出，そして終わりなど無いかのように見えた深夜（世界のどこにいるかによっては朝だったかも）の無数のE メールに忍耐強く対応していただき，とくに感謝している．また，Conservation International に所属し札幌での哺乳類会議の時やそれ以前から，世界中の遠く離れた森林でカメラトラップを稼働させていた（私たちが知りうるかぎり，彼はまだその仕事を続けている）James Sanderson 博士に感謝したい．Jim は，その時がまさにカメラのトラップに関するシンポジウムを開催すべき時期だということを認識していた．そして彼はまずシンポジウムの参加者にこの本を紹介した．努力の成果である本書を最初に世に送り出した彼の功績を称える．

　本書に寄稿した著者たちは，文字どおり地球の至る所で働く多様な研究グループの代表者である．彼らには，このプロセス全体を通して寛容かつ思いやりをもって接していただいた．それは確実に私たちの作業をより簡単にし，最終的にはとても有益な経験となった．また，Andrew Gilbert, Arjun Gopalaswamy, Michael Haramis, Tim Jones, Roland Kays, Fred Servello, David Shindle, Ted Simons, Graham Smith, Mathias Tobler, Nimish Vyas，そしてArielle Waldstein からのタイムリーかつ洞察に富んだレビューにも感謝する．

　最後に，大きな恩義と感謝の気持ちを，休みなくカメラトラップを稼働させ続けている現場の生物学者や調査者に捧げたい．皆は，しばしば世界でもっとも過酷な環境の中で，また苦労ばかりとしか言いようのない条件下で研究を進めている．彼らの研究は，世界の動物種（そのうちの何種かは絶滅の危機に瀕している）のさらなる保護，保全に多くの役割を果たしてきた．その努力，献身，専念はこれまで認知されてこなかった．私たちは，カメラトラップを使った研究が野生生物の保全の未来に重要な意味をもつという認識を，本書が高めてくれることを願っている．

AOC［訳注：第一著者］は，アメリカ合衆国の Geological Survey と National Park Service による Inventory and Monitoring Program に感謝の意を表す．カメラトラップについて学びたいという思いに駆られ，この本の編集をセッティングしてくれた Andrew Gilbert と Neil Talancy には，最上級の「ありがとう」を送りたい．

JDN［訳注：第二著者］は，US Geological Survey と US Fish and Wildlife Service に感謝の意を表す．

KUK［訳注：第三著者］は，Wildlife Conservation Society, Panthera Foundation, National Fish and Wildlife Foundation, Liz Claiborne-Art Ortenberg Foundation, U.S. Fish and Wildlife Service, Global Enduro, UK，そしてインド政府からの長期的なカメラトラップ研究の資金援助に対して感謝の意を表す．

索　引

A-Z

1/2MMDM　109-112, 162, 171-173

α 多様性　292, 295, 300

β 多様性　292, 300

γ 多様性　292, 295, 300

AIC／赤池情報量規準　102, 105, 142, 143, 190, 261, 266, 307, 308

CAPTURE　7, 102, 110, 141-143, 145, 147, 160, 191, 194, 257, 265, 266

COMDYN　9, 270, 271, 273, 274, 295, 301, 303, 311

Cormack-Jolly-Seber モデル／CJS モデル　8, 186, 191, 194

DENSITY　114, 207, 232, 322

GENPRES　9, 245, 282, 284

Jolly-Seber モデル／JS モデル　103-106, 142, 186, 229, 233

MARK　102, 105, 141-143, 145, 147, 160, 191, 242, 245, 265, 267, 268

MMDM　7, 109-112, 145, 146, 161, 162, 171-173

PRESENCE　242, 243, 245, 246, 268, 284, 307

RELEASE　191, 194

SPECRICH　266

Wildlife Picture Index／WPI　244

Z 行列　272, 274

あ

一次サンプリング期間　106, 107, 190, 193-198, 306, 307, 311

一次サンプリング機会　187-189, 260, 270, 281, 284

一時的な移出　25, 98, 99, 101, 105-107, 142, 146, 169, 183, 188, 259, 260

一時的な移入　101, 189

一般化線形混合モデル／GLMM　232, 277

一般化線型モデル／GLM　206, 208, 209, 213-215, 232, 233, 278

インベントリー／調査　4, 28

か

階層モデル　205, 215, 216, 229, 231, 232, 272, 276-281

開放モデル　103, 106, 107, 120, 183, 190

カウント数　2, 65, 94, 97, 98, 101, 224, 240, 292, 294

活動中心　108, 205, 206, 208, 210- 212, 216, 219, 220, 222, 223, 228, 229, 231-234

管理アクション　68-71, 199, 319, 323, 326

偽陰性　282, 283

偽陽性　276, 283, 284

局外パラメーター　183, 186, 259

空間明示　7, 8, 128, 134, 140, 322, 323

検出確率　8, 93-102, 105-107, 113-120, 131, 170, 182, 183, 195, 207, 239-243, 245, 246, 248-251, 258-262, 264-269, 271, 273-277, 281-284, 293-295, 299, 303, 306-312, 322, 325

構造的意志決定　66, 67, 69, 70, 7

さ

サンプリングデザイン　2, 3, 8, 9, 72, 238, 245, 285, 319

事前分布　215, 219, 222-224, 233

屍肉食者　24

ジャックナイフ推定量　160, 266, 273, 274,

278, 293-295

種多様性　291-293

受動式　45, 46, 49

除去法　283, 285

巣における捕食　5, 6, 18, 20, 23-25, 30, 45, 79, 80, 82, 86

静的　209, 231, 262-264, 267, 269, 272, 273, 280, 284

赤外線センサーカメラ　21, 47, 49, 53

赤外線トリガーカメラ　24

ゼロ過剰　206, 223-225, 233, 243, 268, 269

占有確率　65, 240-242, 246-248, 272, 279, 280, 296

占有推定　8, 9, 237, 238, 240, 242-248, 251, 252, 269, 283, 284

占有動態　9, 66, 238, 240, 247, 250, 326,

占有モデル　9, 30, 65, 66, 237, 238, 241, 243, 245-247, 249-251, 260, 267-269, 271, 272, 274, 275, 279-283, 295, 296, 306, 307, 321, 325, 326

遭遇履歴　209-211, 223, 225, 231, 233

相対種数　295, 301, 306, 308, 309, 311, 312

た

タイムラプス　20, 42, 44

単一サイト　262, 264, 267, 269

単一シーズン　9, 238, 241, 247-250

データ拡大法　208, 222, 223

テレメトリー法　78, 323

点過程モデル　205, 207, 209, 212, 232, 233

電波発信機　28, 78, 93, 146, 172

動的　100, 184, 262-264, 270, 271, 280-284

トラップシャイ　132, 160, 187, 195

トラップハッピー　160, 187

トリガー　5, 14, 15, 17-19, 21, 30, 40-49, 51-53, 55, 79

トリップワイヤー　15-18, 21

な

二次サンプリング機会　187-189, 191, 260, 270, 281

二次サンプリング期間　106, 107, 190, 193, 194, 306

二項混合モデル　118

能動式　45, 46

は

不確実性　6, 68-70, 102, 116, 118, 130, 143, 145, 148, 198, 199, 240, 272, 273, 279, 284, 308, 311, 319

不完全検出　9, 237, 249, 258, 259, 268, 270, 272, 273, 276, 281

複数サイト　9, 262, 264, 271, 272

複数シーズン　9, 238, 241, 250, 263, 280, 307

複数手法アプローチ　238

閉鎖モデル　7, 101, 106, 107, 147, 190, 265

ベイズ　7, 8, 63, 114, 205-208, 215, 219, 222, 232, 233, 240, 242, 245, 267, 269, 271, 272

ベイズの定理　63

放浪個体　26, 85, 121, 184, 185, 188, 193-195, 197-199

捕獲確率　8, 97, 100, 101, 103-105, 107, 109, 111, 114, 130-132, 136, 138-143, 145, 148, 155, 159, 160, 168, 170, 182, 183, 185-189, 194, 195, 203, 204, 214, 322

捕獲再捕獲法／CR法　7, 9, 97, 117, 120, 129, 146, 147, 148, 238, 241, 259, 261, 264, 268, 318

捕獲再捕獲モデル／CRモデル　7-9, 25, 100, 103, 106, 110, 128, 140-142, 145, 155, 181, 182, 185, 188, 203, 205-208, 210-212, 219, 222, 228, 229, 231-233, 240, 259, 260, 268, 283, 296, 322-324

ホームレンジ　96, 108-114, 121, 129, 136, 138, 145, 146, 160, 161, 168, 171-173, 203-206, 209, 231

ま

モデル平均　102, 116, 145, 191, 194, 307, 309, 311
モニタリングプログラム　6, 9, 30, 96, 198, 245, 252, 318, 319

や

有限混合分布　261, 262, 266-269

ら

ランダム効果　205-209, 213-215, 219, 222, 223, 231-233, 271, 277-279, 281
連続混合分布　261, 262, 267, 269
ロバストデザイン　8, 9, 99, **105-107**, 187-191, 199, 228, 241, 260, 261, 270-273, 280, 282, 295, 301, 306, 325, 327

編者紹介

Allan O'Connell は，メリーランド州の US. Geological Survey's Patuxent Wildlife Research Center に所属する野生生物学者である．彼は，U.S. federal resource agencies において野生生物管理の問題に関する研究をすすめている．彼の現在の研究テーマは，生物多様性を評価するための複数の技術とモニタリングプログラムの設計，個体群パラメータ推定のためのカメラトラップの使用，絶滅危惧種の管理を改善するための捕食者に関する生態学的調査などである．

James Nichols は Patuxent Wildlife Research Center の senior scientist である．彼は捕獲—再捕獲法，個体群モデリング，順応的管理のエキスパートである．彼は 2 冊の書籍での著者，4 冊の書籍での編者，および野生生物の個体群生態学のさまざまな側面に関する 9 編のモノグラフを含む，350 以上の学術刊行物において執筆または共同執筆をしている．彼は 2007 年の U.S. Presidential Rank Award for Meritorious Service の受賞者であり，彼が様々な大学，the U.S. Fish and Wildlife Service, U.S. Geological Survey, The Wildlife Society, American Statistical Association, and the U.S. Forest Service などであげた業績は，国を挙げて評価されている．

Ullas Karanth は国際的に知られている保全科学者である（www.wikipedia.org を参照）．インドを拠点とする彼は，Wildlife Conservation Society の senior conservation scientist であり，彼の長期的な研究は，トラとその獲物の生態および保全を対象としている．彼は 70 以上の学術刊行物を出版している．彼の業績はニューヨークタイムズ，タイム・マガジン，ナショナル・ジオグラフィック，BBC，CNN，ディスカバリーなど，世界のメディアで紹介されている．彼は，Sierra Club の名高く国際的な EarthCare 賞と世界自然保護基金の J. Paul Getty Award for Conservation Leadership の受賞者である．

336

訳者紹介

飯島勇人（いいじま　はやと）　　　担当：6章, 7章, 8章, 10章

1979年　茨城県水戸市生まれ
北海道大学大学院 農学研究科 博士課程修了（農学博士）.
現在, 森林総合研究所野生動物研究領域主任研究員.
著書 『BUGSで学ぶ階層モデリング入門～個体群のベイズ解析』（共訳, 共立出版）.
　　　『日本のシカ』（共編, 東京大学出版会）.

中島啓裕（なかしま　よしひろ）　　　担当：序文, 1章, 5章, 11章, 12章, 13章

1980年　兵庫県明石市生まれ
京都大学大学院 理学研究科 博士課程修了（理学博士）.
現在, 日本大学生物資源科学部専任講師.
著書 『イマドキのジャコウネコ―真夜中の調査記』（単著, 東海大学出版部）.

安藤正規（あんどう　まさき）　　　担当：2章, 3章, 4章, 9章, 14章

1976年　岐阜県可児郡御嵩町生まれ
名古屋大学大学院 生命農学研究科 博士課程修了（農学博士）.
現在, 岐阜大学応用生物科学部准教授.
著書 『Sika Deer -Biology and Management of Native and Introduced populations』
　　　（分担執筆, Springer）.『大台ケ原の自然誌』（分担執筆, 東海大学出版会）.

カメラトラップによる野生生物調査 入門
― 調査設計と統計解析 ―

2018年9月20日　第1版第1刷発行

訳　　者	飯島勇人・中島啓裕・安藤正規
発行者	浅野清彦
発行所	東海大学出版部
	〒259-1292 神奈川県平塚市北金目4-1-1
	TEL 0463-58-7811　FAX 0463-58-7833
	URL http://www.press.tokai.ac.jp/
	振替　00100-5-46614
印刷所	株式会社 真興社
製本所	誠製本株式会社

Ⓒ Hayato IIJIMA, Yoshihiro NAKASHIMA and Masaki ANDO, 2018　ISBN978-4-486-02159-9

JCOPY ＜出版者著作権管理機構 委託出版物＞
本書の無断複製は著作権法上での例外を除き禁じられています. 複製される場合は, その
つど事前に, 出版者著作権管理機構（電話 03-3513-6969, FAX 03-3513-6979, e-mail:info
@jcopy.or.jp）の許諾を得てください.